高等院校计算机技术与应用系列规划教材

大学计算机基础教程

（第二版）

陆汉权 等 编著

冯博琴 何钦铭 主审

ZHEJIANG UNIVERSITY PRESS
浙江大学出版社

图书在版编目（CIP）数据

大学计算机基础教程／陆汉权等编著. —2 版.
—杭州：浙江大学出版社，2009.8(2015.6 重印)
（高等院校计算机技术与应用系列规划教材）
ISBN 978-7-308-04731-9

Ⅰ.大… Ⅱ.陆… Ⅲ.电子计算机－高等学校－教材
Ⅳ. TP3

中国版本图书馆 CIP 数据核字（2007）第 015208 号

大学计算机基础教程(第二版)

陆汉权 等 编著

冯博琴 何钦铭 主审

策　　划　希　言
责任编辑　黄娟琴　邹小宁
封面设计　陈　辉
出版发行　浙江大学出版社
　　　　　（杭州天目山路 148 号　邮政编码 310007）
　　　　　（网址：http://www.zjupress.com）
排　　版　杭州中大图文设计有限公司
印　　刷　富阳市育才印刷有限公司
开　　本　787mm×1092mm　1/16
印　　张　25.25
字　　数　599 千
版印次　2009 年 8 月第 2 版　2015 年 6 月第 10 次印刷
书　　号　ISBN 978-7-308-04731-9
定　　价　36.00 元

浙江大学出版社发行部联系方式：0571－88925591；http://zjdxcbs.tmall.com

序　言

　　在人类进入信息社会的 21 世纪,信息作为重要的开发性资源,与材料、能源共同构成了社会物质生活的三大资源。信息产业的发展水平已成为衡量一个国家现代化水平与综合国力的重要标志。随着各行各业信息化进程的不断加速,计算机应用技术作为信息产业基石的地位和作用得到普遍重视。一方面,高等教育中,以计算机技术为核心的信息技术已成为很多专业课教学内容的有机组成部分,计算机应用能力成为衡量大学生业务素质与能力的标志之一;另一方面,初等教育中信息技术课程的普及,使高校新生的计算机基本知识起点有所提高。因此,高校中的计算机基础教学课程如何有别于计算机专业课程,体现分层、分类的特点,突出不同专业对计算机应用需求的多样性,已成为高校计算机基础教学改革的重要内容。

　　浙江大学出版社及时把握时机,根据 2005 年教育部"非计算机专业计算机基础课程指导分委员会"发布的"关于进一步加强高等学校计算机基础教学的几点意见"以及"高等学校非计算机专业计算机基础课程教学基本要求",针对"大学计算机基础"、"计算机程序设计基础"、"计算机硬件技术基础"、"数据库技术及应用"、"多媒体技术及应用"、"网络技术与应用"六门核心课程,组织编写了大学计算机基础教学的系列教材。

　　该系列教材编委会由国内计算机领域的院士与知名专家、教授组成,并且邀请了部分全国知名的计算机教育领域专家担任主审。浙江大学计算机学院各专业课程负责人、知名教授与博导牵头,组织有丰富教学经验和教材编写经验的教师参与对教材大纲以及教材的编写工作。

　　该系列教材注重基本概念的介绍,在教材的整体框架设计上强调针对不同专业群体,体现不同专业类别的需求,突出计算机基础教学的应用性。同时,充分考虑了不同层次学校在人才培养目标上的差异,针对各门课程设计了面向不同对象的教材。除主教材外,还配有必要的配套实验教材、问题解答。教材内容丰富,体例新颖,通俗易懂,反映了作者们对大学计算机基础教学的最新探索与研究成果。

　　希望该系列教材的出版能有力地推动高校计算机基础教学课程内容的改革与发展,推动大学计算机基础教学的探索和创新,为计算机基础教学带来新的活力。

中国工程院院士
中国科学院计算技术研究所所长　
浙江大学计算机学院院长

第二版前言

　　本书面向包括计算机专业在内的各个学科的学生。从 2002 年的《计算机科学导论》到今天的《大学计算机基础》(第二版),本书已经是第四次修订了。修订再版一方面是为了纠正前一版中的某些文字错误,更重要的是更正一些观点和概念:随着计算机技术的进步,原书中的一些概念也变了,而且有新的内容需要添加进来。

　　这十多年来,大学计算机基础课程的教学要求和内容变化都很大。早先基本上是围绕"如何使用计算机"进行课程教学的。但是今天的大学生,不但在孩提时代就开始使用计算机并上因特网了,而且还有一些同学在中学阶段就学习了程序设计、多媒体制作等课程,不少同学使用计算机的熟练程度看上去都有"专业水准"。因此,往往在一些人当中就产生了某些误解,以至于认为计算机就是上网和使用办公软件:因为这就是他们所看到的、而且已经学会了的东西。实际情况并非如此,计算机是一门科学,也是发展特别快的一种技术,它的内涵和外延远比我们所看到的要深厚得多,这就是本书或者说这门课程致力于要表达的重要理念。

　　大学阶段的基础课程,是为了积淀大学生宽泛的科学知识背景,开阔视野,为学习专业知识奠定基础。因此,本书所组织的相关计算机基础知识就是为了使学生将来能够更好地融入这个发展迅速的技术社会做必要的铺垫。本书之所以侧重计算机的基本概念、理论和技术发展,因为这些知识不会因为时间的变化而失去意义,而相应的技能方面的一些要求则可以自主学习,这是当今基于图形界面的计算机系统的技术特点决定的,也是今天的大学计算机基础课程的重要特点。那么本课程的目的是什么呢? 简单地说,就是让学生认识什么是计算机,计算机是如何组成的,又是如何运行的,而它又能够做些什么和不能做什么,以及计算机所带来的社会问题。

　　也许本书某些内容对有些读者而言过于抽象,例如处理器指令的运行过程、操作系统的进程管理、数据表达、算法以及一些高级主题。但我想特别指出,如果要全面认识计算机就需要深入下去。计算机的技术细节可能会随着时间而变化,但它所依赖的科学基础是不会过时的,其技术背景及发展趋势则令人兴奋,是值得我们探究的,也有助于我们学会学习计算机,这才是学习的目的。

　　最后,我要感谢本书的主审以及出版社的责编,我在他们的支持和帮助下完成本书的修改。也感谢本书的读者,谢谢你们选择了这本书,希望你们能够继续指正书中的错误,并提供宝贵的建议和意见。

陆汉权

luhq@ zju. edu. cn

2009 年 6 月于浙江大学(玉泉)

第一版前言

本书是根据国家教育部非计算机专业计算机教学指导委员会制订的《大学计算机基础课程教学要求》编写的。

2000 年前,我国高校面向非计算机专业所开设的计算机课程主要是《计算机文化》和《计算机程序设计》。其中,《计算机文化》主要包括了一些计算机的基础知识和使用Windows以及 Office 软件和上网操作等,内容以微机的操作使用为主。随着计算机普及程度的提高,特别是有关微机使用课程在中学阶段被覆盖,大学的计算机基础课程教育的内容需要改革和更新,《大学计算机基础课程教学要求》就是在这种背景下被制订出来的。

近 20 年来,计算机进入大学课堂,并与数学、物理课程一样被列入大学基础类课程,一方面反映了计算机作为主要的工具被广泛使用,另一方面因为它已经是当今社会发展中的一个重要标志,所谓的信息时代就是以计算机及其技术为特征的。那么,作为基础性课程,大学计算机应该涵盖哪些内容,应该达到什么样的教学目的,如何组织教学,如何兼顾计算机应用要求不同的教学对象,是大学计算机基础教学改革需要解决的问题。尽管解决这些问题并没有标准的模式,但有一本合适的教材是进行改革的基础。

浙江大学从 2002 年开始改革《计算机文化》课程,设立了《计算机科学导论》课,其主要的变化就是把操作性内容作为整个计算机基础教学的一部分,而课程的重点在于教学有关计算机构成、基本原理和应用知识,以培养学生的计算机意识,认识计算机科学,认识计算机作为工具的作用。

今天的计算机操作是容易的,基于图形窗口界面,相似的菜单、图标、按键等操作元素,这使学习者不再需要记忆复杂的命令,因此基本上不需要专门的课程和上机指导就可以在较短的时间内掌握基本操作,学会使用常用的程序。实践也充分证明了这一点。

理解计算机作为科学需要建立从基本结构到部件,从算法到程序,从机器到网络等多方面的知识,以构成本课程的知识体系。和通常意义上的科学学科不同的是,计算机科学不是从现象开始到结论,而是使用了另外一种模式,它是按照用户也就是使用计算机的人的要求去创造,例如我们使用计算机检索信息,使用计算机撰写论文,使用计算机进行辅助设计,使用计算机处理数据……计算机需要按照要求进行工作。因此,理解它是如何进行这些工作的,使我们能够更好地运用计算机,这就是大学计算机基础课程应该实现的教学目标。

科学研究,无论是数理方法,还是实验方法,还是统计方法,其过程都是发现问题、分析问题并提出解决问题的方法。沿着这个思路也可以进行计算机方法的学习,我们需要理解计算机是如何表达、如何处理、如何实现与用户的交互,等等。这是学习计算机方法的重要途径,也是我们在本书中试图传达给读者的一个理念。

计算机的功能是强大的,而且它还在发展。计算机是重要的,因为它能够帮助我们解决问题,还可以帮助我们学习。计算机是复杂的,因为它有许多需要我们理解的术语和概念。因此,学习计算机需要结合实践,需要结合实际加以理解。

本书共 11 章。第 1 章介绍了计算机的模型和计算机的类型,以及解释计算机科学等一些基本概念。第 2 章介绍了数制和逻辑基础,这是计算机最基础的知识。第 3 章介绍计算机的硬件。第 4,5 章介绍作为计算机核心的操作系统和有关软件的基本知识,简单介绍了常用的操作系统如 Windows,也介绍了作为自由软件标志的 Linux。第 6 章介绍了程序的有关概念和程序设计方法、语言和软件工程等。第 7 章简单介绍了常用软件如 Office 的功能,并侧重介绍作为信息系统基础的数据库知识。第 8 章介绍了网络。第 9 章介绍了目前应用最为广泛的因特网。在第 10 章中,我们列举了几个计算机技术的主题,供有兴趣的读者选读,以加深对计算机应用的理解。在第 11 章中,我们讨论了计算机和社会相关的一些问题如计算机安全、版权、环境、职业道德等。

本书是在浙江大学出版社 2003 年出版的《计算机科学导论》以及 2004 年的修订版的基础上修改而成的。浙江大学计算机基础教学中心的周建平、李峰、沈睿、肖少拥以及方兴老师都曾参与了原书的编写。冯晓霞老师为本书进行审读。浙江大学计算机学院的许多老师对本书提出了许多宝贵的建议,在此一并表示感谢。西安交通大学冯博琴教授、浙江大学计算机学院何钦铭教授为本书主审,对本书的编写提出了许多指导意见。编者在此深表感谢。

由于编者的水平有限,书中错误之处在所难免,诚望读者给予指正。

陆汉权
luhq@zju.edu.cn
2006 年 5 月于浙大紫金港

目　　录

第 1 章

概　述

　　信息化时代的标志就是计算机及其网络的广泛应用。从 20 世纪 80 年代开始的"数字化"或者叫做"数字革命"极大地改变了社会、政治和经济的发展过程。随着计算机及各种数字设备的流行,因特网引发的全球化通信,人类的生活、学习和工作方式正在发生巨大的变化。这就是信息化时代的特征,而这一切都是和计算机相关的。本章介绍计算机、信息系统以及数据处理机等基本概念,通过介绍计算机的基本组成、计算机的发展历程、计算机科学及其应用领域等,回答计算机究竟是什么这个问题。

1.1　计算机是什么

　　早在 17 世纪,英文的计算机(Computer)一词还只是表示一个从事与计算相关的人,而到了 60 多年前的第二次世界大战期间,为了破译密码和解决新型火炮弹道的复杂计算,才开始使得计算机这个词汇被赋予了机器的含义。而今天的计算机和 60 多年前的计算机已是不可同日而语,计算机已经被公认为发展最快、影响最大的新的科学学科,计算机科学(Computer Science)、计算机技术(Computer Technology)等术语所具有的内涵已经不是传统词汇上的意义了,相应而生的信息技术(Information Technology,IT)产业早在上个世纪末就成为世界上的第一大产业。

　　从上世纪 70 年代个人计算机诞生以来,一代又一代的计算机用户即计算机的使用者,逐步认识到计算机不但可以计算,还可以用来创建文档、建立电子表格、画图,可以使用计算机打游戏,甚至可以和地球另一端的人视频通话。现在不但研究机构、高等学校有计算机实验室,政府部门、企业和社会团体也普遍使用计算机,中小学也建有计算机机房,甚至街头上出现的大量网吧里面安放的也就是计算机。

　　尽管有许多社会名流曾经认为计算机没有多大用处。例如计算机界最著名的企业 IBM 的董事长老托马斯·沃森,在上世纪 50 年代曾说过,整个世界只要 5 台计算机就够了。而另一位业界巨头认为人人拥有计算机的观点是极为荒唐的。但是今天已经没有人再怀疑计算机是普及的电子消费品,也是不可缺少的办公设备。

　　进一步说,计算机深入社会生活的方方面面,它带来的不仅仅是一种行为方式的变化,更是人类交流方式的变化。计算机和"计算"是密切关联的,本书也是围绕它的"计算"能力展开的,因为最初人们认为它仅能实现数学意义上的"自动计算"。但是随着技术的进步,人们对计算机的巨大潜能开始有了新的认识:它能够处理数据,而客观世界的许多形态都能够被"数字化",也就是说我们生存的这个世界上各种形态都能够被计算机所存储、处理、交换以及分析运用。如今,工程师使用计算机进行产品的设计、制造,导演使用计算机帮助拍摄电影电视,科学家使用计算机进行研究,学生使用计算机帮助学习,等等。

　　因为发展太快,对"计算机基础课程讲什么"的问题,已经很难给出准确的回答。不过我们还是从计算机作为信息系统构成的核心开始,介绍原始的计算机模型:数据处理机。

1.1.1　信息系统的基础

　　信息系统(Information System)的一个基本功能是能够为需要者提供特定的信息,例如一个图书信息系统可以包含许多读者需要的图书信息。从计算机的角度看,一个信息系统的信息处理只是一个"计算过程",构成该过程有 6 个要素:硬件(Hardware)、软件(Software)、数据/信息(Data/Information)、人(也称用户)(People or Users)、过程(也称为处理)(Processing)和通信(Communications)。如果说最初计算机的发明是为了"计算",那么今天计算机承担的"计算"任务只占整个计算机应用的一小部分,大部分任务是处理信息、处理事务、控制等。

　　从使用计算机的角度观察,计算机本身也是一个信息系统。一个用户使用计算机,都有一定的任务需要计算机帮助完成,完成这个任务同样可以用这 6 个要素来归纳。

　　一般意义上认为,硬件是物理支撑,软件指示硬件完成特定的工作任务。

　　数据被表示为一定的形式被计算机接收并处理为信息。如果把数据比作原材料,那么信息就是成品。因此,也可以说数据是系统的输入,信息是系统的输出。

　　计算机有两类用户,一类是以计算机为职业的专业用户,这类用户从事与计算机相关的技术工作或软件的设计、系统的管理;另一类是以计算机为工具的非专业用户。大多数用户属于后者。

　　过程作为信息系统的一个要素,反映了整个系统部件和用户在执行任务中的协调关系。也许并不能把"过程"独立出来加以描述,但它贯穿于系统的工作中,指导用户完成任务。简单地说,"过程"就是操作整个系统,实现或完成系统功能的一系列步骤。

　　通信作为信息系统的组成要素,不但反映在硬件和软件之间、用户和机器之间,也反映在不同的计算机之间,如网络就是把多台计算机互联的一种信息系统,网络中信息的交换就是通信。

1.1.2 数据处理机

计算机所进行的工作都和数据相关,这里我们所指的数据是广义的,它可以是数字、数值,也可以是一组代码,比如储户的账号、身份证代码等;也可以是一种标识,如一个图形的形状;也可以是字母、符号等。如果不考虑计算机内部的具体结构,可以把计算机看做是一个特殊的黑盒子,如图 1.1 所示。一种观点是,计算机是可以接收数据,进行处理并输出处理结果数据的机器。数据处理机模型是计算机原理的经典模型,这个模型指出,计算机在数据处理过程中,如果输入的数据相同,那么输出结果将能够重现;如果输入的数据不同,输出结果也随之改变。

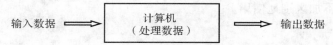

图 1.1 计算机作为数据处理机的模型

显然,构成计算机的硬件和软件组成了一个系统,这个系统必须需要数据,硬件和软件都是为了处理数据。因此,这个模型把计算机当作数据处理机反映了系统的基本属性。

但是,图 1.1 所示的模型并没有反映出计算机的全部性质,如模型没有给出所处理的数据的类型和基于这个模型能够完成的操作类型和数量。同时这个模型也没有明确定义这种机器是专用还是通用的。

1.1.3 具有程序能力的数据处理机

如果考虑图 1.1 所定义的计算机模型所存在的问题,一个改进的计算机模型如图 1.2 所示,它是在图 1.1 基础上增加了一个部分——程序。程序(Program)可以简单地理解为按照一定的步骤进行工作;作为专业术语,程序是指完成特定功能的计算机指令的集合。

图 1.2 具有程序能力的计算机模型

在这个改进的模型中,输出数据,除了需要输入数据还取决于程序。如果程序不同,即使输入的数据相同,输出的数据也可能不同,同样的,对不同的输入数据,即使采用不同的程序也可能产生相同的输出。如对一组输入数据进行累加计算,得到的结果是累加和。但如果程序改变了,需要对同一组数据进行排序,那么输出的排序结果就和累加计算结果完全不同了。

进一步分析这个模型,就会发现:由于增加了"程序"功能,计算机处理数据的能力大大提高。作为衡量计算机处理能力的重要因素,我们期望它能够对同样的数据、同样程序的重复处理得到同样的结果,即计算机处理能力的一致性和可靠性得到体现。

正因为程序功能的加入,计算机具有了另外一个重要的特性——灵活,如既能够为物理学家探索浩瀚的宇宙和细微的粒子提供服务,也能够给儿童学习语言提供帮助。计算机之所以如此灵活,是因为它能够按照"程序"进行工作,而程序是事先编制好并存放在计算机内部的。因此,理解计算机,就要了解计算机是如何实现这种灵活性的,即学习程序原理。

到这里,我们试图给计算机下一个定义:计算机是一种能按照事先存储的程序,自动、高速地进行大量数值计算和各种信息处理的现代化的智能电子装置。

一般中文文献中使用"计算机"作为正式名称,但更为形象的一个词是"电脑",在本书中对这两个词不加区别地使用。

1.2　现代计算机模型

我们已经给出了计算机的定义,并介绍了它作为数据处理机的模型。事实上,计算机有各种不同的模型,图 1.3 所示的模型被认为是现代计算机的基础。与图 1.2 所示的计算机模型相比,现代计算机模型定义了计算机内部的结构,主要可归纳为以下三点:

(1)计算机有 5 个组成部分,分别是输入、存储、处理(运算)、控制和输出。

(2)计算机的程序和程序运行所需要的数据以二进制形式存放在计算机的存储器中。

(3)计算机根据程序的指令序列执行,即程序存储(Stored-Program)的概念。

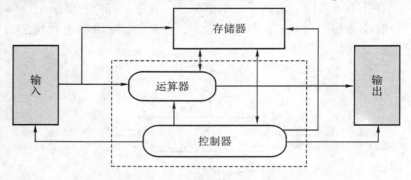

图 1.3　现代计算机的组成模型

1.2.1　计算机的 5 个组成部分

在现代计算机模型中,控制器作为计算机的核心,对计算机的所有部件实施控制,协调整个系统有条不紊地工作。输入设备输入数据和程序,这些数据和程序被存放到存储器(Memory)中。执行算术和逻辑运算的部件叫做运算器,也叫算术逻辑单元 ALU (Arithmetic Logic Unit)。程序的执行结果由输出设备输出。

图 1.3 中虚线范围内(运算器和控制器)的部分称为 CPU(Central Processing Unit,中央处理器)。因此,可以把现代计算机结构划分为 3 个子系统:处理器子系统、存储器子系统和输入输出子系统。

1.2.2 程序存储的概念

在现代计算机模型结构中,程序被要求在执行之前放到计算机存储器中,而且程序和数据要求采用同样的格式,因为存储器只接收二进制数据格式。

进一步地,现代计算机模型要求程序必须由有限的指令数量组成。按照一般的理解,计算机指令是进行基本操作的机器代码,如进行一个数据的传送就是一个基本操作,即执行相应的代码。按照这个模型,控制器先从存储器中读取指令,然后执行指令。

编程是指在实际处理数据之前,确定处理的方法和处理过程。早期这些方法和过程是与计算机本身的能力结合的;现在的编程概念已经不再与特定的计算机有关,相关的程序移植技术已经使计算机程序能够脱离特定的计算机,实现更广泛的应用。

使用程序存储的一个重要的理由是程序的“重用”,即对不同的原始数据,“计算”过程本身是相同的。

现代计算机模型定义了计算机程序由一系列独立的基本操作(指令)组成,不同的程序可以由不同的指令组合实现。

1.2.3 数据的存储形式

图 1.3 所示的结构并没有明确数据怎样存储到计算机中。数据有多种类型,最基本的就是整数、实数以及符号。因此,存储在计算机存储器中的数据,包括程序,都必须被转换为能够被计算机接受的方式,以实现数据的存储。

计算机内部的数据是以二进制形式存储的,因此,将计算机外部各种类型的数据变换为计算机二进制模式,并且有效地表达这些数据类型,成为计算机研究的重要方面——计算机的数据组织。

在业界曾认为现代计算机体系的提出者是冯·诺依曼(John Von Neuman),但现在认为发明权属于阿塔纳索夫(John Atanasoft)和贝里(K. Berry)(参见 1.3.2 节)。

还有一个有名的体系被称为哈佛结构(Harvard Architecture),与图 1.3 所示模型不同的是,哈佛结构中将数据和程序存储分为两个不同的存储器,而现在计算机体系中程序和数据是在同一个存储器中。实际上,现在的计算机中这两种体系都在被使用。

我们已经介绍过几种计算机模型,实际上还有其他一些模型使用在不同的计算机中,例如多处理器的流水线结构、并行结构等,但就其基本原理而言,它们应该是类似的。

1.3 计算机的历史

自人类活动有记载以来,对自动计算的追求就一直没有停止过。这里,我们简要回顾计算机的历程,就可以了解计算机是建立在人类千百年来不懈的追求和探索之上的。

1.3.1 历史上的自动计算装置

计算是基于数字的。在英文中,数字(Digit)一词来源于古老的拉丁语,含有"手指"的意思。这个意思今天仍然保留在现代英语词典中,它隐喻人类的计算从手指开始。

中国的算盘是人类最早广泛使用的计算装置。在我国,至今还有一些人在使用算盘。

1642年,法国青年布莱斯·帕斯卡发明的 Pascaline 被公认为是人类历史上的第一台自动计算机器。为了纪念这位自动计算的先驱,著名的程序设计语言 Pascal 就是以他的名字命名的。德国著名数学家莱布尼兹于1673年改进了 Pascaline 计算机的轮子和齿轮,造出了可以准确进行四则运算的机器。莱布尼兹还是二进制的发明人。

19世纪初,英国数学家查尔斯·巴贝奇,设想要设计一台机器完成大量的公式计算,该机器后来被称为"差分机"。与巴贝奇一起进行研究的还有著名诗人拜伦的女儿奥古斯塔·拜伦。这台机器的原理为 IPOS(Input,Processing,Output and Storage)即输入、处理、输出和存储。现代计算机的基本原理就是来自于巴贝奇的发明,因此巴贝奇被称为"计算机之父"。

19世纪末,美国人口调查局的赫尔曼·霍勒里斯研制了一种穿孔卡片机用于人口统计。他和老托马斯·沃森联合成立了一家公司,20世纪40年代初,这家公司更名为国际商业机器公司,即 IBM 公司。由于 IBM(International Business Machines)在计算机发展史上的重要作用,它被称为"蓝色巨人"(IBM 公司的徽标为蓝色)。今天,在大型机、巨型机领域,IBM 仍旧无人能敌。

在计算机领域的发展历史中,有许多引人入胜的故事。计算机发展的历史与从事计算机专业的科学家、工程师们的非凡想像力和创造力密不可分!追寻他们研发建立更好、更快、更高效的计算机的历史足迹,也许会带给我们许多启迪。

1.3.2 第一台电子计算机

1930年之前的计算机主要是通过机械原理实现的。研究计算机历史的学者把第二次世界大战作为"现代计算机时代"的开始,部分原因是第一台电子式数字计算机是为了战争的需要开始研制的。

1939年,美国依阿华大学的阿塔纳索夫(John Atanasoff)和他的助手贝里(K. Berry)建造了能求解方程的电子计算机。这台计算机后来被称为 ABC(Atanasoff Berry

Computer)。ABC没有投入实际使用,但它的一些设计思想却为今天的计算机所采用,如二进制的使用等。此后,哈佛大学的霍华德·邓肯在IBM公司的资助下,制造了Mark Ⅰ计算机(如图1.4所示)。Mark Ⅰ速度很慢,一个乘法运算需要3~5秒。

图1.4 Mark Ⅰ计算机:高2.5米,长近17米

有人把ABC作为第一台"电子数字计算机",也有人认为真正的第一台计算机是ENIAC。部分教科书特别是国内的书籍中还是以后者为准,但在近期出版的著作基本上以前者为准。ENIAC所以具有里程碑的意义,是因为它是第一台可以真正运行的并全部采用电子装置的计算机,而Mark Ⅰ有部分装置是机械的。

ENIAC(Electronic Numerical Integrators and Calculation)即电子数字积分计算机(如图1.5所示),是应美国军方为复杂弹道方程的计算之需而研制的,研制者为宾夕法尼亚大学的毛赫利博士(John Mauchly)和他的研究生艾克特(J. P. Eckert)。ENIAC参考了ABC的许多设计方法,甚至直接复制了ABC的加减法电路。1973年,在一场法律诉讼中,阿塔纳索夫被裁定为计算机发明人。

ENIAC计算机使用了超过18000多个电子管,重量超过30吨,占地几乎有半个篮球场大小。它的运算速度比Mark Ⅰ快了许多,达到每秒完成5000次加法运算。

有观点认为,现在的计算机已经是第五代。关于"代"的时间划分,有不同版本,通常是以硬件即制造机器的器件为标志的。按照一般的说法,从ENIAC开始,从电子管发展到今天的大规模集成电路,电子元器件的革命性发展使计算机得以同步发展。

1.3.3 现代计算机

我们现在所称的计算机全名为通用数字电子计算机。因为几乎没有别的计算机了,包括20世纪六七十年代还在使用的模拟计算机也已被数字计算机所取代,所以今天的计算机一词也就成了数字计算机的同义词。

图 1.5 ENIAC 计算机

ENIAC 的主要发明人 J. 毛赫利和艾克特(左前)

1. 第一代计算机(1946—1959 年)

第一代计算机为电子管计算机。电子管的外形像圆柱形灯泡,与灯泡一样会发出大量的热量,因此故障率高。虽然这种计算机并没有被广泛使用,但它给人们带来的期望远远超过了实际效果。

一台名叫 UNIVAC(通用自动计算机)的机器在 1952 年美国大选中预测艾森豪威尔获胜,预测结果和实际统计结果完全相同,它在当时所产生的轰动效应使计算机披上万能的外衣,达到神话的地步。

IBM 公司于 1957 年生产了第一台商用计算机 IBM 701。IBM 一共生产了 19 台这种机器,但由于它使用二进制表示数据和程序,使用它的人必须经过专门的培训,即只有专家才能使用。当时使用的存储器磁芯外形像轮胎(当然体积没有那么大)。这一年,磁带开始被用作计算机的辅助存储器。

2. 第二代计算机(1959—1963 年)

第二代计算机为晶体管计算机。1947 年,美国贝尔实验室宣布世界上第一只晶体管研制成功。经过十年多的时间,晶体管(如图 1.6 所示)替代电子管成了计算机的主要元件。与电子管相比,晶体管体积小,功耗低,更重要的是它的可靠性比电子管要高得多。

图 1.6 晶体管

第一台晶体管计算机是 1959 年由控制数据公司(CDC)制造的 1604 机器。第二代计算机很快就开始通过电话线进行数据交流了,虽然速度很慢,但网络的萌芽就此开始。

3. 第三代计算机(1963—1975 年)

第三代计算机叫做集成电路(Integrated Circuits,IC)计算机。

它的应用虽然起自1963年,但作为第三代计算机重要标志的集成电路在1958年就被发明了。

1955年,有"晶体管之父"之称的贝尔实验室的肖克利(W. Shockley)博士创建了"肖克利半导体实验室",次年诺依斯(Robert Noyce)、摩尔(Gordon Moore)等年轻科学家也陆续到达圣克拉拉(就是后来闻名天下的硅谷地区),加盟肖克利实验室。一年后,诺依斯等人离开肖克利创办了仙童(Fairchild,也有译"费尔柴尔德")半导体公司。1959年,德州仪器公司的基尔比(J. Kilby)首次提出在一个硅平面上排列多个三极管、二极管及电阻,组成"集成电路";其后仙童公司的诺依斯进一步提出了实现集成电路的制造方法。经过一场延续多年的争执,集成电路的发明专利被授予基尔比和诺依斯两个人。

集成电路对电子计算机的制造是一场变革。它从根本上改变了计算机的制造过程:在拇指大小的硅片上集成了成千上万个电子元件(如图1.7所示),这使计算机能够有更大的内存和处理器,而成本却大大降低。计算机不再昂贵,小公司也可以使用了——这个意义是非同寻常的!

图1.7 集成电路硅片 　　　　　　　图1.8 著名的IBM 360计算机

1964年,摩尔博士发表了3页纸的短文,预言硅片上能被集成的晶体管数目将会以每18个月翻一番的速度稳定增长,并在数十年内保持这种势头。摩尔的预言被实际发展所证实,被誉为"摩尔法则",成为新兴电子产业的"第一定律"。

其间,IBM推出了著名的360系列计算机(如图1.8所示),并逐步确立了大型机市场的控制地位。第三代计算机运用分时技术,使在一座建筑物内的用户都可以通过终端访问计算机主机。从而网络技术又向前迈了一大步。

这个时代的另一个重大事件是发射了第一颗通信卫星——地面和卫星实现了数据通信。

4. 第四代计算机(1975—)

仙童公司对计算机的贡献不仅仅在于它发明并普及了集成电路,更大的贡献是培育了一大批杰出的科学家和工程师。美国国家半导体公司(NSC)和先进微设备公司(AMD)等一大批著名电子企业的创始人都是出自仙童公司。1968年,诺依斯和摩尔创建了以生产计算机处理器芯片而闻名于世的英特尔(Intel)公司。

1970年,Intel公司的工程师霍夫运用层叠的集成电路技术,把这些芯片的功能做到一块集成电路上来,命名为"处理器"(Processor),后来又依据它在计算机中的作用将其定义为"中央处理器"(Central Processing Unit,CPU)。次年,世界上第一个单片集成电路的处理器——Intel 4004 面市,它一次可以处理 4 位二进制数据。最初用于台式计算机,它的另外一个应用是在监测血压的仪器上。

整个 20 世纪 70 年代,Intel 公司先后推出了 8 位的 8080 以及 16 位的 8086 和 8088,但并没有产生多大影响。大型计算机公司把微处理器及用它生产的"微型计算机"当作业余爱好者的宠物,并未认真对待。1975 年,开始有商业化微型计算机(Microcomputer)使用了 Intel 的芯片,但当时的微机没有键盘、显示器,也没有存储数据或程序的功能。

在这个时期,尽管许多公司都发布了自己的微机组件,但组装一台微机还是太复杂。1977 年,21 岁的史蒂夫·乔布斯和他的朋友史蒂夫·沃兹在一个车库里办起了微机生产车间。他们用市场上的各种微机组件组装了第一台真正意义上的微机——Apple Ⅰ。紧接着的 Apple Ⅱ(如图 1.9 所示)获得巨大成功,它带有今天微机所有的显示器、键盘、软盘驱动器和操作系统软件。1979年,在 Apple 机上运行的报表软件 VisiCacl,证明了微机并不是过去人们认为的玩具。

图 1.9　Apple Ⅱ计算机,1977

如果说 Apple 是微机发展的先锋,那么 IBM 公司的介入彻底改变了微型计算机的地位,也改变了计算机的地位——从实验室和大型运算的应用环境走到了办公桌上,变成了个人工具。

1980 年,IBM 选择 Intel 公司的 8088 芯片作为它的微机的处理器,并和当时还刚刚起步的微软公司(Microsoft)签订了一个委托操作系统设计的合同。IBM 公司的这两个决定和它生产的微机(命名为 PC)一样,对计算机领域的发展产生了无比巨大的影响,但在当时并没有人意识到这一点:本来作为 IBM 公司商标的 PC(Personal Computer)成为微型计算机的同义词;和 PC 一起发展的微软、英特尔公司在计算机软件和硬件方面成为与 IBM 公司分庭抗礼的业界巨头!

IBM 公司一反其传统,一开始就把 PC 机设计资料全部公开。这种做法的原因并没有得到进一步的解释。因为市场上很快出现了仿制 PC 的兼容机。兼容机在性能和功能上与 IBM 机器完全相同,但价格有明显优势(至少没有昂贵的开发费用)。最典型的例子就是 2001 年与 HP 公司合并的 Compaq 公司,以生产 PC 兼容机起家发展到在微机市场上占据最大份额。Compaq 公司名称的前三个字母 Com 就是取自"兼容"之意。

IBM 公司的这种做法使它在计算机界的绝对控制地位被动摇,尽管在微机发展过程中由于 IBM 的参与改变了一切,但也改变了 IBM 自己。IBM 的 PC 机慢慢失去优势,2005年我国联想集团收购了 IBM 全球 PC 业务。图 1.10 所示为 1981 年 IBM 公司研制的 PC 机。

直至今天,作为第四代计算机标志的处理器使用的大规模集成电路(LSIC)技术还在发展之中。Intel 在微处理器技术方面继续保持了领先地位,当年它的 4004 芯片只有 2500 个晶体管元件,而今天的 Pentium(参见 3.2.3 节)的集成度已经达到 4 亿 1000 万个,30 年增长了数十万倍! 图 1.11 所示为超大规模(VLSI)集成电路芯片。

图1.10　IBM PC,1981

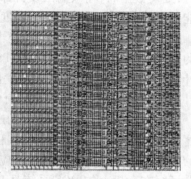
图1.11　超大规模(VLSI)集成电路芯片

第四代计算机的另一个重要的发展方向是高速计算机网络。因特网(Internet)的全开放结构使世界上数以亿计的各种计算机被连接到一起,形成了一个覆盖全球的巨大信息网络,因而诞生了被称为继报纸、杂志、广播及电视之后的"第四媒体",而且是影响最大的新型传媒。

1.3.4　计算机软件的进化

计算机诞生之初并没有软件的概念,软件也是随着计算机科学的发展和技术的进步而进化的,从完全由技术人员操纵计算机到今天的普及应用,很大程度上归功于软件。

第一代软件为20世纪50年代,主要是二进制代码语言,它是内置在机器内部的指令。程序员需要非常熟悉机器并对数字特别细心,因此第一代程序员多为数学家和工程师。由于编写机器代码不但乏味而且非常容易出错,因此出现了汇编语言,它使用英文缩写表示机器代码。

汇编语言仍然与机器相关,而且最初需要经过人工翻译成机器代码,后来这个翻译工作也被发展为使用程序来实现。编写这一类翻译程序的程序员就是最早的"系统程序员"。

到了20世纪50年代末的第二代计算机时期,随着计算机硬件功能的强大,当然需要相应强大的软件,因此有了第二代软件。这个时期类似于英文表达的程序设计语言被开发出来,叫做高级语言。典型的高级语言有两个,一个是IBM公司开发的FORTRAN语言,另一个是COBOL语言。前者目前仍在使用,主要应用在科学计算领域;后者现在已经较少使用。

在第二代软件时期,系统程序员仍然致力于语言工具,而使用语言开发应用程序的程序员叫做"应用程序员"。随着语言系统功能的强大,应用程序的开发发展为与计算机硬件无关。另外一个重要的变化是IBM放弃了软件随硬件捆绑的政策,这使应用软件的开发步入快速发展轨道,专业软件公司应运而生,而之前软件开发一直是硬件供应商独占的。

20世纪60年代中期到70年代初,也就是第三代计算机时期,出现了操作系统。最初是因为系统硬件资源大多数情况下处于空闲状态,输入时只有输入设备工作,其他设备等待;处理数据时,输入输出设备都处于等待中。而那时硬件是极为昂贵的,为此,需要一种能对计算机运行的过程进行调度的软件,这就是"操作系统"。

第三代软件除了操作系统,还出现了大量的程序设计高级语言和专门求解某一个问题的软件包,如著名的统计软件 SPSS(Statistical Package for the Social Sciences,社会科学统计程序包)就是这个时期被开发出来的。与此同时,系统程序员开始为他人编写工具软件,"计算机用户"这个重要的角色出现了。

在第四代计算机时期,软件的产业特征开始显露。特别是 20 世纪 70 年代中期,由于程序设计技术的发展,结构化的编程方法被提出,结构化的程序设计语言如 Basic、C 语言等的出现,加快了各种系统软件、应用软件的开发速度。作为操作系统标准的 Unix 系统以及运行在微机上的 DOS 系统都开始朝着标准化的方向发展。在各种操作系统支持下的应用软件,如文本处理、电子表格、数据库系统的大量出现,极大地推动了计算机应用的进一步快速发展。

到了 20 世纪 80 年代后期,随着面向对象程序设计技术的发展,大多数新的编程语言基于面向对象的程序设计(OOP)概念。而微机的普遍使用所带来的明显变化是,非专业人员成为它的主要用户群。

20 世纪 90 年代以来,以图形界面为特征的 Windows 取代之前的字符界面的 DOS 系统,成为微机的主流操作系统,用户不再需要记忆复杂的命令,只需通过鼠标对屏幕上的图形标记(图标)点击操作即可使用计算机。这种以图形用户接口(GUI)技术为特征的新的面向对象的编程技术,使得程序设计不再从代码开始。

今天的软件仍然可以用几个事件来概括:微软公司垄断地位的形成、基于 Web 的因特网的普及和面向对象的编程等。

1.4　计算机的特点和用途

计算机具有"创造力"是被公认的。从过去到现在,计算机的类型、规模、用途、价格不断在变化,但无论今后的计算机如何发展,如何变化,它只会变得越来越好(不可否认,一些负面的作用也会随之变大)。本节将概要地介绍一下它们的特点和用途。

1.4.1　计算机的特点

要列举计算机的特点需要大量的篇幅,我们简单地将其归纳为高速、精确的运算能力,准确的逻辑判断能力和强大的存储能力,以及自动处理功能和网络与通信功能。

1. 高速、精确的运算能力

目前世界上已经有超过每秒百万亿次运算速度的巨型计算机。2008 年,中国科学院计算所研制成功了 100 万亿次运算的曙光高性能计算机,位居世界最快计算机排行榜的前十位。高速度的计算机具有极强的处理能力,特别是能在地质、能源、气象、航天航空以及各种大型工程中发挥作用。

2. 准确的逻辑判断能力

计算机能够进行逻辑处理,也就是说它能够"思考",这是计算机科学一直为之努力的方向。虽然它现在的"思考"还局限在某一个专门的方面,还不具备人类思考的能力,但在信息查询等方面,已能够根据要求进行匹配检索。这已经是计算机的一个常规应用。

3. 强大的存储能力

计算机能存储大量数字、文字、图像、声音等各种信息,"记忆力"惊人,如它可以轻易地"记住"一个大型图书馆的所有资料。计算机强大的存储能力不但表现在容量大,还表现在"长久"。对于需要长期保存的数据或资料,无论以文字形式还是以图像的形式,计算机都可以帮助实现。

4. 自动功能

计算机可以将预先编好的一组指令(称为程序)先"记"下来,然后自动地逐条取出这些指令并执行,工作过程完全自动化,不需要人的干预,而且可以反复进行。

5. 网络与通信功能

计算机技术发展到今天,不仅可将几十台、几百台甚至更多的计算机连成一个网络,而且能将一个个城市、一个个国家的计算机连在一个计算机网上。目前规模最大、应用范围最广的"国际互联网"(Internet),连接了全世界150多个国家和地区数亿台的各种计算机。在网上的所有计算机用户可共享网上资料、交流信息、互相学习,方便得如用电话一般,整个世界都可以互通信息。

计算机网络功能的重要意义是:改变了人类交流的方式和信息获取的途径。

1.4.2 计算机的用途

多年前,人们对计算机用途的认识是:"除了不能帮你煮咖啡,什么都可以干。"而今天,计算机煮咖啡,只是家庭机器人的功能之一。今天的计算机几乎和所有学科结合,用途包括科学计算、数据处理、实时控制、人工智能、计算机辅助、网络与通信等,本书后面的章节将围绕这些应用主题展开讨论。大家会看到,煮咖啡的机器人就是人工智能的一个应用。

1. 科学计算

科学计算主要是使用计算机进行数学方法的实现或应用。今天计算机"计算"能力的增强,推进了许多科学研究的进展。如著名的人类基因序列分析计划,人造卫星的轨道测算,等等。国家气象中心使用计算机,不但能够快速、及时地对气象卫星云图数据进行处理,而且可以根据对大量历史气象数据的计算进行天气预测报告。所有这些在没有使用计算机之前,是根本不可能实现的。

2. 数据处理

数据处理的另一个说法叫"信息处理"。随着计算机科学技术的发展,计算机的"数据"不仅包括"数",而且包括更多的其他数据形式,如文字、图像、声音信息等。数据处理就是对这些数据进行输入、分类、存储、合并、整理以及统计、检索查询等。

数据处理是目前计算机应用最多的一个领域。例如,计算机在文字处理方面已经改变了纸和笔的传统应用,它所产生的数据不但可以被存储、打印,也可以进行编辑、复制等。在信息处理方面一个最重要的技术就是计算机数据库技术,它在信息管理、决策支持等方面提高了管理和决策的科学性。

3. 实时控制

实时控制系统是指能够及时收集、检测数据,进行快速处理并自动控制被处理的对象操作的计算机系统。这个系统的核心是计算机控制整个处理过程,包括从数据输入到输出控制的整个过程。现代工业生产的过程控制基本上都以计算机控制为主,传统过程控制的一些方法如比例控制、微分控制、积分控制等都可以通过计算机的运算来实现。计算机实时控制不但是一个控制手段的改变,更重要的是它的适应性大大提高,它可以通过参数设定、改变处理流程实现不同过程的控制,有助于提高生产质量和生产效率。

4. 计算机辅助

计算机辅助是计算机应用的一个非常广泛的领域。几乎所有过去由人进行的具有设计性质的过程都可以让计算机帮助实现部分或全部工作。计算机辅助或计算机辅助工程主要有:计算机辅助设计(Computer Aided Design,CAD),计算机辅助制造(Computer Aided Manufacturing,CAM),计算机辅助教育(Computer-Assisted (Aided) Instruction,CAI),计算机辅助技术(Computer Aided Technology /Test,Translation,Typesetting,CAT),计算机仿真模拟(Computer Simulation)等。

计算机模拟和仿真是计算机辅助的重要方面。如今,在计算机中起重要作用的集成电路的设计、测试之复杂是人工难以完成的,只有计算机能够做到。再如,核爆炸和地震灾害的模拟,都可以通过计算机实现,它能够帮助科学家进一步认识被模拟对象的特性。对一般的应用,如设计一个电路,使用计算机模拟就不需要使用电源、示波器、万用表等工具进行传统的预实验,只需要把电路图和使用的元器件输入到计算机软件,就可以得到需要的结果,并可以根据这个结果修改设计。

5. 网络与通信

将一个建筑物内的计算机和世界各地的计算机通过电话交换网等方式连接起来,就可以构成一个巨大的计算机网络系统,实现资源共享,相互交流促进。计算机网络的应用所涉及的主要技术是网络互联技术、路由技术、数据通信技术以及信息浏览技术和网络安全等。

计算机通信几乎就是现代通信的代名词。如目前发展势头已经超过传统固定电话的移动通信就是基于计算机技术的通信方式。

6. 人工智能

计算机可以模拟人类的某些智力活动。利用计算机可以进行图像和物体的识别,模拟人类的学习过程和探索过程。如机器翻译、智能机器人等,都是利用计算机模拟人类的智力活动。人工智能是计算机科学发展以来一直处于前沿的研究领域,它的主要研究内容包括自然语言理解、专家系统、机器人以及定理自动证明等。

7. 数字娱乐

运用计算机和网络进行娱乐活动,对许多计算机用户是习以为常的事情。网络上有各种丰富的电影、电视资源,也有通过网络和计算机进行的游戏,甚至还有国际性的网络游戏组织和赛事。数字娱乐的另一个重要发展方向是计算机和电视的结合——"数字电视"走入家庭,使传统电视的单向播放进入交互模式。

8. 嵌入式系统

并不是所有计算机都是通用的,有许多特殊的计算机用于不同的设备中,包括大量的消费电子产品和工业制造系统,都是把处理器芯片嵌入其中,完成处理任务。如数码相机、数码摄像机以及高档电动玩具都使用了不同功能的处理器。

1.5 计算机的类型

不同类型的计算机的区别在于体积、存储容量、指令系统规模、制造技术和价格等。计算机各种类型之间并没有特别明确的划分界线,MIPS(Million Instructions Per Second,每秒百万条指令)是计算机处理能力的一个主要指标。随着集成电路和计算机硬件技术的发展,从性价比看,今天的大型机可能就是明天的小型机,而今天的小型机可能就是明天的微型机了。

1.5.1 超级计算机

超级计算机(Supercomputers)又叫巨型计算机,其运算速度为每秒数十万亿次甚至百万亿次以上浮点数运算。巨型机数据存储容量很大,结构复杂,功能完善,价格昂贵。它在计算机系列中,运算速度最高、系统规模最大、具有最高一级的处理能力。如曾有在微机上运行近 30 个小时的一个图形处理程序,使用运用速度很快的小型机要花费 15 分钟,而使用超级计算机只用了 1 秒!

早期的庞大体积的计算机本质上算不上超级计算机,真正开始有超级计算机的提法是在 20 世纪 70 年代。图 1.12 给出了历史上超级计算机的几个典型代表,其中 2004 年之后的 T 级规模(Tera-scale,T 代表万亿数量级)的超级计算机相当于一个大型建筑物。

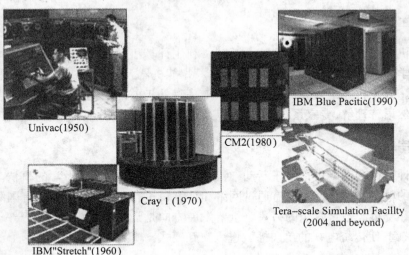

图 1.12   IBM 大型机,Cray 超级计算机

本书 10.1 节介绍了高性能计算机,其中包括超级计算机的介绍。国际上最有代表性的巨型机是 Cray 系列和 IBM 的蓝色系列。国内中国曙光集团的"曙光"系列以及联想集团的"深腾"机器,运算速度都在每秒 10 万亿次以上。

1.5.2   大、中型计算机

大型计算机通常使用多处理器结构。大型机(Mainframe Computer)也具有较高的运算速度,每秒钟一般在数亿次级水平,具有较大的存储容量和较好的通用性、较完备的功能,但价格比较昂贵。通常作为银行、航空等大型应用系统中的计算机主机。大型机支持大量用户同时使用计算机数据和程序。

过去对计算机的分类有过"中型计算机"这个级别,现在已经很难区分大型机和中型机,所以在许多情况下往往不加区分,特别是在计算机性价比不断变化的今天,对中型机的定义就更加模糊了。

1.5.3   小型计算机

小型计算机(Minicomputer)的运算速度和存储容量低于大型机,与终端和各种外部设备连接比较容易,适于作为联机系统的主机或工业生产过程的自动化控制。

早期的小型机也支持多用户,不过随着计算机规模与性价比的变化,多用户小型机慢慢淡出市场。现在的小型机主要用于企业、政府机构以及大学等的网络服务,研究机构也使用小型机进行科学研究、工程设计等。

1.5.4　工作站

工作站(Workstation)是具有很强功能和性能的单用户计算机,它通常使用在信息处理要求比较高的应用场合,如平面制作、工程或产品的计算机辅助设计。Apple 公司的 Mac 机器在平面制作领域使用非常广泛,它的图像处理能力非常强。工作站也被用于小型企业或机构的网络服务和因特网等。图 1.13 所示即为一台 SUN 工作站。

工作站的处理器性能通常都比较高,从外形上很难与微机区别,有时也把它叫做"高档微机"。

图1.13　SUN工作站　　　　　　　　图1.14　微型计算机

1.5.5　微型计算机

微型计算机(Microcomputer)也叫做个人计算机(Personal Computer,PC),简称微机或者 PC 机(本书对这两种叫法不加区别使用),一般用作桌面系统,特别适合个人事务处理、网络终端等的应用。大多数用户使用的都是这种类型的机器,它已经进入了家庭。微机也被应用在控制、工程、网络等领域。微机发展最显著的特征就是易于使用并且价格低廉。

根据其放置方式,微机也叫做台式机,如图 1.14 所示。图中的微机为直立式机箱,也有使用卧式机箱的。

适合微型计算机应用的外围设备有许多,如图形扫描仪、打印机、图像和视频数码设备等。有关微机的组成及部件在第 3 章中作进一步的介绍。

1.5.6　移动计算机

移动计算机也是微机,只是它的体积更小,便于携带。因此,移动计算机又叫做便携式微机,或者叫做笔记本电脑。

便携式微机在技术上完全建立在普通的微机基础之上,所以通常所说的台式微机能够达到的功能在便携式微机上都能够体现,惟一的区别就是便携式微机较台式 PC 慢一个周期,这是因为技术的转嫁有一个时差,但最终所有先进的技术都将应用到笔记本电脑上。

便携式微机是台式微机的微缩与延伸,其便携性和备用电源使移动办公成为可能。由于便携式微机的关键部件是专门设计的,所以价格较贵。

还有一种称为"掌上电脑"的笔记本型计算机,也叫做个人数字助理(Personal Digital Assistant,PDA)。它使用的是经过专门设计的软件。图1.15为使用微软公司的操作系统Windows CE的"掌上电脑"。现在非常流行的"智能手机"就是移动电话内置专用的处理器芯片使用专用版本(如Windows Mobile)的操作系统。

图1.15　个人数字助理和便携式微机

1.5.7　嵌入式计算机

简单地说,如果把处理器和存储器以及接口电路直接嵌入设备当中,这种计算机就是嵌入式计算机。嵌入式计算机系统是对功能、可靠性、成本、体积、功耗等有严格要求的专用计算机系统。

嵌入式系统中使用的"计算机"往往基于单个或少数几个芯片,在芯片上处理器、存储器以及外设接口电路是集成在一起的。嵌入式计算机在应用数量上远远超过了通用计算机。在通用计算机中使用的外设,包含嵌入式微处理器,许多输入输出设备都是由嵌入式处理器控制的。在制造业、过程控制、通信、仪器、仪表、汽车、船舶、航空航天、军事装备、消费类产品等许多领域,嵌入式计算机都有极其广泛的应用。

可以把嵌入式计算机当作专用计算机,嵌入式系统的硬件和软件都必须具有高效率的设计。嵌入式系统的软件一般固化在存储器芯片或单片机本身中;软件代码要求高质量、高可靠性,以提高执行速度;同时,嵌入式系统要求实时性。

*1.6　计算机科学和计算机工具

计算机科学(Computer Science)是以计算机为研究对象的学科,它是针对计算理论、计算机设计、程序设计和语言、问题的求解方案、数据及其算法等寻求科学基础的学科。但长期以来,对计算机是否是一个科学学科一直存在争议。一般认为,科学研究的是系统的原理和事物发展的规律,工程技术则解决如何实现。不可否认,计算机来自于计算和数学逻辑,由计算机的诞生而发展起来的计算机科学涉及数学、逻辑、电路和电子、光学以及通信等多个学科,即这个体系涵盖了数学、科学和工程学 3 个分区,如计算理论属于数学,算法与复杂性涉及科学,设计属于工程学。

进一步地,我们可以把计算机科学研究分为两个部分,一个是计算机系统,另一个是计算机应用。算法与数据结构、程序设计语言、体系结构、操作系统、软件方法学和软件工程、人机交互等,这些是属于系统的,对它们的理解与计算相关。而数值与符号计算、数据库、信息处理、人工智能、机器人、图形学、组织信息学、生物信息学等属于应用范畴。它们的相关研究仍然在继续,系统研究开发出计算机更好的支撑环境,而应用研究则为特定的应用领域开发出好的工具。

计算机专业用户开发软件,大多数没有计算机背景的用户通过这些软件使用计算机。毫无疑问,计算机学科的发展极大地影响了人数众多的普通用户,而用户的需求变化又促进了学科的研究和发展,这种共生共发展的关系比任何一个其他社会或自然科学学科的类似关系要紧密得多,而且它几乎影响着所有其他学科的发展,这就是计算机作为工具的巨大作用。显然计算机是一门科学,而这门学科研发了可供绝大多数人使用的计算机工具。

今天,人们使用计算机进入因特网查找自己需要的信息、资料,寻找解决问题的方法。人们可以通过计算机进行相互交流,通过计算机建立、存储自己的文件,帮助处理事务。一个非常有说服力的例子是被戏称为"伊妹儿"的电子邮件(E-mail 或 Email),它从根本上改变了人类传统的通信方式。正是由于计算机技术和通信技术的结合,使得"天涯若比邻",世界成了"地球村",现代通信使人类交流克服了过去难以逾越的时空障碍。另一方面,现代科学技术的发展使信息产生"膨胀",据估计,现代数字电子计算机发明 60 多年以来产生的信息超过了此前人类 5000 多年的信息总和。信息更新的速度更是惊人,有专家认为信息更新周期为 5 年,而计算机本身的信息更新速度则还要快。

计算机文化(Computer Literature)这个词的出现到被广泛认可的时间并无确切的考证,但基本上是在 20 世纪 80 年代后期。计算机开始是一种装置,进而到一门学科,后来出现了"文化"的概念,它对人类的影响力之大的确令人惊叹。计算机文化是指能够理解计算机是什么,以及它如何被作为资源使用的。简单地说,计算机文化不但是知道如何使用计算机,更重要的是知道什么时候使用计算机,以及使用计算机去解决问题。

本章小结

本章介绍了计算机的历史,解释了什么是计算机、计算机的特点以及计算机科学研究的主要内容。

在本书中,计算机科学是指与计算机有关的问题。

计算机是今天社会生活中的一个标志性的科学工具。

计算机是一种能按照事先存储的程序,自动、高速地进行大量数值计算和各种信息处理的现代化智能电子装置。

一个计算机系统包含硬件和软件两大部分,而计算机应用最广泛的信息系统的要素包括了计算机的硬件、软件、数据和信息、人和过程及通信。这些是整个计算机技术的内涵。

一个计算机可以用数据处理机的模型进行描述。

具有可编程能力的数据处理机是现代计算机的模型。

程序是完成特定功能的计算机指令的集合。

一般把现代计算机的发展分为四代,第一代是电子管计算机,第二代是晶体管计算机,第三代为集成电路计算机,第四代为大规模集成电路计算机。

计算机具有高速精确的运算能力、准确的逻辑判断能力、强大的存储能力、具有自动处理功能和网络与通信功能等特点。

计算机有多种类型,一般地说有超级计算机、大型计算机、小型计算机和微机。微型计算机也叫做个人计算机或者叫 PC 机。在微机类型中,有台式计算机和移动计算机。还有一种类型是嵌入式计算机。

计算机对人类社会发展的最大推进是促进了以"信息社会"为特征的现代社会生活、学习、工作乃至娱乐方式的转变,它对人类社会的影响还在继续。

计算机科学是以计算机为研究对象的一门学科。它的研究内容涉及计算机理论、硬件、软件、网络、应用等方面。

通过本章的学习,应该能够理解和掌握:

• 计算机是一门科学,在应用技术领域它是一种工具。

• 作为工具,计算机是一种程序,进行计算和信息处理的现代智能电子装置。

• 计算机由硬件和软件两大部分组成。

• 计算机的发展历史是建立在人类对自动计算千百年来不懈追求的成果之上的。

• 计算机是信息系统的重要组成部分,信息系统包括六大要素。

• 计算机的特点和用途。

• 计算机的类型。

• 计算机科学的研究内容。

思考题和习题

一、问答题:

1. 什么是计算机?

2. 计算机有哪 5 个组成部分? 简述各部分的功能。

3. 计算机是构成信息系统的基础,构成信息系统的要素有哪些?

4. 简述计算机的主要特点。

5. 简述计算机研究的内容。

6. 什么是计算机文化?

7. 计算机有哪几种类型,它们的主要特点是什么?

二、选择题:

1. 计算机知识是指_____。

A. 理解计算机基本概念的能力

B. 能够理解计算机带来的积极影响和消极影响

C. 能够理解计算机具有信息(数据)处理的能力,理解计算机是一种工具

D. 能够了解计算机科学涉及的主要内容

E. 以上都是

2. 计算机的两个主要组成部分是_____。

A. 输入和输出   B. 存储和程序

C. 硬件和软件   D. 显示器和打印机

E. 网络和通信

3. 计算机对数据处理之后能够形成_____。

A. 有用的数据,再进行处理   B. 信息

C. 报告   D. 公式和报表

4. 构成计算机信息系统的 6 个基本要素是_____(多选):

A. 计算机   B. 计算机硬件

C. 程序   D. 软件

E. 数据/信息   F. 人

G. 处理器   H. 存储器

I. 输入输出   J. 通信

K. 网络   L. 过程或处理

5. 由具有程序功能的处理机构成的计算机,处理得到的输出主要取决于_____。

A. 输入的数据   B. 输入的信息

C. 输入的数据和处理数据的程序   D. 输入的数据和处理数据的硬件

6. 现代计算机模型把计算机分为 5 个组成部分,它们是_____(多选)。

A. 输入设备   B. 输出设备

C. 处理器子系统   D. CPU

E. 控制器   F. 存储器子系统

G. 输入输出子系统   H. 运算器

7. 所谓程序存储的概念是指_____。

A. 数据被输入到存储器中

B. 程序和数据以同样的格式被存放在存储器中

C. 程序和数据以不同的格式被存放在存储器中

D. 程序在执行时放到存储器中

8. 第一代电子计算机的主要标志是_____。

A. 机械式   B. 机械电子式   C. 集成电路   D. 电子管

9. 第二代电子计算机的主要标志是_____。

A. 晶体管   B. 机械电子式   C. 集成电路   D. 电子管

10. 第三代电子计算机的主要标志是_____。

A. 电子管   B. 晶体管   C. 集成电路   D. 大规模集成电路

11. 第四代电子计算机的主要标志是＿＿＿＿＿。

    A. 大规模集成电路　　B. 晶体管　　C. 集成电路　　D. 电子管

12. 计算机的特点表现在它的高速、精确的运算能力，准确的＿＿＿＿＿能力和强大的存储能力，以及具有自动处理功能和网络与通信功能。

    A. 体积小　　　　B. 逻辑判断　　　　C. 功耗低　　　　D. 价格便宜

在线检索

1. 登录"Yahoo!"中文网站(cn. yahoo. com)进入"网站分类"，选择"电脑和因特网"，查看计算机的应用领域。更进一步，可以登录"Yahoo!"英文网站(www. yahoo. com)，从 Web Site Directory-Sites Organized by Subject，点击进入 Computers & Internet，了解更多的计算机应用领域方面的知识。

    Yahoo! 是一个以网络信息资源服务为主的网站。它在 Internet 上提供了索引性的服务。它收集有用的 Internet 资源——类似于电信公司提供的"黄页"——Internet 黄页。这个索引提供了有关计算机几乎所有方面的信息，如计算机类型、厂商、商务、教育、培训等内容。通过链接可以进入相关网站，获取更多有用的计算机方面的知识。

    2. 登录网站 http://www. computerhistory. org/了解计算机的历史，从它的发展轨迹进一步理解计算机。（图 1.16 是这个网站的主页）

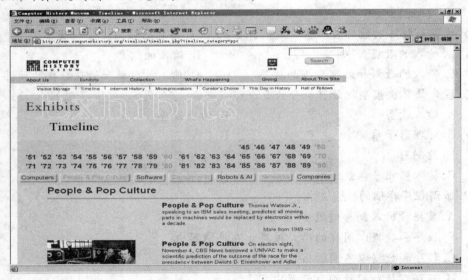

图 1.16　http://www. computerhistory. org/网站主页

加拿大费纳大学的 Michelle A. Hoyle 提供的关于计算机历史的讲义"Computer：From the Past to the Present"的讲座网站 http://lecture. eingang. org，讲述了计算机发展历史上的一些大事，本书对其中一些内容作了简单介绍。

    还有一个推荐给读者的网站是 http://www. islandnet. com/～kpolsson/comphist/，它以年表的方式给出了计算机发展史，通过阅读其中的内容，特别是有关技术发展和企业的发展介绍。

通过这些网站信息的查询和浏览,我们可以看到:计算机发展过程中一个问题的出现和解决,往往延伸到一种新的技术的产生甚至一个产业的产生。由此体会和印证"知识就是力量"、"知识就是资本"等理念。

附:关于在线检索

本书有许多内容的介绍来自不同资料、文献和著作。我们在介绍计算机科学研究内容时提到"检索、查询"技术是一个重要的研究领域。为了便于读者进一步深入了解有关知识的背景和更多内容,我们在每章后面有选择地推荐了一些网站。

这里有一个问题,即许多网站特别是计算机科学和技术以及产品的网站,多数是英文的,阅读这些网站会带来一些困难。我们在本书附录 B 中列出了部分常用词汇,希望能够有所帮助。另外一个办法是在使用的机器上安装具有在线功能的"翻译软件",如我国著名软件公司金山公司的"金山词霸"(PowerWord)。

在笔者编写本书的时候,书中提供的网站是可以被访问的。但网络的变化难以预料,如果按照书上介绍的有关网站并不能被访问,也许是网站关闭、临时故障或者更名。实际上通过网络搜索引擎可以寻找更多的相关网站。

第 2 章

信息表示与数字逻辑基础

如第 1 章所讨论的,现代计算机是一个数字系统,它是数据处理机。在本章中,将着重讨论在计算机中数的表示方法及其相关的基本知识,包括计算机所使用的数制和编码、定点数和浮点数等,它们是计算机实现"计算"的基础。计算机的物理基础是数字电路。本章还介绍数字逻辑及数字电路方面的有关知识,供选择学习。

2.1 理解信息表示

信息(Information)是一个专业术语,也是一个普通的词汇。理解它的含义时需要根据使用它的背景。信息作为科学名词,意味着研究其一般规律,而在其他场合,往往只是一个具体的表述而已,如气象信息、新闻信息等。

信息通常以文字或声音、图像的形式来表现,是数据按有意义的关联拓扑结构的结果。信息是需要以合适的方式来表示并且能够被正确理解。计算机中的"信息"也是一个广义的概念,很多情况下,信息和数据(Data)被模糊地认为是等同的,进一步地,它们之间的关系可以看做信息来源于数据。

在应用层,信息就是数据所表达的结论,而在技术层,考虑更多的是它的表示形式。因此我们讨论信息的表示主要着重于计算机中的数据表示。

不同的数据类型有不同的应用需要。在科学计算和工程设计领域中,使用计算机的主要任务就是为了处理数据,如进行各种运算、变换等。即使是单纯进行计算,数据的表示形式除了使用传统的数(Number)外,还可以用图形、文本等其他非数字形式进行表示。

计算机可以播放音乐和电影,这里主要的数据类型就是视频和音频信号。计算机还可以对这些数据进行处理,实现对图像和声音的压缩、放大、缩小、旋转等各种处理。

如果使用计算机建立一个特定对象的数据库(Data Base),把不同类型的数据加以关联,以便能够迅速地查询、检索,也需要确定存放到数据库的数据类型(也叫属性)。

我们一般理解数据的类型有广义数据类型和狭义数据类型。广义的数据类型就是按照数据的基本形式定义,也就是前面所说的多媒体数据。但进一步研究,就会发现即使同一种形式的数据也有许多种类型。

数字是最常见的数据类型,但数字所表述的对象的属性则又有许多种。有表示日期的数字和表示时间的数字,有表示特定对象标识的数字如身份证号码,有表示各种货币的数字,也有表示国家、地区编码的数字。如银行主要处理的是数字,但它也用文本来记录储户的基本信息。

计算机需要能够处理各种数据类型。显然,使用不同的计算机处理不同的数据类型还不是一个经济问题,主要是不合实际。因此在计算机中采用了统一的数据表示方法,各种数据类型以一种计算机可以接收的形式和方法输入到计算机中,经过计算机的处理后再以需要的形式输出。

在计算机中,各种不同类型的数据全部是以"数字"(Digital)形式表示的,它们有两类形式,一类是可以直接进行数学运算的"数制",另一类是用来表示不同属性对象的"码制"。因此,数制和码制是计算机最基础的部分。

2.2　数　制

计算机是设计用于进行计算的,因此首先要考虑它如何表示数。计算机中的数以二进制表示,二进制的位称为比特(bit),比特是计算机处理的最小数据单位。比特有"0"和"1"两个数码,它们被组合成各种代码以适应计算机的运算和处理。

使用计算机不必去考虑它的细节,重要的是知道如何使用。尽管如此,作为计算机"细胞"的比特这个术语会在日常的应用中经常遇到,因此理解它们的意义是学习计算机所必需的。

选择二进制的一个最简单也最实际的理由是它容易被物理器件所实现,例如开关的两个状态(ON/OFF)可以用二进制两个数码来表示,一个二极管的截止和导通也能够与二进制状态对应。而用来设计计算机的数字电子线路就是基于半导体的截止/导通状态。

人类日常使用的是十进制,计算机使用的是二进制,因此它们是最重要的两种数制。数制(Number System)也被称为"计数(或记数)体制"。使用数码进行组合成多位数的方法就是计数进位。数码是一个计数体系中的符号集,我们把多位数中每一位的构成方法以及实现从低位到高位的进位规则叫做数制。

数制可以用式(2-1)表示,一个多位数可以表示为:

$$N = \sum_{i=-m}^{n} A_i \times R^i \tag{2-1}$$

其中,A_i 为数制的数码,如十进制有 $0,1,2,\cdots,8,9$ 共 10 个数码;R 为基数,也称为 R 进制,如十进制的 R 为 10;m 为小数部分,n 为整数部分(整数部分是从 0 开始,因此整数部分为 $n+1$ 位)。

式(2-1)将一个数表示为多项式,也称为数的多项式表示。我们也将 R^i 称为权系数或权重(Power Weight),因此式(2-1)所表示的计数法也叫做"权系数法"或"位权系数法"。

我们习惯使用的是顺序计数,如十进制数586。它可以被表示为:

$$586 = 5 \times 10^2 + 8 \times 10^1 + 6 \times 10^0$$

等号的左边为顺序计数,右边则为按式(2-1)表示的多项式。实际上我们把任何进制的数按式(2-1)展开求和就得到了它对应的十进制数,所以式(2-1)也是所有数制相互转换的基础。

根据式(2-1),我们将数制的基本特点归纳为:

①一个 R 进制的数制有 R 个数码。

②最大的数码为 $R-1$。

③计数规则为"逢 R 进一"。

下面我们介绍几种常用的数制。

1. 十进制

十进制(Decimal System)有 0～9 共 10 个数码,基数为 10,权系数为 10^i。十进制的计数规则为"逢十进一"。十进制我们非常熟悉,因此这里不再详细介绍。

2. 二进制

二进制(Binary System)是计算机采用的数制。二进制有两个数码 0 和 1,它的计数规则为"逢二进一"。二进制的基数为 2,权系数为 2 的整数次幂。因此用式(2-2)表示二进制为:

$$N = \sum_{i=-m}^{n} A_i \times 2^i \tag{2-2}$$

其中,A_i 为二进制的数码,分别是 0 和 1。一个二进制数可以用式(2-2)展开,例如:

$$10101101 = 1 \times 2^7 + 0 \times 2^6 + 1 \times 2^5 + 0 \times 2^4 + 1 \times 2^3 + 1 \times 2^2 + 0 \times 2^1 + 1 \times 2^0$$

当二进制某一位计数满 2 时就向高位进 1。二进制的运算规则和十进制类似,不同的是它只有两个数码。

(1)二进制加法运算

$$0+0=0, \quad 0+1=1, \quad 1+0=1, \quad 1+1=10$$

注意,1 + 1 = 10,等号右边 10 中的 1 是进位。

(2)二进制乘法运算

$$0 \times 0=0, \quad 0 \times 1=0, \quad 1 \times 0=0, \quad 1 \times 1=1$$

【例 2-1】 计算 10110101 + 10011010。

```
      1 0 1 1 0 1 0 1
    + 1 0 0 1 1 0 1 0
    ─────────────────
进位←1 0 1 0 0 1 1 1 1
```

【例2-2】 计算 1101 × 110。

$$
\begin{array}{r}
1\,1\,0\,1 \\
\times \quad 1\,1\,0 \\
\hline
0\,0\,0\,0 \\
1\,1\,0\,1 \\
+\ 1\,1\,0\,1 \\
\hline
1\,0\,0\,1\,1\,1\,0
\end{array}
$$

计算结果相当于十进制的 13 × 6 = 78。

3. 八进制

八进制(Octal System)有 8 个数码,分别用 0,1,2,3,4,5,6,7 这 8 个数码表示。根据式(2-1),可知八进制的基数为 8,权系数为 8 的整数次幂。由于 $8 = 2^3$,就是说 1 位八进制对应于 3 位二进制,所以八进制在计算机中是作为过渡进制使用的。

4. 十六进制

十六进制(Hexadecimal System)使用 16 个数码表示,而常用的阿拉伯数字只有 10 个,即 0~9,所以再使用英文字母 A,B,C,D,E,F 分别代表它的另外 6 个数码(在计算机内部或程序设计中,往往并不区分其大小写),即对应十进制的 10,11,12,13,14,15。

十六进制的基数为 16,权系数为 16 的整数次幂。

使用十六进制的另外一个理由,因为它是计算机中数据存储单位字节(Byte,由 8 位二进制组成,参见第 3 章有关存储器的介绍)的一半长度,使用 2 位十六进制正好表示一个字节。同样,由于 $16 = 2^4$,它转换为二进制非常简单,所以作为一种比二进制更直观且书写更容易的十六进制在计算机中用得比较多。

2.3 数制转换

不同进制数之间的转换是计算机的一个基本功能。进制转换的基础是式(2-1)。

1. 二进制转换为十进制

把二进制数转换为十进制数叫做二—十进制转换。转换方法就是按权系数展开后相加。简单地说,将二进制数按式(2-2)展开,然后相加,所得结果就是等值的十进制数。

【例2-3】 把二进制数 1101.01 转换为十进制数。

$$
\begin{aligned}
1101.01_2 &= 1 \times 2^3 + 1 \times 2^2 + 0 \times 2^1 + 1 \times 2^0 + 0 \times 2^{-1} + 1 \times 2^{-2} \\
&= 8 + 4 + 0 + 1 + 0 + 0.25 \\
&= 13.25_{10}
\end{aligned}
$$

注意,为了区分不同进制的数,我们在数字的右下角加脚注 10,2,16,8 分别表示十进制、二进制、十六进制和八进制。

2. 十进制转换为二进制

十一二进制转换是进制间转换比较复杂的一种,也是与其他进制转换的基础。为简便起见,我们把整数和小数转换分开讨论。

(1) 整数的转换

任何一个十进制数除以 2 的结果,如果能够被整除,那么余数为 0,否则为 1。这一结论就是十进制整数转换为二进制数的算法:将被转换的十进制数用 2 连续整除,直至最后的商为 0,然后将每次所得到的余数(0 或 1)按相除过程反向排列,结果就是对应的二进制数。我们还是举例说明。

【例 2-4】 将十进制数 173 转换为二进制数。

将 173 用 2 进行连续整除(也就是初等数学中的短除法):

2	173	………… 商86余1	2^0　最低位
2	86	………… 商43余0	2^1
2	43	………… 商21余1	2^2
2	21	………… 商10余1	2^3
2	10	………… 商5余0	2^4
2	5	………… 商2余1	2^5
2	2	………… 商1余0	2^6
2	1	………… 商0余1	2^7　最高位
	0		

所以,$173_{10} = 10101101_2$

(2) 小数的转换

十进制小数转换为二进制小数的方法正好与整数相反,使用连续乘 2 得到进位,直至所得积的小数部分为 0 或者使二进制位数达到所需的精度为止,按先后顺序排列进位(0 或 1)就得到转换后的小数。

【例 2-5】 将十进制小数 0.8125 转换为相应的二进制。

	最高位	进位	0.8125
			× 　　2
	2^{-1}	1	.6250
			× 　　2
	2^{-2}	1	.2500
			× 　　2
	2^{-3}	0	.5000
			× 　　2
	最低位　2^{-4}	1	.0000

所以,$0.8125_{10} = 0.1101_2$

3. 二进制与八进制转换

同样道理,把二进制数转换为八进制数叫做二—八进制转换,反之叫做八—二进制转换。正如上一节中介绍的,二进制和八进制之间的关系正好是 2 的 3 次幂,所以二进制与八进制之间的转换只要按位展开就可以了。我们举例说明。

【例 2-6】 将二进制数 10110101.00101 转换为八进制数。

我们以小数点为界,分别将 3 位二进制对应 1 位八进制如下:

$$010 \quad 110 \quad 101 \quad . \quad 001 \quad 010 \qquad \text{二进制}$$
$$\downarrow \quad\;\; \downarrow \quad\;\; \downarrow \qquad\quad \downarrow \quad\;\; \downarrow$$
$$2 \qquad 6 \qquad 5 \quad . \quad 1 \qquad 2 \qquad \text{八进制}$$

所以,$0110101.0010_2 = 265.12_8$。

八—二进制转换是将需要转换的八进制数从小数点开始,分别向左和向右按每位八进制对应 3 位二进制展开即得到对应的二进制数。

注意,我们从小数点开始,往左为整数,最高位不足 3 位的,可以在最高位的前面补 0;往右为小数,最低位不足 3 位的,可以在最低位后面补 0。

【例 2-7】 将八进制数 257.064 转换为二进制数。

$$257.064_8 = 010 \quad 101 \quad 111.000 \quad 110 \quad 100$$
$$= 10101111.0001101_2$$

与例 2-6 中类似,转换后的二进制数的最高位和最低位无效的 0 可以省略。

4. 二进制与十六进制之间的转换

二进制与十六进制之间的转换与前面所介绍的二—八进制之间的转换类似,惟一的区别是 4 位二进制对应 1 位十六进制,而且十六进制除了 0~9 这 10 个数码外,还有 A~F 表示它另外的 6 个数码。我们以二—十六进制转换为例说明它们之间的转换。

【例 2-8】 将二进制数 10110101.00101 转换为十六进制。

$$1011 \qquad 0101 \qquad . \qquad 0010 \qquad 1000 \qquad \text{二进制}$$
$$\downarrow \qquad\;\; \downarrow \qquad\qquad\;\; \downarrow \qquad\;\; \downarrow$$
$$B \qquad 5 \qquad . \qquad 2 \qquad 8 \qquad \text{十六进制}$$

所以,$10110101.00101_2 = 0B5.28_{16}$。

注意,我们在给出十六进制数的前面加上"0"是因为这个十六进制数的最高位为字符 B,用"0"作为前缀以示与字母区别。在计算机中也是在数据前面加上特定符号来区分数据的进制或区别数字与字符的(参见 2.5 节编码的有关解释)。

将十六进制转换为二进制读者可以参照例 2-7 自行练习。

5. 十进制与八进制、十六进制之间的相互转换

表 2.1 列出了 4 种常用进制之间的转换。实际上,只要按照式(2-1)所给出的表达关系,都可以用数学方法证明并得到相应的转换方法。不过进制转换大多数由计算机执行程序自动完成,并不需要人工进行转换,特别是多位数的转换是比较繁琐的。

表 2.1 十进制、二进制、八进制、十六进制转换表

十进制	二进制	八进制	十六进制
0	0	0	0
1	1	1	1
2	10	2	2
3	11	3	3
4	100	4	4
5	101	5	5
6	110	6	6
7	111	7	7
8	1000	10	8
9	1001	11	9
10	1010	12	A
11	1011	13	B
12	1100	14	C
13	1101	15	D
14	1110	16	E
15	1111	17	F

通常,十进制与八进制及十六进制之间的转换不需要直接进行,可用二进制数作为中间量进行相互转换。如要将一个十进制数转换为相应的十六进制数,可以先将十进制数转换为二进制数,然后直接根据二进制写出对应的十六进制数,反之亦然。

你可能使用过 Windows 附带的计算器,它是一个小程序,可以从 Windows 的"启动"—"程序"—"附件"—"计算器"打开它。这个计算器有两种模式,可以从打开的"计算器"菜单"查看"中选择如图 2.1 所示的科学型计算器。

图 2.1 Windows 中的科学型计算器

这个计算器可以完成简单的进制转换。只要选择相应的进制按钮,输入数据,然后选择需要转换的进制,就完成了相应的转换。

2.4 计算机中的数

计算机使用二进制,但在计算机中如何表示一个数呢,例如表示二进制数的正或负。在计算机中采取了一种约定的方法解决这个问题:在数的前面增加一位符号位,用"0"表示正数,"1"表示负数。例如: +1011 写作 01011, – 1011 写作 11011。

通常,我们把用 0 或 1 表示正负号的数叫做计算机的"机器数",而不包括符号位的数值叫做机器数的"真值"。上面的数 01011 和 11011 为机器数,1011 和1011 为对应的真值。

2.4.1 原码、补码和反码

计算机中对数的不同运算采用不同的编码方法。主要有原码、补码和反码 3 种。

1. 原码

原码的定义为:一个正数的原码和它的真值相同,负数的原码为这个数真值的绝对值,符号位为 1。计算机中存储单元长度为 8 位二进制,最高位被设置为符号位,后面的 7 位表示真值。

原码的优点是简单、直观,用原码进行乘法运算比较方便:真值相乘,只要将两个参加运算的数的符号做简单的加法就得到它们乘积的符号。但是,如果用原码进行加法运算就会遇到符号运算需要进行多次判断的麻烦:先要判断符号位是否同号,决定是进行加法或减法;对不同号的情况,还要判断哪个数的真值大,才能决定最后运算结果的符号。

为了简化原码加法运算的复杂性,计算机中使用补码进行加减法运算。

2. 反码

为理解补码,我们先介绍反码。所谓"反"的意思在二进制中还是比较容易理解的:二进制只有两个数码,0 和 1,如果把它们看做是两种状态,就可以认为是相反的。即在二进制中,0 的"反"为 1,而 1 的"反"为 0。因此,我们可给出二进制反码的定义:一个正数的反码等于它的原码;一个负数的反码,最高位(符号位)为 1,其余各位按位求反。例如: +101 0010的反码为 0 101 0010; – 101 0010 的反码为 1 010 1101。

一个数如果不考虑它的符号,按照取"反"的原则求它的反码,并与这个数的原数相加,其结果为所有位都是 1。例如: 101 0010 的反码为 010 1101,将它们相加:

101 0010 +010 1101 = 111 1111

这是反码的一个重要特性,也叫做"互补",它在计算机处理数据中经常被使用。

3. 补码

为了理解补码的概念,我们先举个例子。如果现在的时间是下午3时,但你的手表因故还停留在8时的位置,需要校准你的手表,你该怎么做? 当然可以顺时针方向向前拨7个小时或逆时针方向倒拨5小时,结果都是使时间指向3时。理解下面的叙述不妨把时钟看成是十二进制计数。

第一种方法,相当于在8时位置上增加7个小时,有8+7=15。因为超过了12,按照12进制的进位原则,15相当于12+3,所以时钟回到了下午3时。

第二种方法,8−5=3,这很好理解。

我们应该有这样的推定:在不考虑进位的情况下,以十二进制的指针运动能够用两种方法表示,8−5可以用8+7来代替——减法变成了加法。于是,我们有了一个新的定义:一个 R 进制的两个数 a,b 之和等于 R,我们称 a 和 b 互为"补数"(或补码),把 R 称为模(或模数,Mode,常用 mod 或 Mod 表示)。显然在这个钟表的例子中,7 和 5 是模12的补码。这就是计算机中将减法转化为加法运算的基础——减去一个数,等于加上这个数的补码。

必须进一步说明的是,由于计算机中表示一个数是用有限的物理器件组成存储单元,所以补码的计算所需要的模是相对这个存储长度的。例如用8位二进制数,则最高位为符号位,实际上尾数为7位,那么对这个存储长度的数求补码的模为128。

我们可以在反码的基础上给出补码的定义:一个正数的补码等于它的原码;一个负数的补码等于它的反码加上1(从最低位上加1,并考虑进位,但最高有效进位不改变符号位)。例如:+101 0010的补码为0 101 0010;−101 0010的反码为1 010 1101,它的补码为反码加1,即1 010 1101+1=1 010 1110。

我们举例说明使用补码进行加法运算。假设用5位二进制运算,最高位为符号位,两个数分别为十进制的 a=11 和 b=−10,则有 a 转换为二进制的补码为01011;b 的二进制原码11010,反码为10101,补码为1 0110。则使用补码计算 a 和 b 之和:

```
    0  1011        a,符号位为0
 +  1  0110        b 的补码,符号位为1
 ─────────
  1  0  0001       产生的进位,丢掉
```

带符号运算的结果,如果不考虑符号位产生的进位,将直接得到正确结果。然而如果运算结果使符号位为1,那么需要将补码还原成原码才得到正确结果(我们留给读者参照本书介绍的方法自行练习)。

补码有许多重要特性,其中一个有意思的特性就是:补码的补码将还原为原码。

2.4.2　定点数和浮点数

计算机是有限物理存储空间的机器,因此表示数就需要考虑数的长度。一般情况下,在计算机中的表示有以下几个因素需要考虑。

- 数的类型,是小数、整数或实数;
- 数值范围,这和计算机的存储及处理能力相关;
- 数值精度,这取决于机器的能力;
- 硬件代价,许多情况下用软件实现复杂数据处理和精度要求。

一般计算机中的数有两种常用表示格式:定点和浮点。

定点格式容许的数值范围有限,在计算机中一般用固定长度(如 16 位或 32 位二进制)表示,同时将小数点固定在某一个位置。为了处理方便,一般分为定点纯小数和定点纯整数。

1. 定点纯小数格式

(1)定点纯小数格式

把小数点固定在数值部分最高位的左边。

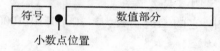

(2)数的范围

对于二进制的 $(m+1)$ 位定点纯小数格式的数 N,所能表示的数的范围为

$$|N| \leqslant 1 - 2^{-m}$$

(3)比例因子

对于绝对值大于 1 的数,如果直接使用定点纯小数格式将会产生"溢出"(Overflow),应该根据实际需要使用一个"比例因子",将原始数据按该比例缩小,以定点纯小数格式表示,运算后再按该比例扩大得到实际的结果。

2. 定点纯整数格式

(1)定点纯整数格式

把小数点固定在数值部分最低位的右边。

(2)数的范围

对于二进制的 $(m+1)$ 位定点纯整数格式的数 N,所能表示的数的范围为

$$|N| \leqslant 2^m - 1$$

(3)比例因子

对于绝对值大于该范围的数,如果直接使用定点纯整数格式也将会产生"溢出",应该根据实际需要适当地选择一个"比例因子"进行调整,使所表示的数据在规定的范围之内。

定长数据格式要求的处理硬件比较简单,但它的表示范围受到限制,与所需表示的数值取值范围相差悬殊,给存储和计算带来诸多不便,因此出现了浮点表示法。

3. 浮点数

浮点表示法,即小数点的位置是浮动的,其思想来源于科学计数法(指数)。浮点数容许的数值范围很大,要求的处理硬件比较复杂。一个浮点数分为阶码和尾数两部分。

(1)阶码

阶码用于表示小数点在该数中的位置,它是一个带符号的整数。

(2)尾数

尾数用于表示数的有效数值,可以采用整数或纯小数两种形式。

一般选择 32 位(单精度)或 64 位(双精度)二进制表示一个浮点数。32 位浮点数格式如下:

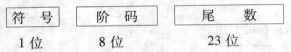

符 号	阶 码	尾 数
1 位	8 位	23 位

例如:一个十进制数 − 34500,在机器中,它的二进制数为 − 1000011011000100,如果使用浮点数表示,则为

符号	阶码	尾数
1	00010000	1000011011000100000000000

注意,在计算机中这些数据都是二进制数表示的,也都是定长格式且阶码的最高位也是符号位。如阶码为 2^{16},对应的二进制数为 00010000。而阶码为 10001001,则表示为 2^{-9}。

这种结构是规格化浮点数。为了提高浮点数表示的精度,通常规定其尾数的最高位必须是非零的有效位,称为浮点数的规格化形式。浮点数需要规格化,主要解决同一浮点数表示形式的不惟一性问题,否则尾数要进行左移或右移。浮点数的表示范围取决于阶码,数的精度取决于尾数。

目前计算机中使用的浮点数标准主要是 IEEE(电气和电子工程师协会)所定义的。

2.5 另一种形式:码和编码

上一节中我们介绍的原码、反码、补码,它们的实际意义是数(Number)的表示形式。本节介绍另一种意义上的数,而它们并没有"数"的意义。

我们知道,一般情况下数字是用来表示"量"的。将量纲抽象后就变成了纯数的概念,便于研究数之间复杂的关系。但我们也知道,"数"不仅仅用来表示"量",它还能作为"码"(Code)来使用。例如,在我国实行的公民身份证制度,身份证上有一组 18 位(第一代身份证为 15 位)的数为"身份证号码"。这就是用数字进行编码的例子。再如每一个学生入学后都会有一个学号,这也是一种编码。

编码的目的之一是为了便于标记特定的对象。为了便于存储和查找,在设计编码时需要按照一定的规则,这些规则就叫做"码制"(Code System)。不同的应用有不同的编码,计算机中有数以百千计的各种码。我们这里介绍最常用的几种计算机编码,ASCII码、Unicode 和汉字编码。

2.5.1　ASCII 码

计算机在不同程序之间、不同的计算机系统之间进行数据交换,其基本要求就是交换的双方必须使用相同的数据格式,即需要统一的编码。而 ASCII(American Standard Code for Information Interchange,美国标准信息交换码)就是计算机数据交换的基础标准码。

ASCII 是美国国家标准局(ANSI)制订的,后被国际标准化组织(ISO)确定为国际标准 ISO 646。ASCII 用于拉丁文字符,它有 7 位二进制码和 8 位二进制码两种格式。8 位是扩展到 ASCII,其第 8 位用于确定附加的 128 个特殊字符、外来语及图形符号(请参见附录的 ASCII 表)。

7 位 ASCII 是单字节字符编码标准,用于文本数据。它有 $128(2^7)$ 种组合,每一个组合码都惟一地对应一个字符(或控制符)。它表示了十个数码 0～9 以及英文字符 A～Z 和 a～z,还有一些常用符,如运算符等。另外还定义了控制符和通讯专用字符,如控制符有 LF(换行)、CR(回车)、FF(换页)、DEL(删除)、BEL(振铃)等;通讯专字符如 SOH(文头)、EOT(文尾)、ACK(确认)等。

计算机键盘上的符号大多数都可以在 ASCII 码中找到对应的编码。实际情况也是如此,键盘上相应的按键传送到计算机内的编码就是按键所对应的 ASCII 码。

7 位 ASCII 码是单字节(8 bit)的,其最高位(bit7)可用来传输校验,其校验方法有奇校验和偶校验两种。奇校验要求发送代码"1"的个数必须是奇数,若非奇数,则在 bit7 置1。偶校验则规定"1"的个数为偶数,若非偶数,则 bit7 置 1。接收方在接收后根据字节代码中"1"的数目判定传输过程是否有错。

2.5.2　Unicode 编码

它最初是 Apple 公司发起制订的通用多文种字符集,后来被 Unicode 协会开发为能表示几乎世界上所有书写语言的字符编码标准。Unicode字符清单有多种代表形式,包括UTF-8、UTF-16 和 UTF-32,分别用 8 位、16 位或 32 位表示字符。如早期的英文版 Windows 使用的是 8 位 ASCII 码或 Unicode-8,而中文版的 Windows 使用的是支持汉字系统的 Unicode-16,而现在的 Windows 使用了支持多语种的 Unicode 标准。

2.5.3　汉字编码

汉字编码的目的是为了使计算机能够处理、显示、打印、交换汉字字符等。相对 ASCII 码,汉字编码有两大困难:选字难和排序难。选字难是因为汉字字量大(包括简体字、繁体字、日本汉字、韩国汉字),而字符集空间有限。排序难是因为汉字可有多种排序标准(拼音、部首、笔画等),而每一种排序方法还存在争议,如对一些汉字还没有一致认可的笔画数。

1980 年发布的我国国家汉字编码标准 GB2312—1980《信息交换用汉字编码字符集基本集》(简称 GB 编码)。类似于 ASCII 是西文字符的交换码,GB 编码是汉字处理中的交换码,也是汉字处理的基础编码。它采用双七位编码方式,为避开 ASCII 表中的控制码,只选取了 94 个编码位置,所以代码表分 94 个区和 94 个位。在安装有中文操作系统的微机上,打开"区位输入法",就可以根据区位码得到对应的汉字字符。GB2312—1980收入包括简化汉字 6763 个,总计 7445 个图形字符。

世界上使用汉字的地区除了中国内地,还有中国台湾及港澳地区,日本和韩国,这些地区和国家使用了与中国内地不同的汉字字符集。中国台湾、香港等地区使用的汉字是繁体字,为 BIG5 码。

1992 年通过的国际标准 ISO 10646,定义了一个用于世界范围各种文字及各种语言的书面形式的图形字符集,基本上收全了上述国家和地区使用的汉字。前面所述的Unicode编码标准,对汉字集的处理与 ISO 10646 相似。

GB2312—1980 中因有许多汉字没有包括在内,为此有了 GBK 编码(扩展汉字编码),它是 GB2312—1980 的扩展,共收录了 21003 个汉字,支持国际标准 ISO 10646 中的全部中日韩汉字,也包含了 BIG5(台港澳)编码中的所有汉字。GBK 编码于 1995 年 12 月发布。目前 Windows 95 以上版本都支持 GBK 编码,只要计算机安装了多语言支持功能,几乎不需要任何操作就可以在不同的汉字系统之间自由变换。"微软拼音"、"全拼"、"紫光"等几种输入法支持"GBK"字符集。2001 年我国发布了 GB18030 编码标准,它是 GBK的升级,GB18030 编码空间约为 160 万码位,目前已经纳入编码的汉字约为2.6 万个。

2.5.4 汉字的处理过程

任何一种编码,都需要经过计算机的处理才能被用于交换、显示、打印以及存储等。在计算机中,不同的处理过程使用不同的处理技术。我们以汉字处理为例解释码的处理过程(如图 2.2 所示)。

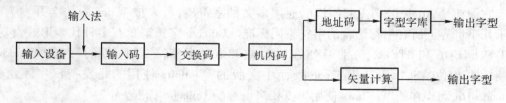

图 2.2 汉字编码处理过程

1. 根据键盘输入得到输入码

输入码与输入法有关。不同的输入法得到输入码的方法不同,它与汉字输入法的处理过程有关。如使用全拼输入法,输入汉字"嘉",从键盘输入拼音 jia,在出现的文字窗口中显示了与 jia 有关的所有汉字(出现的顺序是根据频数多者为先),选择"嘉"所在的位置对应的序号应是6。

有多种输入设备,如常用的键盘,或者手写输入,包括使用手写板或使用微软输入法的"输入板"。也有多种输入法,大多是用拼音或字型笔画的方法。

2.计算得到交换码

由输入法程序经过计算得到"嘉"的交换码。交换码即是 GB2312—1980 或者 GBK 编码表中的代码。如"嘉"的交换码为$(3C4E)_{16}$,这组代码是以十六进制形式给出的,3C 是"区",4E 是"位",区和位是编码表中的行和列。

3.程序处理得到机内码

机内码是国标交换码在机器内部的表示。机内码的处理比较简单:将交换码的最高位改为1,"嘉"的机内码为 BCCE。这是为了区别 ASCII 码,因为标准 ASCII 码的最高位为0,因此,把国际交换码的高位置1。

根据程序的需要,机内码能够进行存储、显示、处理等。如果需要显示等输出,由应用根据机内码到相应的字库中得到字型。

4.字型码

为了能够在屏幕或打印机等设备上输出汉字,需要汉字的字型。任何一个编码字符都需要有相应字型的"库",包括 ASCII 码也需要字型库。由机内码得到输出字型的过程一般有两种处理方法。

(1) 矢量化

它是通过矢量方法(几何曲线)来描述字符的轮廓,这种字体也称为轮廓字体(TrueType 字体)。曲线是由数学曲线表达的,并由一组程序指令实现字符外形(轮廓)输出。

(2) 点阵图形

将汉字分解为若干个"点"组成的点阵字型方式。如"嘉"的字型如图 2.3 所示,字型的点阵用二进制表示,由行(16 位)和列(16 位)组成。显然这是一个 16×16 的点阵字库,存储每个汉字的字型信息需要 16×16 个二进制位,共 32 字节。

早期的汉字系统为了显示大小不同的汉字,需要使用不同的字库,如 24×24 点阵、32×32 点阵等。现在多采用矢量方法得到输出字型。

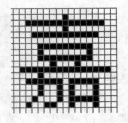

图 2.3 点阵字型

*2.6 逻辑代数基础

当用二进制表示数时,它有"大"、"小"之分。而使用二进制编码表示字符,可以适应计算机处理数字量以外的大量的其他信息的需要。同样,我们也可以用二进制表示逻辑状态,也就是用数学的方法描述逻辑问题。本节介绍逻辑代数的基本知识。

2.6.1　什么是逻辑

逻辑(Logic)一词是外来语,逻辑学是探索、阐述和确立有效推理原则的学科,最早是由古希腊哲学家亚里士多德创建的。用数学的方法研究关于推理、证明等问题的学科就叫做数理逻辑,也叫做符号逻辑。

早在 17 世纪就有人提出过利用计算的方法来代替人们思维中的逻辑推理过程。著名数学家、哲学家莱布尼兹就曾设想创造一种"通用的科学语言",可以把推理过程像数学一样利用公式来进行计算,从而得出正确的结论。尽管他的想法并没有实现,但他提出的思想却是现代数理逻辑的萌芽。1847 年,英国数学家布尔发表了《逻辑的数学分析》,建立了"布尔代数",并创造了一套符号系统,利用符号来表示逻辑中的各种概念。

数理逻辑两个最基本的也是最重要的组成部分就是"命题演算"和"谓词演算"。

命题是指有具体意义的又能判断它是真(True,T)还是假(False,F)的陈述性语句。一般又分为简单命题和复合命题。命题演算是研究关于命题如何通过一些逻辑连接词构成更复杂的命题(也称为复合命题)以及逻辑推理的方法。

如果我们把命题看做运算的对象,如同代数中的数字、字母或代数式,而把逻辑连接词看做运算符号,就像代数中的"加、减、乘、除",那么由简单命题组成复合命题的过程,就可以当做逻辑运算的过程,也就是命题的演算。这样的逻辑运算也与代数运算一样具有一定的性质,满足一定的运算规律。

命题演算中的基本逻辑连接词是"与"、"或"、"非",运算对象和结果都是用真(T)或假(F)表示。因此,我们把命题演算的值称为真值。

可以用几个实例来说明这些概念:

中华人民共和国的法定货币是人民币。

这是一个简单的陈述句命题,可以判断它的真假。显然这个命题为"真"。

如果明天下雨,校运动会将推迟进行。

这不是简单陈述句,因为它所陈述的对象具有因果关系(校运动会是否进行,要根据明天的天气情况决定)。因此,这个命题就属于复合命题,它的演算就要用到逻辑连接词。

谓词演算把命题的内部结构分析成具有主词和谓词的逻辑形式,然后研究这样的命题之间的逻辑推理关系。有关进一步的知识,读者可选读有关数理逻辑方面的著作。

2.6.2　基本逻辑关系

数理逻辑中基本逻辑连接词为"与"、"或"、"非",在逻辑代数中也将称为基本逻辑关系。能够用来描述逻辑关系的方法有多种,最常用的有文氏图(Venn,也有叫做维恩图)、真值表、逻辑代数式等。文氏图是一种用图形表示逻辑关系的方法,有助于我们直观地理解逻辑关系。

逻辑关系可以被解释为因果关系。"因"是条件,条件之间的关系用逻辑连接词进行组合,根据不同的条件组合得到"结果"。

1."与"关系

只有决定"结果"的条件全部满足,结果才成立,这种因果关系叫做逻辑"与"(And)。逻辑"与"的运算符号表示为"$\wedge$"。我们假设有两个条件 A 和 B 决定结果是否成立,那么"与"关系的表达式为

$A \wedge B$

"与"关系的文氏图的表示如图 2.4 所示。

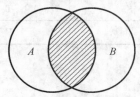

图 2.4 "与"关系文氏图

表 2.2 "与"关系真值表

A	B	$A \wedge B$
F	F	F
F	T	F
T	F	F
T	T	T

我们进一步将上述所称的命题和条件这样的名词与数学上的名词结合起来,如上述"与"关系中的 A 和 B,我们称之为逻辑变量,它们的值用"真"、"假"表示,把变量和逻辑关系的取值列表,就是真值表(True Table)。"与"关系真值表如表 2.2 所示:只有当变量 A 和 B 都为"真"(T),$A \wedge B$ 的值才为"真"(T),其余情况 $A \wedge B$ 的值为"假"(F)。

2."或"关系

决定结果的条件中只要任何一个满足,结果就成立。这种因果关系叫做逻辑"或"(Or)。逻辑"或"的运算符号为"$\vee$"。那么"或"关系的表达式可以表示为

$A \vee B$

"或"关系的文氏图和真值表如图 2.5 和表 2.3 所示。

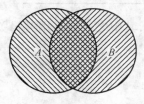

图 2.5 "或"关系文氏图

表 2.3 "或"关系真值表

A	B	$A \vee B$
F	F	F
F	T	T
T	F	T
T	T	T

表 2.3 给出了变量 A、B 和它们的"或"关系的取值情况。只要 A 和 B 中有一个为"真"(T),它们的"或"关系 $A \vee B$ 就为"真"(T),否则为"假"(F)。

注意,我们对"与"、"或"逻辑关系的描述。我们参照"与"关系的描述,把"或"关系描述为:只有当变量 A 和 B 都为"假"(F),$A \vee B$ 才为"假"(F),其余情况 $A \vee B$ 为"真"(T)。由此可见,"与"和"或"之间存在着一种关系的转换:与之非等于非之或,即德·摩根定律。

3. "非"关系

第三种基本逻辑关系为"非"(Not)关系。最简单的描述就是结果对条件的"否定"。"非"关系的表达式为

$$\vec{A} \quad 或者 \quad \overline{A}$$

图 2.6 和表 2.4 分别给出了"非"关系的文氏图和真值表。

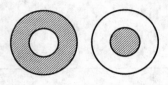

图 2.6　"非"关系文氏图

表 2.4　"非"关系的真值表

A	$\overline{A}$
F	T
T	F

4. "异或"关系

"异或"是一种复合逻辑关系。因为它所表现的特殊性,也可以把"异或"关系当作基本逻辑关系处理。当两个命题存在"两者不可兼得"关系时,我们称之为"异或"。也可以描述"异或"关系为:当命题 A 和 B 相同时,结果为假;当 A 和 B 不同时,结果为真。"异或"关系的表达式为:

$$A \oplus B$$

"异或"关系的真值表如表 2.5 所示。

表 2.5　"异或"关系真值表

A	B	$A \oplus B$
F	F	F
F	T	T
T	F	T
T	T	F

"异或"关系在计算机逻辑设计中有着重要的作用,其中之一就是用逻辑关系实现算术运算(见本章逻辑电路中的加法器)。

2.6.3　逻辑代数

用数学方法描述、求解逻辑问题就是逻辑代数。上述命题逻辑的所有表达关系在逻辑代数中被同样使用。如果说命题逻辑注重于关系的研究,那么逻辑代数则侧重于关系的实现。

我们把命题逻辑的"T"作为逻辑代数中的"1","F"作为"0",这样就把逻辑命题的对应关系反映到代数方法中,这就是逻辑代数。

同样我们用数学符号表示逻辑关系:

• 逻辑"与"也叫做逻辑"乘",用符号"·"表示或可以省略(类似于数学中的乘法表

示)。$A \wedge B$ 可表示为 $A \cdot B$ 或直接记为 AB。

- 逻辑"或"也叫做逻辑"加",用"$+$"表示;$A \vee B$ 可以表示为 $A+B$。
- 逻辑"非"也叫做逻辑"反",因此也把逻辑"非"运算叫做求"反"运算。在逻辑代数中,将逻辑命题真值表中的 T 和 F 分别用 1 和 0 代替,就得到了逻辑代数真值表。例如逻辑"与(乘)"的真值表如表 2.6 所示。

表 2.6 逻辑"乘"真值表

A	B	AB
0	0	0
0	1	0
1	0	0
1	1	1

同样,将表 2.3、表 2.4 和表 2.5 中对应的 T 和 F 用 1 和 0 分别代替,就可以得到逻辑"加(或)"、逻辑"非"及逻辑"异或"关系的真值表。

命题逻辑中的许多定律可用代数方法表示,这些逻辑代数学中的基本定律,主要作为进行逻辑设计和分析的工具。限于篇幅我们就不再进一步介绍它们了。

沿用代数学中的一些概念来表示逻辑代数,目的之一就是借助于代数学的方法研究逻辑关系运算,通过变换、化简或组合等方法使复杂的逻辑关系能够被电路实现。我们也借用代数学中的"变量",如用 A、B、C、D 等表示,"逻辑变量"(也叫做布尔变量)。

进一步,我们把逻辑变量用"与"、"或"、"非"逻辑关系组成的式子称为逻辑表达式。如 $A+AB$ 就是一个表达式。在这个表达式中,变量 A、B 取不同的值,表达式也会有相应的值。表达式的值随着变量的取值而变化,这就是函数的概念。因此,我们也可以把数学中函数的概念引用到逻辑代数中。

当逻辑表达式(函数)值的变化随着逻辑变量取值的变化而变化,这种函数关系称为逻辑函数。逻辑函数的一般表达形式为:

$$F = f(A, B, C, \cdots)$$

其中,f 为基本逻辑关系或它们的组合。必须注意的是,不管组成逻辑函数 F 的逻辑变量有多少个,它们的取值只能是 0 或 1,它们的函数值也是 0 或 1,所以,我们把逻辑函数也叫做"二值函数"或布尔函数(在逻辑代数中,布尔和逻辑是同义词,这是为了纪念逻辑代数的发明人布尔)。例如,表达式 $F = A + ABCD$,我们称 F 是变量 A、B、C、D 的函数,表达式 $A + ABCD$ 的值就是 F 的值。

*2.7 逻辑电路

我们知道,自然界的信号有模拟信号(Analog)和离散信号(Disperse)之分。模拟信号是指信号是连续变化的,如温度就是一个连续变化的信号。而离散信号是一种在时间上不连续变化的信号,而且它的大小和增减变化都是某一个最小数量的整数倍,如人的脉搏就可以看做是一个离散的信号,因为它每间隔一定的时间搏动一次。

电子线路以电子信号为处理对象,处理模拟电信号的电路叫做模拟电路,如收音机就是典型的模拟电子装置。而处理离散信号的电路就叫做数字电路。数字电路是建立在逻辑关系基础上的,所以也叫做逻辑电路。

逻辑电路实现的是逻辑关系。实现基本逻辑关系的电路被作为逻辑电路中的单元电路,即最小部件,它们被叫做"门"(Gate)电路。门电路,顾名思义有"开"和"关"的操作,正好与逻辑值相对应。基本的门电路有与门、或门、非门(也叫做反向器、反相器)以及异或门等。

我们前面提到过,可以用两态器件表示二进制的两个状态,如电路开关的闭合代表逻辑状态"1",断开表示"0";把电子电路输出电压高于某个值的看做是"1",低于某个电压值的看做是"0"。因此逻辑电路并不关心电路输入和输出的幅度,而只考虑电路的状态。如使用晶体管构成的逻辑电路规定:电压值大于 2.0V 为高电平,低于 0.8V 为低电平。

我们以单晶体管非门电路(如图 2.7 所示)为例说明逻辑电路的电特性。

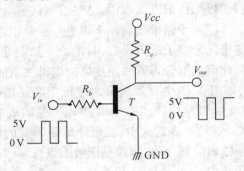

图 2.7   晶体管非门电路

我们合适地选择基极电阻 R_b 和集电极电阻 R_c 的值,使输入电压为 5V 时,集电极和发射极饱和,输出电压几乎为 0(不考虑饱和压降)。当输入为 0V 时,没有基极电流,三极管 T 处于截止状态,集电极和发射极之间没有电流,相当于"开路",因此输出电压为电源电压。

由此可见,当输入为高(5V)时,输出则为低(0V),反之输入为低时,输出则为高。如果,高电压代表"1",低电压代表"0",在输入与输出之间的关系正好就是逻辑"非"的关系。

一般我们把逻辑函数值作为逻辑电路的输出,逻辑变量作为电路的输入,则逻辑电路输入与输出之间的关系就可以用逻辑函数的方法表达,也能够以逻辑图的方式给出输入与输出之间的逻辑关系。

我们把逻辑电路构成的系统叫做"数字系统"(Digital System),它是计算机系统的主要电路形式。下面我们简单介绍基本门电路和几种以门电路构成的其他电路。

1. 基本门电路

与基本逻辑关系相对应,基本门电路为"与门"、"或门"和"非门"。

图 2.8 是 3 种基本门电路的符号。门电路符号被用于电路设计。它们与逻辑表达式相比,具有直观和标准化的优点(本节中所使用的逻辑符号为 ISO 国际通用逻辑电路符号)。

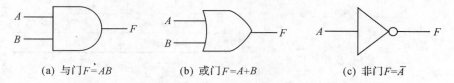

(a) 与门 $F=AB$ (b) 或门 $F=A+B$ (c) 非门 $F=\overline{A}$

图 2.8 3 种基本门电路的逻辑电路符号

用基本门电路可以组合成多种复合门电路。我们介绍几个主要的复合门电路。

2. 与非门

与非门是与门和非门的组合,它的逻辑图如图 2.9 所示。两输入端的与非门的逻辑表达式为:$F = \overline{AB}$。

对应两输入与非门的真值表如表 2.7 所示,它与前面所介绍的表 2.6 逻辑乘(与)真值表是一致的,先求与然后求反。

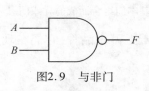

图2.9 与非门

表 2.7 与非门真值表

A	B	F
0	0	1
0	1	1
1	0	1
1	1	0

3. 或非门

或非门是或门和非门的组合,它的逻辑图如图 2.10 所示。两输入端的或非门的逻辑表达式为:$F = \overline{A + B}$。

对应两输入或非门的真值表如表 2.8 所示。

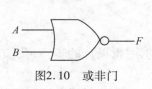

图2.10 或非门

表 2.8 或非门真值表

A	B	F
0	0	1
0	1	0
1	0	0
1	1	0

4. 非门

图 2.7 就是用晶体管构成的非门的一个典型电路。它的输入与输出为"反相",因此

在逻辑电路中也经常叫做反相器。它的逻辑图如图 2.11 所示。

非门的真值表如表 2.9 所示。

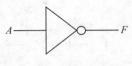

图2.11 非门(反相器)

表 2.9 非门真值表

A	F
0	1
1	0

5. 异或门

异或关系的逻辑电路是异或门,如图 2.12 所示。它的逻辑表达式为:$F = A \oplus B$。

实际上,异或门也是由基本门电路组合而成的。因此,图 2.12 的电路是由图 2.13 所示的非门、与门和或门组合成的电路的简化表达。因此有 $F = A \oplus B = A\bar{B} + \bar{A}B$。

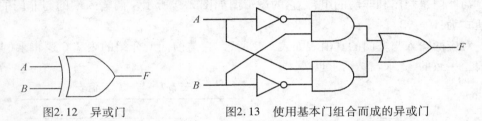

图2.12 异或门　　　　图2.13 使用基本门组合而成的异或门

由基本门电路组成的逻辑电路有多个产品系列成千上万个品种,它们实现了从简单的逻辑关系到非常复杂的逻辑电路。

*2.8 逻辑设计基础

逻辑设计是按照给出的具体问题,通过真值表得到逻辑表达式,并进行必要的简化,设计出最简或最优的逻辑电路。计算机中的大多数部件(如 CPU)都是由门电路设计组合成的。下面我们以加法器为例简单介绍逻辑电路。

2.8.1 设计加法器

用逻辑器件实现加法运算的电路叫做加法器。根据逻辑设计的步骤,我们先考虑二进制加法的运算规则。

设 A、B 分别为 1 位二进制,S 为 A、B 之和,C 为 A 加 B 产生的进位,加法的真值表如表 2.10 所示。

表2.10 加法真值表

A	B	S	C
0	0	0	0
0	1	1	0
1	0	1	0
1	1	0	1

如果把 S 和 C 看做是变量 A、B 的函数,则根据真值表可以得到 1 位二进制加法的逻辑表达式(根据函数取值为 1 的行的变量取值直接写出,对应行变量取值为 0 时,取变量的非,变量取值为 1 时,取原变量):

$$S = \overline{A}B + A\overline{B} \qquad (\text{和数表达式})$$
$$C = AB \qquad\qquad (\text{进位表达式})$$

注意到 S 的表达式就是我们前面介绍过的异或表达式,和数表达式可直接用异或门实现。通常要对逻辑表达式进行变换、化简以降低实现成本。显然 S 和 C 的表达式已经是最简表达式,因此不需要再进行化简。因此,用一个与门和一个异或门逻辑电路就可以实现 1 位二进制加法器,如图 2.14 所示。

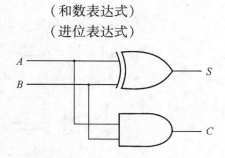

图 2.14 1 位二进制加法器

2.8.2 半加器(Half-Adder)

图 2.14 所示的加法器只考虑了加数和被加数之间的加法运算,并产生了向高位的进位。因为没有考虑可能来自低位的进位,所以它并没有完成 1 位二进制的全部运算,所以我们把这个电路叫做"半加器",意思是它只完成了一半的加法运算。

2.8.3 全加器(Full-Adder)

完整的加法运算,不但要考虑本位产生的进位,还要考虑来自低位的进位,因此第 i 位二进制的加法运算的真值表如表 2.11 所示。

表2.11 全加器真值表

输	入		输	出
C_{i-1}	A_i	B_i	S_i	C_i
0	0	0	0	0
0	0	1	1	0
0	1	0	1	0
0	1	1	0	1
1	0	0	1	0
1	0	1	0	1
1	1	0	0	1
1	1	1	1	1

在表2.12中，A_i和B_i分别是加数和被加数，C_{i-1}是来自第$i-1$位的进位，S_i为和数，C_i为所产生向高位的进位。因此，全加器和数的表达式为

$$S_i = \overline{A_i} B_i \overline{C_{i-1}} + A_i \overline{B_i}\, \overline{C_{i-1}} + \overline{A_i}\, \overline{B_i} C_{i-1} A_i B_i C_{i-1}$$

由逻辑代数公式变换得到

$$S_i = A_i \oplus B_i \oplus C_{i-1}$$

同样可以得到进位的表达式为

$$C_i = A_i B_i + B_i C_{i-1} + A_i C_{i-1}$$

根据表达式可以用基本门电路画出全加器的逻辑电路图，如图2.15所示。

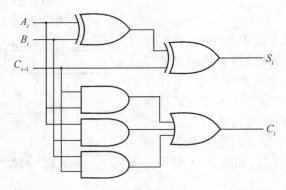

图 2.15　由基本门电路组成的 1 位加法器逻辑图

在中小规模数字系列集成电路如 74/54 系列或 C4000 系列中，已经有 1 位或多位的多种类型的全加器集成电路。为了简化表达，也可以使用逻辑示意图表示功能性逻辑电路。全加法器的逻辑示意图如图 2.16(a) 所示，图 2.16(b) 所示的是用 1 位全加器组成的四位串行进位加法器。

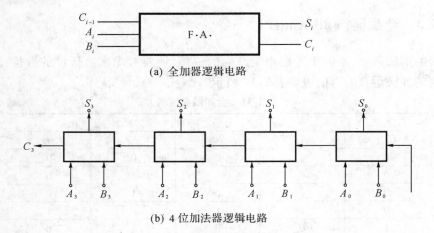

(a) 全加器逻辑电路

(b) 4 位加法器逻辑电路

图 2.16　全加器和 4 位加法器逻辑示意图

2.8.4　数字集成电路

数字集成电路是构成数字系统的基础。数字集成电路是按照一个集成电路内的门电路的数目来划分其规模。一般小规模集成电路(Small Scale Integrated Circuit,SSIC)有 10个门左右。如果超过 100 个门电路就叫做中规模集成电路(Middle Scale Integrated Circuit,MSIC)。而大规模集成电路(Large Scale Integrated Circuit,LSI,LSIC)的集成门要超过 1000 个以上。现在计算机中使用的许多集成电路芯片如处理器、存储器及输入输出控制芯片等都属于 LSI 或超大规模集成电路(Very Large Scale Integrated Circuit,VLSI,VLSIC),超大规模集成电路的集成度已经超过了百万门。

集成电路已经有了规格化的、完整的系列产品供设计者选择。同时还有一种被称为ASIC(专用集成电路,Application Specific Integrated Circuit)的产品,用户可以把自己设计的逻辑图通过软件转换为电路工艺图,使用制作装置把它"写"到一个"空白"的集成电路芯片中成为专用芯片。由于专用性和改变设计的灵活性,这种技术在产品开发或者批量不大的产品中应用非常广泛,即使在计算机这样的产品中许多专用电路的芯片也使用了ASIC 技术。

本章小结

计算机只能执行以二进制表示的程序和数据。二进制是现代计算机系统的数字基础。数制被称为计数体制。对 R 进制,数码为 $R-1$ 个,并按照逢 R 进一的规则实现向高位的进位。二进制只有两个数码 0 和 1,使用二进制作为计算机的基础的一个主要原因是电路容易实现。

常用的有二进制、十进制、八进制、十六进制。计算机中常用的编码有 ASCII 码、Unicode汉字编码等。计算机使用定点和浮点两种格式定义所使用的数。

逻辑关系本质上是条件与结果之间的关系。使用真值表、逻辑表达式、文氏图、逻辑图等多种形式表示逻辑关系,基本的逻辑关系有与、或、非和异或。

将代数方法和逻辑关系结合就形成了逻辑代数。在数字系统中,实现基本逻辑关系的电路叫做门电路。逻辑电路是计算机的电路基础。

通过本章内容的学习,我们希望读者能够掌握或了解计算机的一些最基本的知识:

- 十进制和其他进制的特点,以及与二进制的相互转换。
- 计算机中数的表示,熟悉计算机中的定点数以及浮点数的表示方法。
- 计算机中的码和常用的编码。不同编码的基本作用。
- ASCII 码的作用和编码方法、编码代表意义。
- 计算机中处理汉字编码的原理和过程。
- 有关逻辑电路的原理和知识,逻辑表达式、真值表、逻辑符号等逻辑关系的表达形式。

对这些知识的了解,更能够帮助学习本书的后续内容以及为进一步学习计算机知识奠定基础。

思考题和习题

一、简答题：

1. 什么是数制？采用位权系数表示法的数制具有哪 3 个特点？

2. 二进制的加法和乘法运算规则是什么？

3. 十进制整数转换为非十进制整数的规则是什么？

4. 将下列十进制数转换为二进制数：

    6　12　286　1024　0.25　7.125　2.625

5. 如何采用"权系数法"将非十进制数转换为十进制数？

6. 将下列各数用位权法展开：

    $(5678.123)_{10}$　　$(321.8)_{10}$　　$(1100.0101)_2$　　$(100111.0001)_2$

7. 将下列二进制数转换为十进制数：

    1010　110111　10011101　0.101　0.0101　0.1101　10.01　1010.001

8. 二进制与八进制之间如何进行转换？

9. 二进制与十六进制之间如何进行转换？

10. 将下列二进制数转换为八进制数和十六进制数：

    10011011.0011011　1010101010.0011001

11. 将下列八进制数或十六进制数转换为二进制数：

    $(75.612)_8$　$(64A.C3F)_{16}$

12. 什么是原码？什么是补码？什么是反码？

13. 写出下列各数的原码、补码和反码：

    0.11001　−0.11001　0.11111　−0.11111

14. 在计算机中如何表示小数点？什么是定点表示法和浮点表示法？

15. 一般地，若正数向左移 n 位，则所得的数是原来的多少倍？若正数向右移 n 位，则所得的数是原来的多少倍？

16. 设有一台浮点计算机，数码位为 8 位，阶码位为 3 位，则它所能表示数的范围是多少？

17. 什么是 BCD 码？什么是 ASCII 码？

18. 汉字代码体系是怎样组成的？汉字信息处理系统的主要功能是什么？

19. 什么是汉字输入码、汉字内码、汉字字型码、汉字交换码？它们各用于什么场合？

20. 什么是命题？在命题代数中主要的连接词有哪几种？

21. 什么是命题公式？怎样判断两个命题公式等价？

22. 列出下列函数的真值表：

    (1) $F = \overline{A}B + A\overline{B}$

    (2) $F = ABC + \overline{ABC}$

    (3) $F = A + B + C$

    (4) $F = \overline{A}BC + A\overline{B}C + AB\overline{C}$

23. 画出下列各逻辑表达式对应的逻辑图：

(1) $F = \overline{A}B + A\overline{B}$

(2) $F = AB + \overline{AB}$

(3) $F = \overline{AB}(A + B)$

二、选择题：

1. 二进制数 10110111 转换为十进制数 = _____。

   A. 185　　　　　B. 183　　　　　C. 187　　　　　D. 以上都不是

2. 十六进制数 F260 转换为十进制数 = _____。

   A. 62040　　　　B. 62408　　　　C. 62048　　　　D. 以上都不是

3. 二进制数 111.101 转换为十进制数 = _____。

   A. 5.625　　　　B. 7.625　　　　C. 7.5　　　　　D. 以上都不是

4. 十进制数 1321.25 转换为二进制数 = _____。

   A. 10100101001.01　　　　　　　B. 11000101001.01

   C. 11100101001.01　　　　　　　D. 以上都不是

5. 二进制数 100100.11011 转换为十六进制数 = _____。

   A. 24.D8　　　　B. 24.D1　　　　C. 90.D8　　　　D. 以上都不是

三、解释本章的关键术语：

   数据　多媒体　数制　权系数或权重　数码　基数　十进制　八进制

   二进制　十六进制　原码　反码　补码　定点数　浮点数　ASCII　Unicode

   GBK　矢量字型　点阵字型　汉字输入码　汉字机内码　逻辑　命题

   基本逻辑关系　与关系　或关系　异或关系　非关系　真值表　逻辑代数

   逻辑函数　逻辑电路　门电路　高电平　低电平　逻辑分析　逻辑设计

   加法器　半加器　全加器　组合电路　SSIC　MSIC　LSI　VLSI

第 3 章

硬件:计算机的体系结构

本章从计算机系统的角度讨论计算机的组成及相关的体系结构方面的知识。本书1.2 节已介绍了现代计算机的结构模型。通过学习本章,将对整个计算机系统的组成有进一步的认识,对计算机的体系结构建立起比较清晰的概念,理解计算机系统的主要部件及其功能。本章还介绍微机系统的硬件组成。

3.1 计算机的 3 个子系统

计算机系统结构或者叫做体系结构(Architecture),主要研究计算机的硬件组成。因此计算机系统结构就是指构成计算机主要功能部件的总体布局、部件性能以及部件之间的连接方式。

本书第 1 章介绍计算机模型时,把计算机看做是一个能够进行数据处理的机器,并指出了计算机有许多种结构类型。如果按照功能组成,我们可以把图 1.3 所示结构的 5 个部分分为 3 个子系统,即处理器子系统、存储器子系统和输入输出子系统,以及连接这些子系统的 3 种类型的总线,如图 3.1 所示。

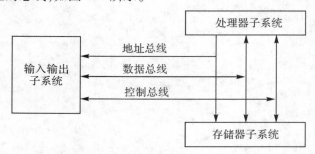

图 3.1 计算机 3 个子系统和总线的连接

大多数计算机,不管是能够进行万亿次大型科学计算的超级计算机还是办公桌上的台式机,甚至被嵌入到日用电器里的专用控制处理器,它们的基本结构都是相同的。不同的是其处理数据的长度、处理速度和处理能力,以及存储器的存储空间大小、连接各个子系统的总线的形式和总线的数目等技术指标和性能参数。

不同计算机的配置也使计算机的性能和功能有所区别,如微型计算机就有使用不同处理器的台式、笔记本式或者功能更为简单的掌上电脑。有关计算机类型以及它们性能上的差异,我们在第1章的1.5节中已经作了介绍。

由于构成计算机系统的3个子系统之间的密切关系,介绍一个子系统的同时必须要介绍与其他子系统之间的联系。许多有关计算机组成的知识是相互关联的,我们需要对它有一个整体的理解。

要了解计算机的原理需要花费大量的时间去学习计算机科学和计算机工程方面更多的知识。在这里我们只是简要地给出一些概要性的说明,从使用计算机的角度解释计算机的原理和结构。下面我们先从计算机的核心——处理器开始。

3.2　计算机的大脑:处理器系统

大多数用户不知道、也不需要知道计算机的内部核心处理器是如何工作的,他们只是在使用计算机工作。把运算器和控制器结合在一起作为一个整体就是处理器,即 CPU (中央处理器)。处理器内部电路的细节非常复杂,实现它的电路就是逻辑电路。我们先介绍处理器的基本原理和结构,再介绍有关处理器的高级主题,RISC 和 CISC 系统。

3.2.1　中央处理器

CPU 是运用超大规模集成电路技术将运算器和控制器集成在一个系统中,大多数 CPU 为单个芯片,也称为处理器(Processor)。如果一个芯片上有 2 个以上的 CPU,则叫做 "多核处理器"。CPU 通过对数值的处理和各种逻辑、控制运算实现计算机的功能。

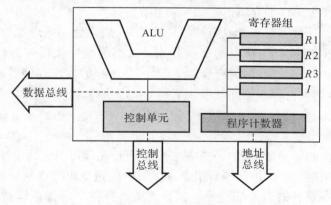

图 3.2　CPU 示意图

在 CPU 内部,有 3 个组成部分:ALU、寄存器组和控制单元,如图 3.2 所示。CPU 产生的外部输出分别通过数据总线、控制总线和地址总线与计算机的存储器子系统、输入输出子系统交换信息,如图 3.1 所示。

1. 算术逻辑单元 ALU

算术逻辑单元 ALU(Arithmetic Logical Unit),即运算器,负责进行算术和逻辑运算。大多数情况下,计算机程序指令的功能是由 ALU 完成的。

不同处理器的 ALU 运算能力是不同的。一般算术运算有加、减、乘、除和加 1、减 1 运算等;逻辑运算就是与、或、非及异或等(参见 2.7 节)。

几乎来自于存储器的所有数据都要经过 ALU,即使不进行计算的数据传送操作,例如形成一个程序的转移地址,也需要通过 ALU 把地址数据送到指定的内部寄存器或存储器。

为了技术上实现的便利,往往把运算器分为两部分:定点运算器和浮点运算器(参见 2.4 节)。运算器由大量的门电路组合而成。

2. 寄存器组

寄存器(Register)用来临时存放参与 ALU 运算的各种数据,它是 CPU 中具有存储特性的内部高速单元。CPU 主要有数据寄存器、指令寄存器和指令计数器等。

数据寄存器用来存放运算需要的数据,如图 3.2 中的 $R1 \sim R3$。如需要对两个数进行运算,可以将其中的一个数从存储器中取出,临时存放在数据寄存器中,然后再取第二个数和寄存器中的数进行运算。使用寄存器的另一个原因是能够提高运算速度。早期的 CPU 只有很少几个寄存器,而现在的 CPU 使用了大量的寄存器,当复杂的运算需要使用较多的临时单元存放中间结果时,都可以在 CPU 内部进行,不需要和存储器反复交换数据:CPU 内部寄存器间的数据存取速度要比和存储器交换的速度快得多。

指令寄存器存放程序的指令代码(图 3.2 中寄存器组中的 I),它存放从存储器中取来的指令码,经由控制器,产生控制 CPU 内部各个部件的工作信号和各种输出控制信号。指令是一组二进制码,每一指令都代表 CPU 完成的一个基本操作,如加指令完成一个加运算过程。有关指令的详细介绍请参阅 6.4.1 节。

CPU 中的指令计数器是一个具有计数功能的寄存器,也叫指令地址寄存器。指令计数器存放当前 CPU 所执行的指令的存储器地址。当前指令执行完,指令计数器自动增量,或根据当前指令修改计数器的内容,形成下一条指令的内部存储器地址,在控制器的信号作用下,CPU 将从该存储器地址中取下一条指令执行。

3. 控制单元

图 3.2 中的控制单元即为图 1.3 中的控制器。控制器可以类比于控制人身体各部分运动的人的神经中枢大脑。控制器对指令寄存器中的指令进行逻辑译码,产生并发出各种控制信号完成一系列的内外部操作。如它产生选择信号选择存储器或输入输出子系统,并产生数据方向信号(是进入 CPU 还是出 CPU),使存储器或输入输出系统完成要求的操作。

控制器根据指令发出控制信号控制 ALU 进行算术或逻辑运算,发出信号从内存中读取一个数,或将 ALU 的运算结果存放到存储器中去。

今天的处理器具有更加复杂的技术特征,性能不断增强。如采用流水线技术,它能够使 CPU 在处理一条指令的同时到存储器中取出下一条将要执行的指令,这样就使得执行两条指令的时间间隔变小,CPU 的执行速度提高。还有使用大量的内部高速缓冲存储器(Cache),降低 CPU 与存储器的数据交换频率,以及使用多核技术等。

有关处理器的性能指标有频率、字长等。

3.2.2　CISC 和 RISC

计算机在几十年的发展中,基本的体系结构没有大的改变,但实现体系结构的技术则有很大变化,而且这个变化还在进行之中。作为商品化的产品,目前市场上有两种类型的处理器系统:CISC(Complex Instruction Set Computer,复杂指令集计算机)和 RISC(Reduced Instruction Set Computer,精简指令集计算机)。

CISC 和 RISC 是两种完全相反的设计方法,但其设计目的都是为了提高计算机的性能。从名字上可以知道,它们的主要区别是处理器所拥有的指令数量不同。

1. CISC

CISC 体系的设计思路就是基于使用大量的指令,包括复杂指令。它的优点是进行程序设计比较容易,因为每一个简单的或者复杂的操作都有相应的指令可以实现。为了适应所处理数据的不同长度,CISC 设计有 8 位、16 位甚至 32 位的指令,还有专门用于浮点数运算的指令。对程序设计者来说,CISC 系统可用简单的指令组合就能解决一个比较复杂的问题。

CISC 指令系统趋于多用途、强功能化,且面向高级语言发展。这对提高程序执行效率十分重要。另一方面它又把指令系统带向庞大化、复杂化,使得处理器的电路设计非常复杂。在处理器领域和处理器市场上占主导地位的 Intel 公司是 CISC 的坚定捍卫者,Intel公司所开发的 Pentium 系列处理器就是采用了 CISC 体系结构,如图 3.3 所示的就是 Intel 公司的奔腾至强(Xeon)处理器芯片(参见 3.2.3 小节)。

2. RISC

实验证明,在 CISC 庞大的指令系统中,只有诸如算术逻辑运算、数据传送、转移和子程序调用等几十条指令是常用的,而其他指令的使用率都很低。这就是著名的"八—二原理",即程序 80% 的功能是由 20% 的指令实现的(似乎"八—二现象"在许多地方都可以见到,如收入人群比例)。根据这个指导思路设计出来的处理器,只包含了那些常用指令,因此它被称为精简指令集计算机,即 RISC。

典型的 CISC 有 300 条以上的指令,而 RISC 一般使用的指令在 100 条以内,RISC 中的不同指令的执行时间都是相同的,CISC 的不同指令使用不同的指令时间。

RISC 处理器典型的例子就是著名的 Apple 公司的处理器芯片 PowerPC,还有 Sun Microsystems公司生产的 UltraSPARC 芯片,如图 3.4 所示。

图 3.3 采用 CISC 技术的 Intel 公司的   图 3.4 采用 RISC 技术的 Sun
Pentium Xeon 处理器芯片   UltraSPARC 处理器芯片

与大多数工程设计一样,在计算机处理器设计中,也需要平衡和取舍。RISC 指令的运行速度比 CISC 快,但被 RISC 去掉的那些指令,通常都是程序高级语言所使用的特殊语句,为此需要使用 RISC 几条或几十条指令进行组合,完成 CISC 只要一条指令就可以完成的操作,这除了需要更多的时间外,程序设计的复杂性也增加了。

使用 RISC 能否达到提高计算机性能的目的,视计算机承担的任务而定。如果以计算为主,RISC 未必就比 CISC 的性能更好。但计算简单的应用任务,如提供网络访问服务的机器,RISC 的性能表现更好。据大量的实验,如果 RISC 去除的指令达到典型程序所使用指令的 10%,那么这个 RISC 计算机的整体性能就会比去除这些指令前的 CISC 计算机的性能要低。

3.2.3 处理器型号与指标参数

微机的 CPU 也被称为微处理器(Microprocessor)。大量的高级计算机系统也采用微机所用的 CPU。如超级计算机使用了数以百计、千计甚至万计的微机 CPU 构成其处理器阵列。

微处理器是采用了大规模集成电路技术生产的。现在市场上的微处理器主要是 Intel、AMD、Cyrix 等公司生产的产品,图 3.5 为一些常见的 CPU 外型图。

微机市场上主流的 CPU 产品是 Intel 公司生产的微处理器系列。Intel 用于微机系统的 CPU 从 1978 年的 8086 到 1996 年的 80486,期间有十多个型号,都是用数字为产品命名的。1993 年后 Intel 使用 Pentium 开始给新的 CPU 命名。到今天,通常我们所说的 Pentium(奔腾,意为高速)、Pentium 2、Pentium 3、Pentium 4 等,都是 Intel CPU 的型号。随着每一个新型号的问世,CPU 的性能也得到了提升。

如今用于 PC 机的 Pentium 处理器为 4 核结构,工作速度已经达到 3.3GHz 的主频并拥有 16MB 的三级高速缓存(Cache),而早期 PC 采用的处理器 8088 的主频只有 4.7MHz,没有缓存。

衡量微机 CPU 性能的主要技术指标是频率、字长、浮点运算能力等。

图 3.5　Intel、AMD、Cyrix 等品牌的部分 CPU 型号

微机 CPU 的工作频率(又称主频)是计算机性能的重要指标之一。主频是 CPU 内部元部件工作频率,单位为 Hz。如 Pentium4/1.7G 表示该 CPU 为奔腾 Ⅳ 型,主频为 1.7GHz。毫无疑问,同类型处理器的主频越高,运算速度就越快。

CPU 另一个重要指标是字长(Word)。最早的 CPU Intel 4004 字长仅 4 位。目前主流微机 CPU 的字长为 32 位和 64 位。

CPU 外频也是一个常用指标。这个频率是指 CPU 与外围部件进行信息交换的信号频率。如 CPU 需要与内部存储器之间交换数据,一般使用外部信号频率进行同步。典型的频率为 133MHz、200MHz、400MHz、800MHz 等。显然这个指标不但与 CPU 性能有关,也与它和通信的其他部件的性能有关。

占市场主流的 Intel 公司的处理器芯片从早期的 4 位处理器 4004 到现在的 64 位的多核处理器有多个系列。如 Intel Core i7/3.33/Quad/8M,处理器内集成了 4 个 CPU,主频 3.33 GHz,有 8MB 的三级高速缓存。早前的单 CPU 如 Pentium 4 也在使用。用于高性能系统如服务器的处理器有至强(Xeon)、安腾(Itatium)等,还有低价处理器赛扬(Celeron)。对用户而言,选择 PC 机的重要依据是处理器类型。如果一般事务处理,那么奔腾、赛扬都是能满足要求的。但如果需要从事图形图像处理方面的工作,例如平面设计或动画游戏制作,则需要高性能、高速度的处理器。

Intel 的主要竞争对手是 AMD(Advanced Micro Device,先进微设备公司),旗下的 Athlon 与 Pentium 可以类比,而 Duron 类比于 Intel 的 Celeron。Athlon64 X2 为双核处理器,而其 Phenom 则是内置 4 核的处理器,对应于 Intel 的 Core Duad 芯片。有评论认为 AMD 处理器的性能甚至优于 Intel,但稳定性则是 Intel 为佳。图 3.6 所示为 Intel 酷睿(Core Duo)双核处理器。

CPU 和它支持的软件也有关系,例如 Intel 公司生产的系列 CPU 支持 Microsoft,这个体系被称为 Win-Tel 联盟。

图 3.6   Intel 酷睿(Core Duo)双核处理器

3.3   计算机记忆能力:存储器系统

实现计算机记忆功能的是存储器系统(Memory System)。存储器子系统是保存程序代码和数据的物理载体。本节我们将介绍存储器系统的结构和功能。

3.3.1   存储器的结构和种类

存储器也是计算机系统中较为复杂的子系统。它的复杂性表现在其主存—辅存结构和存储器类型的多样性,以如何在系统的性能、功能和价格之间进行取舍。

1.存储器子系统的主辅存结构

为了适应计算机执行程序和保存程序的不同需要,存储器子系统一般有两个大的组成部分:主存储器(简称主存)和辅助存储器(简称辅存),如图 3.7 所示。

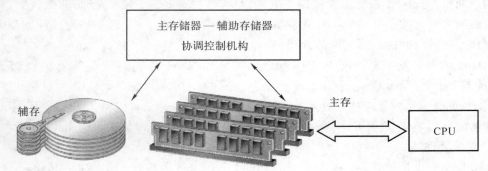

图 3.7   主存—辅存结构

计算机存储器系统由高速的主存储器和低速的辅助存储器结合组成,其基本工作原理是程序和数据存储在辅助存储器中,被执行的程序从辅助存储器中调入主存储器运行,运行结束程序和数据被重新存放回辅助存储器中。

　　早期的计算机存储器并没有内外之分。到了第二代计算机时期，计算机大量采用半导体集成电路，但由于半导体电路的特性并不能永久存储信息，仍然需要使用磁介质存储设备保存数据，所以把执行程序和保存程序分开处理，形成了这种主存—辅存结构的存储体系。

　　主存速度快，容量小，价格昂贵；辅存速度慢，容量大，价格低廉，因此它们之间具有极好的互补性。把整个存储器系统设计为内外结合的模式，还有一个因素是经济上的，也就是在性能与价格之间的取舍。大量使用低成本的存储器可以降低计算机的价格。

　　主存储器位于机器内部，与 CPU 直接进行数据交换。辅助存储器位于机器外部，通过电缆与机器连接（参见本章 3.5、3.6 节有关外部总线的介绍），在协调控制机构的作用下，主存与辅存交换数据。根据它们与 CPU 的密切程度，也把主存叫做内存（内部存储器的简称），辅存叫做外存（外部存储器的简称）。

　　主存—辅存结构的管理由硬件和操作系统软件（参见 5.6.1 小节）协同完成，对用户是"透明"的。也就是说，用户并没有感觉到它们之间的层次，在用户看来它们是一个整体。

2. 存储器的种类

　　存储器的类型很多，如图 3.8 所示，其主要原因是不同器件的存储器有着不同的特性和成本。目前使用的存储器主要有半导体、磁介质存储器和光存储设备。更高级的技术如使用光子和生物介质的存储器属于未来研究开发的内容。

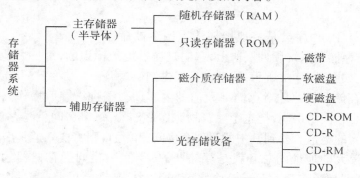

图 3.8　存储器系统组织

（1）主存储器

　　主存储器（Main Memory）也就是内存，它们使用半导体元件，工作速度高，但存储容量有限。图 3.9 所示是典型的存储器芯片的外形，有关主存的特点我们在 3.3.3 小节中将进一步介绍。

（2）辅助存储器

　　辅助存储器也就是外存，一般使用磁介质记录数据，

图 3.9　半导体存储器芯片

常用的有磁盘、磁带等。另外还有使用光信号进行数据记录的存储设备。我们将在 3.3.4 和 3.3.5 小节中详细介绍。

3.3.2　存储器的单元和地址

我们知道在计算机中使用二进制数据,而在存储器中如何组织这些数据呢? 这就是存储模式问题。在存储器系统中,使用存储单元模式进行存储器数据的管理。

1. 存储单元

存储器以 8 位(bit)二进制组成基本存储单元,称为"字节"(Byte,B)。以字节为单位组成的可以被 CPU 一次存取或运行的最长数据长度叫做"字"(Word)或者叫字长。计算机的"字"一般为字节的整数倍,用来表述 CPU 的数据存取能力。如 32 位机器,就是指 CPU 一次到存储器存取的数据长度是 32 位。

无论 CPU 数据处理的长度是多少,在存储器系统中,都是以字节为单位进行存储组织的。每个字节都有一个惟一的标识叫做存储器地址,如图 3.10 所示,存储器的单元地址和存储单元中存放的内容都是二进制。

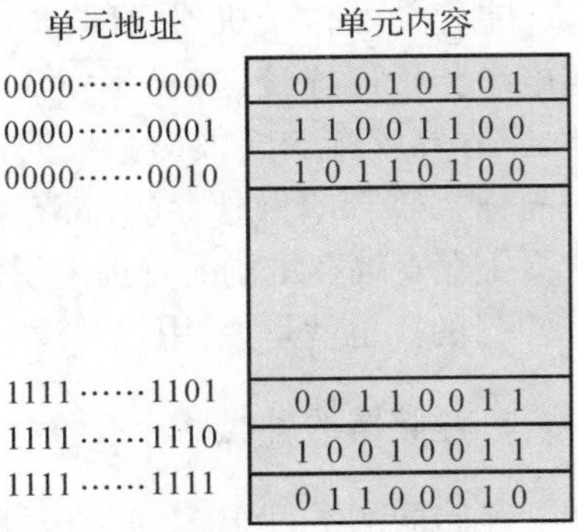

单元地址	单元内容
0000……0000	01010101
0000……0001	11001100
0000……0010	10110100
1111……1101	00110011
1111……1110	10010011
1111……1111	01100010

图 3.10　主存储器的存储结构

2. 存储器地址

在程序设计中,程序员是将地址描述为一个被命名的符号,但在存储器系统硬件层次上,它们是通过地址标识的,每一个地址惟一标识一个存储器单元,如图 3.10 中所示,地址也是二进制码。

CPU 根据存储器的地址对存储单元内的内容即数据进行存取操作。如果一个建筑物具有许多大小相同的房间,把这个建筑物比作存储器,每个房间就是存储器单元,每个房间号就是单元的地址。要到其中的某一个房间(单元),则需要知道其房间号(地址)。

所有存储单元的地址的总和就是存储器的"空间",也叫做存储器的容量。如一个 64KB 的存储器就是指它有 64K(千)个字节的容量。要注意的是,表示存储器容量所使用的单位可用二进制的幂简略表示。采用二进制是为了寻址需要,由于沿用了十进制幂的形式,因此往往会产生误差。如上面提到的 64KB,其中 B 表示字节,K 值是 2^{10}(1024),接近千(10^3)而不是千。表 3.1 给出了常用的存储单位。

表 3.1　存储单位

缩　写	中文表示	实际字节数	近似表示方法
B (Byte)	字节	1	1
KB (Kilobyte)	千字节	2^{10}	10^3
MB (MebiByte)	兆(百万)字节	2^{20}	10^6
GB (MegaByte)	千兆(十亿)字节(吉)	2^{30}	10^9
TB (Terabyte)	兆兆(万亿)字节(太拉)	2^{40}	10^{12}

3.3.3　主存储器系统

主存储器系统主要由半导体存储器组成。计算机使用内存运行程序,因此拥有大容量内存的计算机,其程序执行速度快,效率高。半导体存储器有 RAM 和 ROM 两种类型。

1. RAM 存储器

随机存储器 RAM (Random Access Memory),它是计算机主存储器系统中的主要组成部分。顾名思义,RAM 数据的存取是随机发生的,用户或者程序可以随时对 RAM 写入数据,也可以随时从 RAM 单元读取数据。

RAM 的存取速度快,它的另外一个特点是易失性,也就是说 RAM 存储的数据会由于系统断电而消失。

RAM 根据其保持数据的方式可以分为动态 RAM(Dynamic RAM,DRAM)和静态 RAM(Static RAM,SRAM)两种类型。DRAM 中的存储单元类似于一个电容,要保持数据必须定时给电容充电,这个过程叫做"刷新"。SRAM 的存储单元就是一个具有自身维持信号不变的电路。相对 SRAM,DRAM 的存取速度较慢但价格要便宜些。

2. ROM 存储器

只读存储器 ROM(Read Only Memory),顾名思义就是该类型的存储器中的数据只能被读出,而不能被写入。ROM 芯片是为了存放固定不变的数据和程序而设计,数据和程序是在使用之前被写入的。它的特点是一旦数据被写入,即使断电也不会丢失。根据对芯片的写入数据的编程方式不同,ROM 有以下几种类型。

(1) PROM。可编程只读存储器(Programming ROM),是一次性地写入存储器芯片,用户或制造商通过专门的编程设备把数据存储到芯片里面。

(2) EPROM。可擦除可编程只读存储器(Erasable PROM)。如果数据需要被改写,需要用一种紫外光设备将原数据擦除后再重新写入新的数据。

(3) EEPROM。称之为电可擦除可编程只读存储器,它是通过施加特殊的电信号擦除原来的数据。它的另外一个特点是可以对部分单元进行重新写入。

(4) Flash Memory。闪存,是 EEPROM 的一个特殊类型。它使用擦除数据块而不是对单个单元进行擦除,擦除速度快,适合于需要存放大数据量的应用,如固态硬盘、移动存储器。它也被广泛用于数码产品中,如数码相机的图像存储器。

ROM 在计算机中一个重要的应用是用来存放启动计算机所需要的 BIOS 程序(Basic Input and Output System,基本输入输出系统)。因为计算机每次开机都执行相同的操作,所以 BIOS 程序是固定不变的,它被"固化"(Solidify)在 ROM 中。每次计算机开机时,首先执行的就是 BIOS 程序(参见 4.9 节)。

3. 主存储器系统的层次

主存—辅存结构解决了程序的执行和存放的问题。从计算机执行程序的角度看,主存空间越大越有利于程序的快速执行。但从性能和价格方面的综合考虑,往往速度快的存储器价格不菲,因此需要在容量和速度之间寻找解决方法。

解决内存速度和容量之间的矛盾,采取的主要方法是层次结构。在主存储器系统中,包括相对少量的寄存器、中等数量的高速缓冲存储器(Cache)和相对高速的较大容量RAM,如图3.11所示。低速的、大容量的外部存储器作为整个存储器系统的辅助存储器。表3.2给出了各种存储器的性能参数。

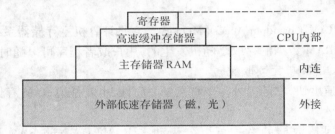

图3.11　存储器系统的层次

表3.2　各种存储器的主要性能参数

存储器层次	存储周期	存储容量	价格	位　　置
寄存器	<10ns	<1KB	很高	CPU 内部
高速缓存	10～60ns	8KB～16MB	较高	SRAM,CPU 内部
主存储器	60～300ns	32MB～16GB	高	DRAM,CPU 外部
磁光存储器	10～30ms	GB～TB	低	主机外部

层次结构的主存储器系统的工作过程是:运算在 CPU 内部使用寄存器,高速缓冲存储器存放经常需要访问(Access)的程序代码和数据,把大量的程序代码和数据存放在主存储器中。

计算机把正在执行的指令地址附近的一部分指令和数据,从主存 RAM 调入高速缓冲存储器 Cache,供 CPU 在一段时间内使用,这对提高程序的整体运行速度有很大的帮助。高速缓冲存储器 Cache 介于 CPU 与主存之间,"Cache—主存"的管理工作由 CPU 硬件完成,在5.6.4小节中将有进一步的解释。

存储器的性能指标较多,常用的指标主要有容量和存储周期;存储周期是对存储器进行一次读写操作所需要的时间。一般使用毫秒(ms,1s = 1000ms),微秒(μs,1ms = 1000μs)以及毫微秒(ns,1μs = 1000ns,也叫纳秒)作为单位。

Intel 处理器芯片采用的多级 Cache 技术,处理器内部设置有二到三级高速缓存,一般在数 KB 到几 MB。但在这个 Cache 设计中,第一级 Cache 采用了哈佛结构,一部分 Cache 存放程序指令,一部分存放数据。

3.3.4　外存:磁盘

目前计算机外存使用最多的是磁介质(或叫做磁表面)存储设备,它用磁性材料作为载体存储信息,有磁极性为数据1,反之为数据0。磁盘、磁带均属于磁介质存储器。磁表面存储器的使用和计算机系统软件有关,因为磁记录的数据必须被程序使用。微机系统中主要使用 Microsoft Windows 的 FAT(File Allocation Table)和 NTFS(Windows NT File System)两种磁盘数据格式,它们之间有一定的差别,但后者兼容前者(参见5.5节)。

由于磁介质存储器使用磁性材料的物理极化特性,因此在相当长的时间内能维持信息不变,所以它们被用来长期保存数据信息。

1. 磁盘

磁盘(Magnetic Disk,简称 Disk)是涂有磁性材料的塑料片或合金片。存储到磁盘上的数据信息是通过读写磁头对盘片表面进行的磁感应操作。磁盘操作过程是:在磁盘控制器的作用下,读写磁头沿着盘片表面做直线移动,而盘片沿着中心高速旋转,磁头与盘片的相对运动加快了信息寻找和读取的速度,如图3.12所示。

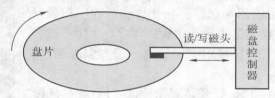

图3.12 磁盘的物理结构

磁盘控制器在 CPU 与磁盘之间进行连接,接受来自 CPU 发出的操作命令,控制磁盘的操作,并在 CPU 与磁盘之间进行数据交换。磁盘控制器是一组电子电路。把磁盘控制器电路和对磁盘进行操纵的电机和读写磁头等组装为一个整体,就是磁盘驱动器(设备)。

磁盘的表面结构,如图3.13所示。为了将数据存储在磁盘片的表面,并能够被正确地读取和写入,磁盘表面被划分为若干个磁道,每个磁道又被划分为若干个扇型的区域。磁道是一组同心圆,一个磁道大约有零点几个毫米的宽度,数据就存储在这些磁道上。

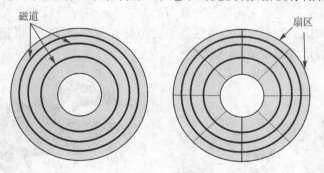

图3.13 磁盘的表面结构

划分磁道和扇区的结构使得对磁盘的数据读写在一段时间内在一个扇区进行。磁盘是属于随机存储设备,数据块可以被存放在一个或几个扇区上,因此能够有效地提高访问磁盘读取数据的效率。

磁盘的存储容量取决于构成磁盘存储设备的磁盘的数量以及盘片的类型。影响磁盘性能的因素主要为角速度、寻道时间和传送时间等。角速度是指磁盘的旋转速度。寻道时间所定义的是读写磁头寻找被读写磁盘数据需要花费的平均时间。而传送时间是指传送数据在磁盘和 CPU 之间需要的时间。

2. 磁带

从结构和原理上,磁带记录数据和读取数据与普通的音频磁带类似。数据磁带的表面被分为 8 个磁道,磁道上的每一个点可以存放 1 位二进制信息。磁带是顺序存取,它的平均读写时间要比磁盘长得多,但磁带设备对磁带的装卸特点使磁带可以被大量使用作为备份数据的存储,同时它的价格也相对便宜。

3. 过去时：软盘

软盘(Floppy Disk)曾经是微机不可缺少的部件,早先的微机还用它启动计算机,也能用来保存一些比较小的程序和数据文件。现在能看到的软盘都是 3.5 英寸的,简称"3 寸盘",如图 3.14 所示,它的存储容量为 1.44MB。软盘有一个塑料外壳,保护着内部的软塑料盘片。

3 寸盘角上有一个小方块,打开是写保护,这时数据只能读取不能写入磁盘(参见图 3.14)。由于软盘的可靠性较差,加上以闪存技术为特征的新一代移动存储器的普遍使用,软盘已不再被使用了。

图 3.14　3 寸软盘

4. 主体外存：硬盘

硬盘(Hard Disk)是计算机系统主要的外存设备,它的结构如图 3.15 所示。硬盘的名字来源于它是由涂有磁介质的硬质铝合金片组成。硬盘工作时旋转很快、记录密度高,因此要求其工作在无灰尘和无污染的环境,所以它的结构为密封组合式,即把磁头、盘片、电机、读写电路等组装成一个不可随意拆卸的整体。正因为如此,也把硬盘称为固定盘(Fix Disk),这最初是 IBM 公司的术语。

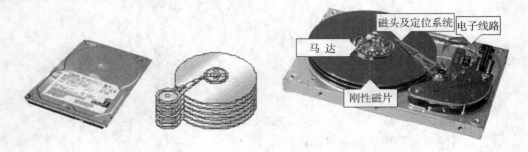

图 3.15　硬盘和硬盘内部结构

硬盘运行时高速旋转,在盘面上形成的气垫将磁头平稳浮起。硬盘的优点是防尘性能好,可靠性高,对使用环境要求不高。我们知道,硬盘很少由单个磁片组成,如果一个磁盘有多个盘片,则不同盘片上的相同磁道和扇区就形成了"柱面",每个盘片使用一个读写磁头。简单地说,柱面就是磁盘上的同心圆。使用扇区、磁道以及柱面这几个名词都可以描述磁头读写的定位。

硬盘的主要技术参数为硬盘转速、存储容量及存取时间和数据传输速率等。

台式机常用的硬盘转速有 5400r/min、7200r/min。对笔记本电脑,常用的硬盘转速有 4400r/min、5400r/min。高档系统如网络服务器的硬盘转速较高,可达 10000~15000r/min。

一个磁盘存储器所能存储的字节总数,称为磁盘存储器的存储容量。最早使用在微机上的硬盘容量只有 10MB,而今天已经有超过 200GB 的硬盘。

磁盘存取时间是指从 CPU 发出读写命令后,磁头开始移动到读出或写入信息所需要的时间。这两个时间都是随机的,一般使用平均值表示。目前硬盘的存取时间为 8~25ms。

硬盘的传输速率一般在 30MB 左右,大多数硬盘都有几 MB 到几十 MB 的 RAM 缓冲存储器,把硬盘数据先存放在缓存中,再由驱动器以较高的速度传送到计算机。在写入磁盘时,缓冲区先保存来自计算机的数据,然后由驱动器写入磁盘。

硬盘尺寸有很多种,现在普遍使用的是 3.5 英寸硬盘,还有 5.25、2.5、1.8、1 英寸等不同规格,小体积硬盘常用于便携式微机和便携式消费电子产品中。也有更大规格的硬盘如 8,14 英寸,它们使用在大型机中,不用于微机系统。

硬盘使用系统总线(参见 3.5 节)与主机连接。

5. IDE 硬盘

微机系统普遍选用 IDE(Integrated Driver Electronics,集成驱动电路接口)硬盘,它是在早期 IBM PC/AT 机上的硬盘 AT 总线标准基础上发展起来的,所以也称为 ATA 标准。

硬盘和 CPU 交换数据,这是"磁盘控制器"(如图 3.13 所示)的任务。IDE 标准允许不同的机器、不同的硬盘实现互连。如图 3.16 所示,IDE 使用扁平电缆和主机的 IDE 插座连接,电缆是包括数据、地址和控制的一组导线。硬盘外壳上有电源线和和跳线(Jumper),跳线设置硬盘为主盘(Master)或从盘(Slave)。微机系统有两个 IDE 插座,每个插座允许连接两个硬盘。标准 IDE 硬盘的最大空间只有 528MB。现在普遍使用的增强型 IDE(即 EIDE)支持超大容量硬盘。IDE 还允许连接其他的设备,如 CD-ROM、磁带机等。IDE 的性能足以应付大多数的存储应用,而且更换便利,花费低廉,兼容,即插即用。

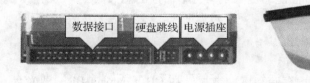

图 3.16　IDE 硬盘接口和连接电缆

6. SATA 硬盘

最新技术的微机硬盘是 SATA(Serial ATA,串口硬盘)。SATA 在 CPU 和硬盘之间的数据传输为串行方式,因此其连接数仅用四线:电源、地线、发送数据线和接收线。这种架构降低了系统能耗和系统的复杂性。Serial ATA 1.0 标准所定义的数据传输率可达150MB/s,高于 EIDE 所能达到最高数据传输 133MB/s。Serial ATA 2.0 的传输速度为300MB/s,其最终目标 SATA 是 600MB/s。

7. SCSI 硬盘

SCSI(Small Computer System Interface,小型机系统接口)的历史要比 IDE 长,最初是使用在大型机上的标准,它的名称是它被使用到小型机上以后得来的。

将 SCSI 最早使用到台式微机上的是 Apple 公司。后来被用到工作站,最后被用到高档微机和服务器上。也许 SCSI 对微机系统是一个好的选择,它支持包括硬盘在内的其他设备和微机系统的连接。SCSI 也使用连接器和电缆,如图 3.17 所示。SCSI 硬盘有 68 个引脚和 80 个引脚两种规格,它与 IDE 硬盘相比,除接口不同外,其组织结构、工作原理是相同的。

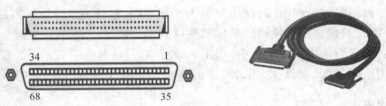

图 3.17　SCSI 总线连接电缆和连接器

SCSI 硬盘的最高转速可达 15000 转/分,平均寻道时间 5ms 左右,更为关键的是SCSI大大降低了硬盘对 CPU 使用的占有率。显然选用 SCSI 将有效提高计算机整机性能。

8. 移动硬盘和固态硬盘

移动式硬盘非常适合大量数据交换,它采用小尺寸硬盘,和专用的电路一起封装在一个盒子里,大多使用 USB 口(参见第 3.9 节),支持热插拔(不用关机就可以插拔)。

一个新的、可以取代硬盘的技术发展是固态硬盘(Solid State Disk,SSD),它采用 Flash 存储器技术,最显著的优势是速度。磁硬盘数据传输受限于盘片的机械运转速度,而固态硬盘是半导体的,理论上的存取速度可达磁硬盘的 50～1000 倍。如果 SSD 的价格能够接近磁硬盘,那么它对计算机性能的提升是具有革命性的意义。

3.3.5　光存储设备

光存储设备使用激光技术存储和读取数据。在 CD(Compact Disc,即光盘)被发明用来存放音频信息后,计算机厂家就开始设计将 CD 用于存储计算机的数据。目前使用这种技术的光存储设备主要有只读光盘(CD-ROM)、可刻录光盘(CD-R)、可重写光盘(CD-R/W)和数字多功能光盘(DVD)。

光盘在实现技术上,都是通过激光发射到盘片上,根据盘片上介质的不同结构对激光的反射不同表示数据的。

　　光盘盘片和磁盘盘片的结构外形差不多,它的制作材料是硬质塑料片,成本极低。标准的光盘盘片直径为 120mm,中心装卡孔为 15mm,厚为 1.2mm,重约为 $14 \sim 18$g。

　　光盘由光盘驱动器(简称光驱)读写。光驱是一个集光学、机械和电子技术于一体的产品。光驱外形基本相同,如图 3.18 所示。光盘在光驱中高速转动,激光头在伺服电机的控制下前后移动读取数据。激光器产生波长 $0.54 \sim 0.68\mu$m 的光束,打在光盘上再由光盘反射回来,经过光检测器捕获信号,如图 3.19 所示。

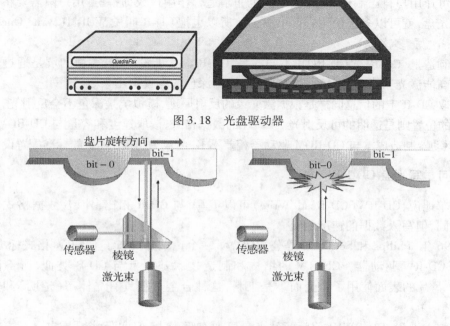

图 3.18　光盘驱动器

图 3.19　光盘原理

　　光盘上有两种状态,即凹点和空白,分别代表 0 和 1,它们的反射信号相反,经过光检测器识别所得到的信息是光盘上凹凸点的排列方式,由光盘驱动器中专门的部件转换并校验后,得到实际数据。

　　光盘的盘片上有一个保护层,激光束必须穿过透明衬底才能到达凹坑,读出数据,因此,存放数据的盘面上的任何污损都会影响数据的读出性能。据测试统计,一片从未使用过的光盘盘片,其原始误码率约为 3×10^{-4};伤痕率约为 5×10^{-3}。为此,光盘系统采用了功能强大的错误码检测和纠正措施。

1. 只读光盘 CD-ROM

　　CD-ROM 所使用的技术最初是由 Philips 和 Sony 公司为录制音频信号而研发的 CD 盘。CD 与 CD-ROM 原理相同(CD 唱片也可以被计算机直接播放,CD-ROM 驱动器的后面有一组连接到主机板或声卡上的音频线),两者惟一的区别是 CD-ROM 纠错能力更强。

　　CD-ROM 是用来存放系统程序和商业化软件的主要介质。CD-ROM 是单面盘,盘的一面印商标,另一面存储数据。不做双面盘的原因是双面盘的成本比做两片单面盘的成本之和还要高。

由于 CD-ROM 产生的技术背景是 CD 唱片,加上其螺旋形线型光道结构、以恒定线速度转动、容量大等诸多因素,CD-ROM 的数据结构比硬磁盘数据结构复杂得多。

CD-ROM 的存储容量一般为 650MB ~ 800MB。

2. 可刻录光盘 CD-R

可刻录光盘也叫 CD-R(CD-Record)。CD-ROM 一般只在大批量生产时制作,而可刻录光盘可让用户自己制作光盘,因此它也非常适合作用户数据备份:用户只需要将数据一次写入光盘,就可以多次使用它读出数据。所以也把 CD-R 叫做 WORM(Write Once,Read Many,一次写,多次读)。

在制造上,CD-R 与 CD-ROM 不同的是,CD-R 盘片上没有坑,表面的坑是通过使用刻录机上高能激光束在盘片表面的染料层上烧制深色的点模拟出来。

读取 CD-R 上的信息同样是根据激光束的反射原理,模拟坑是深色不会反射光,而没有被模拟的位置则是透明的可反射光。CD-R 的数据格式、读取速度和容量与 CD-ROM 相同。CD-R 驱动器制造成本与 CD-ROM 驱动器相差不多,已成为目前 PC 机的标准配置设备。

3. 可重写光盘 CD-RW

简单地说,CD-RW(CD Read/Write)可以重写,与 CD-R 相比,外型、数据格式和存储容量相同,但写入数据的速度稍慢。

1996 年,Philips 和 Sony、HP 等公司建立了一个论坛并发布了 CD-RW 格式标准,同年推出了 CD-RW 驱动器。CD-RW 的结构和制造技术基本上与 CD-R 类似,所不同的是 CD-RW 盘片的表面使用了合金而不是染料,这种合金材料具有晶体态(透明)和非晶体态(不透明)。

从技术上说,CD-RW 比前面两种光盘更加有吸引力,但实际情况是它远没有前面两种来得普及。其中的原因之一是价格,CD-RW 驱动器与盘片的价格昂贵,与磁盘和CD-R相比并无任何优势。

4. 数字多功能光盘 DVD

DVD 这个名字有点被歪曲了,大多数人把 DVD 叫做"激光视盘"(Digital Video Disc),实际上正确的名字为通用数字光盘(Digital Versatile Disc)。

对大容量存储的需求随着技术发展而增加,基于 CD 技术的光盘存储容量已不能满足视频数据的存储需求,因此 DVD 被研制出来。另一方面,任何 DVD 驱动器都支持 CD-ROM,因此 DVD 作为与 CD 同样规格大小的光盘,却更具备了 CD 无法媲美的优势:它在几乎不增加成本的基础上,数倍、几十倍地提升了存储容量,其速度比 CD 更快。DVD 有以下几个特点。

(1) 存储数据的光点更小,CD 点的直径为 $0.8\mu m$,而 DVD 只有 $0.4\mu m$。

(2) 光道之间的间歇更小,在同样面积的盘片上,有更多的光道。

(3) 激光器用红激光代替红外激光,光束更精确。

(4) 盘片使用一个或者两个存储层,盘片可以是单面或双面。

DVD 也有刻录机,DVD 的刻录规格与 CD 刻录不同,至少存在 3 种标准格式,而且各自都被自己的开发厂商极力看好。这 3 种格式可以分为两大类,一类是由 DVD-RW 和 DVD+RW 两种格式组成的类 CDRW 刻录技术,称为 DVD ± RW,另一类则是以 Panasonic Disc 技术为基础的 DVDRAM 格式。

5. 光盘驱动器

就目前而言,DVD 驱动器具有最高的兼容性,可以被其他各种类型的光盘所使用。微机上所用的光驱硬盘接口是兼容的。光驱的一个重要技术指标是数据传输速度。最初 CD-ROM 把 150KB/s 定为标准(参照软盘驱动器的数据传输速率),后来光驱技术的发展使得传输速率越来越快,就出现了 2 倍速、4 倍速直至 56 倍速甚至更高的传输速率。

从光盘上读出的数据先存放在缓冲区中,然后再以较高的速度传输给计算机。与硬盘缓冲区一样,光盘缓冲区也是由 RAM 存储器芯片组成的。CD-ROM 典型的缓存容量为 128KB,可刻录的 CD-R 或 DVD-R 的缓存容量为 2MB ~ 4MB。理论上说,缓存越大,光驱的性能越好。表 3.3 所列为目前较为常见的几种光盘的指标和用途。

表 3.3 常见的几种光盘指标

	类 型	典型容量	描 述
CD	CD-ROM	650MB ~ 800MB	存放商业软件、数据库等不变内容
	CD-R	650MB ~ 800MB	仅能写一次,用于存放大量数据
	CD-RW	650MB ~ 800MB	可重复使用,用于创建和编辑大的多媒体图像
DVD	DVD-ROM	4.7GB ~ 17GB	存放音频和视频的不变内容
	DVD-R	4.7GB ~ 17GB	仅能写一次,用于存放大量的数据
	DVD-RAM DVD-RW	2.6GB ~ 5.2GB	可重复使用,用于创建和编辑多媒体图像

3.3.6 闪存和优盘

Flash Memory 是由 Toshiba 提出的概念,它继承了 RAM 存储器速度快的优点,具备了 ROM 的非易失性。我们在 3.3.3 节中已提及过 Flash Memory,它的中文译名叫"闪存",其含义是指它的数据重写速度很快。

以闪存(Flash Memory)为介质的移动存储产品 U 盘(优盘),如图 3.20 所示,体积小、容量大(现在有了 64GB 的 U 盘了)、方便携带,非常适合文件复制及数据交换等应用,特别是各大计算机厂商迅速支持 U 盘作为外设,使 U 盘迅速成为个人移动存储的主流产品。

图 3.20 优盘

3.3.7　虚拟存储器

Cache—主存结构是因为高速部件不可能总是在进行数据存取操作,另一方面高速部件与低速部件相连,肯定会出现数据交换的"瓶颈"。如果在高速部件与低速部件间加入一个较高速的存储器,起到"蓄水池"的作用,就能较好地解决数据交换的速度匹配矛盾,也可以以较低的成本获得较大的存储容量和较高的速度。

在此技术的基础上研究出了虚拟存储器(Virtual Memory)。虚拟存储器是一个容量非常大的存储器的逻辑模型,并不是任何实际的物理存储器。它借助于磁盘模拟内存的结构扩大主存容量,使之为更大或更多的程序所使用。它指的是主存—辅存层次,以透明的方式给用户提供了一个比实际主存空间大得多的程序地址空间。这也是基于"程序局部性原理",即程序在某一时间段里的执行总是围绕着某一块局部的地址范围(也叫"八一二"原理,即计算机在80%的时间内执行了20%的代码)。这个原理被应用到前面讨论过的 RISC 设计,被用到了 Cache—主存结构设计,同样也被用到"主存—辅存"结构的虚拟存储器设计中(参见5.6.3小节)。

在 Windows 系统中,在"我的电脑"的属性中有虚拟存储器的设置,一般系统已经给予自动配置,高级用户可以自己进行设置。

3.4　人机交互:输入输出系统

计算机的第三个子系统是输入输出系统(Input and Output System,I/O)。该系统包括多种类型的输入输出设备(Peripheral Equipment,简称外设),以及连接这些设备与处理器、存储器进行数据通信的接口电路。

以数据存储性划分,可把 I/O 系统分为非存储设备和存储设备。外设使处理器和存储器能够实现与外部的数据交换,同时大多数外设都是直接与用户(人)打交道的,因此它也叫做人机交互设备。本节讨论建立 I/O 系统的一些技术问题,有关其设备部分我们在3.7节中介绍。

3.4.1　接　口

CPU 作为整个计算机的核心,它把存储器看做是同构的,即每一个存储单元的读数据和写数据的操作是相同的。但对 I/O 系统情况就不一样了,有许多种不同类型的输入输出设备,它们的功能也是千差万别的。输入输出设备的工作速度许多是基于机械和光学的(有关这些设备,我们将在3.7、3.8节中进行详细讨论,本节只从系统结构的角度进行介绍),其工作速度要比以电子速度运行的 CPU 和存储器慢了许多,为此必须进行设计使其能够与 CPU 及存储器协同工作,这个协同设计就是接口(Interface)。接口位于 I/O

设备与 CPU、存储器之间,如图 3.21 所示。

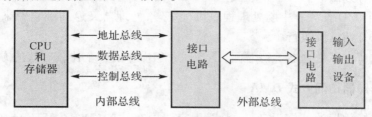

图 3.21 接口示意图

接口技术是一个复杂的概念,其复杂性在于不同的设备和不同的数据传输要求。图 3.21 是接口示意图。接口有两个部分,一部分是连接计算机 CPU 和存储器的,如我们将在 3.6.1 小节中介绍的芯片组中的南桥芯片就是图 3.21 中的中间接口电路。通常这一部分是一个公共的数据传输平台,可以支持特定类型的设备,如打印设备、存储设备等。

在外设中也包含了相应的接口电路。前面介绍过的磁盘、光盘等,也被定义为具有存储性质的外部设备,它们是通过磁盘驱动器和光盘驱动器与计算机连接的。在这些驱动器中,除了一些机械装置外,另外一个重要部分就是接口电路。

接口电路通过内部总线与 CPU 和存储器连接,以较高的速度运行,适应 CPU 和存储器高速运行的需要;接口电路还通过外部总线与外设连接,以较低的速度从外设输入或输出数据。因此,接口是在高速的主机和低速的外设之间的缓冲,实现了主机与外设交换数据速度的匹配。

实际上在今天的接口电路中,位于核心地位的是具有专门功能的处理器,负责处理数据的输入输出、变换和控制等功能。因此在某种意义上,接口电路本身就是一台功能单一的专用计算机。

大多数情况下,把属于外设的那部分接口电路都嵌入外设中,通过专门的连接电缆与计算机主机(与 CPU、存储器连接的接口部分)相连。这些连接电缆就是系统总线,也就是有关连接和数据传输的规范标准。有关总线系统我们在下一节讨论。

3.4.2 输入输出方式

由于各种外部设备与处理器的速度存在很大差异,以及部分外设的实时性,即要求对这些设备的数据传送必须立即进行,不允许等待,否则会出现数据丢失或外部设备出错。为此有多种输入输出的工作方式,通常有如下几种。

1. 程序查询方式

程序查询输入输出在处理器与外设之间全部由计算机程序控制。它的优点是处理器的操作与外围设备的操作能够同步,硬件简单。但它的问题是,外围设备动作很慢,程序查询浪费处理器很多时间。外设工作慢速时,处理器只能等待,不能处理其他任务。

2. 程序中断方式

中断(Interrupt)是外设(或接口)用来"主动"通知处理器,准备送出输入数据或接收输出数据的一种方法。当一个中断发生时,处理器暂停现行程序的执行,转向中断处理程序,去完成一个 I/O 任务。中断处理程序执行完毕,处理器又返回到它原来的程序,并从它停止的地方开始继续执行。

中断方式节省了处理器等待时间,是管理 I/O 操作的一个比较有效的方法。

3. 直接存储器访问方式 DMA

对批量交换数据的外围设备,一般采用直接内存访问(Direct Memory Access,DMA)方式,完全由硬件执行 I/O 过程。DMA 方式在传输时,数据不经过 CPU,直接在内存与外设间高速传送数据。DMA 方式需要更多的硬件支持,计算机中对硬盘、光盘的数据输入输出就是采用这种方式。

4. 通道方式

通道(Channel)是一个具有特殊功能的处理器,也称为输入输出处理器(IOP),它可以实现对外围设备的统一管理以及外围设备与内存之间的数据传送。这种方式把输入输出操作从 CPU 功能中分离出来,使 CPU 主要集中在内部数据处理,大大提高了 CPU 的效率。通道技术一直是高性能计算机系统中所运用的技术,随着大规模集成电路技术的发展,目前微机中的许多设备,如磁盘驱动器、键盘、打印机等也使用专用处理芯片作为外设的接口电路。

5. 外围处理机方式

外围处理机(Peripheral Processor Unit,PPU)方式是通道方式的进一步发展。从系统的角度,PPU 基本上是独立于主机工作的,它的结构更接近一般的 CPU,甚至就是微小型计算机。在大型系统中,设置有多台 PPU,分别承担 I/O 控制、通信、维护诊断等任务。在某种意义上,这种系统已经从集中式的体系结构演变为分布式的多机系统。

3.5　信息公共通道:总线

前面几节我们已经分别介绍了作为计算机组成重要部分的处理器、存储器和 I/O 三个系统,在介绍 I/O 系统时已经介绍了接口通过内部与外部的总线连接外设。本节我们讨论连接各系统的总线及其总线系统。

从物理上来说,总线(Bus)就是一组导线,计算机的所有部件都通过总线连接。从逻辑上来看,总线就是传送信息的公共通道。为了将信号从一个部件传送到另一个部件,源部件先将数据送到总线上,目标部件再从总线上接收这些数据。

使用总线连接有效地减少了连接的复杂性,同时总线还减少了电路的使用空间,使系统能够实现小型化、微型化设计。

按照总线连接部件或者设备的性质,我们把在主机内的总线叫做内部总线,外设和主机连接的总线叫外部总线。

3.5.1 内部总线:连接计算机内部部件

所谓总线就是一组被定义了功能的导线。如图 3.22 所示,连接 CPU 与外设接口的总线就是内部总线,内部总线直接把 CPU 与存储器连接起来。计算机内部总线为三总线结构,它们分别是地址总线、数据总线和控制总线。

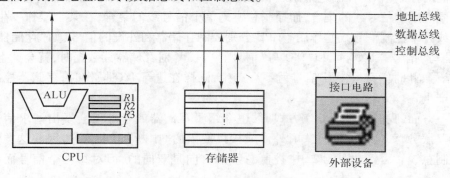

图 3.22 计算机内部三总线

1. 地址总线

地址总线(Address Bus)传送的是 CPU 对存储器和外设进行数据读写的地址信息。

CPU 在进行存储器读写操作之前,首先将存储器地址信号送到地址总线上,指明需要操作的存储器单元,在控制总线的配合下实现对存储器的读/写操作。被选中的存储器单元根据 CPU 的要求把存储单元的数据传送给 CPU,或者接收 CPU 的数据。

CPU 对外设接口也是通过统一编址的方法,按不同的地址对不同的外设进行操作。每个 I/O 设备如键盘、鼠标、显示器、打印机等,都有自己的一个或一组 I/O 地址。当需要访问某个外设时,CPU 将外设的接口地址放到地址总线上。

存储器地址与外设地址在物理上是共同的,CPU 是根据不同的指令发出地址信号,同时配合存储器读写或 I/O 读写信号,以区分是存储器还是输入输出操作。有处理器采用专门的 I/O 编址方式,I/O 地址为地址总线的一部分,如将地址总线的低 8 位或 16 位作为 I/O 地址,可对 256 或 65536 个外设或接口进行访问操作。

地址总线总是接收来自 CPU 发出的地址信息(请注意图 3.22 中地址总线的方向)。地址总线的数目决定了机器的寻址空间大小,包括存储器空间和可连接的外设端口数量。

2. 数据总线

数据是通过数据总线(Data Bus)传送的。当 CPU 需要对存储器与外设进行数据操作时,先通过地址总线选择被操作的存储器单元或外设接口,再将数据放到总线上或者从数据总线上读取数据。明显地,数据总线具有双向性,即在 CPU、存储器与外设之间可以双向传输数据。

数据总线的宽度是计算机处理能力的重要指标。一般说 16 位 CPU 就是指数据总线有 16 位,32 位 CPU 就是指数据总线有 32 位。显然,一次从存储器或者外设存取的数据越多,说明 CPU 的处理能力越强。

3. 控制总线

控制总线(Control Bus)与前面两种总线都不同,它是由 CPU 根据指令操作的类型,发出不同的控制信号,控制地址总线和数据总线或其他 I/O 部件。地址总线、数据总线是一组相同性质的信号线的集合,而控制总线是单个信号线的集合,在某个操作发生时,只有一个或几个控制信号线起作用。CPU 分别控制存储器和外设的信号,如"存储器读"和"存储器写"信号,"I/O 读"和"I/O 写"信号。当 CPU 对存储器读数据时,就会产生"存储器读"信号,此时"存储器写"信号就不会产生,同样在进行 I/O 操作时,存储器控制信号也不会产生。

另一方面,我们在介绍 I/O 方式时,也介绍了存储器或者外设会发出请求信号要求 CPU 为其服务,如使用中断方式时外设或接口发出的"中断"请求信号,因此这类信号也属于控制总线。尽管在图 3.22 中控制总线的方向是双向的,但对每一个信号而言则是单向的。

3.5.2 连接外设:系统总线

一般把与 CPU 直接连接的总线叫做内部总线,把连接主机与外设的总线叫做外部总线(参见图 3.21)。如果把总线作为一个系统来看,内部总线属于底层,外部总线属于高层次上的。底层的总线与具体的 CPU、存储器以及接口电路密切相关,而外部总线只是提供各种信号的标准,并不关心它是如何实现的,只要按照外部总线标准的外部设备,都可以连接到总线上被计算机所使用。因此外部总线也就是系统总线,主要是因为外部总线是基于系统层次连接的。

1. 处理器总线

很难说处理器总线是属于外部总线,它是在 CPU 与接口电路(图 3.21 种左侧)之间,应该属于"内部总线"。但通常的理解是,CPU 直接输出的为内部总线,而与 CPU 连接的那些信号线的规定,已经成为指导各个不同的厂商生产计算机的标准,因此也把它理解为是在"系统"一级上的总线。

处理器总线有前端和后端两个部分。负责 CPU 和高速的部件如 Cache、RAM 等连接的那部分,相对计算机的核心部件 CPU 的位置较为靠前,因此也叫做前端总线,它以很高的频率运行,如 Pentium 处理器的前端总线的频率为 66MHz ~ 800MHz。前端总线究竟以哪一个频率工作,取决于它所连接的部件,例如使用 330MHz 的高速 RAM,那么前端总线使用 166MHz 或者 330MHz 的频率工作。

后端总线以较低的频率工作,它是将 CPU 的高频信号转化为能够被电缆线路传输、外设接口能够接收的较为低频的信号。它主要用于计算机的显示输出、连接软盘、硬盘、

USB 接口和打印机接口、鼠标器、键盘之间。例如与硬盘的连接就是以 16MB 的数据传输速率运行的。

2. I/O 总线

外部总线一般也称为 I/O 总线,一般都是由国际标准协会、国际间组织、政府机构、企业或者专业论坛等机构制订,如规定仪器与计算机连接的 IEEE488 标准就是 IEEE(国际电气和电子工程师协会)制订的,RS-232C 标准规定了连接到计算机的串行数据通信总线标准,是由 ISO 制订的。

总线标准有很多,它们一般都是规定了连接到所定义总线的外设必须按照何种规格和规定使用数据总线、地址总线和控制总线以及电源、地线等,还规定了总线的机械参数,连接使用的器件规格。如连接网络用 RJ-45 专用接口,连接打印机用 DB25 插座等。

外部总线有许多种不同的类型、标准,适用于不同类型的外设。我们在下一节中将结合微机系统介绍几种常用的 I/O 总线。

3.6 微机:办公桌上的机器

微机系统的集成化和使用的技术简单,使得它有较高的性价比。微型计算机的主要特点就是适合个人应用,办公室桌上摆放的计算机几乎都是微机,因此它被叫做桌上系统。微机采用主机箱加外接设备的灵活模式,开放式结构使微机的配置能够根据其用途进行组合。我们这里以微机作为一个典型的示例,在前述基础上进一步介绍系统的硬件构成。

3.6.1 主 板

当我们打开微机的机箱就可以看到主板(Main Board),如图 3.23 所示,在它上面排列着用于安装 CPU 芯片、内存条、总线接口和配件的插槽等。主板安装在主机箱内,如图 3.24 所示。主板也叫系统板,是整个微机的核心,是微机中单个最大的电子部件,是使用印刷电路板(Printed Circuit Board,PCB)技术生产的。

主板是基于总线的。在主机箱内部的几乎所有部件包括电源都直接与主板连接。主板上还有很大一部分是扩展槽,它是微机与外设连接的总线,也叫总线插槽,图 3.23 所示的主板上有 5 个这样的插槽。用于插入其他各种类型的连接电路板(也叫插件或插卡)。扩展槽是微机的一个重要特征,系统的开放性就是通过扩展槽实现的。

尽管微机的主板结构极大地简化了系统设计,但遗憾的是主板的外形尺寸以及其他因素影响了其适应性,使系统升级变得困难,或者几乎就是不能通过主板进行系统硬件的升级。

CPU 与各种设备连接,需要大量的连接电路,也就是"接口电路"。这些电路最初是

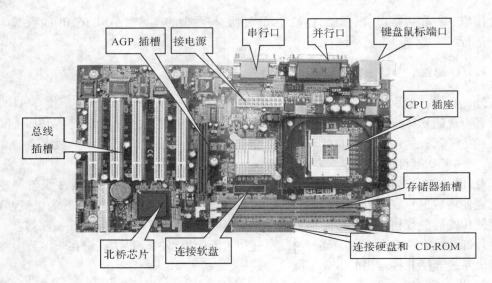

图 3.23　主板图

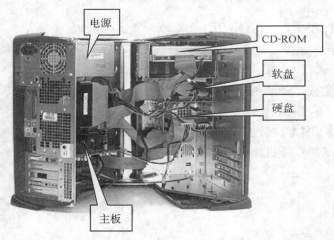

图 3.24　主机箱内部示意图

中小规模集成电路,今天使用的是大规模集成电路的芯片组。目前芯片组市场上主要有Intel、VIA(威盛)、ALI(阿拉丁)、SIS 等几大生产商。芯片组是配合 CPU 连接存储器、显示器、键盘等设备的一组集成电路。主板厂家的型号可以互异,但对同类主板,采用的芯片组是一样的。

　　芯片组一般为两片,称为"南桥"和"北桥"。北桥主要负责管理、控制主板上的高速总线,即为处理器总线中的前端总线,南桥则主要负责与慢速的外设的连接,即处理器总线中的后端总线。主板的性能除了它支持的 CPU 以及存储器外,主要就是看芯片组的性能。一般 CPU 生产商推出一种或一个系列的 CPU 芯片,会同时发布支持这些 CPU 的芯片组。不同的 CPU 必须选配相应的芯片组。

3.6.2 内存条

微机内存也就是主存储器,它和 CPU 一起被安装在计算机的主电路板上,理论上是说它直接与 CPU 进行数据读取和写入操作,但实际上由于内存的存取速度要远远慢于 CPU,因此还是需要通过接口电路(如芯片组中的北桥)进行速度匹配。

内存芯片被做成插件形式(叫做内存条),可方便地插到主板的内存插槽上。根据不同的需要插入内存条,可以组合不同容量的内存空间。几种常见内存条如图 3.25 所示。由于内存插件设计为非对称结构,因此在主板的内存插槽上,只有按照惟一的方向才会被插入。这种设计特点被用于微机系统的许多连接装置上,使得非专业人员在扩展自己的系统时非常容易操作而不会导致安装出错。

(a) Rambus 内存条　　(b) DDR 内存条　　(c) 便携式微机内存条

图 3.25　几种常见的内存条

SDRAM(Synchronous Dynamic RAM,同步动态内存),其数据总线 64 位、3.3V 电压,其工作原理是 RAM 和 CPU 的外频同步,即前端总线频率,不需要额外的等待时间。但随着价廉的 DDR 的普及,SDRAM 正在淡出主流市场。

主流的内存为 DDR SDRAM(Double Data Rate SDRAM,是双倍速率同步动态随机),也简称为 DDR,它是在 SDRAM 内存基础上发展而来的,仍然沿用 SDRAM 生产体系。DDR 在时钟脉冲的上升和下降沿均读取数据,它的传输频率由 200MHz 到 533MHz 几种规格,实际工作频率为其一半。因此在相同的工作频率下,它的数据吞吐率是 SDR 的两倍。最新的 DDR2 内存通过 4 位预取机制使得数据带宽提升到 SDR 的 4 倍。但是相同带宽条件下,DDR 的性能优于 DDR2。

还有就是 RAMBUS 内存。由于 RAMBUS 必须成对使用容易发热,其成本也一直居高不下,影响了它的推广,目前已经很少使用。

3.6.3 微机扩展:总线标准

总线系统在计算机中起到连接各子系统部件和外设的作用。微机系统总线扩展槽设计最初是 IBM 公司运用在它的 PC 机上,这种开放架构对微机和后来基于微机其他制造商设计生产的各种插卡起到了决定性的作用:灵活性和耐用性,它使微机应用被迅速地推进到了更多的领域。微机总线发展到今天已经经历了许多标准。主要有以下几种。

1. ISA/EISA 总线

最初的 PC 微机支持 8 位数据传输,20 根地址线,存储器空间为 1MB。ISA(Industry

Standard Architecture,工业标准体系)总线是在 IBM PC/AT 机上开始使用的,也被称为 AT 总线,支持扩展内存到 16MB。

早期的 PC 机内存扩展是通过 ISA 插件形式,EISA(Extended ISA,扩展 ISA)设计者把存储器直接设计到主板上(今天的机器就是这种结构),其他外设使用系统总线进行数据传输。EISA 总线的推出,建立了微机主机与显示器及硬盘连接的新途径。

2. 局部总线 VESA VL

局部总线技术是基于微机结构设计的变化:内存不再由总线控制面直接与 CPU 连接,其他外设中的相对高速的设备如显示器,按系统速度(最初的标准是 33MHz,现在已高达 330MHz)传输 32 位或 64 位数据,并且系统结构不需要大的改变。为此设计者把硬盘、内存全部从总线传输上剥离,网络、音频等其他设备通过总线进行传输——这已是今天微机的标准结构。

VESA VL 在 20 世纪 80 年代广泛应用于 PC 机上,后因被新标准替代而从微机系统中消失。

3. 局部总线 PCI

PCI 始于 20 世纪 90 年代初,今天仍然作为微机的标准总线被使用。它支持 32 位和 64 位数据传输,支持 5V 电源也支持 3.3V 的低功耗应用,这种设计不依赖处理器,因此它适合台式微机也适合台式机之外的其他机型。图 3.23 所示的总线插槽就是 PCI 总线插槽。

PCI 规范要求插入的卡(外设接口)是自动配置,这就需要在扩展卡中设置配置信息的存储器,因此而诞生的"即插即用"(Plug and Play,PnP),为非专业用户扩展自己的机器提供了便利。图 3.26 是使用 PCI 总线网络接口卡(电路)的实物外形图。

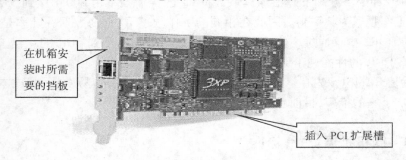

在机箱安装时所需要的挡板

插入 PCI 扩展槽

图 3.26　使用 PCI 总线的插卡

4. PCMCIA

PCI 及其他总线的设计是基于台式机的物理尺寸,无法在笔记本电脑中使用,因此需要体积如信用卡大小的插卡总线,这个总线标准就是 PCMCIA。PCMCIA(Personal Computer Memory Card International Association Industry Standard Architecture,个人计算机存储卡国际协会工业标准结构)。这种总线的插卡的一头是排列非常紧密的线路插入笔记本电脑的扩展槽,另一头为连接到外设的端口,图 3.27 所示为一个 PCMCIA 插卡的实物外形。

图 3.27 一个 PCMCIA 插卡外形

就使用性而言,微机的系统总线除了以上所介绍的,还有专门用于数据通信的串行接口总线标准,如 IEEE 1394 和 RS-232C,以及通用串行总线 USB,以及用于外存储器连接的 IED 总线和 SCSI 总线等。USB 作为微机系统发展最快、应用最广的接口和总线技术,我们将在 3.9 节作专门介绍。

3.6.4 外接端口

我们已经介绍过接口的作用是连接主机和外设。典型微机有键盘接口、鼠标接口、串行口、并行口、USB 接口、显示器接口以及声卡接口等。接口是一种技术方案和实现,而端口(Port)则是实际连接这些接口的物理部件。

1. 接口的工作方式

无论有多少种外设,它们与机器的连接只有两种方式:并行或串行。在机器内部,如 CPU 和内存之间,采用的是并行数据。硬盘等外设是先通过串行读出数据再转换为并行数据传输到 CPU,或者把并行数据经接口转换为串行格式写入磁盘。

并行接口一次传送 8 位二进制数据,串行每次传输 1 位二进制数据。从传输速度上,并行数据传输要快,但需要更多的线路和控制,因此实现并行传输的成本要高,特别是对远距离传输,并行方式就变得难以实现。所以并行传输多用在系统内部或者传输距离较近的应用场合。

串行数据传输速度相对较慢,但成本低,适合长距离传输。在数据通信应用上,基本上以串行为主,因此串行传输技术发展更加迅速。现在,新的串行传输技术 USB 基本覆盖了计算机外设连接的大部分应用,且传输速度比并行的更快。

2. 端口

微机外部的设备必须有一个端口(Port,接口的外部形式)与主机相连,从而实现数据进入主机或主机就能够向外设发送数据的功能。

端口是系统提供给外部设备接入的地方。在主板和机箱内部的设备连接(如硬盘、CD-ROM)叫做内置,连接到主机箱后面的端口上的就叫做外置。早期的微机必须给用户指明需要安装哪些端口,现在的微机系统至少有 6 个外接端口:键盘接口、鼠标接口、显示器接口、并行口和串行口以及 USB 接口,如图 3.28 所示。

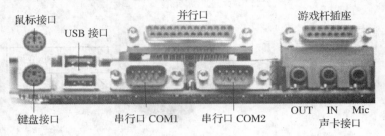

图 3.28　微机背面的外设连接端口

微机的并行口一般为打印机所使用,但现在也有打印机使用串行口的。视频端口连接显示器。除了少数微机有连接电视机的端口外,一般都采用专用显示器的接口标准。视频端口也可以通过电缆连接到大屏幕投影仪。

串行口也叫做 RS-232 口,是根据它的技术标准参考号码命名的。目前占主导的是 USB 技术,微机的串口和并口已经较少使用了。

3. 主板的端口集成

如前所述,本章重点就是介绍微机系统的组成,包括它的接口、设备。随着主板集成技术的发展,原先作为开放结构的各个输入输出系统的端口,在新的主板结构中全部被集成在主板上,而过去用于连接外设接口的插槽,在一般常规应用中往往并无大的作用,因此,有的主板减少了标准插槽配置。对需要改变"板载"(On Board)端口的用户,可以通过系统设置将集成在主板上的某些端口"禁止"(Disable),然后在总线插槽上安装所选择的插卡。

3.6.5　显示卡

对用户而言,真正感受计算机在运行的实体就是它的显示。计算机通过显示把运行状态和结果在显示器上显示出来,用户大部分时间都在和显示器的屏幕打交道。因此从人机交互的角度,显示器是用户使用计算机最重要的设备。

显示器显示来自计算机输出的信息,它本身的工作过程和普通的电视没有实质区别。显然,显示的信息必须存放在某个地方(电视信号是电视台播放的),然后按照人们所习惯的方式表现在显示器上。

显示数据的存放比运算数据的存放要复杂。一方面它要把数据以显示器能够显示的形式送到显示器上,另外它必须不停地被 CPU 访问,不间断地更新所显示的数据。因此需要一个特殊的显示存储器,使输出数据到显示器与接受来自 CPU 的显示数据之间不会相互冲突。否则,显示器就不能正常显示或者 CPU 不能正常改变显示数据。

另外,计算机内的数据正如我们在前面几章中讨论的是二进制数,如何以映射的方式把这种格式的数所表示的数字、字符、图形甚至视频等以显示器能够显示的格式显示出来,并使整个画面与计算机内的数据保持一致,这就是显示变换和控制问题。

　　类似的问题如怎样把计算机内的数据信息以我们所需要的文本、数字、图形方式打印出来,或者发出声音或者以其他形式输出,都是计算机输出系统需要解决的问题。这些问题的解决途径都是相同的:用专门的电路在计算机程序配合下完成数据变换、输出以及与CPU 之间保持响应。解决显示问题而设计的专门电路用"插卡"的方式插入到总线插槽,这个插卡就是显示卡。

　　显示卡简称显卡或显示适配器(Display Adapter),显卡的作用是在显示驱动程序的控制下,负责接收 CPU 输出的显示数据并按照显示格式进行变换并存储在显示存储器中,并把显示存储器中的数据以显示器所要求的方式输出到显示器。

　　根据采用的总线标准不同,有 ISA、VESA、PCI 和 AGP(Accelerated Graphics Port,加速图形端口)等类型的显示卡。目前以 AGP 和 PCI 显卡为主,早期微机中使用的 ISA、VESA 显示卡除了在原机器上使用外,在市场上已经很少见。

　　一个微机的显示系统除了显示卡外,与显示器本身的类型和技术参数也有很大关系,有关显示模式我们在本章 3.8.1 小节显示器部分介绍。

　　目前,市场上的主流计算机都在主板上集成了显示控制电路,基本上能支持对一般图形、文字、图像的处理要求。对图形图像以及视频处理要求比较高的场合,使用专业的显示卡是一种很好的选择。显卡的存储器容量是它的指标之一,一般有 32MB、64MB 等。高质量的显示卡内存要大,有的达到 GB 级。目前的系统如果不使用"板载"显示端口,另行配置的多半是 AGP 显示卡。

　　AGP 是 Intel 创建的,专门用于高性能图形和视频显示,是目前最先进的显卡技术,由PCI 进化而来。它是为了提高视频带宽而设计的。AGP 插槽支持可以插入符合该规范的AGP 插卡,32 位基本模式 AGP 的信号传输速率可达到 266MB/s。

　　由于微机设计规范 PC 98 中,ISA 总线已被取消,ISA 设备占用的 PCI 总线大量带宽的显示卡移到 AGP 上是非常有意义的。AGP 是基于 PCI 的,但 AGP 不可能取代 PCI。AGP 只是一个图形显示接口标准,而不是系统总线。

　　AGP 都采用了上下两层结构,这是为了减小 AGP 插槽的尺寸。AGP 有 2X、4X、8X 之分,它们的数据传输率分别为 AGP 基本模式速率的 2 倍、4 倍和 8 倍。例如 8 倍 AGP 的数据传输速率达到了 2133MB/s。图 3.29 是 AGP 显卡的实物图片。

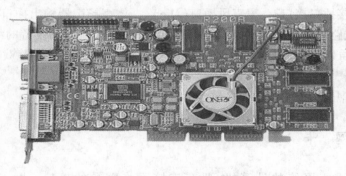

图 3.29　AGP 总线接口显示卡

显卡的型号与主板型号一样繁多,区分的依据是显卡上的 GPU(Graphic Processing Unit,图形处理器)。目前国际主流 GPU 制造商为美国的 NVIDIA 公司和加拿大的 ATI 公司。

3.6.6　有声输出:声卡

声卡(Voice Card,or Digital Voice Card)是多媒体计算机的主要部件之一,目前也是微机的基本配置,声卡含记录和播放声音所需的硬件,外形如图 3.30 所示。

外接音箱、MIC 等设备的端口

图 3.30　声卡

声卡的种类很多,功能也不完全相同,但它们有一些共同的基本功能:能录制话音(声音)和音乐,能选择以单声道或双声道录音,并且能控制采样速率(将声音信号转换为数字信号的工作频率)。声卡上有数模转换芯片(DAC),用来把数字化的声音信号转换成模拟信号,同时还有模数转换芯片(ADC),用来把声音的模拟信号转换成数字信号。

声卡上有音乐数字接口(MIDI),能使用 MIDI 乐器,诸如钢琴键、合成器和其他MIDI设备。声卡有声音混合功能,允许控制声源和音频信号的大小。好的声卡能对低音部分和高音部分进行控制。

声卡上还有一个或几个 CD 音频输入接口,用以接收 CD-ROM 的声音采集信号。

声卡的品质取决于它的采样和回放能力。影响音质的两个因素是采样精度和采样频率。一般声卡的数据宽度为 16 位,较高质量的声卡有 20 位、24 位以及 32 位等。

声卡的外接插口接口有:麦克风插口(Mic)、立体声扬声器输出插口(Speaker),连接音箱或耳机;线路输入(Line In),可连接 CD 播放机或其他音频设备的线路输出到计算机,线路输出插口 (Line Out) 可连接功放等。有的声卡还支持游戏杆和 MIDI 设备插口等。

目前微机中的集成主板中大多包含了声卡。

3.6.7　网　卡

一台需要进入网络的计算机,要有连接网络电缆的接口。网卡是网络接口卡(Network Interface Card,NIC)的简称,也叫网络适配器,如图 3.31 所示。它是物理上连接计算机与网络的硬件设备。

连接网络电缆
的 RJ-45 插孔

插入 PCI 总线插槽

图 3.31　网卡

网卡插在电脑主板的 PCI 扩展槽中,通过网络导线(如双绞线、同轴电缆)与网络设备连接(有关网络和通信的更多知识,我们将在第 8、9 章中介绍)。

简单地说,网卡主要完成两大功能:一是读取由网络设备传输过来的数据包,经过拆包,将其变成计算机可以识别的数据;另一个功能是将计算机发送的数据,打包后输送至网络中。

网卡按其传输速率(即其支持的带宽)分为 10M、100M、10/100M 自适应以及 1000M 网卡,目前常用的是 10/100M 自适应网卡。

除台式机网卡,还有适用于笔记本计算机的网卡以及无线网卡等。对使用在需要大数据量通信的服务器上也有专门的服务器网卡。有支持普通电缆的网卡,也有支持光缆连接的网卡。

3.6.8　调制解调器

调制解调器(Modem,Modulator and Demodulator)是一种计算机数据通信的外设,它实现利用公共电话网络进行数据通信的功能(参见第 8、9 章的介绍)。

一般市场上的 Modem 具有传真和数据通信两种功能。Fax/Modem 是指传真调制解调器,Modem 是指调制解调器,Fax 是指传真。

调制解调器有置于机箱内部的内置式和直接放到机器外部的外置式两种类型。内置式和普通的计算机插卡一样,都被称为传真卡或 Modem 卡。外置式的叫做调制解调器或 Modem(俗称为“猫”),如图 3.32 所示。

内置式 Modem 有两种结构,如图 3.33 所示,一种是可以直接插入微机总线扩展槽的,另一种是嵌入式,主要用在非总线结构的专用微机系统中。它们都有两个电话机专用的 RJ12 线路插口,一个标有“Line”的字样,用来接电话线;另一个标有“Phone”的字样,用来接电话机。有的 Modem 还支持语音,除这两个电话插口外,还有一个麦克风接口和声音输出口。

Modem 借助于电话线实现数据通信,特别适合家庭或远距离上网需要。与微机其他技术发展一样,Modem 技术发展也非常迅速,它采用载波技术使语音与数据分离,能够以更高的频率进行网络通信,并和语音电话服务并行,就是在电话线上同时实现语音和数据通信,其产品由传统的 Modem 发展到 ADSL Modem 和 VDSL Modem。

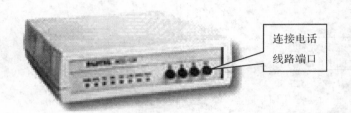

图 3.32　外置式 Modem

图 3.33　内置式 Modem

　　ADSL(Asymmetrical Digital Subscriber Line,非对称数字用户环路)是通过 ADSL Modem,使用普通电话线为计算机提供网络数据传输的技术。普通的 Modem 传输速率为最高 56Kbits,而 ADSL 支持上行速率 640Kbps ~1Mbps,下行速率 1Mbps ~8Mbps,有效的传输距离在 3 ~5km 范围以内;ADSL 的下行速率高、频带宽、性能优、安装方便、不需交纳电话费等特点,成为 Modem 后的又一种全新的、更高效的接入方式。

　　在 ADSL 基础上发展起来的 VDSL(Very-high-bit-rate Digital Subscriber Loop,甚高速数字用户环路)。简单地说,VDSL 就是 ADSL 的快速版本。VDSL 在短距离内的最大下行速率可达 55Mbps,上传速率可达 19.2Mbps,甚至更高。

　　Modem 除了以上多种类型外,还有用于企业级的网络备份使用的机架式 Modem 池(Pool),它是将多个 Modem 集成在一起,支持与网络交换机的直接连接。

　　在外置调制解调器上,我们经常看到一些指示灯,它们指示 Modem 的工作状态,它们的含义如表 3.4 所示。

表 3.4　Modem 信号

MR	调制解调器就绪或进行测试	TR	终端就绪	SD	发送数据
RD	接收数据	OH	摘机	CD	载波检测
AA	自动应答	HS	高速		

3.7　输入设备:用户操控机器

　　输入设备可以让我们将外部信息(如文字、数字、声音、图像、程序等)转变为数据输入到计算机中,以便加工、处理。输入设备是人与计算机系统之间进行信息交换的主要装置之一。键盘、鼠标、扫描仪、光笔、压感笔、手写输入板、游戏杆、语音话筒、数码相机、数码录像机、光电阅读器等都属于输入设备。最为常用的输入设备是键盘和鼠标器。

3.7.1 键盘

键盘(Keyboard)是计算机中常用的输入设备,是输入文字最方便的工具,也是用户使用计算机的主要输入工具。键盘输入,显示器输出,用户与机器进行交互。

键盘是典型的串行输入设备,接口规格有两种,PS/2 和 USB。PS/2 是 6 针的圆形键盘接口,原为 IBM 的专利。从最初 PC 机开始,IBM 设计了 3 种 PC 键盘,后来微软公司扩展了其中的一种,这些都成为了微机工业的事实标准。目前台式微机主要是使用 101 键的 IBM 增强型键盘和 104 键的 Windows 键盘,如图 3.34 所示。

图 3.34 键盘

英文单词 Qwerty 是键盘上第一排字母键的排列,它的字面意思是“标准打字键盘”,因此计算机键盘与普通的打字机键盘类似,只是增加了一些快捷操作的辅助键。它除了 26 个英文字母、数字和常用符号键外,辅助功能键【Caps Lock】用于大小写切换,换挡键【Shift】用于输入键盘上档的内容,如按住【Shift】键,然后输入数字键 4,若在英文输入状态,则输入的是美元符号 $,而若在中文输入状态,则输入的是人民币符号 ¥。【Ctrl】、【Shift】和【Alt】键也用来作为组合键。

在我国销售的微机都支持中文系统。在英文与中文之间切换也可以通过组合键实现。如按住【Ctrl】键再按空格键【Space】,键盘输入状态就由英文改变为中文,如果当前状态为中文,就转换为英文。这在输入文字时是经常使用的。

键盘上的【F1】~【F12】键,是提供给计算机程序定义快捷操作使用的功能键(Function)。键盘的左上角为辅助功能键【Esc】,在大多数系统中用来退出(Escape)当前操作。键盘还有为了编辑使用的光标移动、删除、插入等功能键。键盘的最右边有一个小键盘区,为数字键,主要是为需要经常输入数字的用户设计的。

Windows 键盘为 104 个键,其中 2 个分列空格键两侧的是 Win 键,可以直接打开 Windows的开始菜单。还有一个是 App 键,模拟鼠标器的右键,弹出快捷菜单。

键盘的每一个按键相当于使对应按键的机械开关闭合,产生一个信号,由键盘电路进行编码输入到计算机进行处理。

传统的键盘是机械式的,通过导线连接到计算机。现在新型的键盘也在开始发展,如使用无线键盘,使用光电输入的键盘等。外形设计上有更加适合操作的各种形状,如使用曲线型的新键盘已经被广泛使用。

另外一种规格接口为 USB 键盘。

3.7.2　鼠标器和点击设备

鼠标器简称为鼠标(Mouse)，它的名字来源于它的外形像老鼠，如图 3.35 所示。鼠标以串行方式连接到计算机上，现在的微机系统一般都有专门的"鼠标口"，与键盘一样是 PS/2 端口，也有 USB 端口的鼠标器。早期的微机以串口为连接口。

鼠标器是非正式用词，正式的术语叫做"显示系统 X-Y 位置指示器"。

图 3.35　鼠标器

安装有鼠标器的微机系统启动后，显示器上就会有一个指示鼠标操作的指针(Pointer)。这个指针能够根据不同的应用状态显示不同的形状，如对文件操作一般是一个箭头，在编辑文字时会显示为一个闪烁着的竖线，而在访问网页时会以手型指针指示链接等。

鼠标主要有机械式和光电式两种类型。它是通过位于底部的小球或光电定位处理确定在显示器上的光标的位置。鼠标有左右两个按键，一般左键是选择和操作，右键则用于显示属性等快捷菜单。

鼠标基本操作有移动、单击或双击左键、单击右键。连续 3 次点击鼠标左键，一般是在编辑操作中进行"全部选择"。鼠标按键操作一般多使用几次就会熟悉。有的鼠标器左右键之间还有一个滑轮(称为中间按钮)，主要是在浏览多页文档或浏览网页时使用。鼠标按键操作还可以自己定义，例如对习惯左手操作的，可以将左右键的功能互换等。

有不同形状和大小的鼠标，有专门使用 PS/2 接口的鼠标，也有使用轨迹球的鼠标。轨迹球鼠标是把机械式鼠标的滚动小球倒装在鼠标的正面，直接用手移动球而不是移动整个装置。这种轨迹球鼠标在带有微机系统的设备上使用得较多。

现在的微机连接鼠标和键盘都非常简单，在机箱的后背标记有绿色和紫色的 PS/2 口，分别接鼠标和键盘。鼠标和键盘的连接器也以同样的颜色标记。

鼠标器操作基本上以移动和点击为主，因此它属于点击设备(Pointer Device)。其他的点击设备还有游戏操纵杆、触摸屏、光笔等。

还有一些也是属于显示系统 X-Y 位置指示的设备，如普遍用于笔记本电脑上的触摸板(或者叫做"跟踪板"，其技术名称为 Glide Point)，使用手指头在触摸板上移动，触摸板下方的传感器将手指移动转换为显示器上光标指示器的位置。

IBM 公司的专利产品 TrackPoint 是专门使用在 IBM 笔记本电脑上的点击设备。它在键盘的 B 键和 G、H 键之间安装了一个指点杆，上面套以红色的橡胶帽。它的优点是：操作键盘时，手指不必离开键盘去操作鼠标。

3.7.3　触摸屏

触摸屏(Touch Screen)安装在显示器屏幕前面，当手指或其他物体触摸安装在显示器前端的触摸屏时，所触摸的位置由触摸屏控制器检测，并通过接口(如 RS-232 串行口或 USB 接口）送到主机，如图 3.36 所示。

触摸屏根据所用的介质以及工作原理，可分为电阻式、电容式、红外线式和表面声波式。触摸屏的屏幕类型主要有平面、球面、柱面、液晶 4 种类型。

触摸屏技术是一种新型的人机交互输入方式，它将输入和输出集中到一个设备上，简化了交互过程。与传统的键盘和鼠标输入方式相比，触摸屏输入更直观。配合识别软件，触摸屏还可以实现手写输入。它在公共场所或展示、查询等场合应用比较广泛。它的缺点也是比较明显的，一是价格因素，一个性能较好的触摸屏比一台主机的价格还要贵。另外它对环境也有一定要求，抗干扰的能力受到限制。同时，因为用户一般使用手指点击，因此显示的分辨率不高。

　　　　图3.36　触摸屏　　　　　　　　　　　图3.37　光笔

3.7.4　光笔和手写识别系统

光笔（Light Pen）是最早使用的点击设备，如图 3.37 所示。光笔内部有一个光电感应装置，能够检测显示屏的光栅或特别制作的带有反射扫描的栅格，经与计算机连接（一般使用串行口），在专门程序的支持下完成对位置、形状的识别处理。

光笔还可以替代鼠标进行操作。目前它最广泛的应用是在手写输入识别方面。除了配置在计算机上的汉字输入识别系统外，许多其他电子产品如手机、个人事务处理器（PDA）以及掌上电脑都配备了手写识别系统。

手写识别系统，除了有使用光笔技术的，也有使用"手触式"和"电磁感应式"的。其中手触式的原理就是类似触摸屏的技术，这在移动设备中运用较多。最新版本的 Windows 7 也将手触式技术集成其中，用户可以直接在屏幕上用食指点击相关的图标完成类似于鼠标、键盘的操作，包括输入字符。国内较为知名的手写识别系统是"汉王笔"。在 PC 机上，有输入法支持手写识别，例如微软输入法中支持使用鼠标的手写识别。

输入设备的技术和产品还有很多，例如语音识别系统，经过训练后系统识别率可以高达 90% 以上。还有被称为数字化仪的装置，它通过一个连接到计算机的特殊的输入笔描绘被处理的内容，随着扫描笔的移动，根据位置信息并进行数字处理化，可将图纸、文稿输入到计算机。扫描仪是另一种输入设备，可以将图片、照片、文字输入到计算机进行处理、存储。扫描仪还有平板式扫描仪,也有手持式的,如常见的商品条形码扫描仪。

还有一类新型的输入设备,如将数字处理和摄影、摄像技术结合的数码相机、数码摄像机,它能够将所拍摄的照片、视频以文件的形式传送给计算机,通过专门的处理软件进行编辑、保存和浏览、传输、打印输出等。

3.8 输出设备:数字化表达与理解

输出设备与输入设备一样,品种较多。常用的有显示器、打印机、绘图仪、激光照排机等。

3.8.1 显示器

与键盘鼠标一样,显示器已经成为计算机"用户交互"的重要组成部分。早期的计算机是用电传打字设备作为输出设备的,后来使用单色的 CRT(Cathode Ray Tube,阴极射线管)显示器,原理与电视机类似。今天的 PC 机除了 CRT 还有 LCD(Liquid Crystal Display)显示器,后者已成系统的主流配置。显示器的屏幕尺寸通常有 14、15、17 和 21 英寸或者更大。显示的信息不再是单一的文本和数字,也包括更为引人注目的图形、图像和视频。

微机显示系统由显示器和显示卡(如 3.6.5 所述)组成。这里我们主要介绍显示器。

1.显示器的分辨率

分辨率指屏幕上像素的数目,像素是指组成图像的最小单位,即显示器上的发光"点"。如 640×480 的分辨率是指在水平方向上有 640 个像素,在垂直方向上有 480 个像素。为控制像素的亮度和色彩,显卡上的显示存储器上需要多位二进制表示。如果要显示 256 种颜色,则每个像素需要 8 位(一个字节),当显示"真彩色"时,每个像素要用 4 个字节,其中 3 个字节对应红、绿、蓝三种颜色,1 个字节表示亮度。

较高分辨率的显示器性能较好,显示的图像质量更高。目前 15 英寸的显示器最高分辨率可以达到 1280×1024。一般情况下,屏幕尺寸越大显示分辨率越高。

2.显示模式和标准

微机的显示处理技术和它采用的显示标准经历了许多演变,从最初的单色显示到今天的"真彩色",其中主要的几种如表 3.5 所示。

表 3.5 显示器的显示模式和标准

分辨率	缩写	模式	标　准
720×350	MDA	文本	单色字符显示(Monochrome Display Adapter)
320×200	CGA	文本/图形	彩色图形/字符显示(Color Graphics Array)

续表

分辨率	缩写	模式	标　　准
640×350	EGA	文本/图形	增强图形显示(Enhance Graphics Array)
640×480	VGA		视频图形阵列(Video Graphics Array)
800×600	SVGA		超级 VGA(Super VGA)
1024×768	XGA	图形模式	扩展图形阵列(eXtend Graphics Array)
1280×1024	UVGA		超级 VGA(Ultra VGA)
1600×1200	—		无

早期的单色显示器只能显示文本字符。20 世纪 80 年代后期,图形显示成为主流。在今天,标准 VGA 模式仍然是Windows系统默认的显示标准。连接显示器和主机的 15 芯电缆常常被叫做 VGA 插头,表 3.5 所列的各种标准的名称往往很少被使用,一般都直接以分辨率描述显示器特性。

在显示器中,除了分辨率之外,各种图形模式都支持一定数量的颜色。在图形模式下,显示存储器保存的是每一个像素显示颜色所需要的信息。

各种显示颜色的组合被称为"调色板",显示程序从调色板中选择颜色的过程叫做"彩色映像"(Color Mapping)。计算机视频处理系统的一个任务就是把特定的颜色分解为 R,G,B 三种信号送往显示器。

3. CRT 显示器

CRT 显示器采用电子枪扫描产生图像。电子枪发出的电子束采用光栅扫描方式,从屏幕左上角点开始,向右逐点进行扫描,形成一条水平线;到达最右端后,又回到下一条水平线的左端,重复上面的过程;当电子束完成右下角点的扫描后,形成一帧。此后,电子束又回到左上方起点,开始下一帧的扫描。这种方法也就是常说的逐行扫描显示。完成一帧所花时间的倒数叫刷新频率,比如 60Hz、75Hz 等。显示器与主机的连接示意图如图 3.38 所示。

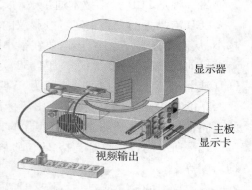

图 3.38　CRT 显示器和机器的连接

长期以来,CRT 显示器一直是微机系统的主要显示设备,直到 21 世纪初,这一局面开始被液晶显示器(LCD)打破,到目前 CRT 显示器除了特殊应用,已不再是属于常用的显示设备。

4. 液晶显示器

液晶显示器与 CRT 显示器相比,显示器计算机输出到显示器及控制原理没有根本的差别。显示技术上,LCD 是分区扫描,CRT 是全屏扫描。

液晶显示器如图 3.39 所示,使用 CRT 的计算机,如果改用液晶显示器,除了连接之外不需要额外的操作。

另外整个 LCD 都是可视区域,而 CRT 的可视区域则往往比屏幕尺寸少 1~1.5 英寸,因此 15 英寸的 LCD 的可视区域和 17 寸的 CRT 相当。LCD 显示器体积小,重量轻,辐射少,同时消耗较少的电能。

液晶显示器的主要技术指标为:整体信号响应时间(一般为 12~30ms)、扫描频率(80Hz 左右)、点距(0.2~0.3mm),还有亮度、对比度和可视角度以及显示面积等。

图 3.39　液晶显示器

3.8.2　投影仪

在一些特殊场合,如展示、教学、学术报告等使用投影仪(如图 3.40 所示)作为计算机的显示输出已经非常普遍。大多数投影仪支持视频和声音,因此它的产品名称都标以“多媒体投影仪”。

一种投影仪是以 DLP(Digital Light Processor,数码光处理器)为核心,以 DMD(Digital Micromirror Device,数字微镜)作为

图 3.40　多媒体投影仪

成像器件构成。数字技术的采用,使它的图像灰度等级提高,图像噪声消失,画面质量稳定,数字图像非常精确。

另一种是 LCD 投影技术通过被动式的投影方式显示信息。LCD 投影式是冷光源。

LCD 液晶板的大小决定着投影仪的大小。LCD 越小,则投影仪的光学系统就能做得越小,从而使投影仪越小,还需要在很小的 LCD 上做到高分辨率,并且保持高亮度。

目前,会议室用投影仪多为 1.32 英寸的 LCD 液晶板,便携式投影仪为 0.9 英寸的 LCD 液晶板。已经有物理分辨率为 SVGA 和 XGA 的 0.7 英寸液晶板推出。

亮度是投影仪的重要指标,国际标准单位是 ANSI 流明。各种投影机由于测定环境的不同,虽然 ANSI 流明相同,但实际的亮度不同。

几乎所有的投影仪都支持 24 位真彩色。其他指标还有对比度、画面尺寸、投影距离、均匀度等。

投影仪上的输入接口是指接入计算机显示信号,会议室用投影仪机型一般有两个接口,可同时连接两台计算机,便携机一般只做一个接口。输出接口可连接显示器。一般投影仪具有 S 视频输入接口(S-Video)。由于 S 视频信号不需要进行编码、解码,所以没有信号损失,因此 S 视频信号比标准视频信号质量好。

3.8.3　打印机

打印机是计算机的常用输出设备。打印机有很多种类,家庭及办公常用的有针式打印机、喷墨打印机和激光打印机等,另外还有用于高级印刷的热升华打印机、热蜡打印机等。无论是哪种类型的打印机,原理是基本相同的:以图形的方式将点输出到打印纸的确定位置。打印机分辨率一般以 DPI(Dots Per Inch,每英寸点数)为单位,如 300DPI 是指在 1 英寸长度内可以输出的点数为 300。显然,DPI 数值越高,打印质量越好。

1. 喷墨打印机

喷墨打印机的喷头将墨滴大小不同的墨水喷在纸上形成文字和图像。因此,除了打印分辨率外,喷头喷出墨滴的大小也是影响打印质量的重要指标。如分辨率同样是 1440/720DPI 的两台打印机,喷头墨滴为 4pl($1pl = 10^{-12}l$)要比喷头墨滴为 6pl 的打印质量和效果好得多,而这两种打印机的价格几乎相差一倍。

墨水色彩数量理论上采用三原色的组合就能产生各种颜色,但实际打印时总会有色差。因此目前多为 4 色(黑、黄、红、蓝)和 6 色(黑、黄、淡红、红、淡蓝、蓝)打印机。图 3.41 为喷墨打印机示意图。喷墨打印机的喷头安装座有 1 个或 2 个。2 个喷头安装座的**打印机在打印纯黑白文本和彩色图像时不必更换墨盒,较为方便。**

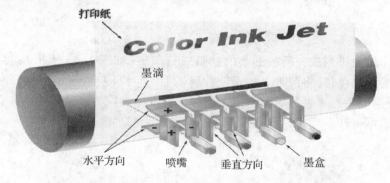

图 3.41 喷墨打印机结构

2. 激光打印机

激光打印机的光栅图像处理器将打印页面变为位图,然后转换为电信号送往激光扫描单元。激光扫描单元中,页面位图上的图像点被转换为激光信号发射到成像鼓上。激光发射时在成像鼓上产生一个细小的照射点,页面位图被转换成成像鼓上的电荷"负像"。

打印机墨粉带有与成像鼓上相同性质的电荷,成像鼓转动,电荷"负像"经过显影辊时,被放电的点就会吸附上带电的碳粉,而未被放电的点由于同性相斥则不吸收碳粉,这样电荷"负像"就被变成了墨粉"正像"。

随成像鼓转动的还有转印硒鼓,被充电的纸张经过转印鼓时,墨粉被吸附到纸上成为打印图像。由于碳粉容易脱落,因此打印纸还要经过一个加热辊以使碳粉融合后紧密地吸附在纸上,如图 3.42 所示。

黑白激光打印机使用黑色墨粉。可以简单地理解彩色激光打印机是用青色、品红色、黄色和黑色 4 种墨粉各自来印刷一次,实现彩色打印。

激光打印机有打印内存,内存容量直接关系到该机可容纳打印队列的长度。由于多

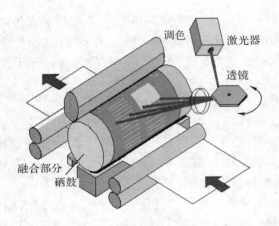

图 3.42　激光打印机

台计算机可能同时向同一台联网的打印机发出命令,因此打印机内存必须能容纳足够长的打印队列。

3. 针式打印机

针式打印机由排列成一行的细小的针组成打印头(如图 3.43 所示),在电路的驱动下点击打印头前的色带,将色带上的颜色打到纸上。它以便宜、耐用、可打印多种类型纸张等优点,普遍应用在多种领域。但由于机械击打发出的声音以及需要更换色带等原因,现在多用于票据打印。而家庭和办公打印基本上以喷墨和激光打印机为主。

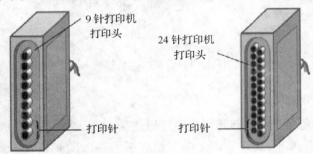

图 3.43　针式打印机的打印头

计算机的输出设备还有许多种,如用于工程设计的绘图仪、语音输出设备、视频输出设备等。

3.9　USB 接口和总线:新型的连接

本章有多处已经提及通用串行总线 USB(Universal Serial Bus)。有许多理由使我们决定把它单独列为一节予以介绍和讨论。

在微机发展历程中,有许多先进技术被采用,极大地推进了微机甚至其他类型计算机的技术进步。但作为影响力特别大的 USB 技术迅速被广泛使用，本身就是一个奇迹。

首先 USB 是建立在串行通信技术基础上，但又是完全不同于过去的串行通信技术。

从另外一个角度看，USB 对微机输入输出以及新设备的影响之大是前所未有的。首先是以 USB 接口为主的各种外设几乎取代了传统的外设，如 USB 打印机、USB 键盘、USB 鼠标、USB 硬盘，甚至有 USB 显示器。

再就是基于 USB 技术的新产品如数码相机、数码摄像机被作为计算机新的外设，短短的几年时间，使传统的光学摄影摄像器材和技术发生根本转变，数码设备成为主流。

USB 不但是微机系统的最有效的接口技术，也是数码产品之间直接互连的技术标准，基于 USB 的通信在两个数码产品之间可以直接进行数据交换，如数码相机可以直接连接 USB 打印机。

3.9.1　USB 和常用的接口技术

早期的微机因为外部设备多，安装复杂，同时微机有限的 I/O 端口资源加上多种设备的不同安装，系统配置信息经常产生冲突。因此，解决扩充设备端口和设备连接问题就是微机研究机构和生产厂商致力解决的课题。

1994 年，微软公司提出即插即用技术方案（即 PnP），它解决了用户安装外设需要对设备配置参数进行设置的困难。1996 年，Compaq、Intel 和微软公司联合提出了设备插架（Device Bay）的概念，在此基础上，世界上主要的微机系统和设备生产商成立了一个机构专门研究实现设备插架的技术，这个机构就是现在 USB 标准制订和维护的 USB 论坛。

USB 就是基于设备插架概念的总线技术标准。随着 USB 技术的日渐成熟，数以千计的各类基于 USB 的设备被研制和生产出来，到了今天，USB 设备已成为微机外设市场的主流。

USB 最初的目标是针对鼠标、键盘、Modem 以及游戏操纵杆之类的低速设备，这就是 USB 1.1 标准，它的传输速率为 1.5Mbits ～ 12Mbits。今天的 USB 2.0 已经支持 480Mbits，成为目前最高速率的接口总线，如表 3.6 所示。

表 3.6　各种常用的接口总线传输速率

接口	格式	设备数	长度（m）	速度（bits）	用　　途
USB	串行	127	4	1.5M ～ 480M	各种外设
RS-232	串行	2	12 ～ 25	20K ～ 115K	Modem、Mouse、Tools
RS-485	串行	32	1000	10M	数据获取和控制系统
IrDA	红外	2	1.5	115K	打印机等
Microwave	串行	8	2.5	2M	微控制器通信
IEEE 1394	串行	64	3.8	400M	视频
IEEE 488	并行	15	15	8M	工具、仪器仪表
LPT	并行	2 or 8	2.5 ～ 10	8M	打印机、扫描仪、磁盘

从表中可以看出,在现有的各种总线标准中,USB 不但具有最高的数据传输速率,而且它的适应范围也最广。USB 有以下特点:

- 适合多种外部设备,系统自动配置设备,不需要用户设定。
- 为其他外设保留资源。
- 热插拔——不必关电源可以直接插入或拔出。
- 节省电源设计,USB 设备除特殊设备外,一般不需要电源,由 USB 接口供电。

3.9.2 USB 结构

USB 系统结构如图 3.44 所示,通过专用的 USB 接口总线插卡和连接电缆(如图 3.45 所示)把 USB 接口的外设和计算机的 USB 口连接。从图 3.44 可以看出,USB 主机部分(Host)集成在主板上,并提供几个 USB 端口供外设连接。如果系统需要扩展 USB 端口,可以选择图 3.45 所示的插卡,一般标准 USB 插卡提供 4 个 USB 端口。

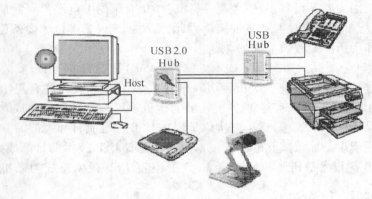

图 3.44 USB 系统结构

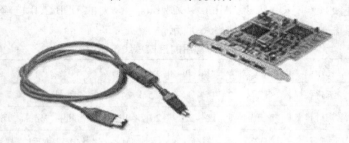

图 3.45 USB 插卡和电缆

USB 的电缆是四线结构,分为主机提供给外设的电源、地线和两根信号线。两根信号线和一般的串行接口技术不同,它不是一根接收数据、一根发送数据,而是两根同向信号线,即在某一时刻,信号线上同时为数据接收或者数据发送,并且信号为互为反相的差分电信号,因此数据可靠性大大提高。同时,USB 插头也特殊设计为非对称结构,这样不会错误插入:大接头为 A 接主机,小头 B 接外设(也有采用专门的外设连接插头)。在插头插座上,电源线稍长,信号线稍短,插入时电源先于信号接通,而拔出时信号线先于电源断开,使得在插拔过程中不会导致信号不稳定而丢失数据。

　　USB 是接口,也是总线。它连接外设的方式是通过 USB 集线器 Hub 级连的(图 3.44 所示)。每个 Hub 的上行口接上一级 Hub 或 Host,Hub 提供 4 个标准的 USB 下行口,连接外设或下级 Hub,这种级连可以使系统的设备总数达 127 个。

　　USB 为了实现与外设的通信,有一系列规则即 USB 总线传输协议,包括发送命令的格式、数据包的大小和类型以及握手信号、同步格式等。因为它支持的设备种类很多,因此 USB 详细规定了如人机交互设备(Human Interface Device,HID)、数据存储设备、高速设备等多种设备类型,只要外设生产商按照这些规定的格式设计,这些设备就可以直接插入主机 USB 接口,系统自动识别其类型。

3.9.3　USB 主机和设备

　　USB 主机(Host)也叫 USB 控制器,它本身就是一个带有处理器的嵌入式计算机系统,它是 USB 系统的核心,如图 3.44 所示。

　　在这个系统中,Host 负责整个总线状态的管理,并为外设和计算机系统之间的数据通信提供总线资源。Host 在整个 USB 系统中处于核心层,它可以直接连接设备,因此 Host 本身包括了一个负责连接设备的"根集线器"(Root Hub)。

　　Hub 是负责总线传输管理的部件。当有设备被连接到 USB 总线上,Hub 负责检测设备并向上级 Hub 发出设备连接信号,在 Host 与设备之间建立总线通信。

　　当一个外设插入 USB 接口,就意味着在 USB 与外设之间建立了通信。Host 检测外设,并识别 USB 设备中的设备号,辨识是否是标准类型,如果是,直接就可以使用,如果不是,则需要用户安装该设备的驱动程序。USB 论坛成员厂商在 USB 系统中有一个识别号,对 Windows 2000 或以上版本的微机系统,支持所有 USB 论坛成员的设备。

　　USB 支持 4 种传输类型。它的第一种类型是控制传输,这是每一个 USB 设备必须具有的,负责建立总线通信。第二种类型是中断传输,典型设备就是人机交互设备,如键盘、鼠标和游戏操纵杆等。这种中断和 3.4 节所述的 I/O 中断不是同一含义,USB 中断只规定在一个时间段传送一个中等数量的数据。USB 的时间段仅为 1ms,所以使用这些设备的用户不会产生迟滞的感觉。第三种类型是批量传输,对大数据量设备如移动存储、打印机、数码产品等设备使用这种工作类型。第四种类型是等时传输,这种类型的特点是传输的数据不进行校验,适合视频、音频设备数据的传输。

3.9.4　数码设备交互:OTG

　　就 USB 发展而言,它本身有新技术,但更多的是结构和设计上的开拓创新。根据 USB 规范,对 USB 系统中所有部件,都需要有交互功能,就是说无论是 USB 主机、集线器或者设备,其内部都有能够识别处理总线信息的处理器,将执行 USB 技术规范的 IC 芯片嵌入设备中,这就是 USB 系统的特点。

　　USB 主机的控制器是基于 Intel 公司 8051 系列微控制器(Microcontroller)的。微控制器是一个将 CPU、存储器和输入输出接口集成在一个芯片上的产品,所以也把它叫做"单片机",意思就是一个单一的芯片本身就是一台"计算机",因此 USB 也是一个嵌入式系统,USB 设备是建立在"智能化"基础上的。

正是由于 USB 主机和设备都采用了"智能"控制技术,所以改进其设计就可以在设备之间进行直接的数据交换和处理,这就是"On-The-Go"(OTG,至今为止,笔者还没有看到有关这个技术的中文标准译名,但一般把它翻译为"数码通")。

OTG 是 2001 年 USB 论坛发布的,用于 USB 外设间"可移动互连"的 USB 2.0 补充规范,其目标是使 USB 设备以主机的身份和另外特定的一组设备直接通信。它最重要的扩展是节能性电源管理,并允许设备以主机和外设两种方式工作。OTG 是一种点对点的通信技术,两个 OTG 设备连接在一起时可交替以主机和从机的方式工作,它兼容了 USB 规范中的主机/外设的结构模型。

现在已经有一些基于 OTG 技术开发出来的产品(如图 3.46 所示),如打印数码相机的照片、通过移动电话的无线上网以及下载音乐等,或移动数据存储器直接复印等。预计 OTG 技术将在更多的传统计算机外设上应用。

图 3.46　OTG 应用

3.10　多媒体计算机系统

媒体(Media)是指信息的载体,通常可以按照感知、内部表示、存储以及传输等几个方面对媒体进行分类。从技术角度看,多媒体(Multimedia)技术是指使用计算机交互式综合技术和数字通信技术,处理多种媒体信息,即文本、图形、图像、视频、动画和声音等,使多种信息建立逻辑连接,使多种形式的媒体被有机地结合成为一个整体。多媒体的关键特性主要为以下三个方面:

(1)信息载体多样性。多媒体涵盖输入和输出,包括视觉和听觉两个方面。

(2)信息载体交互性。向用户提供有效的控制手段,以及对多媒体信息手段的理解。

(3)信息载体集成性。多媒体的集成性可增强用户对信息的注意力。

多媒体技术要解决的第一个问题是对音频和视频的数字化转换。音频和视频信息都是模拟信号,必须对它们进行数字化转换并送入存储器中,才能利用各种软件对它们进行进一步处理。数字化过程一般通过模数(A/D)和数模(D/A)转换技术实现。

第二个要解决的问题是数字化后的音频、视频信息的存储。数字化后的音频和视频数据量非常大,要使用大容量存储设备,如硬盘、CD-ROM 等,同时要采用数据压缩技术。

第三个要解决的问题是音频、视频输入输出过程中的实时要求。实时性首先要求高速的处理器芯片。Intel 公司的 MMX(Multi Media eXtend,多媒体扩展指令集)就是在原有的 CPU 指令系统上增加了 57 条多媒体指令,用以满足图形图像处理、视频、音乐合成、语音识别和压缩等多媒体应用的需要,它的性能比相同类型的普通 CPU 的速度提高了 10% ~20%。

另外,如果多媒体信息在网络上传输,则要求网络的传输设施有较高的带宽。

多媒体计算机(Multimedia Personal Computer,MPC)与一般计算机的区别主要在于所处理的信息类型的多样性。多媒体计算机系统包括多媒体硬件系统、多媒体操作系统、多媒体创作工具以及多媒体应用程序等。1990 年,由 Microsoft 公司联合 14 家计算机厂商成立了多媒体微机市场协会,制订了 MPC 标准 1.0 版,1993 年发布了 MPC2,1995 年发布了 MPC3,如表 3.7 所示。其后,随着计算机硬件技术的发展,所生产的微机性能和技术指标都远远超过了这些标准,所以没有再出现新的标准。

表3.7 多媒体计算机标准

项目	MPC1	MPC2	MPC3
CPU	386SX,主频 16MHz	486SX,主频 25MHz	Pentium,主频 75MHz
内存	2MB RAM	4MB ~8MB RAM	8MB ~16MB RAM
硬盘	30MB	160MB	540MB
软驱	5 英寸(1.2MB)、3 英寸	3 英寸(1.44MB)	3 英寸(1.44MB)
视频	VGA 640×480,16、256 色	VGA 640×480,64K 色	VGA 640×480,64K 色 30 帧
CD-ROM	单速、150KB/s	2 倍速、300KB/s	4 倍速、600KB/s
声卡	8b 音频、话筒、MIDI、混音	16b 音频、话筒、MIDI、混音	16b 音频、话筒、波表、立体声
软件	Windows 3.0/3.1 多媒体版	Windows 3.0/3.1 多媒体版	Windows 3.2 或以上

多媒体系统还包括多媒体创作软件和应用软件。多媒体创作软件是用于开发多媒体应用软件的工具,它包括编程语言(如 VB、VC、Java、HTML、XML),多媒体创作工具软件,如表 3.8 所示。

表3.8 多媒体软件

对 象	软 件
图像处理	Photoshop、CorelDraw
音乐处理	Cakewalk
演示文稿制作	PowerPoint
动画制作	3D Studio MAX,Flash
视频处理	Authorware
文字处理	Word

当今,多媒体技术的应用领域十分广泛,它们有:多媒体出版与教学、多媒体办公自动化和计算机会议系统、多媒体信息咨询系统、交互式电视与视频点播、交互式影院和数字化电影、数字化图书馆、家庭信息中心、远程学习和远程医疗保健、媒体空间和赛博空间(Cyber Space,指在计算机、网络和围绕它们的社会),高度逼真的虚拟现实环境等。

*3.11   并行处理系统

计算机系统结构研究的目的除了要设计一个可以正确运行的机器外,追求系统的最高性能指标是系统研究的重要方面。

本章前面几节是围绕计算机的体系结构,展开讨论组成计算机系统的各个子系统。在这个体系下,计算机为了实现高性能,采用了许多技术,如 CPU 内部的 Cache 结构、指令流水线技术和大量使用寄存器等。在存储器系统中,使用 Cache 和虚拟存储器增加存储器访问速度,使用直接存储器访问减少数据传送的时间。在 I/O 子系统中,使用中断、I/O 处理机等减少 CPU 开销而提高系统运行的效率等。

以上技术的使用是针对系统使用单个中央处理器的情况。提高计算机性能的另一种方法是并行处理(Parallel Processing)。所谓并行处理,就是指有两个或两个以上的事件在同时被处理。今天的计算机具有非常强大的运算和存储能力,但是它在智能方面,即使世界上最高级的计算机仍然无法与人类相比,其原因就是人具有极为复杂和强大的并行处理能力。因此,有关机器智能的一个观点是研制并行处理计算机。

并行处理被理解为同时执行不同的任务,而这些任务彼此是无关的。例如,一个系统同时处理两条不同的指令可以被理解为并行处理,而执行一条指令的两个不同操作就不是并行处理。在我们前面介绍过的流水线技术,被认为是单处理器实现并行处理的一个例子。然而大多数情况下,并行处理都是基于多处理器同时执行不同任务实现的。

在多处理机系统(Multiprocessor System)中,有许多方法来组织处理机系统和存储器系统,同样也有许多实现这些系统的方法。一个被普遍接受的并行处理分类方法是菲林分类法(Flynn's Classification),它是基于指令流和数据流,依据计算机一次执行指令的数量和一次执行数据的多少进行分类的。

根据菲林分类,单处理器体系结构包含一个 CPU,一次处理一条指令和一个数据,因此叫做 SISD(单指令流单数据流系统)。而多处理器一般是 MIMD(多指令流多数据流系统)。在 MIMD 中,每个处理器可以同时执行不同的指令,因此每个处理器有自己的控制部件。可以为多处理器系统分配一个任务的不同部分,也可以为每个处理器分配不同的任务,因此,它的拓扑结构决定了各个处理器之间的通信和存储器系统之间的交互,一般 MIMD 计算机更适合特定的应用任务,就是说它的专用性更强。

并行处理系统的多处理器结构的核心技术是处理器之间的拓扑结构、系统部件之间的通信存储器共享等。处理器之间的拓扑结构从简单的总线结构到所有处理器之间的全连接,有许多种可选择的结构设计。总线结构是所有处理器都连接到总线上,通信在总线上进行,显然在某一时刻只有一对处理器在总线上交换信息。全连接是最极端的设计,每个处理器都与其他处理器直接连接,N 个处理器系统的每个处理器有 $N-1$ 个连接。

MIMD 系统的体系结构还需要考虑系统存储器的连接。被广泛运用的对称式多处理器,系统中的处理器地位相当,能够执行同样的功能,所以任何一个处理器都能够访问系统中的I/O和存储器,并且在一个操作系统控制下运行。在小型系统中使用的多处理器网络服务器就是基于这个系统结构。

并行处理除了系统结构上的设计需要按照新的思路和技术,运行在该系统上的软件或者程序也必须适合这个系统的特点,这样就有针对并行处理的专门算法和处理技术,我们在后续的章节中也会介绍这方面的有关知识。

实际上,目前几乎超级计算机都是使用多处理器结构的并行处理系统。图3.47所示就是2001年初推出的当时世界上最快的超级计算机ASCI White,它集成了8192个处理器。它能在一秒钟内进行12.3万亿次计算(更多的内容参见10.1节)。

图3.47 IBM公司64个处理器芯片的计算机主板

目前占主流的PC处理器的"多核(Multicore)",其背景也是并行技术,它通过操作系统将其每一个处理器作为独立的逻辑处理部件,在它们之间划分任务,其软件设计流程与前述的对称式多处理器相同,它更多的是得益于多线程技术(参见下一章)。

本章小结

本章从计算机系统的角度介绍了计算机的组成及其相关硬件基础知识。

可以把组成计算机系统的功能部件分为3个子系统:处理器子系统、存储器子系统和输入输出子系统,连接这些子系统的是总线。

把控制和处理部件集成在一个大规模芯片上,这就是中央处理器(CPU)。CPU是计算机的核心,完成处理和控制功能。CISC是复杂指令集计算机,RISC是精简指令集计算机。

存储器是存储数据和程序的部件。存储器系统由主存储器和辅助存储器组成。内存以半导体存储器芯片为主。外存使用磁盘或者光盘。存储器一般以字节(Byte)为存储单位。存储器具有层次结构,内存的速度最快,外存的容量最大。内存运行程序,外存保存程序和数据。

总线构成计算机系统部件间的互连,是多个系统功能部件之间进行数据传送的公共通路。计算机内部总线为三总线结构,它们分别是地址总线、数据总线和控制总线。

接口是在处理器与外部设备之间进行连接、通信和控制的部件。常用的输入输出方式有程序查询、中断、DMA等。外部总线也就是系统总线,外部总线是基于系统层次连接的,因此也称为I/O总线。

微型计算机一般由主机、显示器、键盘、鼠标以及各种插件和外部设备组成。微机的主机实际上是以主板的结构形式把许多元器件组合在一起,它的许多设备按照连接形式和安装位置可以分为内置或外置。CPU是微机的核心,被安装在主板上。

微机的存储器由内存和外存组成,内存为半导体存储器,外存以硬盘为主,还有软盘、

CD-ROM 等。优盘是一种新型的移动存储装置。

微机通过接口(端口)与外部设备连接,按照一次数据传送的长度分为并行和串行。串行口一般用于较长距离的数据传送,USB 是最为常用的串行口。

显示器是微机主要的输出设备,显示器主要有 CRT 显示器和液晶显示器,投影仪也是现在比较常见的显示设备。

键盘、鼠标是计算机常用的输入设备,它们和显示器一起构成人机交互的环境。

多媒体技术是指将文字、图形、图像、动画、视频、声音等多种媒体信息有机地整合为一个整体被计算机所处理的技术。今天的计算机都能够提供多媒体支持。

通过本章的学习,应该理解和掌握:

- 计算机的组成部分及各个子系统的功能。
- 计算机中央处理器和指令。
- 存储器系统的构成,内存和外存的特点,磁盘原理和光盘的类型及特点。
- 总线和接口。计算机输入输出各种方式的主要特点。
- 微机的组成。CPU 的性能指标。主要插件如显卡、声卡、网卡、Modem 的作用。
- 微机存储器的组成,熟悉内存、外存的种类以及容量等技术指标。
- 计算机键盘、鼠标的原理和功能。
- 显示器的显示原理,熟悉显示方式以及图形模式,打印机的种类及应用范围。
- 计算机接口,并行、串行口,USB 接口和 USB 设备的特点等。
- 多媒体及多媒体计算机的特点及其对软硬件的要求。

思考题和习题

一、问答题:

1. 计算机系统由哪几个部分组成? 参照第 1 章对计算机的定义,列出你认为与计算机这个词有关的主要术语。

2. 计算机硬件系统由哪些部件构成? 如果按照子系统,解释有几个子系统。

3. 简单解释存储器系统的组成结构和原理。

4. 简单解释 CISC 和 RISC 以及它们的应用特点。

5. 叙述缓冲存储器 Cache 和虚拟存储器的地位和作用。

6. 多媒体信息处理所需的硬件和软件是什么?

7. 一台微机主要由哪些部件组成? 它们的主要功能是什么?

8. 硬盘的主要技术指标及其常用接口类型是什么?

9. 仔细观察你所使用的微机,看看有哪些部件可以和本书所说的对上号。检查你使用机器上的配置。点击"我的电脑"图标,打开"属性",看看"硬件"的内容。

10. 总线是微机系统的重要部分。看看机器上"通用总线控制器"下的属性,在你插入 U 盘或者其他设备到 USB 口上,在系统任务栏上会产生一个图标,分别用左键和右键点击这个图标,注意观察窗口的内容。

11. 尽管这个问题与本章内容的关系并不密切,但你还是可以思考一下这个问题:人对问题的处理过程和计算机对问题的处理过程的比较。

12.理解并解释下列术语:

CPU CISC RISC ALU 寄存器 指令 Cache 主存储器 辅助存储器
虚拟存储器 地址总线 数据总线 控制总线 内部总线 系统总线 ATA
接口 PCI IDE PS/2 字节 字长 并行处理 超级计算机 嵌入式系统
多媒体 MPC PC机 个人电脑 主板 主频 字长 Pentium Celeron
内存 RAM ROM EPROM EEPROM SDR DDR 显卡 声卡
端口 AGP 网卡 Modem 软盘 硬盘 光盘 CD-R CD-RW WORM
DVD Flash Memory U盘 键盘 鼠标 点击设备 光笔 触摸屏
显示器分辨率 图形模式 VGA AGP DPI MIPS USB USB Host
USB Hub 内存条 SDRAM 并行接口 串行接口 适配器 磁道 扇区
SCSI总线 光盘驱动器 显示模式 CRT显示器 LCD显示器 OTG

二、填空题:

1.存储系统是计算机的关键子系统之一,存储器的种类一般可以分为_____和_____。它的常用技术指标为_____和_____;存储系统包含_____、_____、_____和_____。

2.计算机可以分为_____、_____、_____、_____、_____等类型,它们之间的主要区别是_____。

3.微机的CPU由_____和_____组合而成,衡量它的的常用技术指标为_____和_____。

4.衡量CPU性能的主要技术参数是_____、字长和浮点运算能力等。

5.网卡的两大功能是_____和_____。

6.内存分为随机存储器(RAM)和只读存储器(ROM)。RAM存储器具有_____性。我们平常所说的内存容量就是_____的容量。只读存储器中存储的数据一般情况下只能_____,断电后保存在只读存储器内的数据不会消失。

7.磁盘数据必须按规定格式被软件或程序所使用。微机中基本上使用的是Microsoft Windows所支持的_____和NTFS。这两者有差别,后者兼容前者的数据格式。

8.光驱的一个重要技术指标是数据传输速度。我们平常说的32速、24速等就是指光驱的读取速度。在制订CD-ROM标准时,把_____B/S的传输率定为标准。

9.Flash Memory具备断电数据也能保存,低功耗、密度高、体积小、可靠性高、可擦除、可重写、可重复编程等优点,它继承了_____速度快的优点,又克服了它的易失性。

10.输入设备是_____和_____系统之间进行信息交互的装置。

11.USB的全称是_____。

三、选择题(可多选):

1.计算机的体系结构是指_____。

    A.研究计算机的算法   B.研究计算机的硬件构成

    C.研究计算机硬件和软件的构成   D.研究计算机应用领域

2.计算机存储器容量以_____为基本单位。

　　A. 字　　　　　　　　B. 位　　　　　　　　C. 字节　　　　　　　　D. 比特

3. 在计算机中,CPU 是在一块大规模集成电路上把_____和控制器集成在一起。

　　A. 寄存器　　　　　B. 存储器　　　　　　C. ALU　　　　　　　　D. 指令译码器

4. 光存储设备是使用光(激光)技术存储和读取数据,主要有_____。

　　A. LD　　　B. CD　　　C. CD-ROM　　　D. DVD　　　E. CD-R　　　F. CD-RW

5. 接口(Interface)是连接外部设备的电路,位于 I/O 设备与_____之间。

　　A. 控制器和运算器　　　　　　　　　B. 存储器和运算器

　　C. CPU 和存储器　　　　　　　　　　D. 存储器和控制器

6. 内部总线是在 CPU 与_____之间进行连接的一组被定义了确定功能的导线。

　　A. 控制器和外设接口　　　　　　　　B. 存储器和外设接口

　　C. 运算器和外设接口　　　　　　　　D. 存储器和控制器

7. 计算机的基本输入/输出方式有_____。

　　A. 程序查询方式和程序中断方式　　　B. 直接内存访问(DMA)方式

　　C. 外围处理机方式　　　　　　　　　D. 以上都是

8. 媒体是指信息的载体,如文本、_____、_____、_____和_____。通常可以按照感知、内部表示、存储以及传输等几个方面对媒体进行分类。

　　A. 宇宙射线　　　　　　　　　　　　B. 无线电波

　　C. 电视信号　　　　　　　　　　　　D. 图形、图像、语音和声音等

9. 多媒体计算机系统与常规计算机的区别主要在于_____。

　　A. 所处理的信息类型的高级性　　　　B. 所处理的信息类型的曲折性

　　C. 所处理的信息类型的复杂性　　　　D. 所处理的信息类型的多样性

10. 目前常用显示器的类型有_____。

　　A. CRT 和液晶显示器　　　　　　　　B. 等离子和薄膜显示器

　　C. 静态和动态显示器　　　　　　　　D. 字符和字型显示器

11. 目前 PC 机采用的显示标准主要为_____。

　　A. MDA 及以上　　　B. EGA 及以上　　　C. CGA 及以上　　　D. VGA 及以上

12. 目前常用的微机内存有_____,它的特点分别是:只能读不能写,断电信息不丢失;可以进行读写,但是断电信息全部丢失。

　　A. DRAM 和 ROM　　　　　　　　　　B. ROM 和 RAM

　　C. SDRAM 和 DDR RAM　　　　　　　D. RAM 和 SDRAM

13. 微型计算机使用半导体存储器作为内存是指 RAM,之所以叫做内存,是因为_____。

　　A. 它和 CPU 都是安装在主板上

　　B. 计算机程序在当中运行,速度快,能够提高机器性能

　　C. 它和 CPU 直接交换数据

　　D. 以上都是

14. 无论有多少种外部设备,它们与主机的连接只有两种方式_____。

　　A. 插件方式和固定方式　　　　　　　B. 并行方式和串行方式

C. 并行方式和插件方式   D. 串行方式和插件方式

15. USB 是由一种新的接口技术,它是_____。

A. 并行接口总线   B. 串行接口总线   C. 视频接口总线   C. 控制接口总线

在线检索

可以登录计算机生产商的网站进一步了解计算机的体系结构。如 IBM 公司是生产计算机系列最全、也是世界上最大的计算机公司。它的网址为 www. ibm. com。

在 USB 论坛网站上,可以得到有关 USB 技术、产品的更多信息:www. usb. org。

有许多微机生产厂家提供许多不同品牌的微机,可以访问这些网站获取更多的有关微机方面的知识。IBM、Dell、HP、联想、清华同方、北大方正都是国内外知名的微机厂家。外设厂家就更多了,如 EPSON、HP 等在打印机方面都是占主导地位的。这些公司的网站上都有相关产品知识的介绍。

在网上可以获取更多的有关微机设备、配件以及数码产品的信息。

如果要获取更多的厂家和配件信息,可以访问"中国计算机世界"网站上的 IT 产品大全网页 http://www. ccw. com. cn/product/pinfo/。

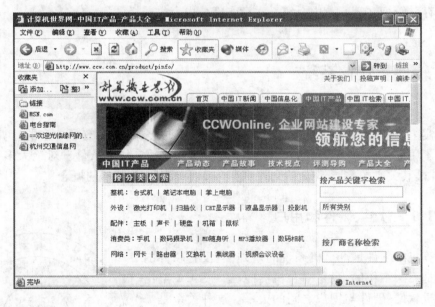

第 4 章

核心软件:操作系统

我们前面所介绍的是计算机的体系结构,即计算机系统的硬件构成。硬件是计算机的物理基础,而软件则是硬件与用户之间的接口。本章介绍计算机中软件基础知识,包括软件概念、分类,进而重点讨论作为软件核心的操作系统,介绍操作系统的组成和进程管理、I/O 设备管理,并介绍微机系统中最常见的操作系统 Windows。有关操作系统的文件管理和存储管理在第 5 章中介绍。本章有部分内容供选择学习。

4.1 软件和软件系统

事实上,现在计算机能广泛地应用于各个领域,完全是因为有了丰富的计算机软件。人们为了用计算机解决各种问题,针对性地开发了各种各样的软件。对绝大多数用户而言,软件是其关心的主要部分。因此,我们先着手理清一些基本的概念。

4.1.1 软件、硬件和用户

计算机的硬件是计算机系统的基础,但没有软件的计算机是无法工作的,只是一台机器而已。图 4.1 给出了计算机软件、硬件与用户之间的关系。这种关系是一个层次结构,其中硬件处于内层,用户在最外层,用户通过软件使用计算机的硬件。

实际上,"软件"这个词的内涵较为复杂,通常被认为是一个商业产品,因此有关软件的定义就有多种不同的说法。而一个经常被提出的问题就是:计算机程序、计算机软件、计算机数据是一回事吗?

早期的计算机软件是指非硬件之外的所有部分,也

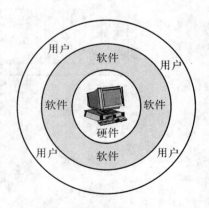

图 4.1　计算机软件、硬件与用户之间的关系

就是说软件包含了程序、数据,今天的计算机系统有了巨大的发展,这个概念还是被许多人所接受,尽管情况已经发生了变化。

最简单的说法,软件就是计算机程序。美国的版权法案将软件定义为"在计算机中被直接或者间接用来产生一个确定结果的一组语句或指令"。这个定义的含义之一是软件和程序在本质上是相同的,同时作为程序组成的"语句"或"指令",这两者的性质也是一样的。显然,这个定义没有把数据包含在软件中。

实际上要看情况而定,如我国金山软件公司的"金山词霸"是一个翻译软件,它依据的数据词典是它的组成部分,因此这个软件包含了数据(词典),但词典本身不是软件。同样微软公司的字处理软件 Word 也包含了进行自动更正的词典库,但使用 Word 写成的文档文件则不是 Word 软件的一部分。

有多种关于软件的定义,都是从不同角度描述软件的特性,从研究算法的角度,可以把软件看做是算法和实现这个算法的语言。本书的第 6 章就是围绕"算法与语言"这个主题讨论有关软件设计的。在本书中,我们采用中国大百科全书对软件的定义:软件是计算机系统中的程序和相关文档。

4.1.2 软件系统及其组成

我们将所有的计算机软件叫做计算机的软件系统(Software System)。一般可以把软件分为系统软件(System Software)和应用软件(Application Software)两大类。图 4.2 给出了计算机软件系统的组成。

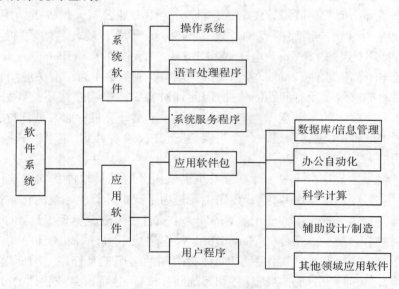

图 4.2 计算机软件系统的组成

计算机最初被运用时遇到的一个问题,就是程序员不得不进行大量的重复设计以便完成一个特定的任务。如任何一个程序都需要使用输入输出设备、需要保存数据,所以早期的程序员必须负责编写与机器直接关联的各种操作代码。为此就有计算机设计者考虑把这些公共的操作统一编制为一个可以被许多程序调用的程序,把对实际问题的处理和对机器的操作分开,以减少编制程序的复杂性和不必要的重复过程。随着这种设计过程的逐步完善,系统软件和应用软件就组成了计算机软件系统的两个部分。

从这个过程可以得知,对机器的操作是系统软件承担的工作,而对实际问题的处理就是应用软件完成的任务。

系统软件主要包括操作系统、语言处理系统、实用工具和系统性能检测软件等。其中最主要的是操作系统(Operating System, OS),它提供了一个软件运行的环境,如在微机中使用最为广泛的微软公司的 Windows 系统。

操作系统的功能主要是管理,即管理计算机的所有资源。一般认为操作系统主要在处理器、存储器、输入输出和计算机文件 4 个方面进行管理。

语言处理程序是系统软件的另一大类型。早期的第一代和第二代计算机所使用的编程语言一般是由计算机硬件厂家随机器配置的,随着编程语言发展到高级语言,IBM 公司宣布不再捆绑语言软件,因此语言系统就开始成为用户可选择的一种产品化的软件,它也是最早开始商品化和系统化的软件。

计算机软件中,应用软件的类型最多。它们包括从一般的文字处理到大型的科学计算和各种控制系统的实现,有成千上万种类型。我们把这类解决特定问题而与计算机本身关联不大,或者说这类软件的使用与计算机硬件基本无关的软件统称为应用软件。

这种对软件进行归类划分是模糊的,某些软件是难以用这种划分进行归类的。因此,我们主要看软件所起的作用,如果是为了其他软件运行所需要的,我们就可以把它归类为系统软件,否则属于应用软件。

图 4.2 中所列出的一些应用软件,大致可以分为由专业公司开发提供给用户使用的应用软件包和专为某一应用而开发的软件。Windows 环境下最著名的软件包就是 MS Office,其中包括字处理软件 Word、电子表格 Excel、演示软件 PowerPoint、网页制作软件 FrontPage以及电子邮件软件 Outlook 等。在第 7 章中我们将集中讨论有关应用软件。

当然并没有能够解决所有问题的软件,因此针对特殊的应用往往还需要另行开发软件。这也是本书想表达的一个意思:本书的读者不一定是计算机专业人员,但在开发适合自己业务需要的软件时,你将会是一个参与者,甚至是决策者,因此本书的一些知识对你来说也是有用的。

系统服务程序主要是指一些为计算机系统提供服务的工具软件和支撑软件,如编辑程序、调试程序、系统诊断程序等,这些程序主要是为了维护计算机系统的正常运行,方便用户在软件开发和实施过程中的应用。Windows 中就自带了磁盘整理工具程序,如图 4.3所示。还有一些著名的工具软件如 Norton Utility,它集成了对计算机维护的多种工具程序。实际上在 Windows 和其他操作系统中,都有附加的实用工具程序。因而随着操作系统功能的延伸,已很难严格划分系统软件和系统服务软件,这种对系统软件的分类方法也在变化之中。

数据库是应用最广泛的软件,主要用于组织各种不同性质的数据,以便能够有效地进行查询、检索,并管理这些数据。各种信息系统,包括从一个提供图书查询的书店销售软件,到银行、保险公司这样的大企业的信息系统,都需要使用数据库。需要说明的是,有观

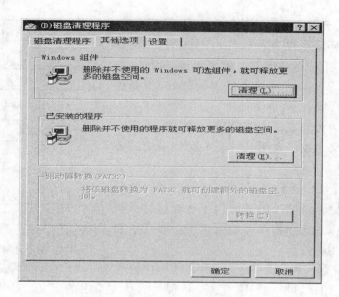

图 4.3 Windows 中的磁盘清理程序窗口

点认为数据库是属于系统软件,尤其是在数据库中起关键作用的数据库管理系统 DBMS (参见 7.5 节);也有观点认为,数据库是构成应用系统的基础,它应当被归类到应用软件中。其实这种分类并没有实质性的意义。

4.2 操作系统概述

没有操作系统的帮助,使用计算机将是非常困难的事情。对绝大多数计算机用户来说,操作系统是他们接触最多的软件,因为用户使用计算机是通过操作系统进行的。因此,熟悉操作系统的一些原理,对帮助用户进一步掌握计算机的应用技术是非常有实际意义的。本节我们讨论操作系统的功能、类型及其技术发展。

4.2.1 什么是操作系统

如果把图 4.1 的层次结构进行细分,可以用图 4.4 表示。图 4.4 中所示了操作系统在计算机系统中的核心位置,它可以直接支持用户使用计算机硬件,也支持用户通过应用软件使用计算机。用户需要使用系统软件,如语言软件或者工具软件等,也要通过操作系统提供交互。

一台计算机可安装几个操作系统,在启动计算机时,用户需要选择其中的一个作为"活动"的操作系统,这种配置被叫做"多引导"。有一点需要注意,从图 4.4 可以看出,应用软件、其他系统软件都与操作系统密切相关,因此,计算机软件严格意义上是"基于操作系统"的。也就是说,任何一个需要在计算机上运行的软件,需要合适的操作系统支持,因此我们把基于操作系统的软件作为一个"环境"。
不同的操作系统环境下的各种软件有不同的要求,并
不是任何软件都可以随意地在计算机上被执行。如
MS Office 软件是 Windows 环境下的办公软件,不能用
于其他操作系统环境。

操作系统作为计算机系统中的核心软件,还没有
被一致认同的定义。我们介绍几种有关操作系统的典
型定义。

(1)操作系统是介于计算机硬件与用户之间的接
口。用户是指除操作系统外的其他程序和操作计算机
的人。这种把操作系统作为接口的概念集中表现了操
作系统的外部使用特性。

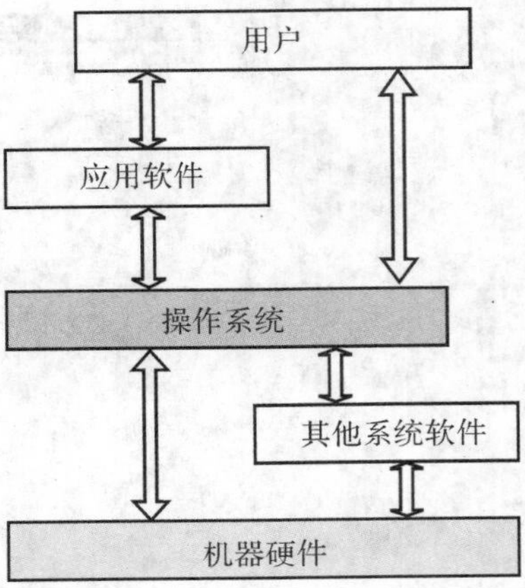

(2)操作系统是一种(或一组)使得其他程序能够

图4.4 位于计算机系统核心的
        操作系统

更加方便、有效使用计算机的程序。这是从程序的角度给出的定义。如图4.4所示其他
各种程序是通过操作系统来使用计算机的,而操作系统就是把各种对计算机的公共操作
集中编制为一个系统软件,其他程序可以通过操作系统对计算机进行输入、输出、存储和
其他操作。

(3)操作系统作为通用管理程序,管理着计算机系统中每个部件的活动,并确保计算
机系统中的硬件和软件资源都能够更加有效地被使用。但当资源出现冲突时,操作系统
能够及时处理、排除冲突。这是从系统管理的角度给出的操作系统的定义。这里所提出
的"计算机资源"(Resource)的概念已经被广泛采纳,计算机的所有硬件和软件都属于计
算机资源,资源管理是计算机处理的核心,因此有效管理这些资源就是操作系统的主
要功能。

在上一节中,我们通过对软件的分类开始认识各种软件类型,如图4.2所示。我们也
提到了这种分类的变化趋势。只要熟悉 Windows 的用户都会从 Windows 程序菜单中找到
一个"附件"的程序组,按照这种分类,"附件"里面的程序都属于应用软件。归根结底就
是对这些分类主题的主观确定和确定权限的非限定性,使这些分类只是一个大致的轮廓
而已。对操作系统的定义也是如此,无论给出怎样的定义,都无法改变操作系统软件商
(如微软公司)在它的产品中将一些传统上不属于操作系统的功能纳入它的新版软件中,
而它的用户会自然接受这些新的功能而不会因为分类不同而拒绝使用。

无论如何,建立一个操作系统的标准是一件好事:在这个标准上,不同的机器可以实
现通信;这个标准对用户来说,不管机器是哪种型号,只要操作系统是相同的,使用机器的
过程也就是相同的。同样,对应用软件而言,只要是建立在一种标准的操作系统基础上
的,它就不会受到机器类型的限制。建立这种标准的争议在于由于操作系统的核心地位
和标准的实施,一旦被垄断性地利用,所带来的不仅仅是市场问题,它还可能对新技术的
发展带来负面效应。微软公司从1998年开始面临的一系列诉讼都与这些问题有关。

显然,以上讨论能够帮助我们正确看待有关软件的复杂性。

根据以上几个有关操作系统的定义,我们归纳一下这些定义所包含的有关操作系统

的两个方面:

• 操作系统是计算机硬件与用户(其他软件和人)之间的接口,它使用户能够方便地操作计算机。

• 操作系统能够有效地对计算机软件和硬件资源进行管理和使用。

这个观点兼顾了用户和系统两个方面。以操作系统设计的目的而言,它的主要任务就是有效地管理和使用计算机的资源。

操作系统的发展经历了很长一个阶段,它从开始公共程序模块的建立到今天全方位管理计算机系统,对不同的系统结构采用不同的处理模式以加强系统的功能,特别在交互式人机接口方面有巨大的进展。

有关操作系统的分类也有许多不同的方法,主要是按照使用环境和对程序执行的处理方式进行分类。下面我们根据操作系统的发展,介绍它的几种典型结构。

*4.2.2 批处理系统

批处理(Batch Processing)系统设计于 20 世纪 50 年代。当时的计算机系统使用卡片输入、并行打印机输出,使用磁带存储器。为了执行一个程序(称为一个作业(Job)),需要进行大量的准备,每个作业被当作一个孤立的活动。如果多个用户需要使用计算机,就给每个用户分配一个时间片,通常这个时间片要完成一个作业是艰难的,需要对程序进行调整就必须等到下一个时间片,而在下一个时间片又要重新进行程序的设置。

为了简化这种过程并线性化切换作业,实现用户与机器的分离,这就是操作系统早期的发展成果。批处理把多个作业的执行集中在一起,然后成批地执行它们,用户不再进行重复的设置和等待。建立批处理作业和进行作业管理需要专门的管理员,用户不直接操作机器。

在批处理系统中,将大量的作业存放在大容量存储器中排列成一个作业队列(Job Queue)等待执行,如图 4.5 所示。队列(Queue)是一种数据存储组织方式,它按照"先进先出"(Fist In Fist Out,FIFO)方式工作。

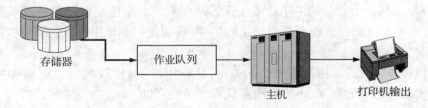

存储器　　　　作业队列　　　　　主机　　　　打印机输出

图 4.5　批处理工作流程

批处理的缺点是在作业被机器执行期间,不能实现和用户的交互,即用户使用计算机是"脱机"的。

*4.2.3　分时系统

为了解决批处理的缺点,引进了"多道程序"的概念。它的做法是把多个作业装入存储器,当资源可以被使用时,分配给需要这个资源的作业。如一个在执行输出任务的作业时,CPU 是空闲的,此时可以给其他程序使用。

多道程序的发展带来了分时(Time-Sharing)的方法:资源可以被不同的程序共享。这是一种将时间划分为时间片或时间段,限制一个程序在一个时间片内执行,以使用计算机的所有资源。在每个时间片结束前,保存当前作业的状态,取消当前作业,将系统资源交给下一个作业使用。被执行的作业如果是以前执行过的,从原来被保存的状态继续执行。

分时操作系统是利用计算机的处理速度远远快于人的反应速度的特点,人为地将机器时间划分为若干个时间片,满足多个用户或作业的需要,解决了程序执行的交互问题。对用户来说,并没有感觉到机器时间片的存在,每个用户都认为整个机器都在为他服务。

早期的大型系统作为主机,分时操作系统支持 50 个以上的用户进行程序操作,每一个用户通过配有键盘和显示器的终端工作站与主机连接,如图 4.6 所示。

利用分时技术极大地改善了计算机的使用效率,但这是一个复杂的系统。在微型计算机还没有普及的时候,它使有限的、昂贵的计算机硬件资源的使用效率大大提高。

在今天的计算机操作系统中分时技术是一个基本技术。图 4.6 所示的多用户结构不再常见,但单用户多任务系统也是基于分时技术的,称为"多任务"(Multitasking),即在一台计算机上虽然只有一个用户但它支持多个程序的运行。

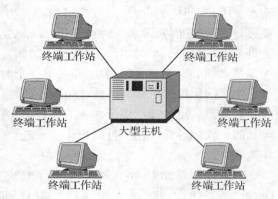

图 4.6　多用户系统

Windows系统就是一个典型的单用户多任务的操作系统。无论是多用户还是单用户的环境,这种分时对系统的总效率总是有一定的影响,特别是一个单用户系统同时执行多任务程序的情况更是如此。

分时操作系统改善了用户与机器的关系,这时用户不必"脱机",可以在程序执行这些过程中实现与机器的交互,也不需要系统管理员的帮助。

在分时系统中产生了一个新的术语"进程"(Process)。进程被理解为已经在存储器中运行的程序。

*4.2.4　实时操作系统

20 世纪 60 年代计算机进入了第三代,计算机的性价比有了很大提高,计算机不再非常昂贵,计算机的应用也日益广泛。在这一阶段生产制造控制和军事领域中的计算机应用对实时性的要求越来越高,需要能够及时响应并处理任务的实时操作系统。

实时操作系统在时间响应上必须在规定的时间内进行,其响应时间一般在毫秒、微秒,甚至更快。因此,实时操作系统是专用系统,操作系统本身对资源的使用和控制都必须优化设计以满足系统要求。

*4.2.5 并行操作系统

在第3章中我们简单地介绍了并行系统。并行操作系统是针对计算机系统的多处理器要求设计,它除了完成单一处理器系统同样的作业与进程控制任务外,还必须能够协调系统中多个处理器同时执行不同作业和进程,或者在一个作业中由不同处理器进行处理的系统协调。因此,在系统的多个处理器之间活动的分配、调度也是操作系统的主要任务。

并行系统比单一处理器系统要复杂得多,其中第一个问题就是"负载平衡"(Load Balancing)问题。因为处理器作为系统硬件的核心总是处于活动状态,因此需要动态地将任务(进程)分配给多个处理器以便所有处理器都能够被有效地使用。另外一个问题是"缩放"(Scaling)问题,并行系统要将一个任务分解为与系统中可用处理器相容的多个子任务,以便能够被各个处理器所执行。

在多处理器系统中,除了对处理器的控制需要由操作系统进行协调,其他资源如存储器也需要由操作系统进行调度。特别是独立存储器结构,各个处理器处理存放的信息是在不同存储器中的,因此需要进行调度以便为新的进程所使用。所以并行系统的研究,不但在体系结构上要充分发挥系统的效率,而且作为系统核心的操作系统也是重点研究的内容。

4.2.6 网络操作系统和分布式系统

随着网络技术的发展,网络资源的共享需求,使研究者考虑把操作系统延伸到网络范围。

单纯从定义上,网络操作系统和分布式系统都可以定义为:通过网络将物理上分布(分散)的具有独立功能的计算机系统互联起来,实现信息交换、资源共享、可互操作和协作处理的系统,但它们还是有明显的不同。

严格意义上说,网络操作系统(Network OS，NOS)不是分布式的系统,分布式系统研究的重点还不仅仅限于支持网络范围的信息交换和资源共享,更大程度上,分布式系统是基于一个很多计算机用户的超级计算机——网络计算机的概念。

1. 网络操作系统

网络是多个计算机连接,各自独立运行并进行信息交换。网络资源分散在不同的计算机上,网络操作系统是通过网络协议在不同的计算机之间进行信息交换,实现网络层次上的资源共享。这些资源包括各种计算机硬件设备、打印设备、存储设备、软件包等。

网络操作系统是在原来的操作系统技术基础上发展的。网络管理、资源共享、通信及系统安全等方面都是按照各自的标准协议进行开发的。

2. 分布式系统

分布式系统则侧重和扩大了操作系统对网络资源的控制范围,并实现统一控制。如过去由一台机器完成的任务现在可以由分布在世界各个不同地方的多台计算机共同完成,程序可以在一台计算机上完成一部分,其他部分由其他计算机分别完成,只要它们是通过交互式网络实现互联的。

分布式系统的形式之一是网络上的各个计算机都可以有自己的操作系统,各计算机的本机操作系统通过对分布式系统的识别和调用并接受分布式系统的控制、调度。另一种形式就是在各个计算机操作系统基础上进行扩展,对资源的管理在层次上没有主从之分。

4.2.7   微机操作系统

从用户的角度,微机操作系统最为常见。特别是个人计算机即微机飞速发展以来,就市场而言,微机操作系统的市场容量是最大的。

现在的微机操作系统技术往往都是前面所介绍的操作系统技术的选择性组合。比如它的进程调度、多任务切换、网络功能等都是沿用了操作系统技术的发展而成的。在许多教科书中并不把它单独列为一个类型,但我们往往只能够通过它感受计算机的功用。

今天的微机操作系统给用户使用计算机提供了极大的便利。我们在本章中还将专门讨论微机中的 Windows 操作系统。

4.3   常见的操作系统

不同的应用需要不同的操作系统,如在工业过程控制系统中必须使用实时操作系统,而在微机中只需使用单用户操作系统。操作系统有许多种且各有特点,下面简单介绍几种常见的操作系统。

4.3.1   MS-DOS

MS-DOS 是 Microsoft 公司磁盘操作系统(Disk Operating System)的简称,它自 1981 年问世以来,不断地升级,先后有数十个版本,曾被广泛地应用于微机中。到 20 世纪 90 年代后期,DOS 被 Windows 取代。

DOS 采用字符界面,其中的操作命令一般都是英文单词或缩写,给普通用户使用计算机带来一定的困难。命令键入后按回车键,若命令的格式和语法都正确,则执行,否则出错,不执行。DOS 是一个单用户单任务系统,DOS 文件名的字符不能超过 8 个,所有这些都限制了 DOS 的应用。在微软公司 Windows 操作系统中还保留了 DOS 的一些基本功能。

4.3.2 Windows

Windows 是由微软公司开发的基于图形用户界面(Graphics User Interface,GUI)、单用户多任务的操作系统,又称视窗操作系统,主要用于微机系统。用户可通过窗口的形式来使用计算机。Windows 的进一步介绍请参见第 4.7 节。

Windows 兼容 DOS。在 Windows 中单击屏幕左下角的"开始"按钮,再选择"运行",出现如图 4.7 所示的"运行"窗口,在其中键入命令"command"或"cmd"后,单击"确定"或直接按回车键,就可以进入 MS-DOS 界面。

在 MS-DOS 界面中,我们有时仍可启动一些基于 DOS 操作系统运行的实用程序(也可在图 4.7 对话框中直接键入),如 ping 命令、ipconfig 命令等。这些都是 Windows 自带的实用程序,ping 命令可测试本机与网络上的计算机的互联状态;ipconfig 命令可快速获得本机 IP 地址的配置情况(参见本书第 9 章)。

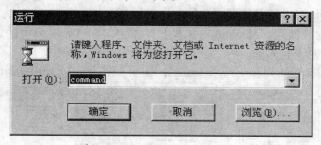

图 4.7　Windows 中进入 MS-DOS 界面的方法之一

4.3.3 Unix

Unix 是使用最早、影响较大的操作系统,一般用于较大规模的计算机。它是 20 世纪 60 年代末由加州大学伯克利分校和贝尔实验室研制。Unix 是一个多任务多用户的分时系统。它的主要特点有:

• 提供可编程的命令语言。Unix 提供了功能完备、使用灵活、可编程的命令语言(Shell),用户可以使用 Shell 语言与计算机进行交互,进行程序设计。

• 具有输入输出缓冲技术,主存和磁盘的分配与释放可以高效、自动地进行。

• 提供了许多程序包。如文本编辑程序、Shell 语言解释程序、用户通信程序等。

• 网络通信功能强,可移植性强。Unix 系统中有一系列通信工具和协议,因特网的 TCP/IP 协议就是在 Unix 下开发的。

4.3.4 Linux

Linux 是一种可以运行在 PC 机上的免费 Unix 操作系统,它由芬兰赫尔辛基大学的学生 Linus Torvalds 于 1991 年开发,其源代码在 Internet 上公开后,世界各地的编程爱好者自发组织起来完善而形成的。正因为这个特点,Linux 被认为是一种高性能、低费用的可以替换其他昂贵操作系统的软件。由于它是在网络环境下开发完善的,所以它有与生俱来的强大的网络功能。现在 Linux 主要流行的版本有 Red Hat Linux,Turbo Linux,我国自己开发的有红旗 Linux、蓝点 Linux 版本等。在本章 4.8 节,我们将概要地介绍 Linux 的设计原理和程序结构,供有兴趣的读者阅读。

4.3.5 Macintosh

该操作系统是 Apple 公司为其 Macintosh 计算机设计的操作系统,简称 Mac。它是最早的 GUI 操作系统,具有很强的图形处理能力,其性能和功能被公认为是微机或图形工作站等机器上最好的操作系统。

由于 Macintosh 在中国并不普及,再加上它与 Windows 操作系统缺乏兼容性,因而很大程度上限制了它的使用。Macintosh 基本上只能使用在 Apple 公司的计算机上。图 4.8 为 Macintosh 操作系统的界面。

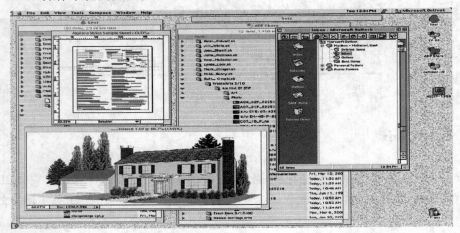

图 4.8 Macintosh 操作系统界面

其他比较著名的操作系统有 IBM 公司的 OS/2、Sun 公司的 Solaris 等。

4.4   操作系统的组成

在了解了操作系统的基本作用和几种常见的操作系统之后,我们进一步了解操作系统的组成以及它们的功能。

本质上,各种操作系统的功能是基本相同的,其结构也差不多,只是实现方法不同。今天的操作系统非常复杂,因为它所需要管理的计算机资源越来越多,资源类型也在变化和发展。其次,早期的操作系统主要集中在主机和其他程序之间的协调管理和控制,而今天的计算机不但要负责本地机器的资源管理,还要支持网络的访问控制和多媒体等。

操作系统的组成也有两种分类。一种是基于它的层次结构,把操作系统分为内核(Kernel)和用户接口(Shell);另一种是按照操作系统的功能性结构,把它分为存储管理、进程管理、设备管理和文件管理。我们先介绍操作系统的层次结构,然后介绍它的功能。

4.4.1   操作系统的层次结构

按照层次结构,操作系统定义了它的内核层和用户接口(Shell)。这种结构主要是根据进行操作系统设计划分的。图4.9 就是它们的结构示意图。

1. 内核

在图 4.9 中,位于操作系统中心的Kernel 被叫做核心程序,也就是说 Kernel是操作系统的核心层,它由以下几个部分组成。

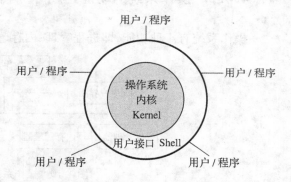

图 4.9   操作系统的内核和 Shell 结构

一个是执行计算机各种资源所需要的基本模块(程序)代码,它通过各种功能模块,可以直接操作计算机的各种资源。文件管理就是属于这类功能模块的。

Kernel 的另一个组成部分是设备驱动(Device Driver),这也是程序。这些程序直接与设备进行通信以完成设备操作。如键盘的输入就是通过操作系统的键盘驱动程序进行的,键盘驱动程序把键盘的机械性接触转换为系统可以识别的 ASCII 代码并存放到内存的指定位置,供用户或其他程序使用。每一个设备驱动必须与特定的设备类型有关,需要专门编写。因此,当一个新设备被安装到计算机上就需要安装这个设备的驱动程序。如一个新的打印机,如果不是操作系统已有驱动程序所支持的,那么就需要安装由打印机厂家提供的驱动程序。

Kernel 核心程序的第三个组成部分就是内存管理。在一个多任务的环境下,操作系统的内存管理要确定把现有程序调入内存运行,然后根据需要将另外一个程序调入内存替代前一个程序。或者将内存分为几个部分分别供几个程序使用。在不同的时间片，CPU 在不同的内存地址范围执行不同的程序。

Kernel 核心程序还包括调度（Scheduled）和控制（Dispatcher）程序，前者决定哪一个程序被执行，后者控制为这些程序分配的时间片。

2. 用户接口

在 Kernel 与用户之间的接口部分就是 Shell 程序。这里的用户是指图 4.4 中所示的除操作系统之外的其他程序和操作计算机的人。

Shell 最早是由 Unix 系统提出的概念。早期的 Shell 为一个命令集，Shell 通过基本命令完成基本的控制操作。Shell 运行命令时，使用参数改变命令执行的方式和结果。它对用户或者程序发出的命令进行解释，并将解释结果通报给 Kernel。Shell 命令有两种方式，一种是会话式输入，会话方式表现为在程序执行过程中提供接口；另一种是命令文件方式。

MS-DOS 系统将 Shell 叫做命令解释器（Command），Windows 系统的 Shell 是"窗口管理器"，用户点击图标向"窗口管理器"发出命令，启动程序执行的"窗口"。

4.4.2　操作系统的功能组成

操作系统有 4 种功能，即进程管理、内存管理、设备管理和文件管理，如图 4.10 所示。

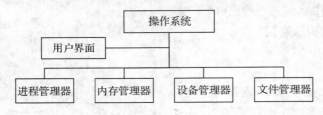

图 4.10　操作系统的组成部分

1. 进程管理

操作系统的重要任务是控制程序的执行，从系统管理的角度，进程管理就是以 CPU 为核心，管理和控制用户与程序执行的方法，因此也叫做处理器管理。现代操作系统中使用多任务机制，计算机可同时执行一个以上的任务，如计算机运行 Word 文字处理系统，又启动了某个图形处理程序，或进入因特网浏览网页等。如图 4.11 所示的就是 Windows 任务管理器显示的一个多任务的例子。图 4.12 显示了 CPU 等资源的使用情况，这些都是典型的处理器管理功能。

使用 Windows 任务管理器的方法是同时按下【Ctrl】、【Alt】和【Del】键，弹出"任务管理器"。选择窗口中的不同标签项就可以观察当前计算机的应用程序执行、进程以及有关 CPU、内存使用情况。如果某个程序运行没有响应，则可以通过图 4.11 所示菜单选择相应的程序并单击"结束任务"终止该程序的执行。我们在第 4.5 节中进一步讨论进程管理。

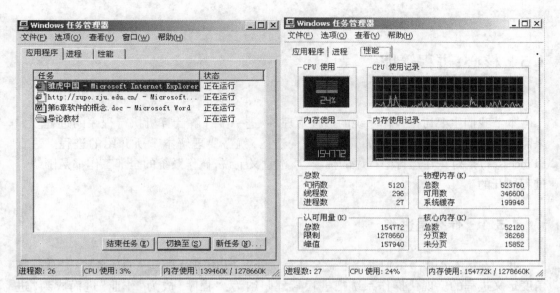

图 4.11 Windows 中同时运行多个程序的示例　图 4.12 Windows 中的内存、CPU 的使用情况显示

2. 存储器管理

操作系统动态监控计算机存储空间的使用情况,当某个程序执行结束后,系统就会自动将它占用的内存单元收回,以便其他程序使用。操作系统记录每个程序使用内存的情况,根据进程不断变换内存空间的分配,给当前正在运行的程序分配存储器。存储器管理还负责在外存与内存之间进行数据交换的管理。

第 5 章将进一步介绍操作系统的存储器管理功能。

3. 设备管理

设备管理,或者叫做输入输出(I/O)设备管理。在计算机系统中,I/O 设备的工作速度远远低于 CPU 的速度。如打印机在打印时,CPU 是否等待打印机打印完毕才去做其他事情? 如果答案是否定的,那么如何协调输入输出设备与 CPU 之间的速度,而不浪费CPU 资源呢? 这就是操作系统 I/O 管理需要解决的问题。

理解设备管理需要更多的有关操作系统方面的知识,我们在第 4.6 节进一步讨论。

4. 文件管理

文件是操作系统给用户展示计算机程序和数据的一种外在表现形式,文件管理是指对存放在计算机中的信息进行逻辑组织,维护目录的结构以及实现对文件的各种操作,如向用户提供创建文件、删除文件、读写文件、打开和关闭文件等功能。

本书第 5 章将讨论计算机的文件和文件系统。

4.5　核心:进程管理

本节我们主要讨论操作系统的进程管理,以进一步理解计算机执行程序的过程。如果需要深入研究操作系统是如何设计与构造的,就需要理解本节所介绍的进程。进程(Processes)是对正在运行的程序的抽象,严格意义上说,操作系统的全部工作都是围绕着进程展开的。

4.5.1　什么是进程

我们在第 4.4.2 节中把进程看做是计算机管理 CPU 和用户程序的任务,这是从管理角度定义进程的。现代操作系统把进程管理归纳为:"程序"成为"作业"进而成为"进程",并被按照一定规则进行调度。

程序被存放在外存(硬盘或其他存储设备)上,根据用户使用计算机的需要,它可能会成为一个作业,也可能不会成为一个作业。

作业是程序被选中到运行结束并再次成为程序的整个过程。显然,所有作业都是程序,但不是所有程序都是作业。

进程是正在内存中被运行的程序,当一个作业被选中后进入内存运行,这个作业就成为进程。等待运行的作业不是进程。同样,所有的进程都是作业,但不是所有的作业都是进程。

用程序、作业和进程这几个术语定义计算机工作过程的不同状态。

现在的计算机往往都能够同时做几件事情。从用户看来,计算机在编辑文档的同时也可以播放音乐或者下载文件。实际上在某一个瞬间,CPU 只能运行一个程序。如果把一个程序的运行时间限定在很短的时间内,如几毫秒,然后去运行其他程序,经过一个循环再运行原来的程序,那么在一秒钟内它就可以为数十个程序服务,实现多道程序处理。用户对此产生一个错觉,觉得多个程序是同时执行的。

这里所给出的有关程序、作业、进程的几个概念的差异是非常微妙的,它们是同一个对象在不同时间段内状态的描述。如果说程序是静态的,那么进程则是动态的,介于它们之间的就是作业。一个类比的例子能够很好地说明它们之间的关系。

想像一下一个电台节目同时有许多听众(程序),如果有几个听众的电话被接入,正在和主持人谈话的那个已经是"进程"了,而等待中的其他几个电话听众就是"作业"。任何一个收听电台节目的听众都可能成为"作业",任何一个等待和主持人谈话的听众都可能成为"进程",每一个谈话结束的听众将重新成为"程序"。

这个例子和操作系统的差别在于操作系统给每个程序的时间都很短,而不是像电台节目主持人和听众谈话那样一个结束了才进行下一个。

4.5.2 状态的转换过程

我们如果能够理解一个程序是如何变成进程并又回到程序状态的,那么对操作系统的进程管理过程就基本上清楚了,图4.13给出了程序、作业、进程三者之间的转换过程。

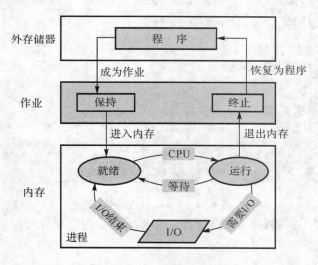

图4.13 程序、作业和进程关系

外存中的程序被操作系统选择后就成为作业,并被"保持"着等待载入内存执行。当这个程序被操作系统调入内存就进入"就绪"状态,等待分配一个时间片(多任务系统将CPU执行时间划分成时间片分配给各个作业)。获取时间片后作业被CPU执行就成为了进程。进入"运行"后进程的状态可能有:

• 在分配的时间片内未能完成任务,再次进入"就绪"等待下一个时间片。

• 进程需要输入输出操作,进程管理器和设备管理器之间协调,进入I/O状态完成输入输出后,再次进入"就绪"等待。

• 任务完成,进程中止并退出内存。

实际上,现在的操作系统还使用虚拟内存,进程管理器的管理状态要更复杂些。一个程序被执行的过程经历了从程序到作业、作业到进程,由进程再恢复为程序,在进程阶段可能要经历多个CPU运行的时间片。

在多任务系统中,进程有多个,所以进程管理器能够对各个进程进行调度管理。图4.14就是Windows XP的多进程状态,在这个示例中,运行的进程有39个,其中绝大多数都是操作系统本身的程序在运行。

*4.5.3 作业和进程调度

多个进程在内存中,每个进程需要进入不同的状态,进程管理器为了调度这些进程的状态使用了两个调度器:作业调度器和进程调度器,分别进行作业调度和进程调度。操作

图 4.14 Windows XP 的进程

系统还为进程建立不同的队列,处理多作业和多进程的调度和管理。

1. 作业调度器

图 4.15 所示的一个作业从保持状态到就绪状态,或者从运行状态到终止状态,就是从作业中创建了"进程"并终止"进程",这个过程是由作业调度器负责的。

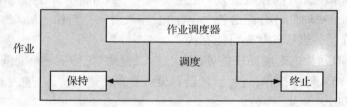

图 4.15 作业调度器

2. 进程调度器

进程调度器负责将进程从一个状态调度到另一个状态。当进程调度器给一个进程分配时间片后,进程从"就绪"进入"运行"。当这个进程的时间片结束或者需要 I/O 过程,进程调度器就将进程从运行状态调度到就绪状态或进入 I/O 进程。图 4.16 所示的就是进程调度器在进程状态中的调度关系。

一个进程是否被运行取决于进程调度算法。如果有两个进程处于"就绪"状态,那么决定哪一个进程被 CPU 执行,就需要进行选择。一种选择方法是给每个进程设定优先级,CPU 响应高级别的进程,同等级别的情况下按顺序执行。还有一类算法是使处理器和外设同时处于"忙"的状态,尽可能使系统"并行",提高系统的运行效率。也有算法使每个进程得到"公平"的响应。

3. 队列

图4.13~4.16给出了进程管理中各个状态之间的转换和管理过程。但多作业和多进程已经是操作系统的重要环节,因此在作业和进程之间会对计算机的CPU、内存以及设备等资源存在竞争。一个进程进入就绪状态后需要等待另一个进程运行结束,为此进程管理建立一个等待列表的队列处理多作业和多进程。

操作系统为每一个作业或进程建立一个控制块,保存作业和进程的信息,并把这个控制块保存在队列中,而作业和

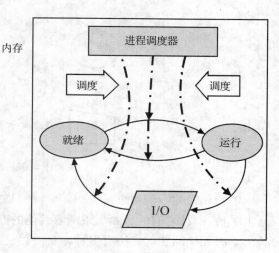

图4.16 进程调度器

进程仍然保存在内存中或者磁盘上(虚拟内存常常用来存放较大的进程或作业)。

为了管理不同的作业或不同状态的进程,操作系统建立了3个循环队列:作业队列、就绪队列和I/O队列,如图4.17所示。作业队列保存处于等待状态的作业,就绪队列保存已经在内存准备等待CPU运行的进程,而I/O队列则保存等待输入输出操作的进程。这里,I/O队列可以根据系统中的设备分别建立多个队列,每一个队列对应一个设备。

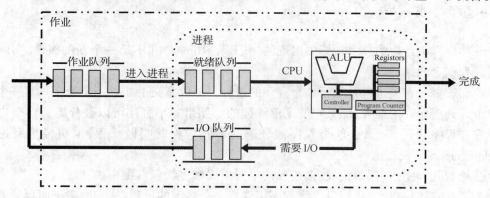

图4.17 进程管理的队列循环

进程管理可以有不同的策略从排队的队列中选择下一个作业或进程,如先进先出、长度优先或者级别优先等。

*4.5.4 进程同步和死锁

操作系统进程管理的另一个主要问题是同步,即必须使占有不同资源的不同进程同步,换句话说,就是要保证不同的进程使用不同的资源。如果多个进程同时占有对方需要的资源而同时请求对方的资源,而它们在得到请求之前不会释放所占有的资源,如图4.18所示,那么就会导致死锁发生,也就是进程不能够实现同步。

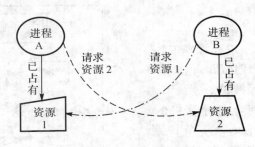

图 4.18 进程死锁

解释死锁的一个例子是在一条窄桥(只能容纳一辆车通过)上,同时有两个方向的车开上了桥,而且它们的后面都跟随着其他的汽车。

解决死锁问题的方法有多种,一种就是当某个资源不空闲时,不允许需要这个资源的新的进程运行;还有一种是限制进程占有资源的时间。如果操作系统没有对进程的资源进行必要的限制,死锁就可能会发生,特别是系统中进程数量庞大的情况下更容易发生。

现代操作系统尽管在设计上已经考虑防止死锁的发生,但死锁并不能完全根除。发生死锁会导致系统处于无效等待状态,因此必须撤销其中的一个进程。在 Windows 系统中,可以使用"任务管理器"终止没有响应也就是无效的进程。

4.5.5 线 程

一些计算机系统的技术指标中出现的"线程"(Thread)并不是一个新的概念,实际上它是进程概念的延伸。

前面解释的有关进程是执行一个程序的过程。一般意义上如果一个程序只要一个进程就可以处理所有的任务,那么它就是单线程的。如果一个程序可以被分解为多个进程共同完成程序的任务,那么这个程序被分解的不同进程就叫做线程,也叫轻量级进程(Light Weight Process)。

线程有几种模式,如单线程、多线程的单元模式和多线程自由模式。

为了理解线程概念,我们可以将程序想像成一个搬家的过程:从一所房子搬到另外一所房子。如果采用单线程方法,则需要你自己完成从打包到扛箱子、运输再到拆包的所有工作。如果使用多线程的单元模式,则表示邀请了几位朋友来帮忙,每个朋友负责一个单独的工作,各自负责指定空间内的物品搬运。如果采用自由线程模式,邀请来的所有朋友可以随时在任何一个房间工作,共同打包、搬运。

类比的是,搬家就是进程,参与搬家的每个朋友所承担的工作都是一个线程。显然使用线程能够更有效、更迅速地执行程序。如我们使用网络浏览器软件阅读新闻的同时可以下载软件或者上传文件。

传统的应用程序都是单线程的。今天的计算机系统运用多核技术及程序都比较复杂,功能更为齐全,因此引入多线程技术使得系统效率得以提高,同时对操作系统的管理要求更为严格,它需要更加复杂地处理线程,尽管它的进程处理原则并没有大的变化。

线程在创建和切换等方面要比进程好。不过,进程可拥有各自独立的地址空间,因而在安全性等方面要好于线程。

4.6 I/O 设备管理

控制输入输出(I/O)设备是操作系统的功能之一。操作系统向外设发出命令,检测设备状态和处理设备发生的各种错误,还为使用这些设备的应用程序提供接口,如果可能的话,应用程序对这些设备的接口操作都是相同的,这就实现了设备无关性。

4.6.1 I/O 系统

在本章中,我们已介绍了I/O系统的概念和设备。任何一个I/O设备如打印机、键盘和鼠标、显示器等,都包含了设备硬件和使用这个设备的软件,而这些设备能够通过有线或无线方式和主机连接并完成输入输出过程。

不同的人对I/O设备理解不同,如果你是电子工程师,则你关心是设备的设计,如何使用各种电子元器件和部件,如电阻、电容、IC芯片、电源、导线和其他物理部件构成设备。如果是程序员,要考虑的是如何通过程序代码操控这些设备,给设备的接口发控制命令,使之完成期望的操作。对普通用户,只是希望能简单地使用设备。

对操作系统而言,凡是接入计算机的设备都应该被纳入它的管理范围。有成千上万种各式各样的设备,为每一个设备建立一个管理是复杂的,也是不现实的。因此如何对这些设备进行区分并制订不同的访问策略,实现有效管理,就是操作系统I/O设备管理的主要任务。尽管I/O设备存在很大的差异,从用户的角度,我们只需要理解如何连接设备和如何用软件来控制硬件。

操作系统从种类繁多的I/O设备中抽象出一些通用类型,每个通用类型都通过标准接口程序访问。设备之间的差别被内核中的设备驱动程序所封装,这些设备驱动程序可以定制(设备制造商要么按标准生产,要么提供专用的设备驱动程序),操作系统则提供通用标准。这种处理技术的最大优点是,任何应用程序不必关注这些设备的差别就可以使用这些设备。一个好的例子就是不管机器上安装的是哪一种类型、哪一种型号的打印机,使用应用程序Word就可以打印文档,而Word并不需要直接使用打印机——它是由操作系统管理的打印设备驱动程序完成打印任务。

在第3章中我们解释了I/O设备与主机的连接和I/O方式。不管I/O设备是哪一种类型、哪一种工作方式,操作系统把它们分为两类:块设备与字符设备。

块设备(Block Device)把信息存储在固定长度块中,每个块有自己的地址,块的大小一般在128到1024个字节之间,例如磁盘设备就是最典型的块设备。块设备接口规定了访问这类设备所需的各个方面,设备接受读(Read)和写(Write)命令。应用程序也可以通过文件系统接口访问设备。操作系统可能更加倾向于将块设备当作一个简单的线性块数组来访问,这种访问方式有时称为原始 I/O。

另一类是字符设备。如键盘、鼠标器和行式打印机等都属于这一类。字符设备以字符为单位发送或者接收字符流,而不考虑其结构。

按照这种分类划分设备的最大好处是操作系统可以把处理设备的软件独立于设备。如在操作系统中,可以把设备当作文件管理(Windows 系统就是如此),它只处理抽象的设备,而把对设备硬件的操作留给更低级别的设备驱动程序去完成。

这种分类方法是一种原则性的,而不是完美的划分。如在计算机中有重要地位的时钟就不能被按照以上划分归类,同样视频数据显示也不适合这种划分。

*4.6.2　I/O 内核

操作系统中的 I/O 内核提供了许多与 I/O 有关的服务。许多服务如调度、缓冲、高速缓存、假脱机、设备预留及错误处理都是由内核 I/O 子系统提供的,并建立在硬件与设备驱动程序结构之上。

1. I/O 调度

I/O 调度就是确定一个好的顺序来执行 I/O 请求。应用程序所发布的调用顺序并不一定总是最佳选择。调度能改善系统整体性能,能在进程之间公平地共享设备访问,能减少 I/O 完成所需要的平均等待时间。

用一个简单的例子来说明这种情况。假设磁头位于磁盘开始处,3 个应用程序向该磁盘发布调用命令。如果应用程序 A 需要磁盘结束部分的块,应用程序 B 需要磁盘开始部分的块,应用程序 C 需要磁盘中间部分的块。那么操作系统如果按照 B、C、A 的顺序处理,则可以减低磁头所需移动的距离。按这种方法来重新安排服务顺序就是 I/O 调度的核心。

操作系统为每个设备维护一个请求队列来实现调度。当一个应用程序执行 I/O 系统调用时,该请求就加到相应设备的队列上。I/O 调度重新安排队列顺序改善系统总体效率和应用程序的平均响应时间。与进程控制一样,这些调度取决于算法以决定响应哪一个设备的操作。操作系统可以按公平原则,这样没有应用程序会得到特别不良的服务;也可以给予那些对延迟很敏感的请求比较优先的服务,如虚拟内存的请求会比应用程序的请求更为优先。

2. 缓冲区

缓冲区是用来保存在两个设备之间或在设备与应用程序之间所传输数据的内存区域。采用缓冲有以下 3 个用途。

(1)缓解速度差异。如通过键盘建立一个文件,并保存到硬盘上。键盘速度比硬盘慢数万倍,借助缓冲区以累积从键盘得到的字符,当缓冲区填满时,通过一次操作将缓冲区写入磁盘。

(2)协调传输数据大小不一致的设备。这种不一致在计算机网络中特别常见。在发送端,一个大数据包分成若干小包,通过网络传输,接收端将它们放在重组缓冲区内,以生成完整的源数据镜像。

(3)应用程序I/O的拷贝语义。操作系统常常使用内核缓冲与应用程序数据空间之间的数据复制,尽管这会引起一定的开销,但是获得了简洁的语义。类似地,通过使用虚拟内存映射与写复制保护也可能会提供更为高效的结果。

3. 假脱机

假脱机(Spooling)是用来保存设备输出的缓冲,这些设备(如打印机)不能接收交叉的数据流。虽然打印机一次只能打印一个任务,但是可能有多个程序希望并发打印而又不将其输出混在一起。操作系统通过截取对打印机的输出来解决这一问题。

应用程序的输出先是假脱机到一个独立的磁盘文件上。当应用程序完成打印时,假脱机系统将对相应的待送打印机的假脱机文件进行排队。假脱机系统一次拷贝一个已排队的假脱机文件到打印机上。

有的操作系统采用系统服务进程来管理假脱机,而有的操作系统采用内核线程来处理假脱机。不管怎样,操作系统都提供了一个控制接口,以便用户和系统管理员显示队列、删除那些尚未打印而又不再需要的打印任务以及当打印机工作时暂停打印等。

4.6.3 设备驱动程序

我们已经知道,用户或者应用程序是通过操作系统使用设备的,而操作系统并不直接操纵设备,操作系统通过管理设备的驱动程序来间接使用设备。

设备驱动程序(Device Driver)是由生产设备厂家提供的,所有与设备相关的代码都放在设备驱动程序中。如果设备的类型差别很小,系统可以屏蔽其差别,使用同一个程序代码操纵这个设备。在计算机系统中,键盘、显示器、鼠标等都作为标准设备,操作系统使用标准的设备驱动程序,为用户提供这些设备的使用。

如果一个性能和原理完全不同的设备,例如激光打印机和针式打印机就是两种不同类型的设备,系统需要分别为其建立驱动程序。实际上由于性能上的差异,为了使设备能够发挥最大效能,往往同一类不同型号的设备都采用专门的驱动程序。

每个设备的电路中都有若干个接受命令的端口,而驱动程序就是向这些端口发出命令或者读取端口的状态,并把这些状态通知操作系统。例如我们需要打印输出,操作系统负责把打印的要求和打印的数据传输给打印机的驱动程序,或者启动打印驱动程序到某个区域中去读取打印命令或数据,操作系统剩下的工作就是查看打印状态:是否在打印、是否出现打印错误、是否打印结束等。整个打印工作由驱动程序和打印机交互完成。当然操作系统在处理打印前需要为打印任务进行数据组织。

驱动程序向设备端口发出命令之后,操作系统有两种处理方法。一是等待设备完成操作,驱动程序阻塞自己,等待操作完成后解除阻塞。这种阻塞的目的是防止设备还没有执行完前一个操作而接受新的命令导致操作发生混乱。另一种是不需要阻塞的情况,如鼠标操控屏幕的滚动,往往在很短时间内就被执行完毕(显示器控制处理速度很快,但实际显示需要时间是因为受到显示器本身的扫描速度限制),因此系统可以不需要阻塞,直接再继续对其进行进一步的操作。

操作系统需要检查设备驱动程序的工作状态以决定采取何种处理。如果一切正常,则可以进行新的进程,如打印多个任务时,完成了一个打印后启动排在打印队列中的下一个新的打印进程。如果发现有问题则需要判断问题的性质,并进行相应的处理,如告诉用户不能打印的原因是打印机缺纸,或者打印机塞纸导致打印机发生故障。

*4.6.4 设备无关性

操作系统管理设备的一个重要的特点是保证设备无关性。设备驱动程序是与设备相关的,操作系统中包含了许多类型设备的驱动程序,使设备能够被操作系统所直接支持。但大多数软件是与设备无关的,因此操作系统需要提供其所需要的 I/O 设备操作功能。

操作系统负责向用户程序提供一个统一的接口。其中一个主要的问题是给 I/O 设备命名。操作系统负责把设备的符号名映射到相应的设备驱动程序上。在 Windows 系统中,使用 LPT、Com1、Com2 以及 CON 等专用符号为设备命名,而在 Unix 系统中,使用像 /dev/lpt01这样的格式给设备命名。通过给设备命名确定每个命名的主设备号和次设备号。其中,主设备号用于寻找对应的设备驱动程序,次设备号作为设备驱动程序的参数,用于确定设备所需要数据的具体内存单元。

与设备无关性的目的是为了给大量的软件提供统一的接口,同时也是为了进行设备保护,系统需要防止任何未经授权访问设备的用户和软件。显然游离于操作系统之外直接使用设备是不能被操作系统所容忍的。

微软的 MS-DOS 系统并没有建立这种机制,因此任何 DOS 应用程序需要使用的设备必须包含直接操作设备的代码。到了 Windows 系统,这一状况开始改变,应用程序对直接访问设备是被限制的。目前大多数操作系统对用户程序访问 I/O 设备是完全禁止的,而 Unix 则采用了比较灵活的机制,允许系统管理员能够为每一个用户或者应用程序设置访问指定设备的权限。

应用程序需要知道它的 I/O 任务是否被执行,因此需要把设备使用情况告知用户程序。在前述的设备驱动程序中我们已经解释了处理出错是驱动程序的任务,因为大多数错误都是设备本身的,因此只有设备驱动程序知道如何处理这些错误。一种常见的错误是在读写磁盘设备中发生的,数据不能被读写。驱动程序可以在规定的几次重新尝试后成功地完成,如果错误仍然存在,它将通知操作系统无法完成指定的操作。如果是一个用户程序调用发生的,那么操作系统将负责把这个信息通知应用程序。

*4.6.5 磁盘调度和管理

磁盘作为计算机系统中最重要的外设,操作系统对磁盘的管理极为复杂。下面我们首先简单介绍为改善性能的磁盘调度,再介绍磁盘格式化和启动块、坏块的管理;有关操作系统基于文件和存储的磁盘管理我们在第 5 章中介绍。

1. 磁盘调度

操作系统对磁盘(主要是硬盘)的管理,基本要求是磁盘要有较快的访问速度、宽带和效率。磁盘的硬件技术可以提升速度和带宽,但并不意味着提高效率。操作系统要通过选择合适的算法调度磁盘的 I/O 请求,一方面提高速度和带宽,同时提高访问的效率,包括公平响应所有的磁盘访问请求。

最简单的磁盘调度是先来先服务算法(FCFS)。这种算法本身比较公平,但是它通常不提供最快的服务。另一种 SSTF(Shortest-Seek-Time-First)调度:优先处理靠近当前磁头位置的请求。这种调度算法所产生的磁头移动约为 FCFS 的三分之一。这种算法大大提高了磁盘访问效率,但是显然有失公平。

SSTF 的明显缺点是,如果在处理过程中有新的磁盘 I/O 请求,可能使得远离当前磁头位置的请求长时间得不到响应。因此磁盘的调度算法要在公平和效率之间进行取舍,例如 SCAN(扫描)调度算法就是一种在效率和公平之间折中的算法。

对于 SCAN 算法,从磁盘的一端向另一端移动,沿移动方向处理已存在的服务请求。当到达另一端时,磁头改变移动方向,继续另一个方向上的所有请求。磁头在磁盘上来回扫描,扫描中间不改变方向,因此 SCAN 有时称为电梯算法,这是因为磁头运动规则很像建筑物中电梯的运行。

SCAN 调度有许多变种,其算法的目的主要为所有的磁盘访问提供更为均匀的等待时间且磁盘的访问效率更高。事实上,对于一个特定请求队列,我们能定义一个最佳的执行顺序,但是在已有的队列中,不能排除新的请求改变队列中的顺序,使得原来的"最佳"失去意义,因此有更多的改进算法被提出。

2. 磁盘管理

操作系统在磁盘管理方面还包括磁盘初始化、磁盘引导、坏块恢复等。

(1)磁盘初始化。为了使用磁盘存储数据,操作系统需要将自己的数据结构记录在磁盘上。一个新的磁盘是一个空白板。在磁盘能存储数据之前,它必须划分磁道和扇区,以便磁盘控制器能读和写,这个过程称为低级格式化或物理格式化。

(2)磁盘引导块。为了让计算机开始运行,如当打开电源或重启时,它需要运行一个初始化程序。该初始化程序完成对系统的一系列初始化工作,从 CPU 寄存器的初始化,到设备控制器和内存的初始化,接着启动操作系统。为此,初始化程序应找到磁盘上的操作系统内核,装入内存,并转到起始地址,从而开始操作系统的执行。拥有启动分区的磁盘称为启动磁盘或系统磁盘。进一步的叙述参见本章 4.9 节。

(3)坏块恢复。由于磁头悬浮在磁盘表面上高速运动,所以容易出问题。有时问题很严重,必须替换磁盘,其内容就要从备份媒介上恢复到新磁盘上。多数磁盘从厂里出来时就有坏扇区。使用 IDE 控制器的磁盘,可手工处理坏扇区,如 MS-DOS 的 format 命令执行时它扫描磁盘以查找坏扇区。如找到坏扇区,那么它就在相应的表中写上特殊值以通知分配程序不要使用该块。

4.6.6　时钟系统

时钟(Clock)有时也叫做定时器(Timer)。时钟在计算机系统中起到特殊作用,它负责提供系统的时间,同时防止一个进程垄断 CPU 或者其他资源。实际上在计算机中,时钟不像磁盘、打印机等有一个物理块设备,也不像键盘那样是一个字符设备,但系统对其管理也采用设备驱动程序的形式。

1. 硬件时钟

在计算机中硬件时钟是一个简单的晶体振荡器,它直接送入一个电子计数器,当计数器归零时向 CPU 发出一个中断信号,然后再次进入计数过程。至于 CPU 接收到计数器的中断后怎么办就是软件(主要是操作系统)的事情了。

为了防止机器关机导致时钟停止,计算机使用专门的电路结构并采用电池供电。

对许多计算机,由硬件时钟产生的中断约在每秒 18～60 次。这种分辨率相对粗糙,因为现代计算机每秒可执行数百万条指令,时间触发执行程序的精度受定时器的粗糙分辨率和维护虚拟时钟的开销所限制。如果定时器用来维持系统时钟,那么系统时钟就会偏移。对绝大多数计算机,硬件时钟是由高频率时钟计数器来构造的。对有的计算机,计数器的值可通过设备寄存器来读取,这可作为高精度时钟。虽然这种时钟不产生中断,它可以提供时间间隔的精确测量。

2. 软件时钟

软件时钟大多数情况下被叫做定时器软件。硬件只提供一个时间间隔,其他工作都由软件完成。主要包括以下功能:
- 建立并维护系统的时间和日期。
- 防止进程超时运行。
- 记录 CPU 的使用情况。
- 处理用户进程发出的报警(Alarm)系统调用。
- 为计算机各个系统提供定时器功能。

如果需要维持系统的时间,那么可以按照一定的间隔进行计数。大多数系统的计数单位为 1/100 秒。而为系统进行定时的计数单位则是一个很大的变化值,最小的单位为微秒,最大的单位则取决于需要了。要维持较大的时间和日期表示,需要多位如 64bit 的计数器。若使用 32 位的计数器,累计两年时间就会溢出。早先的"千年虫"事件就是因为大多数计算机系统的年份使用了 2 位十进制数导致的。今天的计算机使用 4 位十进制数,计数的最大年份为 9999。

为进程设置一个计数器,这个计数器归零时正好到达操作系统分配给这个进程的时间。当进程计数器"定时到"时,操作系统保留当前进程的执行状态,然后调入下一个进程,并再次启动进程计数器。

操作系统需要知道 CPU 为每一个进程的服务情况,因此通过时钟可以为 CPU 记账。

一个简单的方法是,为每个进程建立一个变量,当进程被执行一次,这个变量就加 1。操作系统通过查看各个进程变量的值了解进程被使用的情况。

应用程序可以通过操作系统调用时钟。如在访问网络时,可以为每一个数据包的通信建立对应的时钟,以计算网络的访问速度。特别是在网络传输信号严重丢失的情况下,通过时钟可以判断重发过程是否达到设定的值以提醒用户是否中止网络的操作。

4.6.7　显示系统

被操作系统管理的另一类设备是显示系统,也叫做存储映像终端。在第 3.6.5 和 3.8.1 节中我们解释了计算机的显示系统。这里我们从操作系统的角度解释显示系统。之所以叫做存储映像终端,是因为在显示器上的每一个像素对应于显示存储器(也叫视频存储器)的一个或几个单元。操作系统对显示系统管理的一个主要任务就是向视频存储器输出显示数据。作为交互系统的重要部分,显示的信息可以采用字符方式或者位图方式。

与管理其他设备一样,操作系统把对视频终端的操作交给设备驱动程序去完成,如设置扫描频率、设置显示分辨率等。

事实上需要处理的问题还很多。独立的视频卡(显示卡)负责读出显示存储器中的数据并转换为显示信号,确定显示的起始位置和进行不停的显示扫描。一个很重要的问题是,要使显示不出现中断就需要不停地读出显示存储器的数据,那么操作系统如何向显示存储器发送要显示的数据呢?

熟悉显示器原理的人就会知道,无论是哪一种显示技术,大多数是扫描方式,区别是扫描的频率不同和扫描的区域不同。CRT 显示器是扫描整个屏幕,而 LCD 则是把屏幕分成若干个区域分别扫描。我们以 CRT 显示器为例解释。

系统设计为:当需要扫描(行或者帧)时,视频显示卡把显示存储器上的数据读出。当显示器回扫时,显示存储器产生一个信号通知设备驱动程序,现在可以接受来自 CPU 的数据输出,操作系统把显示数据存放在显示缓冲区中,设备驱动程序则按序把显示缓冲区的数据写入显示存储器。

显然显示存储器被两个相对独立的系统所使用,即操作系统写入数据,显示处理系统读出数据。它利用了显示系统的扫描和回扫时间。另一方面,多处理器系统也是运用时间片或中断方式来实现一个公用存储器系统的。

4.7　Windows 操作系统

本节主要从操作系统的角度介绍 Windows 的功能。如果你对 Windows 还不是很熟悉,建议你先参看其他有关 Windows 的书籍。

4.7.1 传奇：Windows 的发展

在微机系统中，微软公司的操作系统 Windows 占有绝对的市场比重。Windows 的起源可以追溯到 1981 年施乐公司进行的工作。当时施乐公司推出世界上第一个商用的图形界面 GUI 工作站 Star 8010。受此启发，Apple 公司于 1983 年研制成功第一个基于 GUI 的操作系统 Macintosh。此时基于 Intel x86 微处理器的 IBM PC 兼容机发展迅速，给微软公司开发 Windows 提供了空间和市场。

微软公司也在 1983 年就开始开发 Windows，并于 1985 年和 1987 年分别推出 Windows 1.03 版和 2.0 版，受当时硬件和 DOS 的限制，它们没有取得预期的成功。而微软于 1990 年 5 月推出的 Windows 3.0 在商业上则取得了惊人的业绩：不到 6 周就售出 50 万份 Windows 3.0 拷贝，打破了软件产品的销售记录，这是微软在操作系统上垄断地位的开始。其后推出的 Windows 3.1 引入 TrueType 矢量字体，增加了对象链接和嵌入技术（OLE）以及多媒体支持。但此时的 Windows 必须运行于 MS-DOS 上，因此并不是严格意义上的操作系统。

微软公司于 1995 年推出 Windows 95（又名 Chicago），它可以独立运行而无需 DOS 支持。Windows 95 对 Windows 3.1 作了许多重大改进，包括面向对因特网和多媒体的支持，支持即插即用，32 位线性寻址的内存管理和良好的向下兼容性等。后又推出 Windows 98 和网络操作系统 Windows NT。

2000 年，微软公司发布的 Windows 2000 有两大系列：Professional（桌面版）及 Server 系列（服务器版），包括 Windows 2000 Server，Advanced Server 和 Data Center Server。Windows 2000 可进行组网，因此它又是一个网络操作系统。2001 年 10 月 25 日，微软公司又发布了新版本 Windows XP。2003 年，微软发布了 Windows 2003，增加了支持无线上网的功能，其后的 Windows 2005，现在的名字叫 Vista，2009 年 Windows 7 版本上市。

Windows 作为一个系列产品，从数据服务器到掌上电脑都提供了支持。Windows 在安全性上一直备受批评，用户需要不断地从 Microsoft 网站上下载"补丁"程序进行更新（Update）。除了系统本身有设计上的缺陷之外，它的用户之多以及它的垄断地位也使一些有意者（如黑客）刻意寻找它的漏洞，实施攻击。

4.7.2 Windows 的特点

对 Windows 的评价有很大争议，主要表现在普通用户与专家之间的评价是不同的。但这似乎并没有影响它成为占有最大市场份额和最多用户的操作系统软件。重要的还在于 Windows 使计算机的操作、应用变得非常容易，非专业人员也能够使用计算机。

它主要有以下优点：

①直观、高效地面向对象的图形用户界面，易学易用。用户采用"选择对象、操作对象"这种方式进行工作。比如可以双击图标打开一个文档，也可以先选择该文档，然后从右键菜单中选择"打开"操作。这种操作方式模拟了现实世界的行为，易于理解、学习和

使用。

②用户界面统一、友好。Windows 程序大多符合 CUA（Common User Access）标准,程序拥有相同或相似的外观,包括窗口、菜单、工具条等。用户只要掌握其中一个,就不难学会其他软件,从而降低了学习成本和难度。

③设备无关的图形操作。Windows 的图形设备接口（GDI）提供了多种图形操作,支持各种输出设备。设备无关意味着在打印机和显示器上都能显示出相同效果的图形。

④多任务。Windows 允许用户同时运行多个应用程序,或在一个程序中同时做几件事情。每个程序在屏幕上占据一块矩形区域,这个区域称为窗口,窗口可以重叠。用户可以移动这些窗口,或在不同窗口之间进行切换。

⑤保持与 DOS 的兼容性。Windows 支持原为 DOS 环境设计的软件（目前,除了极少数软件外,几乎过去上万种 DOS 环境软件都已经有了 Windows 版本）,可以调用 DOS 并可直接使用 DOS 应用程序,具有良好的兼容性。

⑥存储器管理技术。Windows 的虚拟内存管理技术,能支持大内存,使大程序也能运行。

⑦硬件的即插即用（P&P,PnP）。只要是微机通用的硬件,如打印机、显示器、声音及视频设备,Windows 就支持即插即用。这是由于系统包含庞大的硬件设备信息和驱动程序库,能够自动识别新添加的硬件。

⑧支持多媒体和网络技术。Windows 能处理多媒体信息且内置了多种网络协议。

4.7.3　面向对象的设计和操作

Windows 作为一种系统管理的软件,采用了面向对象的设计（参见本书第 6 章）。主要表现为以下几方面。

1. 事件驱动程序设计

早先的 MS-DOS 程序为过程驱动,用户必须按照设计好的顺序操作,不能改变操作过程。而 Windows 事件驱动是由事件（如鼠标点击就是一个事件）控制操作,而这种事件的发生是随机的、不确定的,并没有预定的顺序,这样用户就可以灵活且无限定性地安排程序的操作流程。

2. 消息循环与输入

消息是指关于发生的事件的消息,事件驱动是靠消息循环机制来实现的。Windows 应用程序的消息来源有以下 4 种。

（1）输入消息。如键盘和鼠标的输入。

（2）控制消息。用来与 Windows 的控制对象进行双向通信。如当用户在列表框中改动当前选择时发出此类消息,这类消息直接发送到控制对象上去。

（3）系统消息。对程序化的事件或系统时钟中断作出反应。

（4）用户消息。这是程序员定义并在应用程序中主动发出的,一般由应用程序内部处理。

3. Windows 元件

Windows 包括 3 个基本元件：GDI、Kernel、User，系统围绕在这 3 个基本元件之间进行运行。

GDI 负责在屏幕上绘制用户界面，包括窗口、菜单、对话框等，负责打印输出。

系统内核 Kernel 支持与操作系统密切相关的功能，如进程加载、文本切换、文件 I/O 以及内存管理、线程管理等。

User 即 GUI Shell，为所有的用户界面提供支持，它接收和管理所有输入消息、系统消息，并把它们发给相应消息队列或直接发给窗口，如图 4.19 所示。User. exe 是 Windows 的一个系统程序。

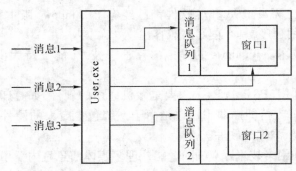

图 4.19   消息驱动模型

4.7.4   Windows 程序输出

Windows 程序输出的主要形式是交互式向用户提供程序信息，在程序执行过程中，以屏幕显示为主。Windows 的图形输出主要有以下特点。

1. Windows 的每一个应用程序对屏幕的一部分进行处理

Windows 的多任务表现为多窗口的操作，Windows 统一管理屏幕显示输出。窗口要输出时，首先向操作系统发出 GDI 请求，由操作系统完成实际的屏幕输出工作。

2. Windows 程序的所有输出都是图形

Windows 提供了丰富的图形函数用于图形输出。如在 DOS 字符方式下，我们可以通过语句"printf("Hello the World");"在显示器上显示文字：

    Hello the World

而在 Windows 下输出这行文字所做的工作却要复杂得多，因为 Windows 输出是基于图形的，它以像素为单位精确定位每一行的输出位置。另外，由于 Windows 提供了丰富的字体，所以在计算所示文字位置坐标偏移量时还必须知道当前所用字体的高度和宽度。

3. Windows 程序的输出是与设备无关的

Windows 使用 GDI 输出图形,GDI 屏蔽了不同设备的差异,应用程序只要发出 GDI 请求(如画一个矩形),就由 GDI 去完成实际的图形输出操作。

4. GDI 服务和设备

GDI 提供 2 种基本服务:创建图形输出和存储图像。

GDI 识别 4 种类型的设备:显示屏幕、硬拷贝设备(打印机、绘图机)、位图和图元文件。前两者是物理设备,后两者是伪设备。伪设备提供了一种在内存或磁盘上存储图像的方法。位图存放的是图形的点位信息,图元文件保存的是 GDI 函数的调用和调用参数。

4.7.5 用户界面对象

Windows 支持丰富的用户接口对象,包括窗口、图标、菜单、对话框等。程序员只需简单的几十行代码,就可以设计出一个非常漂亮的图形用户界面。

窗口是用户界面中最重要的部分。它是屏幕上与一个应用程序相对应的矩形区域,是用户与产生该窗口的应用程序之间的可视界面。每当开始运行一个应用程序时,应用程序就创建并显示一个窗口。当用户操作窗口中的对象时,程序会作出相应反应。用户通过关闭窗口来终止程序的运行;通过窗口来选择相应的应用程序。典型的 Windows 窗口如图 4.20 所示。

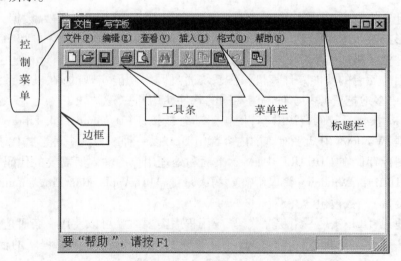

图 4.20 Windows 窗口

Windows 的其他用户界面对象,这里不再赘述,读者可直接参阅 Windows 的帮助信息。

4.7.6 Windows 资源管理和共享

Windows 的"资源管理器"（Resource Manager）能够管理计算机中的所有资源，不仅能对文件、文件夹进行有效的管理，如文件及文件夹的复制、删除、改名、移动、查找等，而且能管理控制面板、打印机等对象，它还可用于网络资源的管理。另外，"我的电脑"是另一个用于管理系统资源的强有力工具，它与"Windows 资源管理器"功能几乎完全相同，只是两者在风格上有所不同。图4.21 为资源管理器的界面。

图 4.21　资源管理器窗口

随着计算机技术的发展，资源这个概念被拓展了，设备、软件、文件、数据，甚至程序的窗口等图形都被认为是资源。而资源共享的概念就有了许多含义。一是像 CPU、存储器一类的硬件资源被所有程序共同使用；二是一台计算机中的资源如打印机、文件被其他计算机所使用。后者的功能是计算机操作系统通过网络功能实现的，在操作系统资源管理的层面上，更多地把资源共享理解为不同的软件使用同一资源。

Windows 操作系统的资源共享，依赖于动态链接库（Dynamic Link Library，DLL）中的函数和数据，Windows 中几乎所有的内容都由 DLL 以一种或另外一种形式代表着，如显示的字体和图标存储在 GDI. DLL 中，显示桌面和处理用户的输入所需要的代码被存储在一个 User32. DLL 中，Windows 编程所需要的大量的 API（Application Programming Interface，应用编程接口）函数被包含在Kernel32. DLL 中。

简单地说，DLL 就是一组程序代码，应用程序需要时就可以使用。各种应用程序都可以共享 DLL 文件。其优点是不但实现了资源的共享，又减少了应用程序的代码长度，更有效地利用了内存；DLL 文件作为一个单独的程序模块，在软件需要升级的时候，开发人员只需修改相应的 DLL 文件就可以了。这在编程时十分有用。

应用程序一般不需要直接访问内存或其他硬件设备，如键盘、鼠标、计数器、屏幕或串口、并口等。Windows 要求绝对控制这些资源，以保证向所有的应用程序提供公平运行支持。如果确实需要，应通过 Windows 提供的函数来安全地访问这些硬件设备。

有关 Windows 的资源管理，可以通过在线方式获取更多有关帮助信息。

4.8　自由软件：Linux 操作系统

　　Linux 是一个自由软件（Free Software），用户不需要付费就可以使用，而且可以得到它的源代码。在计算机的发展史上，Unix 操作系统被认为是一个重要的里程碑，也是最经典和安全性最好的操作系统。最初的 Unix 也是可以免费得到源代码，后来它被美国电报电话（AT&T）公司作为商品后，源代码就被限制使用了。如我们在本章 4.3.4 中介绍的，大致上可以认为 Linux 基本上就是一个新的 Unix，而且是 Unix 的延伸和发展，是各种Unix 版本的集成者，因此 Linux 被看做是现代操作系统的典型代表。本节简介其发展及原理。

4.8.1　在开放中发展 Linux

　　因为 Linux 的源代码是通过因特网公开的，所以它成了最知名的开放源代码软件。Linux 原创者 Linus Torvalds 评价说："每一个 21 岁的程序员都明白，Linux 并不是一件难事，它仅仅是一个操作系统而已。"如今，他依然每周都要花费数小时工作在网上 Linux 社区，改进这个属于每一个人但又不属于任何人的操作系统。

　　我们之所以把 Linux 作为本章的独立一节，是因为 Linux 在软件的发展史上有着独特的意义：一个通过因特网发展而成的自由软件，成为强大的 Windows 最有力的挑战者。

　　Linux 看起来与 Unix 系统非常相似。事实上，Unix 的兼容性已成为 Linux 项目的主要设计目标。但是 Linux 毕竟比大多数 Unix 系统年轻得多。第一个 Linux 内核始于 1991年，只有 71KB，这个很小但功能完整的内核可运行在当时的 80386 PC 机上。今天的Linux版本有数百个，从大型机器到网络服务器，也有运用在小型设备上的。目前较为流行的 Linux 都有 GUI，传统的命令和 Unix 保持高度的兼容，并囊括了 Unix 的大多数功能。

　　Unix 是历史最长，也是最为经典的系统。Unix 有不同的版本，如 AT&T 公司的 Unix，Sun 公司的 Solaris 和 HP 公司的 Unix，IBM 公司的 AIX，它们都是商业软件，要取得其使用权需要支付比较昂贵的价格。Windows 也是商业软件，价格相对低廉，而 Linux 则是免费的 Unix。

　　事实上，我们知道有许多好的操作系统软件，而真正流行的也就是为数不多的几个。尽管没有操作系统就不能使用计算机，但用户最关心的是应用软件，而应用程序又必须被操作系统所支持，因此人们常用"平台"一词描述应用程序所依赖的硬件和操作系统。Linux 之所以能够被广泛运用，其中的一个原因就是已经有非常多的 Linux 应用软件。另一个原因是有为数众多的计算机技术人员在为完善它的功能而免费进行新的开发，这也使得许多大的计算机系统厂商包括 IBM、HP、Dell 等公司宣布支持 Linux 的原因之一。

　　早期 Linux 发展围绕的中心就是操作系统内核——核心（Core），它是一种特权执行程序,其主要功能是管理所有的系统资源,与计算机的硬件直接交互。区分 Linux 内核与 Linux 系统很有意义。Linux 内核是由一个从零开始开发的一个完全原创的软件,是Linux 操作系统的核心。

虽然基本的 Linux 系统是应用程序与用户编程的标准环境,但是它并不强制性地将任何的标准方法与其实现的功能结合为一个整体。当 Linux 日趋成熟时,在 Linux 系统之上出现了另一个功能层面的需求。一个 Linux 版本(Linux Distribution)包括了所有的 Linux 系统的标准部分,加上一套能简化初始安装的 Linux 系列升级,并且能管理在系统上安装或卸载软件包的工具。现代版本一般也包括了一些工具,如文件系统管理、用户账户的创建与管理、网络的管理等。

*4.8.2 设计原理

在总体设计上,Linux 类似于任何其他操作系统的设计,它是一个多用户多任务的系统。Linux 的文件系统追随传统的 Unix 语义学,而且完整地实现了标准的 Unix 网络模型。Linux 的内部设计细节深受操作系统发展历史的影响。

虽然 Linux 运行于多种平台,但它是从 PC 机的体系结构上发展过来的。大量的早期开发是由个人爱好者实现的,而不是靠组织良好的开发和研究团队,所以从一开始Linux就试图从有限的资源中开发尽可能多的功能。如今,Linux 欢快地运行在数百 MB 内存和数 GB 字节的磁盘空间的多处理计算机上,但它依然能运行在 4MB 以下的内存系统上。

随着 PC 机的日益强大,内存和硬盘的日趋便宜,最初低要求的 Linux 内核开始逐渐扩展以实现更多的 Unix 功能。速度与效率仍然是重要的设计目标,但是当前很多基于 Linux 的工作却集中在第三个主要的设计目标上:标准化。

由于 Unix 版本的不同实现而付出的代价之一便是,为一个版本写的源代码未必能在另一个版本上正确编译或运行。甚至当相同的系统调用出现在两个不同的 Unix 系统上时,其实现过程也未必完全一样。

POSIX 是可移植操作系统接口标准(Portable Operating System Interface Standard),该标准由 IEEE 制订,并被接受为国际标准。POSIX 包含一套规范,详细说明了操作系统执行的不同方面。还有一些关于操作系统和延伸部分如进程、线程与实时操作的 POSIX 文档。根据对应的 POSIX 标准,目前至少有两种 Linux 版本已取得 POSIX 认证。

Linux 给程序员和用户提供了标准接口,所以任何熟悉 Unix 的人对此都不会感到陌生。Linux 程序接口和用户界面部分也将很好地应用于 Unix。然而由于疏忽,Linux 程序接口追随 svr4 版的 Unix 语义,而不跟随 BSD 的风格,BSD(Berkley Software Distribution,加州大学柏克利分校软件)是自由软件联盟的发源地加州大学柏克利分校开发的一个完全与 Unix 兼容的自由软件(本章"在线检索"给出了 BSD 的网站地址,可以访问该网站以了解更多的 BSD 方面的知识,本书第 11 章也将介绍有关 BSD 的一些情况)。

Unix 中还存在许多其他标准,但是 Linux 对这些标准的完全认证却进展缓慢,因为它们通常是收费的,并且认证一个操作系统是否遵照大多数标准的费用是高昂的。然而提供一个广泛的软件基础对任何操作系统来说都十分重要,因此执行标准是 Linux 开发的一个主要目标。除基本的 POSIX 标准外,当前 Linux 还支持 POSIX 线程扩展和用于实时进程控制的 POSIX 扩展子集。

*4.8.3 Linux 软件结构

Linux 符合大多数传统的 Unix 实现,如图 4.22 所示。Linux 支持大多数计算机系统,大量的设备驱动程序被用来与各种设备进行交互。与其他操作系统一样,它对标准设备的支持使用通用的驱动程序,也支持厂家的独立设备驱动程序和相应的设备通信。这种结构符合设备无关性的要求。

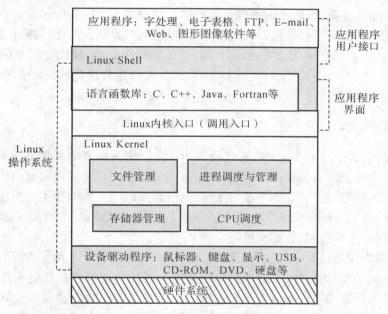

图 4.22 Linux 系统软件层次结构

1. Linux 内核

Linux 内核 Core 组成了 Linux 操作系统的核心部分。Linux 内核负责维护操作系统的重要抽象,包括虚拟内存管理、进程调度与管理、文件管理等。

内核的进程管理包括进程的创建、挂起和终止,并维护它们的状态。它在各个进程之间保持通信,并且使用分时系统调度 CPU 同时运行多个进程。Linux 中提供的多种进程间的通信机制,如管道、BSD 套接字等。

与 Windows、Unix 类似,Linux 内核也通过文件和目录(文件夹)管理磁盘数据的存储,如文件及目录的建立、移动、复制和删除等操作和属性的维护。为了系统资源的合理使用和防止非法使用磁盘设备,Linux 也不允许用户程序直接访问磁盘文件。

Linux 以一种有序的方式分配和回收内存,以便使每一个进程有合适的内存空间正确运行。另外 Linux 内核也保证应用程序公平、有序、安全地使用系统资源,包括管理 CPU、各种外部设备。

虽然各种现代的操作系统在内核中都采用了消息传递体系结构,但 Linux 还是保留了 Unix 的历史模型,即内核被创建成单一的整体的二进制形式。最主要的原因是为了提高性能。因为所有的内核代码和数据结构被保存在一个单一的地址空间,当一个进程调用一个操作系统的功能或者产生硬件中断时,没有必要进行前后上下文转换。不但核心调度和虚拟内存代码占据这个地址空间,而且所有的内核,包括所有的设备驱动程序、文件系统和网络代码都在这个地址空间内。

2. 语言函数库

这些使用 C、C++、Java、Fortran 等语言编写并被测试过的函数,可以提供给 Linux 开发人员使用,如排序算法、数学函数以及字符串处理程序等。函数库还提供更复杂的基础系统调用的形式,这些函数能够实现大多数系统调用功能,而无需使用拥有完全特权的内核代码。如 C 语言的缓冲文件处理函数全都在系统库中执行,提供比基本的内核系统调用更高级的文件 I/O 控制。所有支持 Unix 和 POSIX 应用程序运行的必需功能都在系统库里被执行。

3. 系统调用接口

这个层次包含了进入 Linux 内核代码的切入点。因为所有的系统资源被 Linux 内核所管理,任何期望访问系统资源的应用程序,都需要通过一个请求提交到内核。因为用户系统不能直接访问系统资源,如不能直接读写磁盘,所以为了能够让用户系统调用内核代码完成资源的使用,Linux 提供了一些方法如函数等实现系统调用。Linux 提供几十个系统调用允许用户操纵进程、管理文件等。

用户应用程序通过 Shell 使用计算机系统。Linux 系统包含了种类广泛的用户模式的程序——既有系统应用程序,又有用户应用程序。系统应用程序包括所有使系统初始化的必要程序,如配置网络设备或者调入内核模块。持续运行服务器程序也算是系统应用程序,这些程序主要处理用户注册请求,输入网络连接及打印机队列。

Unix 用户环境包含了大量处理简单日常任务的标准应用程序,如列出目录,删除和移动文件,或者是显示文件内容。更为复杂的应用程序可进行文本处理,如对原文数据进行分类或对输入文本执行模式搜索。这些应用程序形成了一个用户在任何 Unix 操作系统里都能看到的标准工具集,虽然这些应用程序不能执行任何操作系统功能,但它们却是 Linux 系统中很重要的一个组成部分。

4.9 启动计算机:BIOS 和 CMOS

我们已经知道,程序是存放在磁盘上的,需要时被加载到内存,结束后数据又存放到外存,这个过程由操作系统完成。现在的问题是:要使系统运行,首先必须运行操作系统,那么操作系统又是被谁执行的? 操作系统也是一个程序,那么谁来把操作系统从磁盘加载到内存呢?

这些问题的答案是基本输入输出系统,即 BIOS。

4.9.1 BIOS

BIOS 即基本输入输出系统,它是一组程序,是直接使用的计算机硬件,并为操作系统提供使用硬件的接口。BIOS 被放置在计算机主板上的一个 ROM 芯片上,包括最基本的 I/O 程序代码、系统设置(Setup)程序、开机通电自检程序和系统启动自举程序等。

把 BIOS"固化"到 ROM 中,即使断电信息也不会丢失。这个 ROM 是作为计算机内存的一部分,系统被设计为通电或重新启动计算机时,强制 CPU 从这个 ROM 开始执行,这个过程也被称为系统复位(Reset,一般计算机的机箱电源开关附近有一个复位键),我们一打开计算机,首先在屏幕上看到的信息就是 BIOS 运行的信息。

需要特别说明的是,复位(Reset)功能是一种应急措施,如果机器"死机"了,没有其他办法让机器恢复工作,可以使用复位功能。复位操作会导致内存中的数据丢失,它的实际效果和通电开机是相同的。

BIOS 本身是内存的一部分。所谓的"自举"功能是机器启动时,通过 BIOS 执行参数设置、自检系统状态之后,它发出装载命令,把 CPU 的控制权交给磁盘上的系统引导记录,CPU 根据引导记录把存放在磁盘上的操作系统程序装载进驻内存 RAM,相当于操作系统把自己"举"起来。这就解释了为什么磁盘引导区发生故障系统时计算机无法启动。这个过程如图 4.23 所示。在机器运行期间,操作系统有一个常驻内存部分,一直负责管理整个系统的运行,负责与应用程序进行通信,频繁地在不同程序之间进行切换和变换存储器空间地址。它根据需要把操作系统的其他部分调入内存执行,执行完再释放内存。在整个内存中,操作系统占用空间比例比较小。

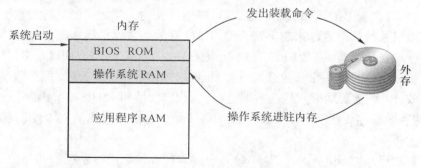

图 4.23 BIOS 装载操作系统示意图

在操作系统运行期间,BIOS 负责在操作系统与硬件之间传送命令和信息。应用程序通过操作系统使用计算机,操作系统使用 BIOS 控制机器的硬件。也就是说,操作系统要使用硬件时,是通过调用 BIOS 中的程序完成的。图 4.24 给出了应用软件、操作系统、硬件与 BIOS 之间的关系。

这种层次的设计使操作系统和应用程序可以运行在不同的硬件系统中,同时由于操作系统并不直接与硬件发生关系,它能够实现与硬件细节的隔离,使系统操作更加透明和流畅。

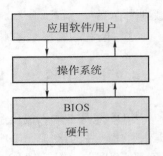

还有一种 BIOS 是安装在各种接口卡上的。在机器上安装插卡之后,执行卡上的 BIOS 程序进行有关卡的参数配置。

BIOS 由专业公司生产,被各计算机厂商所采用到他们生产的主板上。比较著名的 BIOS 厂商有 AMI、Award、Phoenix 和 Microid Research 公司,机器开机后显示器上第一个显示的就是 BIOS 厂家的名字。也有许多主板厂商自己设计 BIOS,还提供了从网络上更新下载最新版本的 BIOS,

图 4.24　应用软件、操作系统、硬件与 BIOS 的关系

这是因为最新的主板 BIOS 芯片采用的 ROM 存储器为 Flash Memory。通常计算机厂家会提供有关 BIOS 详细信息的文档作为随机资料。

4.9.2　CMOS

即使是很熟悉计算机的人,有时也会把 CMOS(Complementary Metal-Oxide-Semiconductor Transistor ,互补型金属氧化物半导体)和 BIOS 混为一谈,其实这是两个不同的部件,虽然它们之间有一定的联系。BIOS 是 ROM,而 CMOS 是另外一种类型的器件,它实际上也是 RAM,只是使用了功耗非常低的 RAM 芯片。

第一代微机使用了 Motorola 公司的 64 个字节的存储器芯片,主要用来存放日期和时钟以及微机型号等几个数据。由于时间、日期等数据是变化的有时也需要重新设置,所以需要一种能够在断电状态也能运行并保存数据的芯片。因为 CMOS 技术能够制造功耗极低的芯片,所以用 CMOS 技术设计 RTC(Real Time Clock)RAM 芯片,无需使用系统的电源,只使用机器主板上的纽扣型锂电池,就可以维持长达 5 年之久的运行和数据保存。

随着微机系统的配置越来越丰富,RTC RAM 存放的数据也越来越多,除了时钟数据,还包括各种设备的参数,包括 CPU、存储器、硬盘、软件版本、CD-ROM 以及多媒体、网络设备等。微机系统本身是一个开放系统,用户可以增加或者减少其配置,那么这些参数必须能够被修改,BIOS 需要能够对这些数据进行重新设置,使用 COMS RAM 很好地解决了这个问题,这些数据存放在 COMS RAM 芯片中。因此,现在计算机的 CMOS 的容量要比最初的微机大得多。

机器每次启动时,BIOS 从 COMS RAM 中读取配置信息进行系统的初始化工作,大多数机器开机后可根据屏幕提示进入 BIOS(一般是使用【Del】键,不同的系统可能使用不同的进入按键),用户可以设置各种参数,BIOS 退出时提示是否要保存。如果新设置了参数,则系统将重新引导。

CMOS 中的数据可以被程序修改,最典型的就是修改时间和日期数据。一些工具软件如测试计算机性能指标的程序,也就是取 CMOS 中的数据与实际运行结果比较的。

本章小结

本章介绍了计算机软件的一些基础知识,包括概念、分类,系统软件和应用软件,操作系统的概念及几种常见的操作系统。

计算机的软件泛指能在计算机上运行的各种程序、数据以及与之相关的文档资料。

计算机的软件系统一般可分为系统软件和应用软件两大类。

系统软件主要包括操作系统、语言处理系统和系统服务程序。

应用软件是人们为了解决某些特定的具体问题而设计开发的各种程序。

操作系统是计算机和用户及其他程序之间的接口,负责对计算机的所有资源进行管理。根据操作系统的发展,典型的结构有批处理、分时系统、实时系统、并行系统、网络操作系统和分布式系统。常见的操作系统有 DOS、Windows、Unix 和 Linux 等。

基于软件层次的结构,操作系统核心为 Kernel,在 Kernel 与用户之间的接口为 Shell。根据功能的观点,操作系统的核心组成为进程管理、内存管理、设备管理和文件管理。

程序从被选中到运行结束并再次成为程序的过程为作业,进程是正在内存中运行的作业。操作系统对多作业和多进程进行调度、控制以实现进程同步。

I/O 设备管理是操作系统的功能之一。操作系统使设备具有无关性,为应用系统使用设备提供接口,并进行调度。

Windows 是一个在微机系统中最常用的操作系统,它是基于图形界面、面向对象和多任务系统,各个应用程序共享 Windows 系统提供的所有资源。Linux 是一个自由软件,免费的 Unix 操作系统。

操作系统是被存放在 ROM 中的 BIOS 加载到机器中运行的。CMOS 是存放系统参数和日期信息的存储芯片。

通过本章的学习,应该理解和掌握:

- 计算机系统由硬件和软件构成,两者密不可分。
- 软件是计算机的灵魂,软件是用户使用计算机硬件的接口或桥梁。
- 软件的分类。
- 常见的操作系统,操作系统的地位。
- 操作系统的内核为 Kernel,与用户和其他程序的接口为 Shell。
- 操作系统的 4 个管理功能:进程管理、内存管理、设备管理和文件管理。
- 进程是运行中的作业,作业是包括待运行的程序和正在运行的所有程序。
- Windows 的基本特点和基本使用方法,Windows 资源管理器的使用。
- 微机系统的启动原理。

思考题和习题

一、问答题:

1.什么是系统软件? 什么是应用软件?

2. 什么是操作系统？它是如何分类的？

3. 什么是操作系统的 Kernel？什么是操作系统的 Shell？

4. 按照功能的观点，操作系统的核心部分有哪 4 种功能？

5. 什么是进程、作业和程序？它们之间的状态是如何转换的？

6. 什么是进程同步和死锁？

7. 什么是进程和线程？举例解释进程和线程。

8. 什么叫做设备无关性？

9. 什么是设备驱动程序？

10. 计算机的时钟系统是如何工作的？它有什么作用？

11. 目前计算机都有哪些常见的操作系统？它们各有什么作用？

12. 什么是 Windows 的对象？

13. BIOS 和 CMOS 是一回事吗？如果不是，那么它们有什么作用？

二、选择题：

1. 计算机系统软件的核心是_____。

    A. 语言编译程序   B. 操作系统

    C. 数据库管理系统   D. 文字处理系统

2. 计算机软件主要分为_____。

    A. 用户软件和系统软件   B. 用户软件和应用软件

    C. 系统软件和应用软件   D. 系统软件和教学软件

3. 操作系统是_____的接口。

    A. 用户和软件   B. 系统软件和应用软件

    C. 主机和外设   D. 用户和计算机

4. _____是指专门为某一应用目的而编制的软件。

    A. 系统软件   B. 数据库管理系统

    C. 操作系统   D. 应用软件

5. _____称为完整的计算机软件。

    A. 供大家使用的程序   B. 各种可用的程序

    C. 程序连同有关的说明资料   D. CPU 能够执行的所有指令

6. 计算机对数据的组织，必须按照一定的规则，基本规则就是_____。

    A. 把所有的数字转换为二进制数   B. 把所有的数据按长度组织

    C. 把所有的数据按文件组织   D. 把所有的数据按存储器类型组织

7. 系统软件的主要功能是_____。

    A. 管理、监控和维护计算机软、硬件资源

    B. 为用户提供友好的交互界面，支持用户运行应用软件

    C. 提高计算机的使用效率

    D. 以上都是

8. 操作系统主要是管理计算机的所有资源。一般认为操作系统对_____进行管理。

A. 处理器、存储器、控制器和输入输出

B. 处理器、存储器、输入输出和数据

C. 处理器、存储器、输入输出和过程

D. 处理器、存储器、输入输出和计算机文件

9. 作业是计算机操作系统中进行处理器管理的一个重要概念。下面不正确的说法是_____。

A. 作业是程序被选中到运行结束并再次成为程序的整个过程

B. 计算机中所有程序都是作业

C. 进程是作业,但作业不一定是进程

D. 所有作业都是程序,但不是所有程序都是作业

10. 程序、进程和作业之间的关系非常密切,下列说法可以认为_____是正确的。

A. 所有作业都是进程

B. 只要被提交给处理器等待运行的程序就成为了进程

C. 被运行的程序结束后再次成为程序的过程是进程

D. 只有程序成为作业并被运行时才成为进程

11. Windows 是图形界面的操作系统,它的主要特点是_____。

A. 单用户单任务,面向 PC 机

B. 多用户单任务,面向各种类型的计算机

C. 面向微型计算机系统,多任务单用户

D. 面向微型计算机系统,多任务多用户

三、解释下列关键术语:

软件 软件系统 系统软件 应用软件 语言处理系统 系统服务程序
操作系统 批处理 分时系统 实时系统 分布式系统 MS-DOS Unix
Windows Macintosh Kernel Shell 用户界面 GUI 进程 死锁 作业
程序 线程 进程调度 进程同步 I/O 系统 I/O 内核 设备驱动程序
设备无关性 磁盘调度 FCFS SCAN 调度 时钟 存储映像 磁盘引导块
硬件时钟 软件时钟 事件驱动 消息 GDI Windows 窗口 菜单 控制菜单
图标 控件 DLL 自由软件 Linux 开放源代码 POSIX 函数库 BIOS
系统自举 系统复位 CMOS

在线检索

有关 Windows 更多的知识以及 Microsoft 公司提供的种类繁多的软件产品信息,请参见 www. microsoft. com 或它的中文网站 www. microsoft. com/china。

Linux 操作系统的影响越来越大,可以访问各种 Linux 资源网站,中国 Linux 论坛网站是一个有较多最新 Linux 信息的网站,可以访问它并了解更多的有关 Linux 方面的知识。中国 Linux 论坛网站的网址是 www. linuxforum. net。

Unix 是由 AT&T 的贝尔实验室开发的,它最初设计被用来支持多个用户,该系统的大

多数程序接受 ASCII 文本,这使得这些程序的链接比较容易。它最初的名字叫Unics。请访问 Unix 论坛,网址是www.unix.com,中文 Unix 论坛的网址是http://unix.windmoon.nu/。

我们将在第 11 章中介绍自由软件,Linux 可以被认为是最为流行的典型的自由软件。这里有一个网站可以访问,并看看 BSD 是什么,网址是 www.bsd.org。

OS/2 也是非常有名的操作系统,它是最早的操作系统,是 IBM 公司的产品,主要使用在 IBM 机器上。可以访问 IBM 的网站,了解有关 OS/2 的情况。

Mac 是 Apple 公司的操作系统,请访问 Apple 公司网站,了解 Mac 操作系统的情况。

Solaris 是 Sun 公司的操作系统,Sun 公司取名于 Stanford University Network。访问 Sun 公司的中文网站 cn.sun.com,了解有关 Solaris 的更多信息。

第 5 章

数据组织与存储管理

在第 4 章中,我们讨论了操作系统的进程管理和输入输出管理这两大功能,它的另外两大功能是文件管理和存储管理,也就是进行数据的组织。本章我们主要从操作系统和用户的角度分别讨论计算机是如何对这些数据进行组织、存储和管理的。通过本章内容的学习,有助于我们进一步认识计算机的文件及文件系统,认识计算机的存储系统及管理。

5.1 概 述

人类为了交流信息或记录发生的事情,发明了笔和纸。过去我们用笔通过文字、符号、图形把有关信息记录在纸上。有了计算机后,我们通过计算机来做这些事(尽管计算机能够完全替代笔和纸,但实际上只是部分替代。具有讽刺意味的是,计算机使纸的消费增加了许多),因此我们应该知道计算机是怎样实现并有效地组织、管理这些"记录"的。

我们有了一台计算机,只是具备了数据存储的功能,并不是说它就可以存储数据了。如果把计算机的存储器看成一个堆放各种货物的大仓库,计算机需要一个"仓库管理员",负责对这些货物的进出、查找等处理工作。要实现数据的存储、处理,还需要做许多事。操作系统的数据组织和管理就是为了实现这些任务。

操作系统对计算机数据的组织管理基于数据的以下重要特点。

(1)计算机存储、交换、处理的所有程序和数据都是以二进制形式存放在存储器上。

(2)为了能够快捷、方便地查找数据,数据被按照一定的规则进行组织和存储。这个规则就是操作系统的文件(File)和文件系统(File System)。

(3)为了区分数据的性质,对以文件形式存放程序和各种数据(如文本数据、图形数据、表格数据等)规定了一定的存储格式和读取规则,这就是文件的属性。

(4)特定格式的数据需要相应的计算机程序才能进行操作。

例如,一张存放电影数据的 CD 片,只有支持这些格式的播放器软件如 Media Player 或金山公司"金山影霸"等视频播放软件才能够对这些数据进行处理——还原为计算机屏幕上放映的"电影"。再如 Word 文档需要 Word 程序打开。

　　计算机数据不同于其他的物理实体,我们不能直接感知它的存在,必须使用专门的工具进行访问、处理。这是计算机数据和纸介质信息的一个重要区别。计算机数据同样存在丢失的危险,因此,从计算机安全的角度出发,了解计算机的数据组织是十分重要的。

　　数据是需要被存储的,在计算机内部它以编码的形式并经过技术手段进行组织以便存放在计算机的存储器如磁盘或内存中。从存储管理的角度看,对数据的处理不但需要地址和存储单元这样的技术细节,也要考虑如何将程序和数据在不同的存储器中进行交换、组织、管理和控制。但对计算机用户而言,这种处理很难,表达也不容易。因此需要建立一种抽象的、概念化的、易于理解的数据组织方式,并为计算机所运用,使一般用户甚至程序员都可以不关心具体存储结构,这种概念化的表达及组织方式就是文件和文件系统。

　　建立文件系统并研究文件及文件系统的结构,是计算机数据组织与存储的主要研究内容。文件和文件系统是基于特定的操作系统环境的,我们在介绍文件系统及数据存储时,侧重以微软系统(Microsoft System,MS)为例,以加深我们对这些概念的理解。

5.2　文　件

　　用户使用计算机,直接能够认知的除了机器硬件,其他都是以文件形式表示的软件(程序和数据)。如创建文件、打开文件、保存文件、删除或复制文件等。也就是说,计算机都是以文件的形式把程序和数据展示给用户的。在这一节里,我们主要介绍文件。

5.2.1　文件是什么

　　计算机以文件的形式组织和存储数据。简单地说,计算机文件是一个存储在存储器上的数据的有序集合,并以一个名字标记。这里有 3 层意思:一是可以将所有存储在计算机中的数据当作文件;二是一个文件的数据之间存在着一定的关联;三是文件有一个名字。

　　计算机文件可以是计算机执行的程序,也可以是计算机程序执行时所需要的数据,如我们使用计算机撰写论文,需要使用的"字处理"软件(程序)是一个文件。用字处理软件输入、编辑、修改得到的是论文(数据),再把论文存到磁盘上,被保存的是一个文档文件。

　　从存储角度看,文件是存储在某种介质上的(如磁盘、磁带等)并具有文件名的一组有序信息的集合。我们已经知道,将文件存储在外存中,在需要使用时再将文件从外存调入内存,这是因为外存能够永久保存信息。

　　计算机对系统中的软件资源,无论是程序、数据、系统软件或应用软件都以文件方式来管理。为了处理和存取的需要,需要对文件进行必要的标识,这就是文件的文件名。

　　文件及文件系统与机器的运行环境有关,那么不同机器的运行环境对文件命名的规则也不相同。必须注意的是,文件名必须遵循一定的规则,只有按照规则命名的文件才能被系统所识别,因为在以文件为数据组织的计算机系统中是按文件名检索的。

实际上,文件名只是文件的一个外部标识,按照一个特定规则组织的文件,其数据组织也是按照一定规则的,因此不同的文件命名规则反映了文件的组织形式。

目前主流系统的文件如 MS 系统、Unix 系统都是采用流式文件,即字符流方式,文件中存放的是一串字符。

操作系统管理文件,有关文件的构造、命名、存取、采用、保护以及实现方法都是操作系统的任务。从用户的角度,文件最重要的是它的表现形式,也就是如何使用这些文件,如何给文件命名,如何读取文件,如何保存文件以及能够对文件进行何种操作,等等。操作系统中如何进行记录空闲的存储空间,在磁盘的扇区中写多少个字节,或者建立什么样的逻辑控制块,对操作系统来说是至关重要的。本章主要从用户的角度考查文件和文件系统,兼顾一些系统设计上的问题。

5.2.2 给文件取名

文件是一种抽象的机制,它提供了在存储器中保存数据信息以方便用户读取的方法,当然这种机制也需要使操作系统能够有效地管理文件。文件使用户不必关心数据信息存储的物理方法、实际位置和磁盘结构等细节。

操作系统对对象的命名方法是作为其抽象机制的重要部分。文件名是字母和数字的组合,惟一标识一个文件。中文版系统也支持使用汉字为文件命名。不同的计算机操作系统的文件命名规则有所不同。表 5.1 给出了几种常见操作系统环境下的文件命名规则。

表 5.1 常见操作系统环境下的文件命名规则

	DOS 和 Windows 3.1	Windows 9X/2000/NT/XP	Mac OS	Unix/Linux
文件名长度	1~8 个字符	1~255 个字符	1~31 个字符	14~256 个字符
扩展名长度	0~3 个字符	0~3 个字符	无	无
允许空格	否	是	是	否
允许数字	是	是	是	是
不允许的字符	/ [ ] ; = ""\:,| * ? > <			
不允许的文件名	Aux,Com1,Com2,Com3,Com4,Lpt1,Lpt2,Lpt3,Lpt4,Prn,Nul		无	取决于版本

今天的计算机,软件与机器的关联程度已经做到了"脱机",也就是说,绝大多数计算机处理的功能都是取决于操作系统和进行处理的软件,与硬件的关系并不是很大。微机主要使用 MS 的操作系统,早期使用的是 DOS,今天使用的主要是 Windows。MS 系统环境下的文件名是由字符和数字组成的,分 3 部分,格式为:

[盘符:]文件名[.扩展名]

格式中的[ ]所包括的部分可以省略。"盘符"是指存放文件的磁盘驱动器号。MS系统中规定 A、B 用于软盘,C~Z 为硬盘或光盘。

"文件名"由 1 ~ N 个字符组成,N 的大小与所使用的操作系统有关(见表 5.1)。早期的 DOS 系统,文件名长度只有 8 个字符。Windows 3.0 等允许文件名长度可以达到 32 个字符,而今天所使用的 Windows 9X 及更高版本,文件名长度可以达到 255 个字符,中文版的 Windows 也支持使用汉字字符给文件命名。

文件名后面一般带有扩展名,由符号"."开始的 0 ~ 3 个字符组成。例如:

C:\text. txt

所表示的就是存放在 C 盘下的一个文件,文件名为 text,扩展名". txt"表示它是文本文件,即 ASCII 或 Unicode 码文件,"\"表示文件的路径。扩展名可以省略,如果使用扩展名,应采用规定的字符(参见第 5.2.3 节)。

在表 5.1 中,我们看到 MS 系统下有一些不允许使用的文件名,这是因为 MS 系统从字符流的角度将设备管理和文件管理作为一个整体,保留了部分名称为特定的设备所使用,如 Com1 表示通信口 1,而 Lpt 表示打印机。MS 系统对设备的管理采用文件模式,大大简化了系统管理的设计。

对文件名所用字母的大小写,MS 不加区分,而 Unix 系统则相反。

5.2.3 文件的扩展名

一个被取名并保存在计算机外存储器上的文件,如何能够从文件名就知道其文件的用途,也就是说文件的基本属性是什么? 文件的基本属性就是这个文件的类型。

在 MS 系统中,使用文件的扩展名指示文件的基本属性。如". exe"表示可执行计算机程序文件,". lib"表示库文件,". bat"表示批处理文件等。因为扩展名是文件名的最后部分,并使用符号"."和文件名分开,因此习惯上也把扩展名(连同分隔的点)叫做"文件后缀"或后缀名。表 5.2 给出了常见文件扩展名的含义。

表 5.2 常见文件扩展名

扩展名	文件类型	扩展名	文件类型
. exe	可执行(executive)文件(程序)	. txt	文本文件(text)
. com	命令(command)文件(程序)	. doc	Word 文档文件(document)
. bat	批(batch)处理文件	. xls	Excel 工作簿文件
. sys	系统文件(system)	. c	C 评议源程序文件
. dll	动态连接库文件(dynamic link library)	. lib	库文件(library)
. bak	备份文件(backup)	. h	头文件(header)
. vxd	虚拟设备驱动程序	. obj	目标文件(object,源程序经编译后产生)

注意,扩展名一般不使用英文以外的字符。原则上扩展名为 3 个或少于 3 个英文字母,但少数情况下也可以使用 3 个以上字母,如网页文件的扩展名可以使用. hml、. html、. shtml 等作为后缀。另外,MS 系统对文件名的英文字母大小写不加区别。

MS 系统文件扩展名的一个重要作用是操作系统根据扩展名判断文件用途,并对数据文件建立与程序的关联。用户可以根据文件的扩展名获知文件的类型。文件的扩展名在文件的分类中具有重要的作用,它可以帮助我们了解文件的特征。

操作系统的注册表中有一个能被识别的文件类型的清单,Windows 系统还给不同类型的文件赋予不同的图标,使用户更容易识别文件的类型。双击文件图标,操作系统根据文件的性质决定采取何种操作:如果被选择的是程序文件,就执行它;如果被选择的是数据文件,就启动它的关联程序打开数据文件。如选择一个 Word 文档文件,系统就会启动Word 字处理程序打开这个文档。

大多数程序或软件在创建其所使用的数据文件的同时,还给出所创建的数据文件扩展名。如使用 Microsoft Word 字处理软件建立一个 Word 文档文件,在保存文件时 Word会自动提示加上. doc 扩展名。

MS 系统文件的扩展名可以省略,也就是说,MS 系统的文件名可以不带扩展名。除非有特殊原因,通常扩展名还是需要的。

5.2.4　通配符

文件名的重要用途是进行文件的检索。操作系统是按照文件名到存储器中检索的。在一个磁盘、CD 或 DVD 盘中,如果有成千上万个文件,需要查找或检索你需要的文件时,有两个非常有用的符号" ＊ "和"?",称为通配符(或万能符),它们在查找文件时用来帮助定位文件。

" ＊ "代表它所在位置为任意个任意字符,"?"代表它所在位置为一个任意字符。

如 Mytxt. ＊ 的含义是文件名是 Mytxt,而扩展名可以任意。 ＊. doc 意味着扩展名为. doc的所有文件。A ＊ 代表任何以字母 A 开头的文件名。A?. ＊ 代表开头字母为 A,第二个字符为任意、文件名的长度为 2 个字符的所有文件。

＊. ＊ 代表所有文件,而???. ＊ 代表所有文件名长度为 3 个字符、扩展名任意的所有文件。

大多数操作系统都支持这两个通配符,包括 GUI 界面的操作系统。图 5.1 就是Windows中一个"打开"文件的窗口。图中①所指示的为框中指定驱动器或文件夹,②所指示的为选定的文件类型(即扩展名), ＊. doc 表示所有扩展名为. doc 的文件,系统自动把驱动器下相应文件 doc 类型的文件名在窗口中显示出来(如图中④所指)。

Windows 中的"搜索"功能就是查找文件或者其他计算机资源的。在查找文件时,可以在"全部或部分文件名(O)"所指示的栏目里输入文件名,可以使用通配符,如图 5.2 所示。在图 5.2 的窗口右侧用户区显示了查找到的文件列表以及文件所在的位置。

5.2.5　常用的文件类型

使用计算机也许并不需要非常清楚文件的分类,但需要熟悉一些常用的文件类型。如第 5.2.3 节所述,我们之所以需要知道文件的扩展名,就是为了能够区分文件的性质,知道这个文件能够起什么样的作用。目前已有数以千计的文件类型,表 5.2 给出了常用

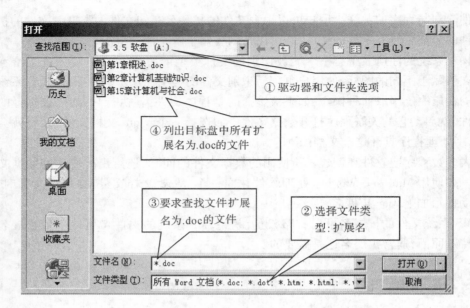

图 5.1   Windows 文件打开操作窗口

图 5.2   在 Windows 中使用通配符进行搜索的例子

的文件扩展名,这里再进一步解释和介绍一些常用文件的类型。

1. 可执行文件

可执行文件就是计算机的程序文件,在 Windows 中称为应用程序,是计算机中最重要的文件类型之一。可执行文件的扩展名一般为".exe",".com",".bat"。其中.exe 是标准的执行文件(executive);.com 文件也叫做命令文件,来自于单词 command;.bat 为批处理文件,取自单词 batch。

2. 数据文件

这里的数据文件是特指的,包括文档(Document)、电子表格、数据库数据文件等。一般来说,程序执行所需要的或产生的其他文件都是数据文件。

数据文件本身不能被直接运行或操作,它们需要借助于相应的执行程序(应用程序)来运行或打开。Windows 系统建立数据文件关联机制,也就是说 Windows 记录了每一种数据文件和执行它的程序的关联,你可以通过建立这种关联,使得在打开某种类型的数据文件时,相应的应用程序(可执行文件)就会自动启动,这就是 Windows 的文件"打开方式"。

在数据文件图标或者文件名列表上,单击鼠标右键,在弹出的快捷菜单中执行"打开方式",选择需要建立关联的程序名。当然,只有数据文件才需要建立"关联"。

数据文件的类型有很多,几乎一个专门的应用程序都有自己所适用的数据文件。在表 5.2 中除了程序文件外,其他都属于数据文件。

3. 图形图像文件

在计算机上有各种各样的图形图像。这些图形图像是按照一定的规则进行组织并存储的。不同处理程序使用不同格式的图形图像数据文件,一般可以将其分为位图文件和矢量文件。位图能更逼真地反映图的层次、色彩,但文件需要较大的存储空间。矢量类图像文件是经过压缩的,文件小,可缩放,适合传输和动态显示,也适合描述图形。图像文件有很多种类型,一是为了满足不同应用环境、不同图形图像质量的要求,另一个方面是由不同的开发商所开发的,也带有保护其软件知识产权的成分。常用的图形图像文件类型如表 5.3 所示。

表 5.3　常用的图形图像文件

文件类型	扩展名	描　述
BMP 位图文件	. bmp	位图(Bitmap)格式,Windows 兼容性最好的图形图像格式,应用广泛。数据几乎不压缩,存储空间大,颜色可多达 24 位
GIF 格式	. gif	GIF(Graphics Interchange Format)格式,经压缩处理的图像文件,文件小。图像不超过 256 色,适合网络环境的传输和使用
JPEG 格式	. jpg	采用联合图形专家组(Joint Photographic Experts Group)制订的数据压缩标准,其压缩技术先进,存储空间小,图像质量高。主流图形格式之一,数码照片多采用这种格式
PCX 格式	. pcx	ZSOFT 公司图像处理软件 Paintbrush 使用的格式,可从 1 位到 24 位,存储空间少,有压缩及全彩色的能力,现仍是流行的图像格式之一
PSD 格式	. psd	Adobe 公司的 Photoshop 的专用格式,存放图层、通道、遮罩等多种设计草稿。因为是专用格式,所以交换应用受到限制
TIFF 格式	. tif	Tag Image File Format,Apple 公司 Mac 系统上所用格式,其图形格式复杂、但存储信息多。用于多维图像处理,如 3ds、3ds Max
SWF 格式	. swf	矢量动画,是 Macromedia 公司的 Flash 格式。经缩放后图像还是清晰可见。文件小,具有交互性,便于在网上传输多媒体信息

4. 视频文件

广义的视频文件可分动画文件和影像文件。动画文件指由相互关联的若干帧静止图像组成的图像序列,这些静止图像连续播放便形成一组动画,通常用来完成简单的动态过程演示。影像文件主要指那些包含了实时的音频、视频信息的多媒体文件,其多媒体信息通常来源于视频输入设备,由于同时包含了大量的音频、视频信息,即使经压缩处理后影像文件也相当庞大。常用的动画文件和影像文件如表 5.4 所示。

表 5.4 常用的动画文件和影像文件

文件类型		扩展名	描　　述
动画文件	GIF 格式	. gif	参见表 5.3
	SWF 格式	. swf	参见表 5.3
	Flic 文件	. fli . flc	Autodesk 公司动画制作软件中采用的彩色动画文件格式,无损数据压缩,通过计算前后两幅相邻图像的差异或改变部分,并对这部分数据进行 RLE 压缩
影像文件	AVI 文件	. avi	AVI(Audio Video Interleaved,音频视频交错)是 Microsoft 开发的数字音频与视频文件格式,允许视频和音频交错在一起同步播放
	QuickTime 文件	. mov . qt	Apple 公司开发的一种音频视频文件格式,被所有主流操作系统平台支持
	MPEG 文件	. mpeg . mpg . dat	运动图像压缩算法的国际标准,采用有损压缩,每秒 30 帧的刷新频率,已被几乎所有的计算机平台共同支持。如 MP3 就是 MPEG 的一个应用。VCD、SVCD、DVD 则是全面采用 MPEG 技术生产的消费类电子产品
	WMV 格式	. wmv	Windows 多媒体视频文件(Media Video),微软公司的一种采用独立编码方式并且可以直接在网上实时观看视频节目的文件压缩格式
	Real Video 文件	. ra . rm	Real Networks 公司的流式音频视频文件格式,主要用来在低速网上实时传输活动视频影像。Internet 上常用 Real Video 进行实况转播

5.3 文件系统

简而言之,计算机中所有文件的集合就是文件系统(File System)。如果用专业一点的说法,文件系统就是操作系统管理文件以及对文件数据的组织。这里我们从功能的角度解释文件系统,在第 5.5 节,我们再从存储的角度解释文件系统。

5.3.1 文件系统的功能

对用户而言,经常与之打交道的是文件,而文件系统主要由操作系统管理,包括文件的组织和存储以及为用户查找、使用文件提供支持所需要的。以此而论,操作系统的文件管理,也就是说一个计算机的文件系统应该具备以下功能。

（1）对计算机的外存空间(在文件系统中,也叫做文件空间)进行统一管理,以便合理组织和存放文件。应用程序或用户创建了新文件,文件系统要为新创建的文件分配磁盘空间。当删除文件后,要收回原文件的存储空间。

（2）建立用户能够所见(显示或打印)的文件的逻辑结构。如 MS 系统中的目录结构或者在 Windows 中的文件夹就是我们能够看到的文件在磁盘上存放的情况。显然它不是物理结构,只是将物理存放的情况以一种特定的形式展示给用户,这种特定的形式就是文件的逻辑结构。建立文件逻辑结构的主要目的是为了实现文件的"按名存取"。

（3）为了便于存放和处理数据信息,文件系统必须为文件在物理设备上的存放确定一个规则,这就是文件的物理存储结构。

（4）文件系统必须支持对存储设备上的文件进行检索、查找。

（5）文件系统提供文件的访问控制,如支持文件共享和文件保护。

归纳起来,一个文件系统就是管理计算机中所存储的程序和数据,它负责为用户建立文件、删除文件、读写文件、修改文件、复制文件、移动文件,负责完成对文件的按名存取和进行存取控制。

5.3.2 目录结构

文件系统是以"目录"管理整个计算机中的文件。这有点像图书馆中的图书管理——按照图书分类目录排列图书,一个存放图书目录的抽屉中存放同类型图书的卡片。

从系统角度来看,文件系统是对文件存储器的存储空间进行组织、分配和回收,负责文件的存储、检索、共享和保护。从用户角度来看,文件系统主要是实现"按名存取",用户只要知道所需文件的名字,就可存取文件,而无需知道这些文件究竟存放在什么地方。

MS 早期的文件系统就是使用"目录"(Directory)这个词,在 Windows 系统中,目录这个词被"文件夹"(Folder)代替,它只是更形象化些,但对文件的组织管理体系并没有改变。图 5.3 所示的窗口就是 Windows 的文件管理器(File Manage Unit)。在这个窗口中,地址栏所显示的就是文件夹(图标的形状就像文件夹),地址栏下方左边为目录结构图,地址栏下方右边为该文件夹下面的文件。

我们可以看出,目录是"树型"结构:像一棵倒置的树,根在上,枝叶在下,树叶就是文件夹(目录),"树权"处的"＋"表示下层还有未展开的文件夹(目录),"－"表示下层的文件夹已经展开。所展开的只是当前层次上的子文件夹,并不意味着再下层的文件夹已经展开。树型结构不但在文件系统中是重要的组织形式,在数据表示上也是一种重要的数据类型。

过去在 DOS 系统中,使用"路径"一词表示文件所在位置。在图 5.3 中,文件"答案.doc"的路径就是:

C:\2003 导论\计算机科学导论 2003\Exercise and Key

这时文件"答案.doc"包含文件路径的全名为:

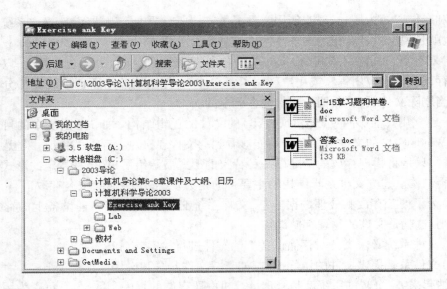

图 5.3   Windows 资源管理器

C：\2003 导论\计算机科学导论 2003\Exercise and Key\答案.doc

这里,符号"\"表示路径,如果用目录结构描述,就是:C 盘为根目录,其后子目录为"2003 导论",下一级子目录为"计算机科学导论 2003"……类推下去。一个文件系统可以有多级目录结构。

大多数操作系统支持的目录(或文件夹)没有数量上的限制,它可以建立多级直到存储器空间不能再创建为止。但实际使用时,目录层次过多会影响文件检索速度和文件系统管理的效率,也影响了存储器空间的有效使用。

5.4   文件存取

用户是通过对文件的存取实现对文件的操作。而对设计者而言,在设计文件系统时,除了如何存储文件外,关键问题是如何从文件系统中检索文件和读取所检索文件的信息。不同的应用场合需要使用不同的检索策略,有时需要一个接着一个存取,有时则需要存取一个特定的信息。因此,存取方法决定了文件系统的检索策略:顺序检索或随机检索。

5.4.1   顺序存取

顺序文件存取是指只能按照一个接着一个信息单位(或数据单位)进行存取。最典型的就是磁带文件的数据存取过程。

磁带文件必须使用顺序存取结构,是由磁带的运动过程决定的。但也不是只有磁带上的文件是顺序存取的。从逻辑角度来讲,无论实际物理操作过程是否是按照一定的顺序,只要被存取的文件数据是一个接着一个被操作的,这种存取就是顺序存取,如图 5.4 所示。

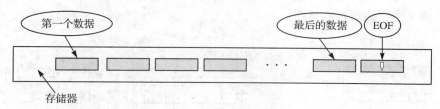

图 5.4　顺序文件存取

当数据或信息(也叫记录)被一个接一个地存放到存储器上,文件结束时在最后加上 EOF(End of File,文件结尾)标志。对文件系统而言,顺序文件不记载相关的地址信息,只根据文件结尾标志判断是否存取结束。

顺序存取文件用于需要从头到尾存储数据信息的应用。例如,一个学生的全部成绩用一个数据文件来保存,那么要输出这个学生的成绩,顺序输出就显得非常方便。因为在输出时需要把每一门课程的成绩都输出,所以顺序存取就简便多了。

一方面,在其他一些应用场合顺序存取的效率不高。例如一个银行的计算机中存放了客户各种往来账目,如果一个客户需要取款,那么要从浩瀚的数据中用顺序存取方法检索一个客户的信息,系统需要从头开始寻找,如果不幸的是这个客户的信息被存放在文件的最后部分,那么系统几乎需要从头到尾把整个数据都检索一遍。

另一方面,顺序文件只能按顺序存放,在文件中加入一个数据就需要把整个文件重新组织一遍,这也是文件系统进行文件组织所不希望的运行方式。对顺序文件,文件的更新操作不但耗时,而且复杂。因此,顺序文件只适合按记录结构组织且体量较小的文件。

5.4.2　随机存取

在文件系统中随机存取文件或者在文件中随机存取数据记录,需要先确定数据的位置信息,即需要知道数据记录的存储地址。例如银行提供给用户的自助系统,用户只需要将自己的账号数据输入计算机,系统就会在浩瀚的数据文件中找出这个用户的数据记录并提供给用户。如果采用随机查找,就必须将这个用户提供的账户数据和存放该用户数据的地址联系起来。如本章前面介绍的按照文件名存取的方式就是随机方式。

随机查找有许多方法,就是有多种将关键字(如用户账号)和数据记录(用户的数据信息)关联的方法。主要有索引(Index)、哈希(Hash)以及二分法等。

1. 索引文件

索引文件是为了检索操作的需要所建立的专用的文件。如果把所有文件的关键信息如文件名或者属性,以及这个文件的存放地址组织在一起,就可以构成检索文件的索引文件。同样一个文件如果是记录关联数据的,把关键字(数据记录中惟一标识的部分)和关联数据的存储地址对应组织起来就形成了这个数据文件的索引文件。

索引文件很小,因此在索引文件中查找比到整个系统或大量数据的数据文件中查找要有效得多。进一步说,索引就是一个指针,类似于电话号码本,或类似于查字典的过程。图 5.5 给出了索引的结构示意图。

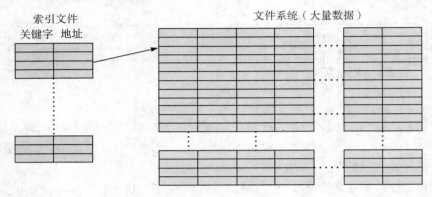

图 5.5　索引文件的逻辑示意

索引文件存取数据的过程为:

(1) 将索引文件调入计算机主存。

(2) 根据关键字在索引文件中查找目标存储地址。

(3) 根据所检索到的存储地址到文件系统或数据文件中查找。

(4) 将查找到的结果返回给用户。

在索引文件中可以有多个索引,每个索引有不同的关键字。如我们前面介绍的可以根据文件名查找文件,也可以根据扩展名来查找,这里的文件名、扩展名都可以作为索引。在计算机文件系统中,索引结构适合随机存取,也适合顺序存取,是一种常见的方法。

2. 哈希文件

索引文件是将关键字映射到存储器地址,哈希文件使用一个函数(算法)来完成这种映射,根据用户给出的关键字,经函数计算得到目标地址,再进行目标的检索,如图 5.6 所示。

图 5.6　哈希文件检索的地址映射

在索引文件中,索引文件需要先行建立并存储在外存储器上,而且需要不断更新,在检索过程中总是先执行索引文件。哈希文件没有索引文件这些额外的开销,它直接通过函数的计算就可以得到所需要的目标地址。

哈希也有多种方法,其中比较常用的有直接哈希法、求模哈希法和数字析取法等。

(1)直接哈希法

直接哈希法是关键字未经处理直接计算得到的地址,即键值就是地址。因此文件系统必须保证对每一个可能的关键字都有一个对应的目标地址。直接法与其他方法相比,能够保证没有同义词存在或者冲突问题。

虽然这是一个很好的方法,但在应用中却难以实现。如对应一个有 255 位字符组成的文件名,直接映射的地址空间是天文数字,因此要有其他经过改进的方法把映射的地址空间变小。

(2)求模哈希法

求模就是求余,如 X 对 Y 求模,就是用 X 除以 Y 后的余数。哈希求模法是用文件的大小除去关键字后的余数加上 1 作为地址。

(3)数字析取法

数字析取法是将关键字中的部分析取出来作为地址,然后根据这个地址去查找目标。其他算法还有平均中值法、折叠法、旋转法和伪随机法。

*5.5　文件的存储结构

我们已经讨论了文件的逻辑结构,这里我们从存储的角度,简单介绍文件存储在物理介质(一般是外存,如磁盘)上的结构,即文件的物理结构。文件的物理结构是指文件在外存上如何存放以及与逻辑结构的关系,它对文件的存取方法和效率有较大的影响。文件的存储结构是重要的,即使你对此不感兴趣,但还是建议你看一看 5.5.4 小节有关文件系统安全的介绍。

5.5.1　磁道、扇区和簇

在外存储器系统中,文件被存放之前需要通过一定的格式化(Format)处理。格式化处理的目的就是将外存储器的存储介质进行划分,将一个整体的磁盘或光盘划分为能够按照一定存储格式存放数据的物理区块。

不同的存储介质,文件存储的格式有所不同,如 CD-ROM 和磁盘的存储格式就有所差别。为了便于解释问题,我们以磁盘为例。

经过格式化的磁盘,盘片被划分为若干个同心圆磁道,然后这些同心圆又被分为若干个楔型的扇区(参见第 3.3.4 节的图 3.13),磁道和扇区被编号以提供 CPU 访问磁盘的“地址”。

通常磁道和扇区可以单独处理,也可以分组处理。为了提高处理速度,往往把几个相邻的磁道和扇区组成扇区组,叫做簇(Cluster)。不同规格的磁盘的技术规范不同,组成簇的扇区数目也不同。

在存储结构上,把一个扇区或一个簇当作一个存储单位,一个文件可以使用一个或多个扇区或簇。换句话说,一个扇区或簇被一个文件存放了数据,哪怕存放一位数据,这个扇区或簇就被标记为全部被这个文件所使用。因此你也许在操作计算机时会发现系统提供的文件大小和存储空间不同,原因就在这里。一般情况下总是存储空间大于文件的实际大小。从这个意义上,存储器的物理区块划分越小,存储器的使用率就越高,同时因为划分得越细,管理这种划分需要的开销就越大。扇区一般在 512B 到几 KB 之间。

5.5.2 FAT 系统

我们已经知道,文件是操作系统提供的逻辑结构,在物理上,数据是存放在以磁盘为主的外存上的。不同的文件系统有不同的存储结构,MS 提供了多种文件系统存储结构供用户选择使用,包括 FAT12、FAT16 和 FAT32,以及 NTFS 系统。

FAT(File Allocation Table,文件分配表)是常用的一种文件系统,操作系统通过建立文件分配表 FAT,记录磁盘上的每一个簇是否存放了数据。3 种不同规格的 FAT 指示了文件分配表能够记录的表项的容量,简单地说,它代表所支持的磁盘的容量。主要意义如下:

- FAT12。磁盘容量在 16MB 以下。
- FAT16。支持 16MB 到 2GB 的磁盘。在 Windows NT 及更高版本,支持 4GB 磁盘。
- FAT32。支持 512MB 到 2TB(2000GB)的磁盘空间,也就是支持大容量磁盘。

NTFS(New Technology File System)是 Windows NT 以及其后版本的 Windows 操作系统所推荐的文件系统,我们在稍后再作详细介绍。这里主要介绍 FAT 系统。本章 5.2、5.3 节所介绍的文件和目录都是基于 FAT 系统的。图 5.7 所示为 FAT 表的结构。

图 5.7 FAT 表结构

当用户打开一个文件,操作系统到 FAT 目录表中找到文件的起始簇。目录表记载了该文件的名称、属性以及大小等。这里的属性是指文件是只读、或隐藏、或存档,是不是子目录等,也就是在 Windows 中打开文件的属性窗口所显示的内容。

FAT 目录表中的文件起始簇是一个指针,根据这个簇号,操作系统能够定位该文件在 FAT 表中的位置,找到文件所使用的簇,并将这些簇中存储的数据写入内存,如果是多个簇,则每个簇再指向下一个,形成一个 FAT 链,直到文件所使用的最后一个簇。

可以想像 FAT 表为一个电子表格,表格中的每一个单元格对应一个簇,单元格中的信息为标记对应的簇是否已经被文件所使用。如果这个簇已经被使用,就指向下一个空白的簇。

FAT 表是一个操作系统文件,因为它记录了文件在磁盘上所存放的物理位置,如果被损坏,则导致文件无法存取,这也是需要进行数据备份的重要原因之一。

FAT 表除了记载簇的使用情况,还记录哪些簇是不能用来存储数据的,如簇中有一个扇区是因为损坏而不能被使用。

如果向磁盘存放一个文件,操作系统先在 FAT 目录表中创建这个文件的属性信息,然后从 FAT 表中找到可用的簇号,把起始簇号存入 FAT 目录表中,根据文件大小指定存储位置,并在相应的簇号中进行标记,直到文件使用结束簇。

FAT 表在使用操作系统格式化操作时被建立。系统开始使用磁盘保存文件或数据时,FAT 表开始被使用。系统为 FAT 创建了一个备份。第一个 FAT 表更新,如向磁盘添加文件或者删除文件,操作系统会自动更新备份的 FAT 表。

当第一个 FAT 表在更新备份 FAT 表之前损坏,可以通过专门的工具软件如 Norton Disk Doctor 来修复损坏的 FAT 表。遗憾的是,往往 FAT 表的备份由于操作系统的"及时"更新而无法修复。

FAT 的特点是分区比较合适,适合系统开销较小的小存储空间,而且系统损坏有可能恢复。但 FAT 系统在大容量系统中,因为分区数目增加而使性能迅速下降。

5.5.3　HPFS 和 NTFS 系统

FAT 文件系统被大多数操作系统所支持。除了 FAT 文件系统,还有两种文件系统 HPFS 和 NTFS 也经常被使用,特别是 NTFS,它是目前 Windows 中被推荐使用的文件系统。

1. HPFS 文件系统

HPFS(High Performance File System),高性能文件系统,最早是由 IBM 设计的,曾被 Windows 3.1和 Windows NT 所采用,目的是提高访问当时市场上出现的更大硬盘的能力。

HPFS 保留了 FAT 的目录组织,同时增加了基于文件名的自动目录排序功能。文件名扩展到最多可为 254 个双字节字符。HPFS 将磁盘的簇改为物理扇区(512B)。

在 HPFS 下,目录项包含的信息比在 FAT 下多,目录表中不是指向文件的第一个簇,而是指向文件节点 FNODE。FNODE 是一个可以包含文件的数据、指向文件数据的指针或其他最终指向文件数据的结构。

HPFS 试图将一个文件尽可能分配在连续的扇区内。这样做是为了提高连续处理文件的速度。HPFS 还使用位于 16 扇区的超级块和 17 扇区的备用块,用来修复驱动器和扇区数据。

但 Windows NT 支持的 HPFS 版本不支持修复。HPFS 最适用于 200MB～400MB 范围的磁盘。由于 HPFS 带来的系统开销较大,因此,不在 200MB～400MB 范围内的磁盘使用此文件系统会出现性能下降。

2. NTFS 文件系统

微软公司在 Windows NT 中首次使用内建的 NT 文件系统，即 NTFS 系统。其后的 Windows 版本推荐使用 NTFS，也保留了 FAT16 和 FAT32 系统供用户安装时选择。

DOS 和先前版本的 Windows 使用的是 FAT 结构。在 Windows NT 及以后的系统中，新设计的 NTFS 系统除了继续支持原有的 FAT 文件，还提供包括长文件名、支持大的分区和磁盘空间、扩展属性以及安全性等性能。由于设计者希望 NTFS 用于 32 位的处理器平台，因此除了 NTFS 之外，其他文件系统都不能访问 NTFS 文件系统所建立的文件。

NTFS 系统支持的磁盘分区最大达 16EB（Exabyte，2^{64} 字节，17119869184TB），而人类能够说出的所有词汇大约为 5EB。

NTFS 的另一个特点是，系统文件可以存放在 NTFS 盘或分区的任何物理位置，而不是像 FAT 那样必须保存在引导区，这意味着磁盘上任何磁道或扇区的损坏都不会导致整个磁盘不可用。

NTFS 使用扩展的 FAT 表结构，叫做 MFT（Main File Table，主文件表）。它除了使用类似于 FAT 文件表之外，还包括了更详细的文件和目录信息。如果一个文件或目录小于 1500B，则文件直接被保存在 MFT 中，对较大的文件，NTFS 使用簇指针进行扩展。

NTFS 不具备自动修复功能，但在 Windows 2000 以后，NTFS 提供了一个使用 USN（Update Series Number，更新序列号）日志和还原点来检查文件系统的一致性，可以将系统恢复到一个设置的时间点。NTFS 还提供了诸如文件加密、文件夹和文件权限、磁盘配额和压缩等功能。

5.5.4　文件系统安全吗

文件系统安全吗？这是一个大多数用户关心而又容易被忽视的问题。比起机器硬件，文件和数据的破坏更加糟糕。无论是什么原因导致文件系统损坏，要恢复全部信息不但困难而且费时，大多数情况下往往是不可能全部恢复的。

许多有关文件系统安全的建议和方法，包括各种文件系统的推介，都提供所谓的恢复或者还原功能，实际上这并没有多大意义。

首先，作为保存文件的介质，无论是磁盘或 CD，它们的可靠性是需要考虑的。硬盘或者软盘常常一开始就会有坏道，几乎无法使它们完美无缺，因此在使用磁盘时，格式化处理的一个重要任务就是标识出坏磁道或者扇区。磁盘或光盘在使用过程中也会不断出现坏区，而且是物理错误，也就是无法修复的。

另外，文件系统的性能不令人满意。尽管 NTFS 支持大分区或者大容量磁盘，但当文件系统变得庞大，性能的下降还是非常明显。

考虑文件系统安全的另一个因素是，文件系统（由操作系统支持）本身安全吗？也许答案会使用户失望，但事实如此。即使号称最好的操作系统 Unix 也发生过安全问题。尽管被发现的缺陷能够被迅速纠正，但隐藏的未被发现的缺陷也许会带来更大的危险。如我们所知，微软公司累计发布的"补丁"（修复其缺陷）程序，其代码已经非常庞大了。

目前为了保护文件系统,采用的技术有使用密码、存取权限以及建立更复杂的保护模型等。但出于安全上的全面考虑,备份是最佳方法。

数据或者文件的备份,最简单的是使用复制。把重要的文件复制到另外的磁盘、光盘或者移动存储设备上。使用操作系统提供的备份功能能够备份整个系统。而使用多磁盘结构的备份系统,则大大提高了系统的安全性和可靠性。

系统常用的数据安全技术一般是 RAID(Redundant Array of Independent Disks,独立磁盘冗余阵列),也简称为磁盘阵列。简单地说,RAID 是多个物理硬盘组合成一个硬盘组,提供更高的存储性能和数据备份技术。在用户看来,组成的磁盘组就像是一个硬盘。RAID 技术的两大特点:一是速度,二是安全。由于这两项优点,RAID 技术早期被应用于高级服务器中的 SCSI 接口的硬盘系统,近年来也应用于微机上。RAID 通常是需要专用的 RAID 卡(适配器)来实现的。

现在已有了 RAID 0 ~ 6 七种级别,不同的级别代表着不同的存储性能、数据安全性和存储成本。有关 RAID 技术的介绍超出了本书的范围,有兴趣的读者可以参看其他专门介绍 RAID 的书籍或资料。

5.6 数据存储管理

前面我们介绍了计算机以“文件”组织数据,并把数据存储到存储器上。要使用这些数据,再到存储器上读取它们。在第 3 章中我们也介绍了存储器的类型及其结构等,本节在此基础上进一步介绍数据的存储原理。就原理上,它属于操作系统管理的范畴,也就是操作系统的存储管理。

5.6.1 内存和外存

计算机的存储器是计算机中的核心部件之一,它的地位几乎和 CPU 一样重要。存储器系统由内存和外存构成,内存直接与 CPU 连接。磁盘或盘存储器作为“外存”,因为它在物理位置上“远离”CPU。内存与 CPU 交换数据,而外存则与内存交换数据。

文件系统主要解决的问题是在外存上存取文件。而另一个需要解决的问题是,何时将程序或数据从外存装载到内存? CPU 如何在内存中寻找所需要的程序和数据的地址,特别是在内存的物理地址和外存的逻辑地址不一致的情况下。

在系统中,这些问题由存储管理器(Memory Manage Unit,MMU)负责处理,如图 5.8 所示,它是操作系统的组成部分(参见第 4 章)。逻辑地址是 CPU 执行处理时形成的,MMU 从 CPU 得到逻辑地址并转换为内存的实际物理地址,并发出控制信号将外存上的数据或者程序与内存交换。

进一步地说,存储器在计算机中处于“核心位置”。这个说法的另一个“证据”就是我们现在所有的计算机操作系统都是“面向存储”的。如早期的 DOS 操作系统就称为“磁

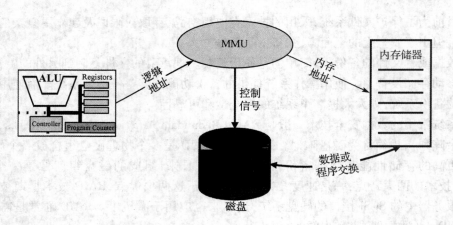

图 5.8　存储器层次结构中的 MMU 控制

盘操作系统"(Disk Operating System)，虽然它的后续系统 Windows 不带有"磁盘"的字样，但核心还是围绕数据载体存储器进行运行的。

5.6.2　内存管理

随着存储器单位价格的大幅度下降，计算机中存储器容量越来越大，同时计算机所运行的程序也越来越庞大。存储器管理的一个重要任务就是要解决"内存不足"以致程序无法运行的问题，这也就是 MMU 的任务。根据 MMU 对存储器的管理，一般可以分为单道程序和多道程序，如图 5.9 所示。

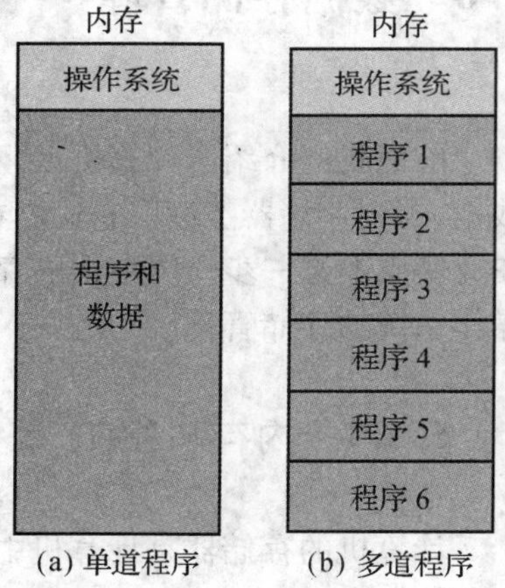

1. 单道程序

早期的计算机基本上都实行单道程序(如图 5.9(a)所示)，尽管现在已不多见，除专用计算机中还在使用外，几乎通用系统都是多道程序。但认识单道系统有助于理解现代的多道系统。

图 5.9　单道程序和多道程序结构

在单道程序中，内存大部分被单一的程序所使用，内存中的另一个较小的部分存放操作系统。这个配置下，运行的程序被整体装入内存运行，运行结束后再由一个新的程序使用内存。

对单道程序的内存管理是按照程序装载、运行、结束(回到外存)、再装载新的程序这个过程进行的。它的工作过程简明，系统简单。它存在的问题是：

• 被运行的程序大小(Size)受到内存的限制。如果内存空间不足以存放被运行的程序，这个程序将无法运行。

• 尽管也许一个程序能够运行，但如果程序运行所需的数据空间随着程序执行的进展而扩大，程序会出现运行异常。

• 如果程序有 I/O 任务时，CPU 处于空闲状态，除了执行 I/O 操作的那个设备，系统的其他资源也处于等待状态,因此单道程序的 CPU 及内存等资源的利用率很低。

2. 多道程序

在多道程序结构中(如图 5.9(b)所示),操作系统可以装入多个程序并"同时"执行这些程序(按照进程管理的观点,是为这些程序划分时间片),CPU 轮流执行它们。

今天的多道程序技术已经非常普及地被运用到数据存储管理当中。按照内存和外存数据是否交换进行划分,有两种实现多道程序的技术。一种是程序运行期间全部在内存进行,不与外存交换数据;另一种是程序在运行期间需要多次与外存交换数据。如图 5.10 所示。

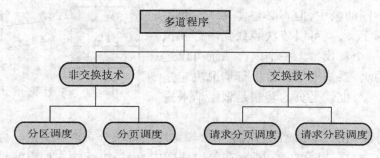

图 5.10　多道程序技术类型

(1)分区调度

在这个模式中,内存被分成不定长的几个区,每个程序占有一个区,CPU 按照进程调度在各个分区(程序)之间轮流执行。

分区调度技术将程序完全装载到内存中,占有所在分区的连续的存储器地址空间,与单道程序比较,多道程序的分区调度提高了 CPU 和内存资源的使用效率,但存在以下问题。

• 程序占有的内存空间大小全部由操作系统负责,就是说内存管理系统预设的内存空间必须符合程序的需要。如果预设分区内存空间大,则造成浪费。如果预设分区空间小,则程序会运行出错。

• 如果预设的分区空间在程序开始运行时是合适的,但程序的动态特性特别是程序运行期间所产生的数据和数据所需要的弹性空间未必能够保证。

• 预设的分区与系统中运行程序的数量有关。如果空闲区多,则内存管理系统需要重新调度分区,这样系统管理开销增加会导致整个系统的效率下降。

• 对系统的内存要求比较高,如果系统内存小,分区没有多大意义。

(2)分页调度

在这个模式下,程序和内存都进行了划分,内存被分为大小相等的"帧"(Frame),而程序被划分为与帧的大小相等的"页"(Page),系统根据程序页的数量装载进入同样数量的帧中,如图 5.11 所示。

在分页调度技术中,程序在内存中可以不连续存放,相对于分区调度,一个需要 4 个帧的程序可以使用多种帧的组合实现内存分配需要,因此它解决了分区调度的内存使用效率问题。同样,分页调度需要将整个程序都载入内存运行,这就意味着,如果内存中只有两帧是空闲的,三页的程序就无法运行。

与无交换技术相比,使用交换技术的内存调度,以上这些问题能够得到一定程度的解决。交换技术有请求分页调度和请求分段调度两种。

①请求分页调度。无交换技术的分页调度的特点是程序可以分布在不同的帧,但必须整体调入。请求分页调度则改进了这个技术:程序可以分布在内存不同的帧中,但不必整体调入。程序仍然被分成若干页,页可以依次装载到内存并执行,然后被下一个页代替。一个内存系统可以运行多个程序的页,系统根据程序执行情况决定是否装载下一个页,也就是页的装载是根据请求进行的。

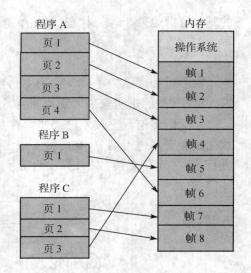

图 5.11 多道程序的分页调度

②请求分段调度。就工作过程,请求分段调度与请求分页调度类似。分页调度是将内存和程序分为大小相等的页(帧);在分段调度中,程序执行的内存空间动态划分。在后续章节我们所介绍的程序设计中,一个程序是由各个子程序组成的,因此按照程序设计的观点将内存划分为"段"(Subsection,也叫子程序),这个段与程序的一个执行部分(子程序)的大小相当,将这部分程序"段"装载进入内存的段运行,结束后装载下一个执行段。

5.6.3 虚拟内存

在内存管理交换技术模式中,程序不是整体被调入内存执行的,换句话说,一个被执行的程序,它的一部分在内存中执行,另一部分则驻留在磁盘上。交换技术使得执行的程序大小不再受到内存空间的限制,但与无交换技术相比,程序的执行效率要低一些。

在第 3 章和本章 5.5 节中,我们介绍了磁盘以及其他外存存放数据的结构,按照内存交换技术,一个新的问题是,如果驻留在磁盘上的程序数据需要经过变换后装载到内存,那么这种交换技术的效率将大大降低。为解决这个问题,采用了虚拟内存(Virtual Memory)技术,即在磁盘上(主要在硬盘上)开辟一个比内存要大的空间(Windows 建议为 1.5 倍),把被执行的程序装载到这个区域中,按照内存的结构进行组织。当需要调入内存时,直接进行映射操作,减少了数据转换过程,如图 5.12 所示。

在虚拟内存技术中,首先是被执行的程序大小与内存无关,其次是映射技术使得被装载到内存的那部分程序的速度比较快,之所以叫"虚拟",就是把硬盘当中的预留空间当作"内存"来使用。如果一个系统的内存为 100MB,那么按照一般的设计,虚拟内存为 150MB,也就是说模拟的内存空间是 250MB。

虚拟内存的空间在一定情况下可以被系统临时扩展。显然问题是双向的:虚拟内存

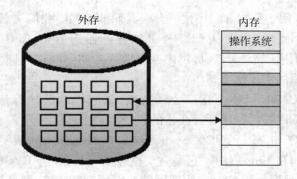

图 5.12　虚拟内存原理

大,能够提供的并发程序就多,但不管系统设计多么先进,外存的速度和实际内存的速度相差太大,因此过多扩展虚拟内存空间,系统的运行效率将会下降。真正能够提高系统运行效率的只有扩展系统的内存空间。

　　虚拟内存技术的使用,在一定程度上改善了系统的多任务特性,我们介绍过程序局部原理,在一定的条件下,它是切实可行的。但在实时要求高的系统中则不使用或者很少使用这个技术。

　　虚拟内存是现代操作系统都采用的技术。虚拟内存的管理调度以交换技术为主,或为请求分页调度,或为请求分段调度,或者两者兼而有之。显然我们能够理解的是,这些管理都是由 MMU 负责的。

5.6.4　PC 机的内存管理

　　我们最为常用的微机,大多是 Intel 系列处理器和微软的 Windows 操作系统。因为存储器管理是针对特定存储器系统和操作系统的结合,因此我们考查 PC 机的内存管理以进一步理解计算机的数据存储和管理。

　　基于 Intel/Windows 微机的存储器系统如图 5.13 所示。这里我们并不特指哪一个 Intel 处理器,因为 Pentium 以及后来的多核产品其结构并无本质上的改变,只是它们的主频和内存特别是 Cache 增加了且增加了处理器之间的并行处理功能,这方面内容我们在第 3 章已经介绍过。

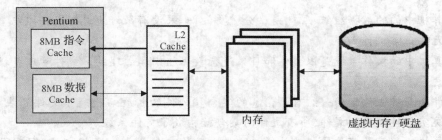

图 5.13　PC 机的存储器系统结构

在 Intel CPU 内部有一个 16KB 的 L1 Cache(第一级高速缓存,不同型号的 Intel,L1

Cache 没有差别),采用了数据和程序代码分开存储的结构。我们注意到,CPU 指令 Cache 中的信息(程序指令代码)只能从 CPU 外部的存储器中装载,CPU 不能写入。在指令 Cache 中有一个专门用于转换 CPU 提供的逻辑地址为实际物理存储器地址的表,通过使用一个特殊的替换算法实现这个转换。

CPU 中的数据 Cache 同样也有一个转换表,以同样的替换算法实现页地址转换。CPU 可以对数据 Cache 写入程序运行产生的数据。

Intel 处理器的 PC 机有一个 L2 Cache(第二级高速缓存),一般使用静态 RAM 组成,其数据读取访问时间在 10ns 以内。它是一个整体的存储器,与 CPU 内部的 L1 Cache 不同,没有区分数据和程序代码。Intel 处理器的二级缓存视 CPU 型号而定,有全部在 CPU 内部,也有一半在 CPU 内部,也有全部在 CPU 外部的多种结构。第四代 Pentium 之后的处理器还采用了更大容量的 L3 Cache。

在 Intel 处理器系统中,L2 Cache 是由 CPU 管理的,而内存和虚拟存储器是由 CPU 和 Windows 系统的 MMU 共同管理的,内存空间最大为 4GB,其中低 2GB 提供给系统的进程使用,高 2GB 保留给操作系统使用。

在微机系统中 Intel 处理器管理 Cache 存储器,使用分页也使用分段交换,而 Windows 只使用分页,系统的 32 位逻辑地址的高 10 位用于选择页面操作,所有页面数据组成一个页目录(Page Directory)被存放在内存中,页目录中的每一项代表一个页面的物理地址和这个页面的属性。这些属性包括该页面是否被访问过,页表是否可以为写操作等。

32 位的第二个 10 位地址为偏移量(Offset),它和页面的基地址相加生成页表中的某个单元的地址,在这个单元中存放了物理存储器的帧号和其他信息,将这个帧号和余下的低 12 位地址拼接为被访问数据的实际物理地址(内存或虚拟存储器)。

以上就是 PC 机的页面转换机制,也是 MMU 的主要功能。

大多数计算机系统的存储器层次结构都包含了 Cache、内存和虚拟存储器。而管理这些物理存储器需要 CPU 和操作系统 MMU 的协同,在底层,CPU 的管理比操作系统的存储器管理更加有效。为此所产生的Win-Tel联盟,就是 Microsoft 公司和 Intel 公司联合进行系统的开发。因此,Windows 对 Intel 处理器的支持是全方位的。

本章小结

计算机中的的数据组织、管理是十分重要的,如果没有很好地进行数据组织、管理,计算机将无法正常工作。

计算机中的操作系统是以文件和目录进行数据组织和管理的。文件管理是操作系统的功能之一。

文件是具有文件名的一组有序信息的集合。文件的扩展名代表了文件的基本属性。文件系统实行按名存取文件,所有文件的集合就构成了文件系统。

计算机的程序是可被执行的计算机文件。其他文件类型有数据文件、图形图像文件等。按照文件性质、用途以及物理存储结构、存取方式可以对文件进行分类。

文件管理一般使用文件控制块,文件目录是建立在文件之上的管理结构,并按照多级目录结构进行组织,文件目录包含了这个目录中所有文件的说明信息。

存储器系统采用内外存结构。文件一般存储在外存上,计算机执行时调入内存。

在今天的计算机中,内存管理基本上都是采用交换式多道程序技术。

虚拟内存是在外存上开辟一个空间实现和内存的映射,按内存的结构进行组织。

PC 机系统采用多级 Cache 缓冲存储结构,也使用虚拟存储器技术进行管理。

通过本章内容的学习,能够理解和掌握以下内容:

- 计算机数据组织的基本概念。
- 掌握 MS 系统文件的基本知识,如文件命名规则、常见的文件后缀即扩展名的含义,熟悉文件通配符的用途和使用方法、文件存取和目录管理。
- 文件系统的功能。
- 目录结构以及目录表示方法。
- 文件的分类和常见文件类型。
- 理解文件存取的基本方法和文件的存储结构。
- 数据存储管理的概念以及内外存结构的特点和意义。
- 理解多道程序交换技术,理解分段和分页的概念。
- 虚拟存储技术的原理。
- 了解 PC 机系统内存管理。

思考题和习题

一、问答和思考题:

1. 什么是计算机的数据,它有哪些特点?

2. 什么是计算机的文件,它有哪些特点?

3. 计算机是如何存储并组织数据的?

4. 常见操作系统环境下的文件命名规则如何,常用的文件类型有哪些?

5. 何谓计算机的文件系统?

6. 何谓文件的逻辑结构、物理结构,其核心如何?

7. 何谓文件系统的目录结构,它有什么意义? 描绘常用的目录结构框架。

8. 内存与外存的关系以及操作系统是如何进行管理的?

9. 什么是 FAT? 什么是 NTFS?

10. 为什么要使用内外存结构?

11. 什么是内存管理?

12. 虚拟内存是什么? 使用虚拟内存有什么优点?

13. 简单解释 PC 机的内存管理。

二、选择题:

1. 对计算机用户,文件的使用是_____。

　A. 按名存取文件

　B. 按照文件的性质寻找文件的位置并使用文件

C. 按照存放文件的存储器类型进行文件的使用

D. 按照文件的所有权进行文件的操作

2. 计算机中在文件之上的是目录。在 DOS 中使用目录,到了 Windows 系统时_____。

    A. 继续使用目录这个词   B. 还是使用目录结构,但目录这个词被文件夹代替

    C. 使用目录文件夹结构   D. 已经不使用目录结构,而以文件夹结构代替

3. 在 PC 机中,主要使用的是 Windows 系统。该系统_____。

    A. 不允许文件重名

    B. 如果在不同的目录中,允许文件重名

    C. 即使在同一个目录,也允许文件重名

    D. 任何情况下都允许文件重名

4. 对用户来讲,一个文件名有两部分:文件名和扩展名。对计算机文件系统管理文件来看_____。

    A. 文件的取名也是文件名和扩展名两部分

    B. 只要有文件名就可以,扩展名不需要

    C. 不但有文件名和扩展名,还和文件的目录一起构成文件的全名

    D. 文件全名就是文件名

5. 计算机中的操作系统负责加载应用程序和数据,那么操作系统被加载到内存运行是_____。

    A. 由计算机硬件完成的   B. 由操作系统自己完成的

    C. 由用户通过输入控制完成的   D. 由 BIOS 程序完成的

6. 在存储器管理中的虚拟存储器,它_____。

    A. 实际上没有相应的物理存储器对应   B. 在内存中预留的一部分存储空间

    C. 在磁盘中预留并映射的存储空间   D. 以上都是

7. 操作系统通过建立的 FAT 记录磁盘上的每一个_____是否存放数据。

    A. 扇区   B. 磁道   C. 簇   D. 以上都是

8. NTFS 的一个特点是系统文件可以存放在 NTFS 盘或分区的_____物理位置,而 FAT 则必须保存在引导区。

    A. 扇区   B. 磁道   C. 引导区   D. 任何

9. 保护文件系统的最佳方法是_____。

    A. 密码   B. 存取权限   C. 备份   D. 建立保护模型

10. 存储器管理的一个重要任务就是要解决"内存不足"以致程序无法运行的问题是通过_____。

    A. 减少程序长度   B. 增加内存空间

    C. 使用分页或者分段调度   D. 使用外存运行程序

11. 大多数计算机系统的存储器层次结构都包含了_____、内存和虚拟存储器。

    A. CPU 寄存器   B. 高速缓存 Cache

    C. 存储器管理器 MMU   D. 外存光盘

三、填空题：

1．计算机所处理的对象都是_____，并以电子、磁或光学的方法进行存储。

2．为了区分数据的性质，对以文件形式存放的各种格式数据（如表示文本的数据、表示图形的数据、表示表格的数据等）规定了一定的存储格式，这就是文件的_____。

3．计算机系统对系统中的软件资源，无论它们是程序或数据、系统软件或应用软件都以_____方式来管理的。

4．在 DOS 和 Windows 进行文件检索时，有两个有用的符号：_____和_____，称为通配符。

5．_____就是操作系统以文件方式管理软件资源的数据结构。

6．从用户角度来看，文件系统主要是实现"按名取存"，文件系统的用户只要知道所需文件的_____，就可存取文件中的信息，而无需知道这些文件究竟存放在什么地方。

7．MS 系统早期的文件系统就是使用"目录"这个词，DOS 命令 Dir 就是列文件目录。到 Windows 系统后，目录这个词被"_____"代替。

8．．bmp、.jpg、.tif、.pcx、.psd 等文件扩展名所表示的文件是_____图像文件，而以 .txt 为后缀的文件是_____文件，以 .exe、.com、.bat 等为后缀的文件是_____文件。

9．实现多道程序在内存中运行一般使用两种技术，一种是非交换技术，另外一种为_____。前者在程序运行期间内存与_____不交换数据；后者则需要在内存与_____之间交换数据，例如虚拟内存就是采用这种技术。在后者技术中，有两种交换数据的调度模式，一种是_____调度，另一种是_____调度。虚拟内存不管采用哪种调度，程序执行的效率总是_____的。

四、解释下列术语名词：

文件　文件系统　文件属性　文件名　扩展名　盘符　通配符　执行文件
数据文件　目录　文件夹　路径　顺序检索文件　随机检索文件　索引文件
哈希文件　磁道　扇区　簇　磁盘引导区　FAT　FAT12　FAT16　FAT32
NTFS　HPFS　备份　RAID　MMU　单道程序　多道程序　分页调度
分段调度　虚拟内存　Cache　Win-Tel

在线检索

网站 http://www.pcguide.com/ref/hdd/file/os.htm 给出了许多有关文件的知识，包括 Windows 各个版本以及 IBM 的操作系统 OS/2、Unix、Linux 以及 BeOS 系统。

在 Web 上的 http://www.5iya.com/?name 网站和 http://www.kuozhanming.com/ 都提供了在线的扩展名查询。许多情况下，我们需要知道某个不熟悉的文件扩展名，因为只有和它相关的程序才能够使用这些文件，因此上网查一下是很好的方法。

在 http://www.webopaedia.com/TERM/f/file_allocation_table_FAT.html 网页上给出了有关文件分配表的更多信息。

在 Microsoft 的中文网站上，输入 NTFS 关键字检索多篇关于 NTFS 系统的文章。通过 Google 或者 Baidu 搜索引擎，输入关键字 Virtual Memory，可以得到众多网页给出的有关虚拟内存的信息。

第 6 章

语言、算法和程序设计方法

我们知道,程序是软件的主体。这就意味着我们不但要了解计算机的组成以及工作模式,还需要进一步了解程序以及计算机科学的最基本的知识——算法。本章介绍计算机有关程序和程序设计的一些基础知识,包括常见的程序设计语言种类及程序设计的一般过程和算法的有关知识。

6.1 从算法到程序再到软件

如第 4 章所述,计算机为了完成各种不同的任务,需要不同的软件。这些软件需要开发人员完成代码的编制、调试以及运行。软件和程序并不是同一个概念,但对这两个词往往并不加以严格区别,编写一个程序的过程有时候被认为是软件开发。实际上程序代码的编写只是程序设计的一部分,整个程序设计是软件开发的一部分。

为了在计算机中完成某种任务,需要一个有针对性的软件。对一般性的工作,如要写论文就需要一个字处理软件,统计分析数据需要电子表格软件,等等。但对特殊用途的软件,现有的通用软件很难满足需要,必须另行开发。因此,世界上有数百万人从事程序编写或叫做软件开发工作。对大多数用户来说,理解程序设计的基本过程,是非常必要的。因为也许你不需要自己编制程序代码,但你可能要提出开发与自己所从事的工作相关的专门软件要求。

显然,软件开发是一个大的工程,而软件设计的任务之一就是"语言"选择以及使用这个语言编写完成操作任务的"代码"。

一般情况下,根据程序设计各阶段的任务与性质,可将程序设计分解为几个步骤,如程序说明、设计、编写代码以及测试、编写程序文档等。

程序设计需要使用程序设计语言实现,高级语言已成为程序设计语言的主要选择。现在也使用编程"工具",它是在语言的基础上形成模块化的"装配"过程。从开发速度上,编程工具可能更快,而对高质量、高效率的程序设计,语言仍然是主要的选择。

就编程工作量而言,界面占了整个程序设计的大部分,这是因为程序需要通过界面与用户实现"交互"。这种交互可以基于文本,也可以基于图形,今天程序设计的主流是可视化。不过距离实现真正的"可视化",还有许多路要走。

在软件开发中,核心工作是进行算法设计。在计算机被研制出来之前,算法一直属于数学的范畴,主要就是寻找特定的问题求解方法。一个著名的例子就是古希腊数学家欧几里得(Euclid)所发现的求两个正整数 A 和 B 的最大公约数问题:

第一步,比较 A 和 B 这两个数,将 A 设置为较大的数,B 设置为较小的数。

第二步,A 除以 B,得到余数 C。

第三步,如果 C 等于 0,则最大公约数就是 B;否则将 B 赋值给 A,C 赋值给 B,重复进行第二步、第三步。

根据图灵理论,只要能够被分解为有限步骤的问题就可以被计算机执行。这里有两层意思,一是算法必须是有限步骤,二是能够将这些步骤设计为计算机所执行的程序。因此算法就是程序设计的基础。反过来,如果一个问题不能被有效地分解为有限的步骤,那就是说问题的解决方案是计算机所不能实现的。因此,算法的研究就成为计算机领域中一个重要的研究内容。

一旦算法被找到,就需要对这个算法进行描述。例如我们上面介绍的欧几里得算法,就是用普通语言描述的。在计算机领域,算法的描述主要就是为了能够将算法的步骤变成计算机能够用它的语言所实现的表示方式。

基于以上目的,算法描述的研究就是研究计算机的语言和语法,因此计算机实现算法就有大量的可替代的实现方案,也就是说,计算机语言对一个算法的实现过程具有不同的实现方法,这些方法也被称为程序设计范型(Paradigm)。

6.2 程序和指令

为了理解程序设计的概念和原理,我们首先要搞清楚什么是程序,进而搞清楚程序如何做。我们先从程序的定义开始。从字面解释程序英文原词 program 的另一个意思是"节目单",顾名思义,节目的演出是按照事先确定好的顺序进行的,因此在计算机中的"程序"可以被理解为"按预先设计的步骤执行",而算法就是设计这些步骤。

6.2.1 程序:按步骤执行

从广义上看,程序是计算机进行某种任务操作的一系列步骤的总和。例如,我们需要计算机为我们做一个加法运算,那么可归纳这个加法程序的步骤为:

第一步,输入被加数和加数。

第二步,进行加法运算。

第三步,将加法运算得到的结果即和数输出。

如果程序需要更全面地提示或给出需要的信息,可能需要在进入本加法程序之前先输出本程序能够执行加法运算的功能性提示,然后再要求用户输入加数和被加数时提示输入要求;在运算过程中提示"正在执行,请等待…"(对这个简单操作并不需要用户等待,但大多程序的执行都需要有一个时间过程)或类似的友好信息。还可以加上必要的信息使输出结果看上去更清楚明了。当然程序还可以重复进行,友好地询问用户是否继续运算或结束本程序的工作,今天的计算机程序往往通过一个 GUI 窗口实现这种交互过程。

进一步,如果这个加法程序执行的操作更多,例如可以进行累计、求平均值或其他运算,程序与用户之间需要更多的信息交流,程序将变得更为完善,结构也更为复杂。

在计算机中,"计算机的一系列操作"就是构成整个程序和程序设计基础的计算机"指令"。因此,我们可以得到程序的定义:程序是一组计算机指令的有序集合。

程序设计既是工程师又是艺术家的工作,最早的 GUI 软件、苹果公司的 Mac 系统的设计者安迪·赫茨菲尔德(Andy Herzfeld)就是如此认为的。程序设计需要严格缜密的技术,同时也需要丰富的想像,因此从事程序设计是一项具有创造性的工作。

6.2.2　软硬件的交汇:指令和指令系统

指令(Instruction)及指令系统(Instruction Set)是计算机中重要的概念。指令和指令系统是构成计算机硬件处理器的重要部分,又是整个程序设计的基础。

在第 3.2.1 节中,我们解释了指令就是计算机执行的最基本的操作。如处理器从内存中读取一个数据,进行算术运算,或者是逻辑判断等,都属于一条指令的操作。

CPU 是执行指令的部件,一个 CPU 能够执行的所有指令就是指令系统,也就是说,指令系统是所有指令的集合。一般来说,指令与机器的硬件是直接相关的,如 Intel 公司的 CPU 的指令系统与其他公司生产的 CPU 的指令系统是不同的,即使 Intel 公司的系列处理器,其指令系统也不一样,只是后生产的处理器指令兼容以前生产的处理器,也就是"向上兼容",Intel 系列处理器以早期的 8086 处理器的指令系统为基础,因此被统称为 x86 系列。

从计算机硬件和软件的关系来看,指令及指令系统是计算机硬件和软件的"接口",也就是说软件和硬件通过指令及指令系统交汇。它们之间的关系可以用图 6.1 表示。指令在计算机处理器中以逻辑电路实现,而它又是整个程序的最终形态。

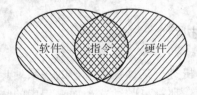

图 6.1　指令作为计算机软件和硬件的接口

指令是以计算机处理器能够执行的二进制代码表示的。最初的计算机就是直接向计算机输入这种二进制代码运行的。尽管现在编写程序不再需要这种费时费力又容易出错、同时效率低下的方法,但无论程序是如何开发的,是用什么语言开发的,最终在被计算机执行前都必须被翻译为指令形式,计算机只能够执行二进制指令。

一般的计算机指令系统中有 3 种主要类型的指令,分别是数据传输类、算术逻辑运算类和控制操作类。

1. 数据传输类指令

这一类指令的主要作用就是将数据从一个地方(源)传输到另外一个地方(目的)。数据传输一般以字节或字节的整数倍为单位,如 8 位、16 位或者 32 位、64 位等。

数据传输在 CPU 内部、存储器内部、CPU 与存储器之间进行。一般把"取出"操作叫做"读"(Read),而把存入操作叫做"写"(Write)。读写操作指令根据源和目的地的不同有各种格式。还有一种数据传输是在 CPU 和外设(接口)之间进行。

2. 算术逻辑运算类指令

基本的算术指令包括基本的算术运算,如加、减、乘、除,考虑到 CPU 处理数据的长度的限制,算术运算有多种长度的指令。有的 CPU 还包含浮点运算的指令。

逻辑指令主要有实现逻辑与(And)、逻辑或(Or)、逻辑非(Not)以及异或(Xor)的指令。另一种逻辑指令是实现数据的移位操作,如左移、右移或循环(Rotate)移位。

还有实现比较运算的指令,如比较两个数是否相等、大于、小于等操作。比较操作不改变参加比较运算的对象,只是产生一个比较结果。

3. 控制操作类指令

算术逻辑运算的操作对象为数据,而控制操作类指令的操作对象是程序的执行顺序,实现程序的不同执行结构(有关程序结构我们将在 6.5.2 小节中介绍)。

程序运行时存放在存储器内,CPU 从存储器单元中按顺序取出指令执行。控制操作类指令就是使 CPU 执行指令的顺序发生改变。它们有两种类型:无条件转移和有条件转移。

无条件转移是 CPU 执行该指令后,立即转移到转移指令指示的内存地址处执行。而条件转移是根据 CPU 执行前面指令的结果状态决定是否转移到新的地址执行。

6.3 程序设计语言

程序设计语言也叫计算机语言。计算机语言是指根据预先制定的规则(语法)而确定的语句的集合,使用这些语句就构成了程序的源程序(Resource Program)。

计算机语言从最初的机器代码到今天接近自然语言的表达,经历了四代的演变。一般认为机器语言是第一代,符号语言即汇编语言为第二代,面向过程的编程语言为第三代,面向对象的编程语言为第四代。

实际上,我们把机器语言叫做"低级语言",把汇编语言叫做"中级语言",面向过程和面向对象的语言叫做"高级语言"。的确,语言的级别就是根据它们与机器的密切程度划分的:越接近机器的语言级别越低,越远离机器的语言越"高级"。

6.3.1 机器语言和指令

只有以机器语言编写的程序,不需经过任何语言处理系统的处理就能被计算机直接执行,而机器语言实际上就是二进制代码格式的机器指令。因为指令是我们并不熟悉(也不可能熟悉)的二进制代码组成的,除非这个程序员对二进制有着特别的嗜好,否则没有人愿意使用机器语言编写程序,特别是复杂的程序。

1. 指令的信息

如上一节所述,指令必须明确 CPU 做什么,怎么做。因为 CPU 执行指令时需要产生各种控制信号,使计算机中的许多部件协调完成操作。比如在计算机的算术运算指令中,就必须指明要进行何种运算、数据的来源、运算结果的去向等。

一般来说,一条机器指令需要包含如下信息。

(1)操作类型。它说明操作的类型和功能。如算术逻辑运算、数据传输及控制转移操作等。

(2)操作数或者操作数的存储地址。它说明参加运算的数据存储在什么地方,它可以是内存单元、CPU 内部寄存器,或者直接包含在指令中的立即数。

(3)操作结果的存储地址。它说明将结果存储到什么地方。

(4)下一条指令的地址信息。它说明到哪里去取下一条指令。

2. 指令格式

机器指令的一般格式如下:

操作码	操作数或地址码	下一条指令的地址

操作码给出了指令的操作类型。操作数或地址码指明操作数的存储位置以及存储结果的存放位置。我们看一个加法指令的例子:

1 个字节	2 个字节	2 个字节
10000000	0111101000000000	0111101000000010
加操作码	Number1(地址)	Number2(地址)

在这个例子中,指令的长度为 5 个字节,其中第一个字节为操作码,它指出了指令的操作类型是加法。指令给出了用于加法的两个操作数地址 Number1 和 Number2,但没有给出加运算的结果即"和数"存放的位置,以及这一条指令执行后,下一条指令在什么地方。

对下一条指令,只有转移指令需要给出新的指令的地址,其他都是隐含顺序执行(即当前指令的所在内存地址的下一个地址)。那么上述指令的 Number1 + Number2 的结果放到什么地方呢? 同样,指令使用了隐含指示:存放到第一个操作数的位置。

因此,以上指令如果用数学关系描述的话,它应该为:

Number1 = Number1 + Number2

显然,用数学关系不能解释这个表达式。如果假设两个操作数分别是 2 和 3,无论怎么解释都不会有 2 = 2 + 3。在指令系统中,它的解释是:将运算结果存放到 Number1 所在的内存单元中去,这里可以把内存单元作为一个存储数据的"容器"。

在任何一个程序设计语言中都会遇到 $x = x + y$ 这种表达式,要注意的是,x、y 不是"量"的意义上的加法,是计算机中用来表示运算对象及其存放位置关系的表达方式。它与数学公式的意义是不同的,因此,我们学习计算机需要另一种思考方式来理解程序语言的不同表达。

3. 指令的执行过程

不同的指令在计算机中执行的过程不同,所需要的执行步骤也不同,因此指令的执行时间也不同(这几个"不同"也表现了处理器设计的复杂性)。现在我们再来讨论第 6.1 节所述的一个简单加法指令的执行过程,如图 6.2 所示。

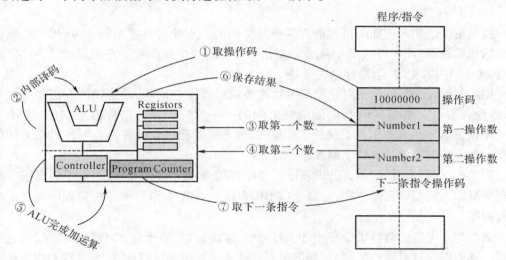

图 6.2　一条加法指令的执行过程

第一步,CPU 从存放这条加法指令的内存中取指令的操作码 10000000。

第二步,CPU 内部对操作码进行译码,产生该操作码需要的一系列控制信号。

第三步,根据译码信号,到下一个单元取第一操作数 Number1(地址),暂存在 CPU 寄存器中。

第四步,取第二操作数 Number2(地址)。

第五步,CPU 内部操作,ALU 进行加运算。

第六步,将和数存放到 Number1 所指示的内存单元中。

第七步,到 Number2 后一个存储单元取下一条指令的操作码,执行下一条指令。

这个例子只是指令系统中的一个加法操作,从这里我们可以看到 CPU 是如何根据指令的要求完成相应的操作的,因此,作为机器语言的指令系统的复杂程度决定了程序设计的难易。一个用于控制微波炉的微处理器所需要的指令系统可能是简单的,而一个需要进行科学计算的计算机的指令系统则可能需要像浮点运算一类复杂的指令系统。

需要强调指出的,不管使用何种计算机语言编制的程序,计算机最终执行的那个程序就是机器语言程序(参见 6.4 节)。

6.3.2　汇编语言

从以上介绍可知,机器语言程序是二进制代码,要记住这些代码并用于编写程序是很难的。为此人们考虑用一些比较容易记忆的文字符号来表示指令中的操作码和地址码,这种符号叫助记符,一般为英文单词或缩写。用助记符编写程序需要翻译为机器代码。所有指令助记符的集合以及使用规则构成了助记符语言——汇编语言(Assemble Language)。

用汇编语言来编写程序不是件简单的事,只是与更难的机器语言相比是比较容易的,它有助于记忆和理解机器语言。以下是一条汇编语言指令的例子:

　　　　ADD　A,B

这条汇编语句和前面的机器语言例子是类似的。它使用英文单词 ADD 代表机器语言中的加操作码,用字符 A、B 分别表示加法所需要的两个操作数。它的意思是将存储地址 A 和 B 的内容相加,结果存储在 A 中。

用汇编语言编写的程序可比较简单地转换成机器指令代码,最直接的方法是查指令表,指令表给出了机器代码和汇编语句之间的一一对应关系。这种方法叫做"手工汇编",早期的程序员基本上就是这种工作模式,可见当时程序设计并不是一件轻松愉快的工作。再一种方法就是交给汇编程序去完成。

汇编程序是一种汇编语言处理程序。要注意的是:汇编程序是将用汇编语言编写的源程序翻译为机器语言的程序,它属于"翻译程序"。用汇编语言编写的源程序叫做汇编语言程序。

虽然与二进制的机器指令相比,汇编指令可读性较好,便于设计、理解和调试,但它仍然是一种面向计算机硬件的语言,程序员必须熟悉计算机硬件结构、指令系统和指令格式等,而且由于汇编语言的语句直接与机器的指令相关,程序移植性也较差——在一种型号机器上的汇编语言程序不一定能够直接在另一种型号的机器上执行。故汇编语言适合于编写一些需要直接控制硬件或要求执行速度快的程序。

6.3.3　面向过程的高级语言

20 世纪 60 年代起,出现了许多高级程序设计语言(简称高级语言),高级语言是一种与机器指令系统无关、表达形式更接近于被描述问题的语言。正是由于高级语言的推广使用,才使编写程序不再是计算机专业人员的"专利"。

任何一种高级语言都有自己的一套语义和语法,程序员熟悉了该语言的规则就可以灵活地设计出各种程序。高级语言分为面向过程和面向对象两类。

所谓"面向过程"就是当程序员编写程序时,他们必须知道所要遵循的"过程"。从另外一个角度解释,面向过程也就是程序员必须将所需要解决的问题按照一定的办法将问题分解,然后用语言表述被分解的步骤而构成了程序。

面向过程的程序设计语言有时候被叫做"强制性语言",原因就是这些语言的每一个语句都是为完成一个特定的任务而对计算机发出的执行命令。当今最常用的面向过程的高级语言有如下几种。

1. Basic 语言

Basic(Beginner All-Purpose Symbolic Instruction Code)是一种在计算机技术发展史上应用最广泛的语言之一。它适于初学者编程,因为简单易学,它受到非计算机专业出身的编程爱好者的欢迎。Basic 语言有很多版本,如 Quick Basic、Turbo Basic、GW-Basic 等。现在世界上最大的软件公司 Microsoft 最初就是从 Basic 解释程序的开发开始起步的。

2. C 语言

1972—1973 年,著名的贝尔实验室的 Dennis Ritchie 发明了 C 语言。最初的 C 语言只是为描述和实现 Unix 操作系统而设计的,后来美国国家标准化协会(ANSI)和国际标准化组织(ISO)对其进行了发展和扩充。目前有 Microsoft C、Turbo C、Borland C 等版本。后来发展的面向对象的C++、Java 等语言都继承了 C 语言的风格。

C 语言是一种高级语言,被广泛用于专业程序设计,程序员无需知道硬件的细节就可以编制应用程序。同时,C 语言也有一些与硬件直接相关的"低级"语句,使程序员可以编制直接访问硬件的程序。与其他高级语言相比,它更接近汇编语言。

因为 C 语言既有高级语言的优点,又有接近汇编语言的效率,因此也有人把它定位为"中级语言",适合编写比较接近硬件操作又要求处理速度的程序。

3. Pascal 语言

Pascal(为纪念计算机先驱 Pascal 命名的)语言也是一种面向过程的高级程序语言,它作为一种教学和应用开发语言曾被普遍接受。尽管 Pascal 语言曾经在计算机学术界成为最流行的语言,但它从没有在计算机工业界达到流行的程度。

Pascal 是由 Niklaus Wirth 于 1971 年在瑞士的苏黎世发明的。Pascal 在程序设计目标上强调结构化编程方法,现在的结构化编程设计思想的起源应归功于它。

4. Fortran 语言

Fortran(Formula Translation)语言是 IBM 公司在 1957 年开发的世界上第一个计算机高级语言,它具有高精度、处理复杂数据的能力和强大的指数运算能力,更适合于科学、数学和应用工程方面的应用,编程人员可用它方便地描述数学问题,实现数学计算。

近 40 年来,Fortran 的发展已经有数十个版本,如著名的 Fortran 77。它的最新版本有 Fortran 99 和 HP Fortran(High Performance),后者用于高性能多处理机系统。

5. COBOL 语言

COBOL(Common Business-Oriented Language)是一种专门的商用高级程序设计语言，于 1960 年问世，COBOL 有一个特定的设计目标:作为商业编程语言使用。它的大部分命令都与英语类似，它比较适用于存储、检索公司的财务信息，实现票据管理和工资报表等功能。商业计算不需要复杂计算，它要求快速访问数据、快速更新文件和数据、生成大量的报表以及良好的交互界面设计。

很长时间内，COBOL 一直是商业数据处理程序设计的首选语言。随着新的技术特别是面向对象编程技术的发展，现在开发这类以信息处理为主的程序主要使用工具型软件包，如 Delphi、Power Build 等，它们也被叫做编程语言。

6. Ada 语言

Ada 语言是以计算机发明人巴贝奇的助手奥古斯塔·艾达·拜伦(Augusta Ada Byron，被认为是第一个计算机程序员)的名字命名的，最初是专门为美国国防部开发署(DoD)设计的，成为所有承包 DoD 工程统一使用的语言。Ada 不但具有所有大型高级语言功能，还具有实时处理功能和并行处理能力，适合过程控制和运用在大型并行处理系统上。

6.3.4　面向对象的程序设计语言

不可否认，从程序设计语言的发展趋势看，面向对象的高级程序设计语言(Object-Oriented Programming Language，OOPL)是今后计算机语言的主流，那么面向对象的程序设计和面向过程的程序设计有什么不同呢?

在面向过程的程序设计中，程序员把精力放在计算机具体执行操作的过程上，而面向对象的程序设计中，技术人员将注意力集中在对象上，把对象看做程序运行时的基本成分。可在程序中创建各种各样的对象，而每个对象既包含了数据(对象的属性)，又包含了执行某一项任务所需要的操作(对象的方法或行为)。可以在程序中使用这些对象的属性和行为，但又不需要知道这些对象里面的代码(这就是对象封装技术)，就像我们使用汽车，汽车就是一个对象，我们不需要知道汽车是如何构造的，我们只需知道汽车的性能(相当于属性)、汽车的操作(相当于行为)就可以开车了。

面向对象程序设计的特点可以归纳为:

(1)封装。封装(Encapsulation)是面向对象方法的一个重要原则。封装是指把对象的属性和操作结合在一起，构成一个独立的对象。对于外界而言，只需知道对象所表现的外部行为，不必了解对象行为的内部细节。

(2)继承。继承(Inheritance)是指子类对象可以拥有父类对象的属性和行为。继承提高了软件代码的复用性，定义子类时不必重复定义那些已在父类中定义的属性和行为。比如"学生"是一个父类，"研究生"、"本科生"则是它的子类。在子类"研究生"中，不但有"学生"的全部属性，如"姓名"、"年龄"、"性别"，而且还有自己的属性"学位"、"导师"、"专业"等。

（3）多态性。多态性（Polymorphism）是指在基类中定义的属性和行为被子类继承后，可以具有不同的数据类型或不同的行为。多态性机制不但为软件的结构设计提供了灵活性，还减少了信息冗余，提高了软件的可扩展性。

面向对象的语言在1967年的Simult 67语言中已有体现。1972年，又出现了Smalltalk语言，面向对象的程序设计方法才被人们认识。到了20世纪80年代，面向对象的方法被扩展到C++和Turbo Pascal中。而到20世纪90年代，Sun公司开发的Java则把面向对象的编程技术推到了程序设计的主流地位。近年来，使用较多的面向对象语言还有Visual Basic、Delphi等。

1. Visual Basic

Visual Basic（简称VB）是微软公司对原来的Basic语言作了很大的扩充，引入了面向对象的设计方法，专门为开发图形界面Windows应用程序而设计的，由于它简单易学，功能又很强大，因此得到广泛应用。

在Microsoft. net战略中，VB占了重要的位置。使用VB，编程者不需很多代码就可编制出漂亮的界面，因而可把精力放在实现软件的功能上。目前，VB已成为专业人员开发Windows应用程序的语言之一。

2. Java

Java语言是由Sun Microsystems公司推出的。它具有纯面向对象、平台无关性、多线程、高安全性等特点。由于用Java语言编写的程序解决了困扰软件界多年的软件移植问题，所以得到了编程人员的欢迎。Java的应用已经扩展到各个应用领域，加上各种功能组件的推出，Java能够满足产品快速开发的需要，已成为网络编程首选语言。

3. C++

C++语言是一种对传统C语言进行面向对象的扩展而成的语言，它在C语言的基础上增加了面向对象程序设计的支持。这类语言的特点是既支持传统的面向过程的程序设计，又支持新型的面向对象的程序设计。另外，在同类型语言中，C++程序的运行效率最高。

4. Delphi

Delphi使用的是Pascal编程语言，但它是彻底面向对象的，是开发GUI程序很好的工具，它包括了常用的按钮、菜单选项等可视化组件库。类似的语言或者叫做工具的还有Borland公司的PB（Power Build）等。

今天，程序设计的概念与早先相比，已经变化了太多。这里提到的和没有提到的许多程序设计语言曾经有过辉煌的历史，但都是历史的辉煌。今天被程序员选择用来设计各种程序的语言几乎就是C、C++以及VB和Java等有限几种。

*6.3.5　其他语言

前面介绍的一些语言是一般比较常用的,实际上我们知道还有各种各样的语言——为了满足解决不同问题的需要。一些以工具形式出现的语言,也在日益被广泛使用。如著名的科学计算软件 Matlab 就是典型的例子(参见第 7 章)。这里我们介绍极有影响的其他几种语言。由于它们的专用性,一般都不将这些归纳到前面所介绍的语言类型中去。

1. 函数型语言

在大部分计算机语言中,都有很多面向数学问题的函数计算,而这个概念在计算机语言和程序设计中被认为是一种方法。而函数型语言在这方面表现尤为突出。

在函数程序设计中,一个函数程序接受输入,并完成一系列从输入到输出的映射。它的模型与计算机处理模型类似。函数型语言主要完成以下功能:

①定义一系列可供程序员设计程序时调用的基本函数,也叫原子函数。

②允许程序员对不同的原子函数进行组合得到新的函数。

在过程化语言中,以上功能也能够被实现,但函数型语言具有两方面的优势:它鼓励模块化编程并使用已经存在的函数开发新的函数,使能够从已经测试过的程序出发编写出庞大的其他程序,而且这个庞大的程序不容易出错。

函数型语言主要有 LISP 和 Scheme 等。

LISP(LISt Programming,列表程序设计)是 20 世纪 60 年代由麻省理工学院(MIT)设计开发的。它的特点是以列表为处理对象。LISP 的设计思想影响了许多程序语言的设计,例如 Matlab 就是把所有的对象都看做矩阵进行计算和处理。

与过程化的几种语言相比,LISP 没有标准化。它开发出来以后就有许多不同版本。20 世纪 70 年代,在 LISP 基础上发展而成的 Scheme 语言就成了 LISP 的实际标准。

Scheme 定义了一系列函数,按照一定的格式把函数名和函数的输入列表写在一起,用括号作为函数的开始和结束,可以将一个函数作为另一个函数的列表元素。Scheme 语言也被用来作为程序设计方法的设计,在国外一些高校的程序设计方法学课程中,就使用它作为语言范本。

2. 说明型语言

说明型语言也叫逻辑语言,它被用于根据逻辑推理的原则回答问题。在本书第 2 章中我们简单介绍过有关逻辑谓词演算的一些知识。由于逻辑推理以推导为基础,是根据已有的事实(正确的论断),运用逻辑的方法可准确推导出新的结论,因此有关被推理的主题知识需要大量的事实信息或者来自于专家的知识,程序设计还必须在逻辑定义上精通其准则,这样程序才能够进行推论。

例如:　中国人说汉语　——→真(True)

张先生是中国人　——→真(True)

推论： 张先生说汉语 ——→真(True)
　　　 张先生说英语 ——→假(False)

上面这个例子,被推导的结论是正确的,叫做"真"。但仔细分析就发现,这个按照已有的结论所推导的结论的准确性受到质疑,也许张先生是出生在国外的中国人,他不一定会说汉语,没准他只会说英语。因此,我们从这个例子分析可以知道,一个推论来自于被推理的事实的正确性还不足以使它的推论也正确,还取决于被推理的事实的完整性。这就是为什么到今天为止,逻辑语言只局限于人工智能这样的研究领域。

逻辑语言最著名的就是 Prolog(Programming in Logic)。它是法国的柯尔迈伦(Alain Colmerauer)和他在马赛大学的助手于 1962 年发明的。它的主要基础就是逻辑程序编制的概念,它本身就是一个演绎推理机,具有表处理功能,通过合一、置换、消解、回溯和匹配等机制来求解问题。Prolog 已被应用于许多符号运算研究领域。早期的 Prolog 版本都是解释型的。在 PC 机上流行的有 PDC Prolog、Visual Prolog 不同版本。并行的逻辑语言也于 20 世纪 80 年代初开始研制,其中比较著名的有 PARLOG、Concurrent Prolog 等。

Visual Prolog 包含一个全部使用 Visual Prolog 语言写成的有效的开发环境,它与 SQL 数据库、C++ 系统以及 VB、Delphi 等语言一样,可以开发各种应用软件。目前,Visual Prolog 是研究和开发智能化应用的主流工具之一。

3. 超文本链接标记语言 HTML 和 XML

超文本链接标记语言(Hypertext Markup Language,HTML)是由一种格式标记和超链接组成的"伪语言",主要用于网络上的信息服务。之所以叫做"伪语言"是因为它与传统的编程语言不同,它是为网络浏览器软件所特制的一种格式化的指令,浏览器根据这些格式化指令处理网络上的信息。关于 HTML 语言,我们在第 9 章中还有进一步的介绍。

XML 是一种标记语言,叫做可扩展标记语言(eXtensible Markup Language),它使用在将信息从一种用途转换为另一种用途的任何场合。XML 最初是为在 Web 网上交换数据而设计的。目前,对于网络系统间交换数据,XML 已成为了公共标准。

4. 其他语言

Perl 语言,它是 Practical Extraction and Report Language(实用摘录和报告语言)的简称,是由 Larry Wall 开发,目前其官方网站下供下载的最新版本为 5.10。Perl 的设计目标是帮助 Unix 用户完成一些常见的任务,这些任务对于 Shell 来说过于沉重或对移植性要求过于严格。

Perl 语言的规则与 C 语言相似,但比 C 语言的效率更高,它的强大之处在于它精心设计的"正则表达式",使程序员能够解析字符串到组件中并从中提取所需要的信息。

Larry Wall 把 Perl 叫做一门"粗陋的"语言。Perl 是一种不可缺少的粘合剂,使得整个 Web 紧紧联系在一起——不只是 Yahoo!,还有 Amazon 和其他成百万的网站。Perl 的支持者认为,如果没有 Perl,那么网络只是它现在样子的一个苍白的影子。

Perl 是按 GNU Public License 的形式分发的,是免费软件。它原先运行于 Unix 和类 Unix 系统,现在已可以方便地在 OS/2、Windows 9x、Windows NT 等系统下运行。GNU 是一个带有幽默色彩的名字,来自于"GNU is Not Unix"的自回归(参见11.4.2小节)。

还有一种语言在数据库编程方面成为标准,就是SQL(Structured Query Language),它是一种结构化查询的语言,我们将在第7章中介绍。

*6.3.6　基于组件的程序设计

自从微软提出COM(Component Object Model,组件对象模型)概念,并在Windows 95/98以及Windows NT4中广泛地使用以来,COM成了构建应用程序最普遍的方法。从本质上讲,组件技术属于面向对象的程序设计技术。

传统的程序设计方法设计出来的程序,如果需要做一些改进,就要修改源代码,然后编译,生成新的文件取代原来的文件。现在我们用一种全新的角度来看问题:把原先的可执行文件分割成功能不同但相对独立的几个部分,把它们拼装起来,组成程序。在程序发布以后,如果需要对它进行修改,只要替换有问题的或是需要升级的组件就可以了,甚至可以做到在不影响程序正常运行的情况下替换其中的部件,这个技术的核心就是COM。

COM组件是动态链接的,而且COM组件是完全与语言无关的。同时COM组件可以以二进制的形式发布。COM组件还可以在不妨碍老客户的情况下升级成新的版本。

Software AG组织正在开发一系列COM支持系统,希望在各种操作系统上都得以实现COM。COM提供了编写组件的一个标准方法。

组件也被称为中间件。有许多专业公司专门从事中间件的开发、销售。一个新的应用系统的开发不必按照传统的方法进行所有代码的编写,可以通过组件进行"组装"软件。COM技术的优点是非常显著的,它对于提高开发速度、降低开发成本、增加应用软件的灵活性、降低软件维护费用很有帮助。当今软件开发技术的主流之一就是基于组件的技术。

6.4　程序的程序:翻译系统

在第二代计算机中,就已经能够使用更好地描述求解问题步骤的计算机高级语言编写程序。计算机只能够执行机器语言表示的指令系统,所以必须将用高级语言编写的程序"翻译"为机器指令程序。

作为计算机软件的重要部分,语言翻译程序是计算机系统软件中最早也是最先成为商品的软件产品。有意思的是,"翻译程序"本身就是程序,这个程序所执行的任务就是把其他程序翻译为机器语言程序,因此翻译系统被称为"程序的程序"。

翻译程序当然不是一般意义上的简单程序,它的复杂程度与程序设计语言的发展密切相关。除了直接使用机器语言编制的程序,其他任何语言编写的程序都需要相应的翻译系统,显然,不同的语言、不同的语言版本的翻译系统都是不同的。

这里我们把用高级语言编写的程序通称为"源程序"(Resource Program),把翻译后的机器语言程序叫做"目标程序"（Object Program），图 6.3 给出了它们与翻译程序（系统）之间的关系。

源程序 → 翻译系统 → 目标程序

图 6.3　程序的翻译系统

翻译程序根据功能的不同分为编译程序（Compiled Program），或称为编译器（Compiler）和解释程序（Interpreter，也叫做解释器）。

6.4.1　解释程序

解释程序对源程序逐句翻译，翻译一句执行一句，翻译过程中并不生成可执行文件，这和"同声翻译"的过程差不多。问题是如果需要重新执行这个程序的话，就必须重新翻译。因为解释程序每次翻译的语句少，所以对计算机的硬件环境如内部存储器要求不高，特别是在早期的计算机硬件资源较少的背景下，解释系统被广泛使用。当然，因为是逐句翻译，两条语句执行之间需要等待翻译过程，因此程序运行速度较慢，现在著名的 Java 语言就是解释系统。

6.4.2　编译程序

编译程序将整个源程序代码文件一次性翻译成目标程序代码，最终生成可执行文件。一旦编译完成，程序就可以被单独执行，与翻译程序无关。

这种模式有点像把一本外文书翻译成中文出版。可以直接阅读翻译出版后的中文书，读者除了感受翻译的质量之外就和翻译这本书的人及过程没什么关系了。

使用编译系统，程序运行效率比较高，但对运行编译系统的计算机要求也比较高。当然现在的计算机对此已经没有任何障碍。一些高级编译器还可以生成其他类型的文件，如分析文件和程序错误文件，这些文件可帮助编程者更快地找出错误。各种高级语言的开发环境中一般都包含了这类的语言处理程序。

当然我们也能理解的是，编译系统只能够发现不合法的语句和表达，它并不能发现算法过程中的错误。前者属于语言范畴，而后者则属于逻辑问题。解决程序的逻辑问题是程序设计者的任务。计算机科学研究中有一项内容就是程序的自动生成，当用户把给定的问题和期望得到的结果告诉系统，系统就能够自动编写出相应的程序。这是一个很好的理想，目前它还只是理想。

编译系统是一个十分复杂的程序系统，它是一个"信息加工流水线"，被加工的是"源程序"，最终产品是"目标程序"。我们以编译系统为例解释其"翻译"过程。图 6.4 反映了编译系统的结构和工作流程，其各个功能模块的功能如下：

（1）词法分析程序。又称扫描器。它对字符串形式的源程序代码进行扫描、识别。

（2）语法分析程序。它的作用是对单词进行分析，按该编程语言语法规则分析出一个个语法单位，如表达式、语句等。

（3）中间代码生成程序。它将由语法分析获得的语法单位转换成某种中间代码。

（4）优化程序。它的作用是对中间代码进行优化，以便最后生成的目标代码在运行速度、存储空间等方面具有更高的质量。

（5）目标代码生成程序。它的作用是将优化后的中间代码转换为最终的目标程序。

在上述的翻译过程中，编译系统用各种表格来记录各种必要的信息和相应的出错处理。现在大多数语言系统都是将源文件的编辑、翻译程序（解释或编译）以及调试等集成在一起，形成集成开发环境（Integrated Developed Environment，IDE）。如今天被普遍使用的 C 语言、Java、VB 等都是使用专门的 IDE 进行程序设计的。

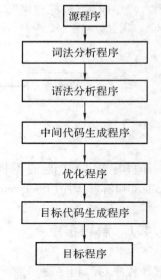

图 6.4　编译系统的结构和工作流程

6.5　怎样编写程序

广义上的程序设计并不是简单地编写程序代码，它是一个系统过程。一般可以把这个系统过程分为问题的定义或者叫做程序说明、设计解决问题的方案、编写程序代码、进行程序测试、完成程序的文档以及最后阶段的程序实际应用等 6 个步骤。这个过程还只是从程序设计角度来分解工作步骤。从"软件工程"的角度考虑，整个软件过程还有质量控制等许多重要内容（参见第 6.8 节）。

6.5.1　理解问题：程序说明

编写程序的目的不只是自己理解这个程序，重要的是要让别人也理解。之所以程序说明是程序设计中最重要的部分，就是因为对程序的理解。设计一个程序首先需要了解特定的问题，对问题清晰、明确的定义是解决问题过程中最重要的也是最容易被忽略的一步。一个组织得比较好的程序项目，花在这个阶段的时间应该为整个程序开发设计时间的 25% ~ 30%，甚至更多。

程序说明也叫程序正文或程序分析，这项工作一般可由对程序设计具有比较丰富经验的系统分析员来做。在这个阶段主要是要弄清以下几个问题。

（1）程序目标是什么？即程序需要解决什么样的问题。

（2）可能需要输入哪些数据？

（3）数据具体的处理过程和要求是什么？

（4）程序可能产生的数据输入以及输出形式是什么？

这个程序说明形成对整个问题解决的数据输入、输出描述的文件。这个文件将在整个设计过程中指导每一步工作按照预先设计的目标进行。

阐明程序通常需要有与问题相关的许多知识，这种形式的知识叫做"知识域"（Domain Knowledge），它可能与数学相关，也可能是其他专业，如建筑学、金融学、经济学、工艺学、生物学、医学或者艺术类的知识。

一个程序设计者不可能了解所有的知识，一个非计算机专业人员也不可能掌握程序设计，因此无论从哪个角度，学习或者懂得程序设计或者学习一门计算机语言，对任何专业人员都是非常有意义的。

6.5.2　程序的逻辑结构

前述程序设计的第一个阶段是对问题的描述，在本阶段需要对要解决的问题设计出具体的解决方案。在这个过程中，要一步一步显示解决问题的过程，其关键是如何设计出一个解决问题的较好算法，并使用合适的逻辑结构。

科学研究在特定的领域中进行，科学研究的目的是找出它的规律性的东西。而计算机则有所不同，我们需要为计算机制订规则，然后让计算机去创造新的东西。制订规则就是选择它的逻辑结构。就程序构造而言，一个程序的总体构造是编程者首先要考虑的问题。

荷兰学者 Dijkctra 提出的结构化程序设计的理论，成为 20 世纪 70 年代后程序设计的主流方法。一般认为，所有的程序都由 3 种结构构成：顺序结构、循环结构和条件结构。

1. 顺序结构

顺序结构是程序最简单的一种结构，它使计算机按照命令出现的先后顺序依次执行。这种结构是所有程序遵循的基本结构。图 6.5 就是一个顺序结构的表示，其中 A 和 B 两个框是顺序执行的，执行了 A 后接下去执行 B 指定的操作。

图 6.5　顺序结构

2. 循环结构

在程序中有许多重复的工作，是否要编写相同的一组命令呢？回答是不需要，可编写循环程序，让计算机重复执行这一组命令。有两类循环结构：当型（While）循环结构和直到型（Until）循环结构。图 6.6 表示了这两种循环的结构。

当型循环是当条件成立时执行 A 框中的操作，执行完后判断条件是否成立，若成立则继续执行 A，如此反复，直至条件不成立才结束循环。

直到型循环是先执行 A，再判断条件是否成立，如果条件不成立，则继续执行 A，如此反复，直至条件成立才结束循环。

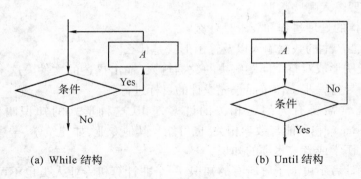

(a) While 结构   (b) Until 结构

图 6.6   循环结构

3. 条件结构

条件结构也叫分支结构。在程序执行过程中,可能会出现判断,如判断某门课的成绩,大于或等于 60 分为"及格",否则为"不及格",这时就必须采用条件结构实现。图 6.7 为条件结构的一般表示。若条件成立,则执行 A 框中的操作,否则执行 B 框中的操作。

为了表示程序的结构,可以使用程序流程图(Flow Chart),图 6.5、6.6、6.7 就是流程图。流程图曾经是描述程序算法的最常用工具。在现在的面向对象的程序设计方法中,流程图用得并不多。

在流程图中,不同的图形符号有不同的含义,常见符号如图 6.8 所示。

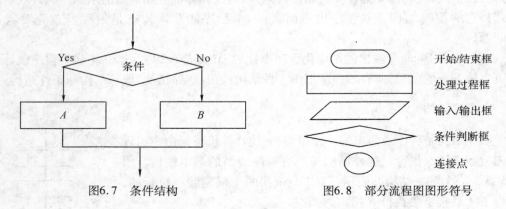

图6.7   条件结构   图6.8   部分流程图图形符号

6.5.3   编写程序代码

在此阶段,需要选择合适的编程语言,按照设计程序过程中形成的算法具体编写代码。下面是用 C 语言实现一个算法的程序代码,这是一个计算阶乘的简单例子(我们不在这个课程中介绍编程,因为这是程序设计课程的任务)。

```
#include <stdio.h>                /* 使用 C 语言编译系统提供的库函数 */
main()                            /* 程序开始 */
   {   int i,fac;                 /* 定义变量 */
       fac = 1;                   /* 变量 fac 被赋值 1 */
       for( i =2;i <=5;i ++)       /* 从 2 到 5,循环执行乘法,得到 5 的阶乘 */
         fac = fac * i;
       printf( "the 5! =% d",fac ); /* 输出运算结果为 the 5! =120 */
   }
```

在上面这个程序中,花括号中的为程序主体。程序由语句组成,每条语句后面可以使用/* */注释。语句按照一定的书写规则,如定义变量时,用","将变量分开,语句结束用";"。在程序中,我们用一个标识符即变量来表示内存中存放数据,如 i 和 fac。这是高级语言的重要特点:不必关心机器是如何实现的,这样程序设计人员就可以将精力集中在设计过程上,能够更有效地完成程序设计任务。

程序中语句 fac = fac * i 与数学等式不同,这个问题我们在前面已经解释过。下面的程序代码是用 Basic 语言实现了求 5! 的算法。

```
Dim i As Integer, fac as integer   '定义 i,fac 为整型数变量
   fac = 1                          '变量 fac 赋值 1
   for i = 2 to 5 step 1            '循环,从 2 到 5,每次步长为 1,
     fac = fac * i                  '计算 5 的阶乘
   next i                           'next 和 for 构成循环体
   print "fac =";fac                '输出阶乘结果 fac = 120
```

在这个计算 5 的阶乘的 Basic 语言程序中,程序的结构与前面的 C 语言是一样的。它的每条语句后面都用单引号作为注释开始。

C 语言和 Basic 语言的这两段程序形式不同,语句的格式也不同,惟一相同的是我们给程序中使用的变量取了相同的名字。但这两个程序经过它们的编译器后编译成为计算机可执行的程序,运行结果是相同的。

选择使用哪种程序设计语言并无规定,主要看是否能够完成程序设计任务以及编程人员对这个语言的熟悉程度。

6.5.4 寻找错误:程序测试

这个阶段要调试已编写好的程序,找出程序中的逻辑错误和语法错误。如果违反了编程语言的语法规则,就会发生语法错误;如果程序能执行但得到的结果不对,则可能是程序没有正确实现算法或算法有误,这就是逻辑错误。程序测试和纠正错误交错进行,直到所有运行正确为止。

实际上,程序设计是复杂的,程序测试也是复杂的。因为对一个比较大的计算机软件系统,数据是复杂的,数据的来源不同,数据的类型也不同,因此需要用大量的各种类型的数据和各种不同的方法进行测试。

在程序设计研究中,已经有大量的测试模型用于程序的测试,但还没有哪一种模型能够把程序中的所有潜在的问题给测试出来。因此程序测试"是测试程序中的错误,而不是使程序中没有错误"!

常用的测试方法有黑盒测试和白盒测试两种。黑盒测试是把一组测试数据输入程序,检查程序的结果是否是预期的。大多数专业软件公司提供给用户的 Beta(β)版也叫测试版,就是属于黑盒测试方法。白盒测试一般是专业测试,把一组特意设计的数据让程序执行,测试程序是否按照设计流程要求执行。

除非是极为简单的程序,几乎不存在没有问题的程序。程序故障(大多数都是没有被测试出来)使计算机出现错误,甚至产生极为严重的后果,这样的例子是很常见的。假如是一个银行的账户数据处理出错的话,那么使你存在账户里的钱不翼而飞或者瞬间使你成为"亿万富翁"都是可能的,而且这种事情的确发生过。

6.5.5　编写程序文档

程序文档的重要性往往被程序员忽视。是否一定需要程序文档? 回答是肯定的。

在程序设计之后编写使用手册是重要的,在程序设计过程中,文档也是十分重要的。因此,程序文档应该包括设计过程中形成的文档和设计完成后的使用说明。

一个简单的程序也许不需要文档,但很少有简单的程序能够完成复杂的任务。设想一下,如果一个有上万行代码的程序,没有设计说明,几乎不可能弄清楚它是如何工作的,而且面对各种变量和复杂的算法,与其阅读它还不如重新动手编写来得容易。因此,需要有详细的附加信息帮助非编程者阅读和理解程序。编程者也需要这些附加信息来回顾设计过程,以发现问题并进行修改。

程序文档应该做到能够解释清楚程序是如何工作的,以及程序中使用的方法和各种代码的含义。一般来说,程序文档有两种形式,一种是在编写程序代码时在代码行的后面加上必要的注释,另一种就是按照一定的规则专门编写。

在第 6.5.3 节中,我们给出的程序代码后面使用了注释。计算机在编译执行程序时,这些注释不会被执行,但对程序员而言,它在修改程序时非常有用。并没有什么规则指导编程者在程序代码中如何加入注释,但一个尽可能完备的注释是最好的选择。

另一类文档是专门编写的,如果是为程序员编写的,一般叫做设计说明。在一个多人合作的软件系统设计中,程序设计说明是必需的,因为一个设计人员都需要知道别人是如何考虑的,这样才能够很好地协调设计过程。

如果是为用户使用程序而编写的,则叫做使用说明。一个完善的商品化软件由程序和使用文档组成。文档可以是纸质资料,也可以是电子的,后者被大多数软件所采用,往往和程序一道被放置到介质如 CD 盘中。

6.5.6　运行与维护

运行与维护是整个程序开发流程中的最后一步。编写程序是为了应用,在应用的过程中对用户的培训是很重要的,此外,还会涉及程序的安装、系统的配置等。

随着时间的推移,原有软件可能已满足不了需要,这时就要对程序进行修改甚至升级。因此,维护是一项长期而又重要的工作。

6.6　算　法

在这一节里,我们进一步介绍算法。不只是数学"计算"才有算法,广义地说,为解决问题而采用的方法和步骤就是"算法"。算法的质量直接影响程序运行的效率。

如果从机器完成任务的角度,一个机器的程序就是与机器兼容的算法的实现。因此,相对于硬件,算法以及实现算法的语言就是软件。

在本书前述章节中已经有许多算法,如我们在介绍操作系统时就提到了许多有关作业管理、文件管理、存储器管理等概念,归结到算法层面,它们都是需要按照问题的解决方案以及这个方案的描述,并用程序设计语言将它们实现(大多数操作系统都是使用 C 语言编写的)。再如各种数制之间的相互转换,也有程序实现它,如 Windows 的计算器程序,在科学型中就有数制转换,它实现了本书第 2 章中所介绍的数制转换算法。

进而,现在研究人与机器关系的科学家们相信,一个算法不仅仅是单纯的问题的分解,它与人(研究算法的人)的活动——主要是大脑的活动和行为有关,包括想像、思考、创造以及选择等。有意思的是,尽管如此,人类对自身特别是人脑的研究还是在摸索阶段,因此要清楚地认识算法与人脑活动之间的关系还有待新的研究进展。

6.6.1　算法的分类和特性

按照算法所涉及的对象,一般可以把算法分成两大类:数值运算算法和非数值运算算法。算法的分类也有许多,我们在这里不过多介绍。

数值运算算法的目的是对数值进行求解,如求解方程,输出某个区间的所有素数,对若干个数进行排序,等等。由于数值运算的模型比较成熟,因此对数值运算算法的研究是比较深入的。

非数值运算包含的面很广,如图书管理、物流管理等。事实上,计算机在非数值运算方面的应用已经远远超过了数值运算。

著有《计算机编程艺术》一书的著名计算机科学家 Donald E. Knuth 归纳了算法应具有以下特性。

(1)确定性。一个算法中的每一个步骤都应是确定的,不会使编程者对算法中的描述产生不同的理解。例如,某算法中某步骤如此描述:"把 m 乘以一个数,将结果放入 sum 中",这是不确定的,编程者不知将 m 与哪个数相乘。

(2)有穷性。一个算法中的步骤应该是有限的。否则计算机就会永远无休止地执行程序。如果让计算机执行一个要数年才能做完的算法,这就不能算作是一个算法。

(3)有效性。算法中的每一个步骤都应该被有效地执行,并应能得到一个明确的结果。如在某算法中有 m 除以 n 的操作步骤,若此时 n 为 0,则此操作在程序中是不能被有效地执行的,应修改此算法:增加判断是否为 0 的步骤,若 n 为 0,则给出提示信息,否则进行相除操作。

(4)可有零个或多个输入。在执行算法时有时需要输入有关信息,这些信息必须从外界获得,如在判断某数是否为素数的算法中,必须先获得被判断的数。当然,有时是不需输入的,如计算 2 乘以 3 的算法。

(5)有一个或多个输出。设计算法的目的是为了解决问题,要看到问题是否被解决,总要得到有关信息,故没有输出的算法是没有意义的。如判断某数是否为素数的算法中总要得到最后的判断结果。

因此程序设计者在编程之前,就要分析问题,形成自己的算法。对刚接触计算机程序设计的人员来说,可以借鉴别人设计好的算法来解决问题,编程多了,自然会较好、较快地自己设计算法。

6.6.2　算法的表示

在第 6.5.2 节中的流程图就是算法的一种表示方法。算法的表示是为了把算法以某种形式加以表达,因此一个算法的表示可有不同的方法,常用的有自然语言、传统的流程图、结构流程图、伪代码、PAD 图等。

设计一个算法需要设计者理解不同相关的概念和知识,如前面所说的,它和人大脑的能力有关。据 20 世纪 50 年代对人脑的研究结果,一个人的大脑每次只能处理大约 7 个细节,这个结论至少可以说明,对算法的设计需要一种记录和重现算法步骤的方法。

算法的每一种表示方法都有自己的特点和不足。20 世纪五六十年代开始的流程图法,至今仍然为许多程序设计教科书和程序设计人员所采用。流程图作为一种状态技术设计的工具,的确是有效的。特别是当我们的主要目的是实现算法而不是设计算法时,流程图的意义更大些。它的主要问题是,对复杂的算法,往往这些箭头和图形的组合会成为一个巨大而各种指示流向交织的网,这样对算法的理解带来了难度。

对复杂算法的描述,伪码(Psudocode)是一种被认为比流程图好的方法。通过伪码,算法可以被表达为定义明确的文本型的结构。把它叫做伪码,是因为它不是任何一种程序语言的代码,只是一种用文本表达算法的"代码"。

作为人类的自然语言表达算法也是完全可行的。问题在于,自然语言表达一个抽象问题,有时对理解这个表达以及设计这个表达过程都不是简单的事情。最简单的例子就是在数学、物理、化学等自然科学中,大多数情况下都是用自然语言表达基本概念,而精确的表达要用数学公式、物理或化学方程以及各种图形。

这也可以理解不是只有计算机科学才有算法,算法是所有自然科学中最基本的要素。表达的目的就是为了使设计者自己理解并且也能够被其他人所理解。在计算机中还要加上一点,就是这个算法还必须能够被计算机语言所实现,或者说能够被计算机所执行。

使用图形系统设计算法是目前算法研究中的一个趋势。

6.6.3 流程图表达

流程图是算法实现最常用的方法。图 6.8 给出了几种常用的流程图图形符号。我们举例说明使用流程图的方法,例如求 5! 的流程图,如图 6.9 所示。我们假设使用变量 P 存放每次相乘计算的中间和最后结果,使用变量 I 来控制相乘的次数。

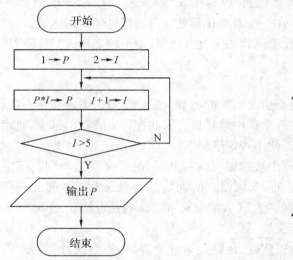
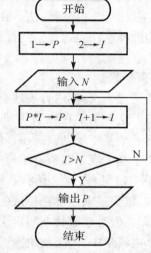

图 6.9 求数学中 5! 的算法流程图   图 6.10 求数学中 N! 算法流程图

如果将这个例子改为"输入一个正整数 N,计算 N 的阶乘",那么这个流程图可以改为图 6.10 表示。

这个例子是简单的。考虑到计算本身会带来的问题,这个计算就不那么简单了。我们知道,随着 N 数值的不同,N! 的结果会有很大变化。例如,计算的结果是存放在变量 P 中,如果这个变量使用的是 2 个字节的数据类型,也就是它能够表示的最大范围是 $65535(2^{16}-1)$,当 $N=8$ 时,$N!=40320$,P 还可以表示,但当 $N=9$ 时,N! 就达到了 362880,已经超出了 P 的表示范围,这个程序的执行结果将会溢出(Overflow)。即使将变量 P 的字节扩展到 4 个字节,问题还是没有解决,因为它也只能够表示不到 20 位整数的计算结果。进一步地,使用指数表示,那么这个计算的精度就会受到影响,因此算法和算法的实现都是同样需要考虑的。

*6.6.4 自然语言表达

自然语言是我们日常使用的语言,是人类彼此交流信息的工具,因此最常用的表达问题的方法也就是自然语言。我们还是以前面计算阶乘的算法为例,简单介绍算法的自然语言表达。下面是其用自然语言的算法描述(同样,我们假设 P 为被乘数,I 为乘数):

Step 1:使 P = 1;

Step 2:使 I = 2;

Step 3:使 P ∗ I,乘积仍放在 P 中;

Step 4:使 I 的值加 1 再放回到 I 中;

Step 5:如果 I 不大于 5,返回重新执行第三步及其后的步骤,否则,算法结束。最后得到的 P 就是 5!
　　　　的值。

自然语言表示通俗易懂,但文字冗长,容易出现"歧义性",故除了很简单的问题以外,一般不用自然语言描述算法。在一些需要有背景知识进行推理的表达时,自然语言也许是最好的选择。在表达复杂的计算机算法上,也许它只是一种选择,而且并不是很好的选择。

*关于原语表达

大多数情况下,自然语言表达会引起不同的理解。无论是口语或者文字表达,二义性总是存在的。这类例子在数学、物理学科中最常见。因此在数学表达语言中,对定义和定理的表达有一个基本规则就是不能使用否定性词汇。

同样这个基本规则在所有学科中被遵循,这就是所谓的意义明确规则。苏格拉底曾经给"人"下过定义:人是没有羽毛的、双脚站立的动物。后来亚里士多德把一只被拔了毛的鸡拿来,嬉笑这就是苏格拉底的"人"(人的定义被公认的是苏格拉底 2000 多年之后的 18 世纪瑞典人类学家林奈所定义的"智人")。

在计算机科学中,为了解决沟通问题,也就是对一个算法,不但设计者的意思被明确表达,而且其他使用这个算法设计的人也不会产生错误的理解,就需要建立一个可以描述算法明确意义的"基本块",这就是原语。将按规则准确的定义赋予原语,可以避免语义表达上的理解错误。从这个角度,程序设计语言就是原语连同使用原语表达组成复杂的表达规定。

每个原语由两部分组成,语法和语义。语法是原语的符号表示,语义表达了原语的含义。程序设计高级语言就是以机器语言提供的比较低级的原语组成的抽象工具所组成,结果是我们有了一个比机器语言更好理解的方式描述算法的正式的程序设计语言。这就是我们前面介绍过的,如 C、Java、VB 或者 Perl 等语言。

*6.6.5　伪码表达

使用程序设计语言表达算法,不是本书讨论的范围,这是程序设计课程中的内容。我们在这里只介绍基本概念。还有一种算法的表达方法,就是不用很正式的、但在表达上更直观的符号系统,这就是伪码,也叫做伪代码表达。

伪码表达是在程序开发过程中表达算法的一种非正式的符号系统,它不考虑实现算法的计算机语言,但却是通过和程序设计过程一致的、表达简明扼要的语义结构(Recurring Semantic Structure)的方法。这样就使得这些结构成为表达算法设计者的想法的原语。下面是用伪代码表示的求 5!的算法:

```
开始
置 p 的初值为 1
置 i 的初值为 2
当 i < =5,执行下面循环操作:
使 p = p * i
  使 i = i + 1
  (循环体到此结束)
打印出 p 的值
结束
```

更多的情况下,我们在关键地方使用与程序设计语言相同的关键字,这样伪码表达就更加接近程序设计语言,也容易使用程序设计语言对伪码算法进行"重写"代码,同样上面计算 5 的阶乘的例子使用程序设计语言关键字(英语)表达如下:

```
start
   set p = 1
   set i = 2
label1: p = p * i
      i = i + 1
      if i < =5 then executive label1
   print p
```

比较前面介绍的 C 语言和 VB 语言实现这个算法的例子,就会发现它们非常接近。

6.6.6 算法设计

进行程序设计有两个阶段,一是设计算法,二是这个算法的实现。我们比较关注的是算法的实现过程,实际上在软件开发中,算法的设计是最重要的环节,因此对所需要解决问题的算法的设计是一个寻找解决问题方法的过程。

发现问题并找到解决问题的方法,不只是计算机科学独有的。如果把数学、物理以及其他学科的问题放到计算机里来寻找计算机实现的方法,这不但需要对这些数学、物理问题的理解,还需要一定的技巧。一个例子就是最短路径问题:一个邮递员从邮局出发,要走完他所管辖的街道,他应该选择什么样的路径使全程最短。这就是由中国组合数学家管梅谷教授提出的著名的"中国邮递员问题"。

在"中国邮递员问题"当中,不但是选择路径,而且要确定这个选择的全程是最短的。

因为选择路径是容易的,但达到最短则是问题的最后结果。

数学家 G. Polya 于 1945 年提出的解决问题的 4 个步骤段,到今天还是被当作解决问题技能的基本原理。

(1) 理解问题(Understanding The Problem)。

(2) 设计一个解决问题的方案(Devising a Plan)。

(3) 执行这个方案(Carrying Out the Plan)。

(4) 检验这个方案(Looking Back)。

这 4 个解决问题的步骤,强调的是要重视过程,而不仅仅是结果。另外一位数学家杜威也提出过解决问题的步骤,包括理解问题、找出重点、设计方案、执行、在执行过程中修正设计方案。

在实际进行程序设计或者软件开发中,并不能等到最后一步再考虑改正设计中的错误,如果到达最后一步才发现设计有问题,结论只有一个:这个设计是失败的。另外,许多问题的解决需要严密的思维和灵感,可能后者在一些看来山穷水尽的情况下突然意识到解决问题的方法。我们已经提及过算法与人的大脑活动原理有关,这方面没有更多的证明,尽管有许多例子但还不足以被列入规则,它反映的是在算法设计过程中的另一面:不规则性。

这里有一个非常有意思的例子,我们留给读者自己求解,并根据你喜欢的算法表达方式给出算法的基本步骤。这个问题是:一个旅客持有一个由 7 个环互连成的金链子(如图 6.11 所示),如果他必须使用这个链子支付旅馆的费用,每天支付一个环。要支付环需要将环从链子上切割开,那么怎么切割才能保证每天支付一个环而切割的次数最少。

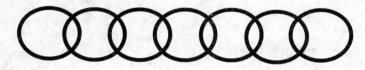

图 6.11　切割七连环

这个问题的核心不是切割,而是切割的次数最少。答案是只需要进行一次切割。

有关算法还有许多问题需要进一步考虑,如需要考虑算法的正确性,还要考虑算法的有效性。例如,从 10 亿个数据中查找一个数据,如果按照线性查找的算法,大概需要 5 亿次的数据比较操作。但使用其他方法如二分法查找,只需要大概 30 多次就可以得到被查找的那个数的位置,按照二分法查找的算法前提是数据已经按大小排序过。尽管如此,对 10 亿个数据排序的开销也很大,但相对于经常进行查找操作的算法设计,这个开销仍然是有价值的。

*6.6.7　算法举例

我们在上面提到了算法的一些重要问题,现在我们再对在软件设计中经常被使用的几种算法结构进行简单的介绍,以深化对算法的理解。

算法最基本的结构就是第 6.5 节介绍的顺序、循环和条件 3 种。我们这里给出的例子就是由基本算法结构组合而成的。

1. 迭代结构

迭代是一种建立在循环基础上的算法。在数学中,迭代经常被用来进行数值计算,如计算方程的解,不断用变量的旧值递推新值的过程。复杂的例子我们不在本书中讨论,我们讨论"判断一个整数是否为素数"的迭代算法。

算法思路:素数是指只能被 1 和它本身整除的数。判断它的方法为:将 n(设 n 是要被判断的整数)作为被除数,用 2 到(n−1)的各个整数轮流去除,如果都不能整除,则 n 是素数。下面用自然语言来描述以上算法。

Start

Step 1:输入 n 的值;

Step 2:j =2(准备用 j 去除 n);

Step 3:n 被 j 除,得到余数 a;

Step 4:如果 a =0,表示 n 能被 j 整除,输出信息"n 不是素数",算法结束;否则就是 n 不能被 j 整除,
　　　　进入下一步;

Step 5:将 j 加 1 送回给 j;

Step 6:如果 j < n,则跳到 Step 3 执行;否则输出"n 是素数"的信息。

End

在这个求素数的例子中,j 从 2 一直到 n−1,需要迭代 n−3 次。实际上,可以改进这个算法,因为并不需要这么多次的迭代,请读者分析并改进这个算法,使迭代次数变得较少。

在这个例子中,从 Step 6 返回 Step 3 进行重复计算的过程,是根据"j < n"这个条件的,也就是说,当"j < n"这个条件成立,这个迭代过程就一直进行下去,直到这个条件不满足为止,因此也就是循环结构中的 While 结构。

2. 递归结构

算法的输入代表一个问题,通常这个问题是一类问题中的一个。算法把一个或者一类问题分解或分割为一个个更小的问题,然后解决这些小问题。这些小问题属于同一种类型,或者说这些输入数据的类型相同,那么解决这个问题的算法就是递归。从问题类型的角度看,前面介绍的迭代,可以把它归纳为递归的一种特殊类型,即递归的调用定位于所定义的某个特定的位置上。

在计算理论中,并不区分递归和迭代,而是把它们都叫做"算法"。我们这里把它划分的主要原因是这样做更适合设计的需要。

一个算法是否叫递归,就是看这个算法定义中是否包含它本身。递归是算法的自我调用。在前面介绍的有关 n 阶乘的计算就是最典型的递归结构。为了说明递归算法的结构,把这个问题从定义的角度进行展开。

设阶乘函数的定义为:

$$\text{Factorial}(n) = \begin{bmatrix} 1 & n = 0 \\ n \times \text{Factorial}(n-1) & n > 0 \end{bmatrix}$$

我们仔细研究这个定义,就会发现解决递归问题包括两个途径,先从高到低进行分解,然后再从低到高解决它。我们用图 6.12 表示这两个途径,我们假设 $n = 5$。

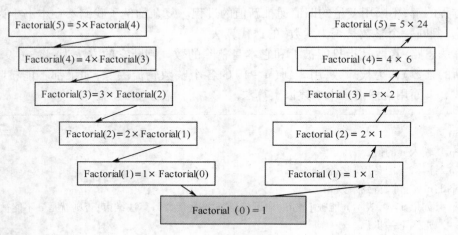

图 6.12　计算阶乘的递归步骤

递归作为一个重复过程,计算机容易实现。我们把它对自身的调用看做是产生一个副本,每次调用都有一个副本产生,因此容易使人迷惑:究竟是哪个副本在运行? 从算法设计角度,这并不重要,重要的是递归将结束条件设计在请求继续活动之前。图 6.12 所示的递归过程的结束是 Factorial(0) = 1,当这个过程被激活,也就是说当递归进入这个步骤,副本将停止产生,算法将处于等待状态的副本按照后进先出(LIFO)的原则依次处理(返回),最后得到运算结果。

从表面上看,这个过程需要花费时间或者较难。但从计算机处理来看,这个过程则相对人工的处理过程更加简单,而且能够实现输入不同的 n 值进行阶乘的计算。另外一方面,递归使得编程人员或者程序阅读人员在概念上更加容易理解。

3. 排序问题

虽然大多数算法都可以归纳为前面介绍的递归或迭代,但在计算机进行大量数据处理特别是检索时,对数据进行排序,则是必需的操作。排序作为迭代的延续应用,在计算机科学中是最普遍的应用。排序有许多方法,我们以插入排序为例说明。例如,在扑克牌游戏中,就需要把拿到的每张牌插入到合适的位置,以便这些牌按照一定的顺序排列。

对插入排序而言,它按照两个标准进行排序:匹配和等级。

我们假定被排序的对象已经被包含在一个表中,表中的每一个条目就是一个数据。我们把排序列表分为两个部分:已经排序的和尚未排序的,如图 6.13 所示。

如果我们按照从小到大的顺序排序,那么在已经排序的数据表中的数据是从整个数据中找到的最小的一批,未排序的都是比已经排序的数据大的数据(如果不是这个假设,算法可能还要复杂得多)。这样我们就可以从未排序的数据中寻找其中最小的,然后插

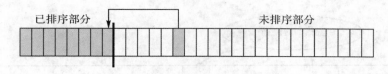

图 6.13 插入排序

入到已经排序的数据的后面。

这里需要解决的问题有：①从未排序的数据中找出最小的数据；②取出这个数据，调整未排序数据的存放空间，将这个空间移交给已经排序的数据表；③将这个数据放入到新的位置。

这个算法包含了两重循环，外层循环每次对未排序的数据扫描一次，找到匹配的对象。内层循环则是寻找数据插入到已经排序部分的位置。

如果考虑被排序的数据的大小和未排序的数据之间并无大小确定的关系，这个内外扫描则是对整个表进行的。我们把这个插入排序的流程图和伪码表示留给读者自行设计，建议读者设计好算法以后，用一组数量较少的数据如 6~8 个数据验证你设计的算法。

排序还有其他几种方法，主要是选择排序和冒泡排序。

选择排序的原理是把表中最小的数找到并放入第一个位置，然后比较余下的，找到次小的放到第二个位置。每对列表扫描一次，移动列表余下的数据的位置，将空出来的位置填入被排序的数据。

冒泡排序也是将列表分为两个部分：排序的和未排序的。冒泡法是从列表的最后开始比较相邻的两个数，将较小的向前移动，再和前一个相邻的数据比较，同样按照较小的数向前移动，直到列表的开始。接着继续这个过程，找到的次小的数排到列表的第二个位置，以此类推，直到结束。看上去就像一个小水泡（未排序中最小的数）从底下"冒"上来，得名"冒泡排序法"。

冒泡法的算法也是两个循环，外循环每次扫描迭代一次，而内循环将较小的数据"冒"上来。同样在排序列表中，一次扫描就增加 1，而未排序的数据列表则相应减 1。

不管是哪种排序方法，对有 n 个数据元素的列表进行排序，至少需要 $n-1$ 次排序扫描过程。

4. 查找问题

计算机科学中，另外一种常用的算法是查找。把一个特定的数据从列表中找到并提供它所在的位置（即索引），如图 6.14 所示。

对于列表数据的查找有两种基本方法：顺序查找和折半查找。无论列表是无序还是有序，顺序查找都可以实现，而折半查找必须使用在已经排序的列表中。

顺序查找是从列表的第一个数据（或叫做元素）开始，但给定的数据与表中的数据匹配时，查找过程结束，给出这个数据所在表中的位置。

对数据量较少的列表，顺序查找是没有什么特别的问题。对大量数据的列表，这个算法的查找速度就变得非常慢了。如果列表是无序的，则顺序查找是惟一的算法，对已经排序了的列表则可以使用折半查找。当然，无序的列表也可以先进行排序再使用折半查找

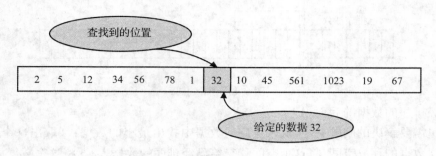

图 6.14 数据查找

算法。

折半查找是从列表的一半开始,比较列表处于一半(中间)位置的数据,判断是在前半部分还是后半部分(根据列表的排序确定的)。无论是在前或后的那部分,仍然从这部分的一半开始查找,然后再确定是在这个部分的前或后,以此类推,直到找到或者没有找到为止。读者可以根据这个过程设计算法,并确定折半查找算法的查找次数。

折半查找是从一半开始的,因此也叫做二分法。

有关算法还有更多的内容,它是计算机科学研究的一个重要领域。鉴于本书不是专门介绍算法的专著,读者可以从有关数据结构和算法设计的书中得到更多这方面的知识。总之,算法虽然在这里是针对计算机科学而讨论的,但发现问题、分析问题和解决问题的思路和步骤与其他自然科学以及某些人文学科中的方法是一致的。我们需要关心算法的结果,更要注重过程,特别是因为算法的普遍意义以及能够为其他问题的解决提供支持。

*6.7　数据表达和数据结构

如果说算法是对问题的求解设计,那么算法最终都需要通过适当的数据表达,以便能够被计算机处理。数据表达是对数据的符号化表示,例如一个利用数值分析方法解代数方程的程序,其处理对象是整数和实数;而一个文字处理程序的处理对象是字符串。

在程序设计中确定了算法,就要选择合适的数据表达和数据结构,并使用计算机语言处理它们。我们已经知道,数据作为一个抽象的概念,它代表了计算机中所有的处理对象,如数、符号、代码以及程序指令等。研究数据表达和结构也就是将算法归结于计算机语言和程序设计中的描述。这里我们简单解释一下有关数据表达和数据结构的几个基本概念。

数据结构试图探索一条可以把用户从实际数据存储的细节(存储单元和地址)中解脱出来,并且允许用户通过更方便的方式访问信息的途径。实现这种途径的最主要方式就是抽象。所谓抽象(Abstract)就是抽取出问题的本质,而屏蔽相关的细节。抽象的优点是:一方面具有良好的普适性,另一方面使程序员可以不用关心细节而专注于算法的设计。数据结构的定义虽然没有标准,但是它包括以下 3 方面内容:逻辑结构、存储结构和对数据的操作。按照它的结构形式也可以分为链、表、堆、队、树等。

6.7.1　抽象数据类型与数据结构

随着计算机技术的发展,计算机处理的对象也由数值发展到字符、表格和图像等各种具有一定结构的数据。所谓数据间的结构实际上就是数据元素之间存在的关系(Relation)。

通常有以下三类基本的数据间的结构,如图 6.15 所示。

(1)线性结构(Linear Structure)。结构中的数据元素存在一对一的关系,即每个元素只惟一地与另一个元素有关系,如图 6.15(a)所示。

(2)树型结构(Tree Structure)。结构中的元素之间存在一对多的关系,但不存在多对多的关系,形状像一棵倒置的树,如图 6.15(b)所示。

(3)网状结构(Graph Structure)。结构中的元素之间存在多对多的关系,如图6.15(c)所示。

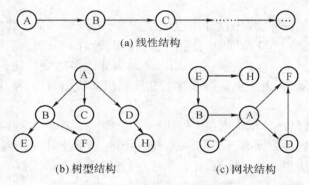

(a) 线性结构

(b) 树型结构　　　　(c) 网状结构

图 6.15　数据间的结构类型

结构反映了数据间的逻辑关系,也是对客观世界中多种多样数据的一种抽象。数据的逻辑结构在计算机程序中的实现就是数据的物理结构,又称存储结构。

从程序设计的角度看,存储结构最终需要用程序设计语言所提供的手段来实现,最主要的两种实现方式是数组(Array)和链表(Chained List)。

数据的逻辑结构反映的是数据间的关系,是静态的。静态的对象(结构)和动态的作用于对象上的操作构成了数据类型。数据类型是与数据结构密切相关的一个概念。它最早出现在高级语言程序设计中,用以刻画(程序)操作对象的特性。在高级语言编程中,每个变量、常量或表达式都有一个它所属的确定的数据类型,如整数、浮点数和字符型等。

抽象数据类型(Abstract Data Type, ADT)是指一个数学模型(对象)以及定义在该模型上的一组操作,如整数类型的对象是整数,对象的操作是 +、−、×、÷ 等。有了抽象数据类型之后,用户不用再关心任务是如何完成的,而是要关心能够完成哪些任务。

我们以队列(Queue)为例简单解释抽象数据类型。许多应用都会涉及队列。如银行要决定到底需要多少名出纳才能有效地为排队的顾客服务,这种分析需要队列。再如操作系统也需要用队列处理多个打印任务。然而,一般编程语言里不提供队列类型,所以,有两种解决方法:①针对每种应用编写相应的队列处理程序;②编写一个队列的抽象类型,它可以解决任何队列问题。显然,第二种才是好的做法。

我们来看队列的一些特点。无论是哪种队列,其本质是一样的。首先,队列是一个线性的结构。其次,队列的操作最主要是数据入队和出队,如图 6.16 所示,队列的操作为先进先出(First In and Fist Out,FIFO),也就是说最先进入队列的数据将最先出队列。

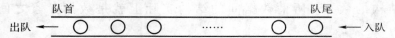

图 6.16　队列抽象数据类型

归结到一点,数据结构的一个重要问题是如何应用程序设计语言实现相应的抽象数据类型,也就是:①对象如何用程序设计语言来表示,即对象逻辑结构的物理实现;②对象的操作如何实现,即编写相应的函数(程序)。

6.7.2　数组

与数学中的变量一样,程序设计中也使用变量(Variable)表示数据。有一个问题具有典型意义:如果要给 1000 位同学的成绩进行排序、统计和分析,是否需要建立 1000 个变量? 回答是可行但不可取。一个主要原因是因为如此多的变量使程序不但繁琐,而且处理也显得冗长和复杂,表达也显得啰嗦。在计算机高级语言中,使用数组(Array)简化这类问题。

简而言之,数组是在计算机内存中使用一组连续的存储单元保存数据类型和名字相同的变量。就数组这种数据类型而言,可以是一维的,就像上述的队列;也可以是多维的,在排列上采用的方法也是按序排放,先存放第一行,接着存放第二行……直到所有数据元素被存放。图 6.17 给出了一维数组和二维数组的存放示意图。

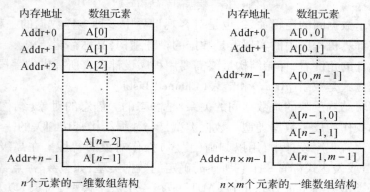

图 6.17　数组结构

我们可以看到,数组元素在内存中按序存放,而且取了一个整体的名字 A,并加上序号如 A[1],A[0,1]给出不同的数组元素。因此,只要通过不同的序号(叫做下标)就可以访问不同的数组元素,而且数组元素的使用与它所属的数据类型变量的使用一样方便。

所有的高级语言都提供了数组这种数据类型。但另外一个问题是,当我们把相关数据组织在数组这样一个数据结构中后,如何对其中的数据进行有效处理呢? 许多情况下可以应用程序设计语言所提供的循环控制结构(如第6.5.2节所述)对数组元素进行处理。循环使我们可以方便地操作数组中的各个元素,我们甚至可以用循环进行更复杂的数据处理,如计算平均值。

数组本身是一种构造的数据类型,同时它还是构造其他更复杂数据结构的基础。许多复杂的数据结构,如树、图,都可以用数组这种简单的方式来实现。这些内容就是"数据结构"课程所要解决的问题之一。

6.7.3 链表

链表(Linked List)是许多程序设计语言提供的表示有序数据的另一种方式,其特点是构造方式灵活。链表不需要事先确定元素的个数,可根据需要随时插入与删除表中的元素。而同样是表示有序数据的数组在许多程序设计语言中需要事先确定数组的大小,同时在数组中插入与删除元素均不太方便。例如,若在数组中插入某个元素,其后的所有元素均必须往后挪一个位置。

链表中每一个元素包含下一个元素的地址(Address),也就是每个链表元素包含两部分内容:数据和链(如图6.18所示)。数据为可用信息,链表则把数据元素按顺序连在一起,它指明元素列表中下一个元素所在的位置。链表中的每个元素一般称为节点。

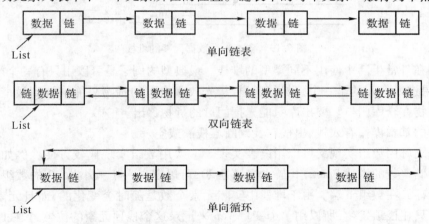

图6.18 单向链表、双向链表、循环单向链表

链表有多种结构,单向链表仅有一个指向它的后继节点的链,更复杂的链表如双向链表、循环链表等。

链表与数组的重要区别是:数组的各元素在内存中是连续存放的,而链表中的各个元素可以处于内存的不同地方,通过链将这些元素连接在一起形成一个整体。

链表上的操作主要有插入节点、删除节点、遍历链表(按顺序访问链表的所有元素)等。

链表主要通过高级语言提供的复杂数据类型结构和指针来实现。"结构"(Structure)也叫做"结构体"。数组是相同数据类型的组合,而结构则可以将不同类型的数据元素组合在一起形成一个整体。如上述单向链表中的每一个节点就是一个结构,它组合了两种数据类型:节点数据(可以是整数、字符等类型)和指针类型。

指针(Point)通俗地说就是数据对象在计算机内存中的地址。计算机内存单元可以存储程序代码,可以存储不同类型的数据,也可以是内存单元的地址。打个比方,如果把抽屉看成内存单元,抽屉的钥匙看成相应抽屉的地址,这样,抽屉不仅可以存储书、苹果等东西,也可以存储另一个抽屉的钥匙(地址)。所以,我们可以通过钥匙直接访问一个抽屉,也可以通过找对应抽屉中的钥匙,间接访问另外一个抽屉。

链表由于其构造灵活的特点,在处理不确定个数的成批数据时被经常用到。另外,链表也是程序设计中最重要的一种实现数据结构的手段,如树、图,都可以用链表这种方式来实现。

6.7.4 堆栈

与队列一样,堆栈(Stack,也简称为栈)是一种受限制的线性列表。队列的操作为FIFO,而堆栈为后进先出(Last In and First Out,LIFO),即堆栈的插入与删除只能在一端实现,该端称为栈顶。如果顺序插入一系列数据到堆栈中,然后逐个把它们移走,那么数据的顺序将被倒转。如数据插入的顺序为5、10、15、20(如图6.19所示),移走的顺序就变成20、15、10、5。

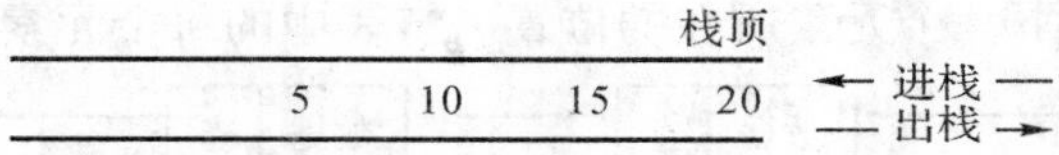

图6.19   含有4个数据元素的堆栈

人们在日常生活中使用不同类型的堆栈。最典型的例子是可以用只有一个门的仓库表示,如果进入仓库的是一个狭长的通道,最先放入仓库的货物只能堆放到最里面,最后入库的货物在仓库门口。要出库只能先把门口的货物移出。

堆栈的基本操作有入栈、出栈以及判断堆栈满或空。

堆栈既可用数组实现又可以用链表实现。一般用数组实现比较方便。例如,我们设计一个存储整数的堆栈Stack,其最大容量是20,可以定义一个大小为20的数组,第一个堆栈元素存放在数组下端。由于堆栈中实际元素个数是随时会变化的,而且元素的插入与输出都只在栈顶发生,所以用一个变量Top来记录这个栈顶元素的位置,入栈时Top加1,出栈时Top减1,如图6.20所示。

堆栈被用于表达式求值中。我们先考虑一种简单的表达式形式——后缀表达式(Postfix Expression)(又称逆波兰表达式)。一般我们看到的表达式是中缀表达式(Infix Expression),即运算符位于操作数之间,如(2+3)。而后缀表达式则将运算符置于操作数之后,如(2 3 +)。前述的表达式(4+2×3-8/2)写成后缀表达式的形式得到(4 2 3 * + 8 2 / -)。用堆栈来求解后缀表达式,则使表达式求值变得相当方便,其基本思路如下:

(1)初始化一个空的堆栈。

(2)从左到右查看后缀表达式中的每项内容,判断是操作数或运算符:

• 如果当前看到的内容为一个操作数,则将此操作数插入堆栈中;

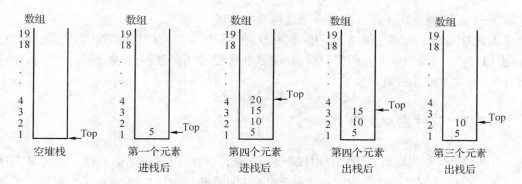

图6.20 堆栈操作示意图

● 如果是一个运算符,则从堆栈中取出操作数,并进行运算,再将运算结果插入堆栈中。

(3)当表达式中的每一项内容都处理完后,堆栈顶上的元素就是运算结果。

读者可以依据以上思路,尝试给出(4 2 3 ＊ ＋ 8 2 ／ －)的计算步骤并得到最后运算结果。你将会看到,应用堆栈这样一个数据结构就可以很方便地实现对后缀表达式的求值。同样,也可以用堆栈方便地将一般的中缀表达式转换成后缀表达式。

理解数据结构对理解计算机方法是非常重要的。有关数据结构更多的知识已经超出本书的范围,希望了解队列、链表、堆栈、数组、指针以及数、图等更多数据结构知识的读者,可以在程序设计课程中得到,也可参见有关数据结构方面的著作和文献。

*6.8 软件工程简介

以上介绍的是有关语言、算法和程序设计的相关知识。从软件开发的角度看,程序设计还仅仅是软件开发工作中的一部分工作。本节我们简要地介绍有关软件工程的观点和方法,以帮助读者进一步理解软件开发工作的复杂性。

6.8.1 什么是软件开发

开发一个大型的软件系统,程序编码只是其中的一部分工作,就工作量而言,它还是属于比较小的部分。开发软件需要进行系统分析、设计、编码、测试等,在第6.5节中我们已经就此进行了解释。大型程序开发很少由一个程序员就可以完成,因此众多开发人员的协调、管理也是软件开发需要考虑的问题。

另外一个问题是,无论你的职业是否是计算机或者与计算机相关,如果你需要解决的问题是需要专用软件,你就需要知道这个软件如何才能开发出来,怎样开发才能符合你的要求。

开发软件不是一个单纯的计算机问题,需要运用到有关系统分析原理,需要建立必要的数据模型,需要使用工程管理的方法进行开发管理。

人们总是给予计算机很高的期望,而有些并不是计算机软件目前能够做到的。所以,在创建计算机应用程序的过程中,我们有许多事情要做,前提就是必须清楚:计算机能够做什么,然后才是如何做。

6.8.2　软件生命周期

20 世纪 60 年代以后,计算机硬件的成本下降,同时应用需求的驱动使软件有了飞速的发展。而由于软件的复杂程度往往被低估,软件开发开始遇到前所未有的困难。据调查,当时在美国有 75% 的软件要么是没有开发完成,要么是开发后不能投入使用。

由此使大型软件的开发遇到了很大的困难,即出现软件危机。软件危机不但表现在开发成本上升,软件质量却没有提高;软件的错误不但很难找出,而且更难消除;为了消除软件中已经发现的错误,不得不进行修补,而修补软件本身又产生新的错误……大约有超过 15% 的错误是修补产生的……如此反复,软件开发进入了一种恶性循环的状态。

作家 Douglas Adams 指出:"可能出错和不太可能出错的差别就在于,不太可能出错的事情发生时,事情常常很难补救或挽回。"这话用在软件上非常贴切。软件是我们工作和学习中不可缺少的,而它的质量和可靠性是一个困扰已久,还要继续困扰我们的问题。

1968 年,北大西洋公约组织在当时的联邦德国召开的国际学术会议上首次提出了"软件危机"(Software Crisis)和"软件工程"(Software Engineering)的概念,提出人们应该像开发传统的大型工程一样去管理软件开发。至此软件工程成为一个备受重视的研究领域。

软件工程包含了两层意义,首先是管理,因此需要有必要的理论和方法加以支撑。其次,软件工程把软件当作工程,它与一般意义上的工程不同,具有自己的特点。

还需要看到,传统的工程是成熟的领域,软件则是一个新的产业。不能忽视它们之间的差异,也就是说并不能简单地套用工程方法。例如生产发动机能够容纳它的转速误差在 2% 范围内,但你就无法容纳一个财务软件有 1% 的误差。因此软件的标准只有正确或者不正确之分。

软件工程是由于软件危机促使计算机科学研究人员进行思考和探索而诞生的。在软件工程发展了 40 多年的今天,软件危机并没有被彻底解决,人们继续期望不断完善软件工程方法使软件危机得以彻底消除。

有多种软件工程方法被运用到软件开发中,典型的有软件生命周期法。

与工业产品一样,软件也有一个生产、使用和消亡的过程,称为软件的生命周期,如图 6.21 所示。软件生命周期法从总体上包括分析、设计、实现和维护等过程。

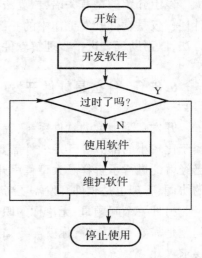

图 6.21　软件生命周期

　　一般较大型的软件系统都需要经历以上这几个阶段,如一个大企业随着业务发展、部门的不断变化,整个软件随着变化的修改后仍难以适应,就必须重新设计一套新的系统替代原系统,原系统的生命周期也就结束了。还有其他多种软件工程方法,如软件原型化法、面向对象建模法、软件重用和组件连接法等。限于篇幅我们不再进一步介绍。

6.8.3　软件开发模型

　　建立开发过程模型(也称为开发模型)就是建立对软件开发过程的总体认识和描述。随着软件工程学的发展,有许多开发过程模型被提出,主要有以下几种。

1. 瀑布模型

　　瀑布模型(Waterfall Model)是软件开发中最流行的一个模型。瀑布模型为软件开发和软件维护提供了一种有效的管理图式,如图6.22所示。这是 Winston Royce 在 1970 年首次提出的,它包括系统分析、设计、实现(包括程序编码)、系统测试和维护 5 个方面,结构是自上而下,如瀑布流水一样,故得名瀑布模型。因为它的线形特点,下一个过程必须在上一个过程结束的基础上才能进行,如在实际进行软件设计和程序代码编写之前,设计工作必须完成,这是它的主要优点。它的缺点是缺乏灵活性,特别是无法解决软件需求本身不明确或不准确的问题。

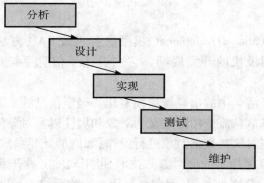

图 6.22　瀑布模型

2. 增量模型

　　增量模型(Incremental Model)又称为演化模型(Evolving Model)。软件在该模型中是"逐渐"开发出来的。开发人员先开发出一部分程序,向用户展示,用户就可以及早发现问题,然后逐步完善,最终获得满意的软件产品。增量模型的另一个版本是先开发一个"原型"软件,代表整个软件但并不包括细节部分,"原型"完成部分主要功能,展示给用户并征求意见。

　　该模型具有较大的灵活性,适合于软件需求不明确、设计方案有一定风险的软件项目。软件开发人员与用户一起定义待开发系统的总目标,确定软件的工作范围。然后快速设计软件建造原型,再让用户或客户评估原型,根据评估结果,修改和细化待开发软件系统的需求……这个过程是一个迭代的过程,如图 6.23 所示。

3. 螺旋模型

Barry Boehm 在 1988 年提出螺旋模型(Spiral Model),沿着螺线旋转,在 4 个象限上分别表达了 4 个方面的活动,即:

* 制订计划——确定软件目标,选订实施方案,弄清项目开发的限制条件。
* 风险分析——分析所选方案,考虑如何识别和消除风险。
* 实施工程——实施软件开发。
* 客户评估——评价开发工作,提出修正建议。

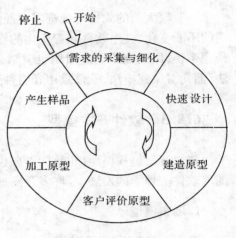

图 6.23 增量模型

螺旋模型将瀑布模型与增量模型结合起来,并且加入这两种模型均忽略了的风险分析。风险是软件开发不可忽视的潜在不利因素,软件风险控制的目标是在造成危害之前,及时对风险进行识别、分析,采取对策,进而消除或减少风险的损害。因此螺旋模型比较适应具有高风险项目的开发过程。

4. RAD 模型

RAD(Rapid Application Development)模型或者叫做 RAD 方法也是一个线性的软件开发过程模型,它强调极快的开发周期。它主要用于信息系统的开发,包含了以下几个阶段。

* 业务建模。业务活动中的信息流被模型化。确定信息的来源及流向和使用者。
* 数据建模。业务信息流被精确定义为对象和属性以及对象间的关系。
* 处理建模。创建对这些数据对象进行操作,如增加、删除、修改、检索等。
* 应用生成。RAD 使用了面向对象的技术,可用软件工具开发软件。
* 测试和复用。RAD 强调复用,但测试复用在当前系统中是非常重要的。

其他的模型还有许多种,如转换模型、喷泉模型、平行瀑布模型、编码—修正模型、智能模型等。

6.8.4 开发软件的过程

不管采用哪种开发模式,软件的开发过程,总是从问题提出开始,到系统设计、系统实现和运行维护这 4 个阶段。

1. 确定系统需求

对所开发项目的目的进行仔细分析,确定需要解决的问题,那么这个系统开发成功的可能性要大得多。考虑进行以下工作。

（1）开发目的。明确为什么要开发一个新系统，这是开发工作的基础。

（2）选择项目小组。开发一个应用系统，用户人员要比计算机专业人员多，用户需要解释问题，对解决问题的算法或模型，用户还需要确认。

（3）问题定义。问题定义的结果是产生对这些问题的描述，即对问题和问题解决的基本方法的表达。问题的定义包括使用或不使用计算机来解决这些问题。

（4）研究现行系统。

（5）确定系统需求。系统需求是成功解决应用系统中已经被定义了的问题的标准。有时也将系统需求叫做"成功因子"。系统分析人员通过研究现行系统或研究类似系统中解决问题的经验确定需求。

2. 系统设计

设计活动是在系统已经明确需要做什么的情况下进行"如何做"的设计。前者是在系统分析中确定的"做什么"。系统设计包括了确定可能的解决方案、评价方案、选择最佳方案、确定运行环境（系统软件和硬件）以及开发应用说明。

3. 系统实现

软件系统开发最大的工作量集中在系统实现这个阶段。在本阶段需要为开发（程序编码）建立环境，需要建设系统运行的环境，需要编制程序，需要进行基本的测试。

4. 系统维护

对大型应用系统而言，日常维护是系统管理员的工作。这里的维护包括硬件维护、数据备份、数据恢复、监控系统信息流量和解决实际操作中的其他问题。

维护的另一层含义是：修改应用程序中的错误，增加新的特性，对系统支撑软件的升级处理等。有的系统在维护方面几年的开销累计要远远超过开发的开销，这也就凸现了维护在保障系统运行中的重要作用。

与所有系统一样，软件系统的生命周期也基本符合正态分布。当系统维护已经难以持续满足实际应用的需求，这就意味着需要进行新系统的建设了。

6.8.5 软件项目管理

本节开始，我们提到软件工程包含了管理科学。统计表明，软件开发失败的主要因素往往不是技术问题，而是管理不当。一个需要多人参与的开发项目，软件设计人员的大部分精力花在了彼此的协调上。因此，对软件开发项目的管理，不但能够保证项目开发的顺利进行，而且能够提高开发效率。

项目管理（Project Manager，PM），简单地说就是"对项目进行管理"，这也是其最原始的概念，不但使用在许多工程项目中，也使用在软件项目中。这个概念指出，PM 是属于管理范畴，它的管理对象是项目。进一步延伸这个概念，可以把项目管理定义为：把各种知识、技能、手段和技术应用于项目之中以达到完成项目的要求。

1. 项目管理过程

软件项目管理的对象是软件项目,因此这种管理开始于进行软件开发之前,并在软件开发过程中持续进行直到项目工程结束。

软件项目管理的日常活动通常是围绕项目计划、项目组织、质量管理、费用控制和进度控制等5项基本任务来展开的。项目管理过程中,项目管理者并不对资源的调配负责,而是通过各个职能部门调配并使用资源。

2. 有效管理

有效的管理应将注意力集中在人员(People)、产品(Product)、过程(Process)和项目(Project)4个方面,简称"4P"原则。也有观点认为项目管理的范围是3P:人员、问题(Problem)和过程。

软件人员的创造力早在20世纪60年代就是一个热点话题,显然人员的管理问题无疑是软件工程中的首要问题。人员管理包括建立有效的团队组织机构,以鼓励充分的沟通交流和积极的团队精神。

产品管理强调用户与技术人员的沟通,以确保需求的准确定义,并且将产品做适当的分解,划分给各个开发小组完成。

过程管理为团队选择适合目标系统开发特性的模式,定义一系列阶段性工作目标,引导工程顺利进行。

*6.9 职业:软件工程师

Augusta Ada Byron 被称为第一个程序员,葛利斯·哈伯(Grace Hopper)则被冠以最杰出的程序员称号,"由于她在计算机程序设计语言开发方面的杰出贡献,简化了计算机技术,为广大用户打开了一扇门",1991年她被授予美国国家科技奖。Grace Hopper 对计算机的传奇贡献是发现了第一个计算机 Bug,当时是计算机的一个硬件缺陷,而现在它成为计算机系统或者程序中存在的任何一种破坏正常运转能力的问题或者缺陷的专用名词。

现在比较多的是使用"软件工程师"这个名词代替"程序员",也许是软件工程师的含义要更广些,但这个职业资格目前没有认证。许可是政府行为,论证是专业管理机构管理的自愿性程序。事实上在我国,大多数面向公共服务的职业,包括建筑、会计、医师、护士、律师和教师,甚至电工、汽车修理、美容等职业都有认证许可制度,而计算机专业人员没有许可,也没有认证。即使有,也是一些专业公司或者非许可性质的认证,如程序员等级考试,但不是必需的。

在计算机工业发达的美国,也没有实行计算机专业许可。其中一个主要的原因是

ACM(Association for Computing Machinery,美国计算机学会)反对,它的一个理由是软件工程师许可对解决软件可靠性和质量问题没有什么帮助,其次是软件工程师的工程学基础测试中的许多主题如热力学、水力学、统计学等,与计算机职业毫无关系。2001 年,IEEE计算机协会(IEEE Computer Society)对软件工程师的论证程序进行了 Beta 测试,并从2002 年开始进行 CSDP(Certified Software Development Professional)认证。至此,软件工程师这个职业开始引人注目。

软件工程学中的许多环境都把"人员"素质放在很重要的地位,这是软件产业的特点所决定的。软件的设计和质量很大程度上依赖于软件工程师的素质,因此,社会对于软件工程师的素质提出了越来越高的要求。

1. 知识和技能

软件工程师必须精通数学、电子学、编程语言、数据结构等专业知识,以及工程学、项目管理及其他应用领域的知识,能够支持非专业领域的软件开发。

2. 沟通和能力

沟通是软件工程师应具备的一个很重要的素质,因为是为用户开发软件,常常需要直接面对用户。沟通还表现在项目成员之间的有效交流。

软件工程师的能力表现在理论与实践相结合上,能够将适当的理论、实践知识和工具应用到软件系统的开发过程中,包括需求分析、设计、实现、评审与测试、维护以及演化,能认识到抽象和建模的重要性,意识到优秀设计的价值。

3. 效益意识

软件作为一个产品,它应当能够产生效益。因此,软件工程师应当具有较强的工程经济分析能力,能够分析软件产品的市场前景和经济价值,并做出合理的投资效益预测。

4. 心理素质

Hopper 对年轻的程序员的要求就是"继续做下去",而她最不喜欢的话就是"为什么我们总是这样做"。事实上,开发一个软件要经过反复修改,要花费大量的时间和精力,这需要有足够的耐心。软件开发需要有创造力,它是一项艰苦的脑力劳动,也是相当消耗体力的劳动,这要求软件工程师有较好的心理承受能力和健康的体质。

5. 知识更新

计算机技术的快速发展导致知识更新非常频繁,这就要求软件工程师具备学习的能力,以适应技术发展的要求。

本章小结

本章介绍了程序设计的基础知识,包括常见的语言种类及程序设计的一般过程。

从广义上看,程序是计算机执行某种任务操作的一系列步骤的总和。

程序设计需要用某种语言实现,计算机语言有:

- 面向机器硬件的机器语言,它是二进制语言。
- 汇编语言,它用英文单词或缩写表示机器指令,因此基本上也是面向机器的。
- 面向过程的高级语言,这种语言接近数学描述求解问题的过程。
- 面向对象的高级语言,它以对象的观点来编制程序,是今后语言的发展方向。

编程语言的低级和高级是根据它们与机器的密切程度划分的:越接近机器的语言级别越低,越远离机器的语言越"高级"。

用高级语言编写的程序通称为"源程序",必须被翻译成机器语言程序才能被计算机执行,它有两种翻译方式:编译和解释。

编译是将整个源程序代码文件一次性翻译成目标程序代码,最终生成可执行文件。

解释是对源代码中的程序进行逐句翻译,翻译一句执行一句,翻译过程中并不生成可执行文件。

程序的逻辑结构有顺序结构、选择结构、循环结构。

算法是程序中为了解决问题而形成的思路方法。一个算法的表示可有不同的方法,常用的有自然语言、传统的流程图、结构流程图、伪代码等。

程序设计大致的步骤为:分析、形成算法、编写代码、程序测试、编写程序文档、程序的运行和维护。对于大型的编程工作,可用软件工程的方法来管理。

数据表达是数据的符号化表示,而数据结构在计算机中的表示称为数据的物理结构或存储结构。

软件工程是运用工程管理的方法进行软件开发的管理。软件生命周期包括软件需求分析、设计、实现和维护直到软件不再使用的全过程。有多种模型用于软件开发。软件项目管理是把各种知识、技能、手段和技术应用于软件项目之中以达到完成项目的要求。

通过本章的学习,应该理解和掌握:

- 程序是计算机进行某种任务操作的一系列步骤的总和。
- 程序的设计需要用某种语言实现,计算机的语言有机器语言、汇编语言、面向过程的高级语言、面向对象的高级语言。
- 用高级语言编写的程序,必须翻译成机器语言程序才能被计算机执行,它有两种翻译方式:编译和解释。
- 目前常用的一些高级语言的特点。
- 程序的逻辑结构有顺序结构、选择结构、循环结构。
- 编制一个程序的基本步骤。
- 算法是程序中为了解决问题而形成的思路方法。
- 数据表达和数据结构的概念。
- 抽象数据类型与数据结构,数组、链表、堆栈等数据结构知识。
- 软件工程的基本概念。

思考题和习题

一、问答题：

1. 什么是程序和程序设计？

2. 程序设计的基本逻辑结构有几种？

3. 请简述设计一个程序的过程。

4. 什么是面向对象的程序设计？你知道目前流行的面向对象的程序设计语言有哪几种？

5. 程序设计语言有哪些种类？

6. 若要表示一个程序的算法，可有哪些方法？

7. 算法有什么特点？请用流程图和伪代码来表示计算 $1 - 2 + 3 - 4 + \cdots - 100$ 的算法。

8. 编译系统一般由哪几个模块构成？

9. 计算机机器指令的一般格式是怎样的？

10. 数组表达的数据结构有什么要求？它们在存储器中按照什么样的结构进行存放？

11. 如何对堆栈和队列进行操作。请以生活中的例子解释它们的操作性质。

12. 什么是数据间的结构？通常有哪几种数据结构？

13. 什么是 ADT？参照队列相关的描述，给出堆栈的抽象数据结构定义。

14. 什么是软件工程？软件的生命周期包括了哪几个过程？

二、填空题：

1. 程序的结构可分为_____、_____和_____ 3 种。

2. 程序中的循环有_____、_____两种类型。

3. 目前，程序设计语言有_____、_____、_____、_____，其中计算机能直接执行的是_____语言。

4. 面向对象的程序设计的特点是_____、_____、_____。

5. 算法是解决问题的一系列步骤。算法的表示是为了把算法以某种形式加以表达，因此一个算法的表示可有不同的方法，常用的有_____表达、传统的_____、结构流程图、_____、PAD 图等。

6. 程序设计的过程可以分为程序说明、确定程序的_____结构、编写程序_____、程序测试和编写程序_____以及_____等几个阶段。

7. 数学家 G. Polya 于 1945 年提出的解决问题的 4 个步骤段，它们是：①_____；②_____；③_____；④_____。

8. 算法最基本的结构就是_____、_____和条件 3 种。

9. 数据的线性结构是指结构中的数据元素存在_____的关系，数据元素形成了一个有序的线性序列。

10. 数据的树型结构中的元素之间存在_____的关系，形状像一棵倒置的树。

11. 数组是在计算机内存中使用一组连续的_____保存数据类型和名字相同

的_____。

12. 链表中的各个元素可以处于内存的_____地方,通过_____将这些元素连接在一起形成一个整体。

13. 队列的操作为_____,而堆栈为_____。

14. 堆栈的基本操作有_____、_____以及判断堆栈_____或_____。

三、选择题:

1. 不需要了解计算机内部构造的语言是_____。

    A. 机器语言　　　　　　　　　　　　B. 汇编语言

    C. 操作系统　　　　　　　　　　　　D. 高级程序设计语言

2. 能够把由高级语言编写的源程序翻译成目标程序的系统软件叫_____。

    A. 解释程序　　　　B. 汇编程序　　　　C. 操作系统　　　　D. 编译程序

3. _____不属于结构化程序设计的控制成分。

    A. 顺序结构　　　　B. 循环结构　　　　C. GOTO 结构　　　　D. 选择结构

4. 一个算法是否叫递归,就是看这个算法定义_____。

    A. 是否有循环结构　　　　　　　　　B. 是否有调用过程

    C. 是否有对自身的调用　　　　　　　D. 不能有对自身的调用

5. 在数学中,迭代经常被用来进行数值计算,迭代是算法,它是_____过程。

    A. 不断用变量的旧值递推新值　　　　B. 不断改变输出结果

    C. 比较变量的值　　　　　　　　　　D. 根据变量的值的变化进行输出

6. 根据数据元素之间关系的不同特性,通常有 3 类基本的数据间的结构,它们是_____。

    A. 线性、树型和网状结构　　　　　　B. 顺序、循环和条件

    C. 数组、链表和堆栈　　　　　　　　D. 队列、堆栈和图

四、解释下列关键术语:

    算法　程序　计算机语言　软件　机器语言　指令　助记符语言　高级语言
翻译程序　编译程序　解释程序　目标程序　源程序　C 语言　Pascal 语言
Fortran 语言　面向过程　面向对象编程　封装　继承　多态　C++　Java
Visual Basic　组件　Scheme 语言　Prolog 语言　HTML　XML　Perl 语言
COM　程序说明　顺序结构　循环结构　分支结构　黑盒测试　白盒测试
算法特性　算法的表示　流程图　伪码　自然语言表达　迭代　递归
排序　查找　数据表达　数据结构　抽象数据类型　线性结构　树型结构
图状结构　数组　队列　链表　堆栈　FIFO　LIFO　软件危机　软件工程
软件生命周期　PM　4P 原则

在线检索

1. 网站 www. programmingtutorials. com 是一个知名的有关编程技术的站点。访问该站点可以免费获取有关许多编程的最新信息。几乎涵盖了各种流行语言,如. net、C++、

Java、Visual Basic、ASP、Html、SQL 等。

2. http://www. cprogramming. com 是一个专门针对 C 和 C＋＋ 编程指导和交流的网站,在该网站上有大量有关 C 编程的文章,有编程工具、源代码和词汇表,还有 FAQ,还提供了进行交流的链接。

3. Sun 公司的 http://java. sun. com 网站是一个关于 Java 资源和开发工具的专业网站,提供了有关 J2SE、J2EE、J2ME 等方面的产品和技术的介绍,还提供了工具下载等。

4. 微软公司的 MSDN 网站上有大量的程序开发介绍。http://msdn. microsoft. com/vbasic 则是专门介绍和交流 VB 编写 Internet 程序的网站。

5. 通过 Google 和 Baidu 搜索引擎输入关键字 Data Structure,可以得到大量的有关数据结构的信息。

6. 登录"标准化信息网"网站 http://www. estandard. com. cn/index. html,单击"软件工程",了解更多关于软件工程的知识。

7. http://www. computer. org/portal/site/ieeecs/index. jsp 是 IEEE Computer Society 网站,检索有关 CSDP 的信息,看看做为一个认证的软件工程师应该具备的专业知识有哪些。

8. Grace Hopper 作为最杰出的程序员,在计算机软件发展史上有重要的影响。请访问以下网页 http://www-history. mcs. st-andrews. ac. uk/Mathematicians/Hopper. html。

第 7 章

应用软件和数据库

应用软件是为了解决特定的应用问题而设计的。应用软件有两大类,一类是作为商业软件的应用软件包,如字处理、电子表格、演示软件等,它们称为软件中的"大件"或"常用件",也就是办公系统(Office Software);还有一类是专门为解决某些特定问题而编写的。本章简单介绍一些常用应用软件,并着重介绍有关数据库的基本知识。

7.1 用户的工具

在软件系统中,有丰富的应用软件。与计算机专业人员不同的是,一般用户关心的是如何使用应用软件解决工作中的问题,因此应用软件是用户使用计算机的工具。

进行应用软件的分类似乎比较困难,也很少有人对此感兴趣。本书从本章开始的后续章节基本上都是围绕应用系统展开的。我们大致上可以认为,如果你不是很在意软件的针对性,通用软件能够解决你的大多数问题。

通用应用软件的商业化已经非常成熟,相比专门开发的软件其价格便宜,而且门类齐全,包括了字处理、电子表格、演示软件、图形图像软件、音乐软件、多媒体、教育,也包括如何使用计算机的教育软件。这些软件大多数以 CD 的形式在书店或专业软件商店销售,还有更专业化的诸如财务管理、个人事务处理、网络软件,如电子书、网页设计、聊天工具、邮件系统、文件传输、数据压缩、电子地图以及为了计算机安全而设计的杀病毒软件、防止非法进入的防火墙等软件,也有大量的单机版或者网络版的游戏娱乐软件。

选择应用软件有几个主要的注意点。

1. 软件的兼容性

计算机世界里还没有一个软件的统一标准,大多数软件依赖于机器和系统环境,前者是指机器的配置要求,一般是指 CPU 的型号、速度、内存容量以及安装软件需要的磁盘空间,后者是指要求使用的操作系统类型。不能忽视这些要求,如果你的机器不能满足这些基本的要求,那么这个软件是没有用的。大多数配置要求是最低要求。

2. 责任声明

应用软件也需要安装,几乎很少需要进行干预就可以完成安装过程。安装程序的一个任务是在操作系统中进行"注册",以便运行程序时获得操作系统的支持。

在安装前,有一个"责任声明",包括版权提示,也包括软件开发商的"免责"声明。这个声明对用户而言没有多少选择,它有点类似于"格式合同",只有认可这个"合同"你才能进入安装。责任声明的一部分内容是把运行软件的风险转嫁给用户,"本软件不作任何保证,程序运行的风险由用户承担,这个程序可能会有一些错误……生产商不对该软件的正确性、精确性、可靠性和通用性做任何承诺"。

这个免责声明至少有一点是正确的:程序肯定会有错误。如大多数使用 Word 的用户都有丢失文档的经历,这毫无疑问是程序的问题,也就是免责声明使微软公司得以抽身事外。庆幸的是,大多数应用软件运用良好,只要稍加注意,完全可以避免可能的损失,如在使用 Word 时减少自动保存的时间间隔,那么丢失的数据就会少得多。比起操作系统的崩溃,应用软件的麻烦不算什么大问题。

3. 版权

购买并使用软件,你并没有获得这个软件的处置权,而只有使用它的权利。大多数软件被限制复制,法律上是禁止未经授权随意复制和传播软件的。有些软件则在物理上进行保护,如安装加密卡。使用密码(限制密码使用的次数),使用软件产品的序列号,还有的要求使用网络注册或者登记,目的都是版权保护。

可以理解的是,开发一个商业软件需要付出高昂的成本,因此软件开发商需要通过版权保护确保能够销售一定的数量,以收回开发成本并获取利润。

对一个特定的领域或者行业,通用软件能够解决不同部门的问题,但不能形成一个整体,加上各种通用系统都使用独自的数据结构和文件,信息共享变得非常困难。所以需要进行系统开发和系统集成,也就是将不同的系统集成为一个整体,这就需要开发具有针对性的软件,即目前应用软件开发的主流:专用软件系统。

应用系统特别是专用软件系统的一个重要基础是数据库(Database)。把不同类型的数据放到一个系统中为不同的部门和不同岗位的人员进行使用,同时把数据和对数据的操作进行分离,增加数据的可靠性,这是数据库系统设计的主要目的。几乎所有"信息系统"都是建立在数据库上的,因此数据库系统就成为大型应用系统中最为复杂、应用最为广泛的软件系统。为数据库进行开发、管理的商业软件数据库管理系统(DBMS)也就成为软件业中惟一能够与操作系统相提并论的软件,如仅次于微软公司的世界上第二大软件公司 Oracle 就是以提供数据库系统产品Oracle为主业的。

需要说明的是,尽管有人把数据库归为系统软件的范畴,但比较普遍的观点还是认为数据库应该属于应用系统,本书采纳这种观点,把数据库放入本章并对其做重点介绍。

本章将简单介绍一些常用的软件,如微软的 Office 和科学计算软件 Matlab、图形图像软件等少数几类通用软件,网络应用软件将在第 8、9 章中介绍。

软件的使用不是本书的重点,实际上也无法对众多的应用软件一一加以介绍。值得庆幸的是,学习这些应用软件不是一件困难的事情,因为我们介绍过基于 GUI 的软件的特点,特别是在 Windows 环境下的窗口技术使得大多数应用软件的窗口界面保持了高度一致,因此,借助相应软件的在线帮助(快捷键大多为【F1】,或通过帮助菜单)可以很快熟悉它们的使用,如果需要,有大量相关的书籍和文献可供选择参考,通过网络也可以获得许多帮助。

7.2　常用软件:Office 系统

这个观点不是笔者的,但肯定是能够被普遍认可的:使用计算机是从打字开始。因此,本节的标题把 Office 系统当作常用软件,也许这个说法不是很完整,但至少不是错误的。

7.2.1　从打字开始

马克·吐温把当时的铅字排版技术描述为"人类其他的任何伟大发明与这项令人惊叹的技术奇迹相比都相形见绌",而且他认为铅字排版使得那个时代的电报、火车、缝纫机以及织布机和巴贝奇的计算机技术像玩具一样简单。如果马克·吐温看到今天的文字处理和排版技术,不知道他能不能想像使用打字机写作的日子。

早期的计算机主要使用在科学计算方面,20 世纪 60 年代开始使用大型计算机进行电子排版,现在排版技术几乎完全由微机实现了。在计算机发展历史上,曾经有专门用于打字的计算机,如我国在 20 世纪 80 年代的"四通打字机"曾红极一时。

20 世纪 80 年代后期,字处理软件开始取代专用的打字计算机,也就是"软件"取代了机器。今天的文字处理任务已经全部使用软件完成。现在提到文字处理器,可能首先想到的是 Word 和 WPS。使用软件处理文字最大的好处是可以反复修改、存储、交换、复制等。文字处理软件开始具备了更高级的功能,如拼写检查、语法检查、文档结构图组织以及大纲模式。

目前,在 Windows 中文版系统下最为常用的办公系统为微软的 Office 和金山公司的 Kingsoft Office。办公系统一般包括字处理、电子表格等常用软件。

微软公司的 Office 2007 是目前的最新版本。它作为一个组件,有 PC 桌面系统和服务器的产品。有教学版、标准版、小型事务版、专业版,企业版,它们包含了表 7.1 所列程序的几个或全部,Office 系统中还有另外几个独立产品供用户选择。

表 7.1　Office 系统的组件和独立产品

名　称		描　述
组　件	Word	字处理程序,可创建、排版、输出文档
	Excel	电子表格程序
	PowerPoint	演示文稿图形程序
	Outlook	个人信息管理器和通信程序(电子邮件软件)
	Publisher	商务排版软件,创建、设计和发布专业的销售和通信材料
	Access	数据库管理程序
独立产品	FrontPage	网页创建和管理程序
	InfoPath	设计和填写电子表单的程序
	Project	项目管理程序
	OneNote	笔记记录和管理程序
	Visio	商用和科技图表制作程序

　　微软的 Office 系统都是基于 GUI 界面的程序,使用起来方便。由于 Windows 在 PC 系统中的实际垄断性地位,MS Office 作为“常用”软件也就是很自然的事情。在 MS Office 系统中的任何一个程序被启动后,在帮助菜单的“关于…”的版权窗口,进入“系统信息”后可以查看到整个机器的配置和 Office 系统中的各个成员的信息。

7.2.2　字处理

　　字处理(Word Processing)的主要功能是创建文本或文档文件,同时还具有结合文本和图形的能力。一般来说字处理有格式化和非格式化两种形式。

　　非格式化使用 ASCII 码以及 Unicode 编码,也叫做纯文本文件。在汉字系统中,标准格式是宋体五号字。格式化文件一般叫做文档(Document)文件,以 .doc 为扩展名。文档支持图形、表格以及其他类型的数据格式,带有排版信息,如字型、字体、段落、分栏等。

　　大多数字处理系统都支持“所见即所得”(What You See What You Get),即显示的格式就是打印输出的格式。桌面出版程序允许用户结合文本和图形来创建具有专业水平的出版物。常见的桌面出版软件有 Adobe FrameMaker、Corel Ventura、Quark X-Press 及国产的“北大方正”等。

　　值得一提的是自由软件 Emacs,它作为文本编辑器,不但被认为是功能最为强大的,而且它还具有对文件的操作功能以及对程序进行编译处理,可以与 Unix 交互,可以访问网络或者发电子邮件,它的历史可以追溯到 1975 年之前(参见第 11.4 节)。

　　MS Office 的 Word 是普遍使用的字处理软件之一。Word 是一个适合做反复修改的工具,它有修订、注释和审阅文档等功能。水印、背景、边框、阴影和图形效果使文档外观生动,目录、索引等功能使得长文档的组织更为容易检索。

1. Word 的窗口

Word 窗口是启动 Word 程序后的用户交互界面,如图 7.1 所示。

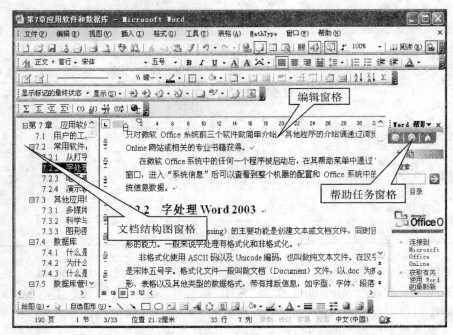

图 7.1　Word 窗口

"文档结构图"是一个独立的显示区域(叫做窗格),能显示文档的标题列表。使用鼠标右键弹出的快捷菜单可以选择文档结构图中所显示内容的详细程度、设置标题的字体和字号等。编辑窗格也叫做编辑区。文档在编辑区中创建和显示。有多种显示版式如普通版式、Web 版式、页面(Page)版式和大纲版式。大纲版式用于长文档的处理。阅读版式通过点击工具栏上的"阅读"按钮,可以隐藏工具栏的方法增大版面,使文档阅读更为清晰。

2. 创建新的文档

创建文档时,Word 在任务窗格中给出文档的模板,使用模板可以提高文档处理的效率。文档的输入可以使用键盘、语音设备、联机手写或者扫描方法。其中手写输入在"微软拼音输入法"下启动"输入板",将一些冷僻字或难以使用拼音输入的字输入。输入板如图 7.2 所示。

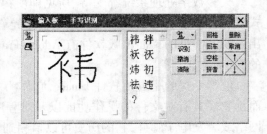

图 7.2　微软系统的输入板

文档的编辑操作还包括选定文档、查找、替换、撤销操作和重复操作等。这些操作都可以通过鼠标、键盘和菜单 3 种方式进行。

3. 视图

除了窗格和各种显示版式,视图还包括选择工具栏、设置页眉页脚、选择显示比例和全屏显示。在工具栏菜单中包含了启用如绘图、审阅和艺术字以及图片工具等,以方便操作者通过工具按钮实现快捷操作。

4. 插入操作

在 Word 中,打开"插入"菜单可以进行各种插入操作。插入各种符号、页码和"域"等。域是文字、图形、页码和其他资料的一组代码,域代码可以由系统运算得到,例如 Date 域或 Time 域用于插入日期和时间,通过更新(按键【F9】)得到当前日期和时间。

插入"对象"是 Word 的强大功能,它可以把其他文档、表格、演示、图形、视频及声音等插入到文档中。因此,Word 支持多媒体数据类型。

5. 排版操作

大多数排版操作是进行文字、段落的格式化。Word 的所见即所得功能在格式化中得到全面的体现。格式操作可以使用样式来排版文档。通过"格式"菜单命令进行分栏和设置文档的颜色、设置底纹和边框等。

6. 工具菜单

"工具"菜单中的一部分被设计成视图工具栏中的工具。最有用的工具的"选项"菜单命令,提供了包括编辑设置、视图设置、修订、文档保存位置以及拼写和语法等内容,可以在选项菜单命令中加入文档的修订和打开口令,使文档能够安全地被操作。

7. 表格

Word 的表格操作,支持多种公式如累加、求平均值、求最大最小值和求模等操作,它通过表格菜单的"公式"命令,选择"粘贴函数"得到。"表格自动格式套用"提供了 40 多种表格样式,还可以通过对标题行、首行、首列等特殊格式的设置改变表格样式。

Word 可以支持多个文档窗口,通过"窗口"菜单切换。使用 Word 的帮助系统可以随时获取有关使用的帮助信息,并支持在线访问微软 Office 网站的帮助信息。

7.2.3 电子表格

1978 年,丹·布里克林(Dan Bricklin)设计了一个能够在微机上的电子表格程序 VisiCala。IBM 推出 PC 机后,市场上有多种针对微机的电子表格软件。早先最负盛名的电子表格软件是 Lotus1-2-3。微软公司为了超越前者,给它的电子表格软件取名 Excel,这个名字来自于单词"Excelled"。

Excel 可对数据进行处理(如排序、求和、求平均值等)和管理,还可用多种公式对数据进行复杂运算,并以各种图表的形式出现在文档或演示软件中。Excel 窗口如图 7.3 所示。

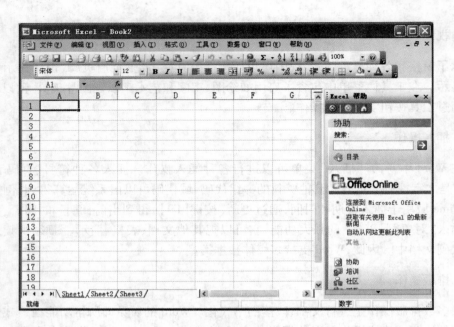

图 7.3　Excel 窗口

与 Word 的窗口风格一样,Excel 的任务窗格能够支持用户联机访问 Office 和 Excel 的帮助信息。工作簿是 Excel 的数据文件,以.xls 为扩展名。一个工作簿中最多可以容纳 255 张工作表,图 7.3 中显示的是默认的 3 张表。工作表以 Sheet 后跟序号命名,工作表是 Excel 的主界面。工作表之间的数据可以彼此复制和连接使用。

如图 7.3 所示,Excel 工作表由行、列和单元格组成。行使用数字序号,最大为 65535;列使用字母序号,最多为 255 列,从 A 到 Z,然后是字母组合 AA 到 IV。而单元格地址的表示使用列号和行号的组合,如 A1 表示是第一行第一列对应的那个单元格。被选中的那个单元格为活动单元格,是当前操作的对象。

1. 建立工作簿和工作表

新建工作簿,工作表名默认为 Sheet1、Sheet2、Sheet3。将鼠标指针指向工作表名,使用快捷菜单可对工作表进行改名、复制、删除、增加、移动等一般性操作。

2. 工作表基本操作

Excel 工作表中可以直接键入数据、使用自动填充功能和对单元格进行格式化。输入的数据有文本型、数值型、日期时间型等数据类型。

为提高输入效率,Excel 提供了自动填充功能。被选择的单元格的右下方是一个黑色的小方块为填充柄,鼠标定位在填充柄上指针为"+"型。①直接拖动填充柄,填充相同的数据。②按下【Ctrl】键,拖动填充柄,可以填充某默认的等差或等比数据,默认值可以通过"编辑"菜单中的"填充"下的"序列"命令实现,如图 7.4 所示。③也可以通过使用"工具"菜单中的选项命令,在"自定义序列"选项卡中设置由系统提供的数据类型。

格式化操作主要是对单元格的数字格式、对齐格式、字符、边框线、图案和列宽、行高的设置。选择要格式化的区域,使用快捷菜单或使用"格式"菜单中的"自动套用格式"命令进行格式化操作。

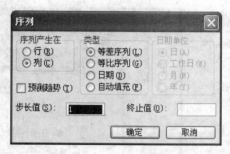

图 7.4　序列填充对话框

3. 引用公式

单元格中输入公式必须以等于号" = "开头,由常量、单元格引用、函数和运算符组成。运算符主要有数学运算、比较运算、文字运算和引用运算符。

对于一些复杂的运算,仅有运算符是不够的,这时需要使用 Excel 的函数。如公式: $= AVERAGE(A1 : C2)$ 就表示统计单元格 A1 到 C2 区域中所有单元格的平均值。

在公式中加入函数的方法是在输入公式时,选择"插入"菜单中的"函数"命令或 fx 工具按钮,在出现的"粘贴函数"对话框中,选取相应的函数即可。

4. 简单的数据处理

Excel 还具有数据库管理的一些功能,可对数据进行排序、筛选、分类汇总。在进行这些操作前,必须建立数据清单。

数据清单是包含一组相关数据的集合,如在一张工作表上,有学生的成绩表,这可以理解成一个数据清单,要对其进行上述操作,只要将光标移入该清单中,再选取"数据"菜单中的"排序"命令、"筛选"命令、"分类汇总"命令操作即可。

所谓筛选是指把数据清单中不感兴趣的记录暂时隐蔽起来,只显示感兴趣的数据,而分类汇总是指按某个类别分类统计有关数据,如某仓库中,按商品名分类统计各商品的库存量。

Excel 的功能非常强大,我们这里只简要介绍了其一部分功能,通过 Excel 的帮助窗口获取更多的介绍或者参阅有关专门介绍 Excel 操作的书籍可获取更多的知识。

7.2.4　演示软件 PowerPoint

演示软件也叫展示软件(Presentation Program)。利用演示软件可以创建演示文稿,并通过计算机的屏幕或投影仪放映,用于产品展示、教学、学术报告等许多场合。PowerPoint 是 Office 组件中生成演示文稿的软件。

PowerPoint 创建的演示文稿被保存为文稿文件(. ppt)和放映文件(. pps)两种格式。PPS 文件可以直接放映。图 7.5 显示了 PowerPoint 的界面,其窗口风格与 Word 及 Excel 保持一致。PowerPoint 有文档工作区和打包到 CD 等功能,支持视频、图形、动画和声音等多媒体信息。

图 7.5　PowerPoint 窗口

1. 演示文稿的创建

在演示软件中,显示内容是按页编辑、修改、显示的。它借用了传统幻灯片的概念,演示文稿中的每一个页面就好像一张幻灯片。创建演示文稿有以下 3 种方式:

(1)利用"内容提示向导"建立文稿。

(2)设计模板。该方式向用户提供了定义演示文稿风格的快速途径,使用户在创建演示文稿的过程中,不必花太多的精力去设置文本格式、幻灯片背景等内容。

(3)空演示文稿。该方式向用户提供了从头开始创建的途径,用户可建立具有自己风格和特色的幻灯片。

在版式中包含了许多占位符,用于添入标题、文字、图片、图表、表格等对象,另外也可以用相应的菜单或工具按钮对幻灯片中的对象、文字、段落等进行格式化。这些操作与Word 中的操作类似。

2. 视图的使用

选择视图可用窗口左下角的视图按钮或使用"视图"菜单,选择相应的视图。PowerPoint中有 6 种视图。

(1)普通视图。该视图有 3 个窗格即大纲窗格、幻灯片窗格、备注窗格,如图 7.5所示。

(2)大纲视图。此视图仅显示文稿中所有标题和正文。

(3)幻灯片视图。主要用于幻灯片编辑,作用相当于"普通视图"的幻灯片窗格。

(4)幻灯片浏览视图。以"缩图"的方式显示,用户可以观察每张幻灯片的外观和大致内容,还可以非常方便地添加、删除、移动、复制幻灯片。

(5)幻灯片放映视图。此时幻灯片按顺序全屏显示,单击鼠标可显示下一张。

(6)备注页视图。

3. 演示文稿的外观设计

幻灯片的外观是通过幻灯片中各种对象的布局、文本的格式以及幻灯片背景等内容表现出来的,一个演示文稿的所有幻灯片具有一致的外观。PowerPoint 中设置外观有 3种方法。

(1)应用设计模板。每个设计模板都有自己定制的"母版"、"配色方案"以及字体样式。

(2)使用母版。母版的作用是使用户在某处的格式变化可以作用到演示文稿中所有幻灯片相应的地方,如文本、标题格式的改变。

(3)幻灯片配色方案。配色方案是对幻灯片文本、背景、填充、动画、声音、强调文字、超链接等对象使用不同颜色的方法,它更换一张幻灯片的外观。

4. 幻灯片放映

演示文稿创建后,还可以根据需要设置其放映方式,可通过"幻灯片放映"菜单中的"设置放映方式"命令实现。

PowerPoint 的突出功能还体现在支持包括图形、图像、视频以及声音等多媒体和超链接。在设置需要超链接的目标,单击鼠标右键就可以从弹出的菜单上选取设置超链接操作。有关多媒体和超链接方面更多的知识请使用联机帮助或参阅有关专门书籍。

5. 制作演示文稿的建议

使用 PowerPoint 建立一个生动的演示文稿是容易的。有关演示文稿的制作,我们给出以下几点参考意见。

(1)明确目标。这个目标就是你想通过演示试图表达的内容,这很重要。一个支离破碎的演示所起到的效果是相反的。

(2)考虑对象。谁是演示文稿的观众? 观众对你演示文稿的主题了解多少? 如果你面对的是专家,可能需要介绍的是过程而不是原理。如果观众是学生,文稿就需要给出更多的信息了。根据文稿的性质,可以选用模板,使得文稿看上去更专业。

(3)给出演示文稿的提纲。提纲方式的最大优点是层次分明。

(4)选择合适的词汇。一张幻灯片上放置过多的文字肯定不是一个好的制作。要使用简单、生动的词汇。

(5)画面简洁。花哨的画面并不能使人视觉愉快。不要使用多余的边框、背景和无意义的修饰。即使需要放置起到活跃气氛的图片,也尽可能少。

(6)保证重点。每一张幻灯片突出一个主题。

(7)保持一致性。整个文稿的版式的整体性是重要的。

(8)最后的总结。通常使用文稿总是按照一个基本规律:先告诉观众你要表达什么,然后展开,最后进行必要的总结,得到一个结论。

7.3　其他应用软件

应用软件种类繁多,除了上一节我们介绍的 Office 系统,我们在这一节中概略介绍几类常见的或者叫做流行的商业软件,在第 10 章我们也将介绍更多的软件。需要重申的是,我们下面所介绍的不是软件的分类,商业软件往往难以根据功能归类。

7.3.1　PDF 文件

PDF(Portable Document Format,可移植文件格式)是目前极为流行的另一种文档文件,它是 Adobe Reader 公司开发、使用 PDF 阅读器(Adobe Reader)打开其文档。

PDF 文件格式的优点在于其文件格式与操作系统无关,也就是说,PDF 文件不管是在 Windows、Linux/Unix 还是在 Apple Mac 系统上都是可以使用的。相比之下,MS Word 是只限于 MS 系统的。PDF 的跨平台特点使它成为在因特网上进行文档发布、传播的理想格式。

不论用于创建 PDF 文件的应用程序是什么,PDF 文件看上去与原始文档很相似,并保留源文件信息,包括各种文本、绘图、视频、3D、地图、全彩色图形、照片,甚至业务逻辑。因此在与 Word 比较之后,人们有理由认为作为传输、显示文档,PDF 有其独特的优势,因此在网络上已经有数以亿计的 PDF 文档。越来越多的电子图书、产品说明、网络资料、电子邮件开始使用 PDF 文件。PDF 格式文件已成为一个正式的开放式标准,称为 ISO 32000。

使用 PDF 文件需要通过 PDF 阅读器(程序),如 Adobe Reader,它是免费软件。可以将 Word 等多种其他格式的文档文件转换为 PDF 格式,有免费的 PDF 转换工具,也有专业的商业软件。Adobe 公司的 Acrobat 就是一个可以制作、转换 PDF 的专业软件,当然也是商业软件,Acrobat 内置 Reader,可以直接阅读 PDF 文档,不需要另行安装 PDF Reader。

7.3.2　多媒体软件

一般意义上说,只要能够同时支持文本、图形、图像或声音等几种媒体的软件都可以叫做多媒体软件。如我们上一节介绍的 Office 系统的 3 个主要程序,都支持多媒体数据类型。

一般情况下,可以把多媒体软件分为两种类型,一种是为多媒体应用程序进行数据准备的软件,也就是多媒体素材制作工具软件或者叫多媒体创作工具,包括文本、图形、图像、视频、音频和动画等的素材编辑。另一种是进行开发多媒体应用程序的软件工具,大多数这类工具软件具有一定的文本、图形或图像编辑操作,如 PPT 文件。

多媒体创作工具最典型的是 Macromedia 公司的 Director,图 7.6 所示为它的界面。

Director 可以创建包含高品质图像、数字视频、音频、动画、三维模型、文本、超文本以及动画 Flash 文件的多媒体程序。

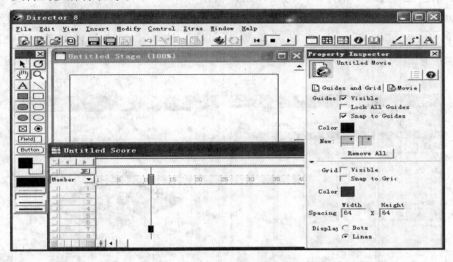

图 7.6　Macromedia Director 多媒体制作软件

　　Director 将每一个制作过程称为电影（Movie），组成电影的元素称为演员（Cast），电影情节发生的地方称为舞台（如图 7.6 所示的 Stage 窗格），控制情节的窗口叫做剧本（如图 7.6 所示的 Score 窗格）。组成电影的每一个元素——图像、声音、脚本、Flash 动画等都可以看做是参与演出的演员，可以将演员从演员表中拖至剧本或者舞台上。剧本以时间序列记录舞台活动，角色放置在频道（Channel）上，其中的每一格称为 1 帧，当播放头从左到右移动时，电影就开始播放了。图中右侧的窗格为属性检视器（Property Inspector），它用于显示选中对象的大小、颜色、位置等属性。

　　Director 支持广泛的媒体类型，包括多种图形格式以及 QuickTime、AVI、MP3、WAV、AIFF、高级图像合成、动画、同步和声音播放效果等 40 多种媒体类型。

　　Macromedia 是一个专业的多媒体软件技术公司，开发有包括 Director、Flash 和 Dreamweaver等系列软件产品。2005 年 4 月，世界头号图形设计软件厂商 Adobe 系统公司以 34 亿美元收购 Macromedia。

7.3.3　科学与工程计算软件

　　作为强有力的计算工具，在科学和工程计算方面一直是计算机科学研究的软件开发的重要领域。

　　科学和工程计算应用于多个工程领域。如建筑、环境、地质、能源、飞机制造、气象、生物和医学等科学领域中需要使用计算机进行大量的计算模拟。

　　在一般的工程计算方面，运行在微机上的多种计算软件已经日臻成熟，最为著名的就是美国 MathWorks 公司的 Matlab。Matlab 取名自 Matrix Laboratory（矩阵实验室），是以矩阵的形式处理数据的科学计算软件。它最早是在 1980 年由美国新墨西哥大学的 Cleve

Moler 教授研制的。Matlab 数值计算和可视化集成在一起,被广泛地应用于科学计算、控制系统、信息处理等领域的分析、仿真和设计工作。

　　Matlab 以图形方式完成相应数值可视化处理,也提供了一种交互式的高级编程语言——M 语言,通过 M 语言可以编写脚本程序。Matlab 支持其他高级编程语言如 C/C++ 语言。图 7.7(a)所示为 Matlab 的窗口,图 7.7(b)所示为用 Matlab 绘制的三维曲面图。

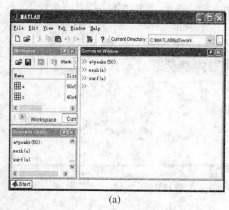 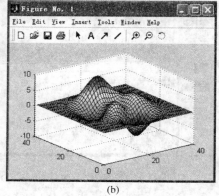

| (a)   (b) |

图 7.7　Matlab 窗口及其示例

　　MathWorks 公司还有一个著名的建模仿真软件 Simulink,它基于 Matlab 的框图设计环境,来对各种动态系统进行建模、分析和仿真。如航空航天动力学系统、卫星控制系统、通信系统、船舶及汽车等,其中包括连续、离散,条件执行,事件驱动,单速率、多速率和混杂系统等。

　　Scilab(Scientific Laboratory)是可以与 Matlab 相提并论的另一个科学计算软件,是由法国国立信息与自动化研究院(INRIA 为主)开发的"开放源码"即免费软件。Scilab 与 Matlab 软件起源相同,都源自于 Cleve Moler 于 1980 年开发的程序,其功能、表达式语法、函数调用和大多数控制指令都与 Matlab 相似。

　　与 Matlab 一样具有很强数学与工程计算功能的是 Matcad 软件,它带有土木工种、机械、电气工程库,包含许多可供用户选择的标准计算程序,还有 Matcad 小波扩展包,用于图像处理、时序分析、数据压缩等应用。它是美国 PTC 公司的产品。

　　Mathematica 是由美国科学家斯蒂芬·沃尔夫勒姆 1986 年研究开发的一个代数系统软件,不但是很好的建模工具,也具有完备的数值计算和符号运算能力,其功能与 Matlab 和 Matcad 同样强大。现在为 Wolfram Research 公司的产品,其 7.0 版已经有中文版。

　　LINGO 是美国 Chicago 大学的 Linus Schrage 教授在 1980 设计开发用于解决优化问题的软件,现在为 LINDO 公司(LINDO Systems Inc.)的产品。LINGO 主要用于求解线性规划、非线性规划、二次规划和整数规划等问题,也可以用于一些线性和非线性方程组的求解以及代数方程求根等。

　　Maple 是加拿大滑铁卢大学(University of Waterloo)在 1980 年设计开发的高等数学的软件,现在为 Waterloo Maple Software 公有,Maple 适用于解决微积分、解析几何、线性代数、微分方程、计算方法、概率统计等数学分支中的常见计算问题。

7.3.4 图形图像处理

图形图像软件主要是指能够使用户运用计算机进行设计图形和处理图像的软件。目前流行的照片编辑处理系统也属于图形图像软件。图像系统通过对像素的处理产生图像。

最简单易用的图形程序是 Windows 附件中的"画图",它可以帮助用户创建包括线条、矩形、圆形等基本形状,通过模仿不同绘画风格如喷漆、着色等,可以使用"橡皮擦"修改图形,可以实现图像的反转等效果。

大多数数码公司如 Kodak 等都有图像软件用于其数码产品,如数码相机、数码摄像机等的应用处理。目前,开发图形设计、图像制作、数码视频和网页制作等商业软件中最赋盛名的是 Adobe 公司,其产品包括图像设计与制作工具 Photoshop、图形软件 Illustrator 以及面向广播级视频处理的 AfterEffects、数码视频编辑工具 Premiere 和排版及出版工具 FrameMaker 等。它的另外一个著名的产品是 Acrobat。图 7.8 是 Adobe Photoshop 的窗口。

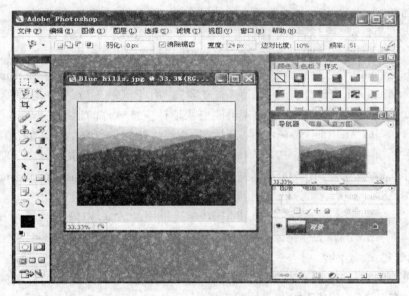

图 7.8　Adobe Photoshop 窗口

Photoshop 被认为是平面设计最好的软件之一。在三维图像设计方面,也有许多非常有特色的软件,如 3ds Max、Maya、Sumatra、Lightwave、Rhino 等。其中 3ds Max 被认为是目前使用最广的三维制作软件之一,它具有建模、多彩的动画以及操作简便等优点。3ds Max 在电影特技、电视广告、工业造型、建筑艺术等方面为专业人员所选用。图 7.9 就是运用 3ds Max 制作的三维图像。3ds Max 是美国 Autodesk 的产品,目前的最高版本为 7.0。

图 7.9　运用 3ds Max 制作的三维图像

7.3.5　统计和分析

统计和数学、实验并称为科学研究的传统方法,因此统计重要性不言而喻,其相应软件的应用也极为广泛。目前较著名的统计软件有 SPSS、SAS 和 SYSTAT。

SPSS,是 1968 年美国斯坦福大学的三位学生设计的,其名称来自于 Statistical Package for the Social Science(社会科学统计软件包)的词首缩写,现在改名为 Statistical Product and Service Solutions(统计产品与服务解决方案)。由于其数理统计功能很强,故被称为数理统计软件。一般情况下,非专业人员能更快地适应该软件的运用。

SAS(Statistics Analysis System)是 20 世纪 70 年代初北卡罗来纳大学的两位研究生开发的用于农业研究数据分析。1976 年成立 SAS 研究所后,SAS 逐步发展成为具有影响力的商业统计软件专业公司。2007 年发布的 SAS Visual BI(Business Intelligence,商业智能)集中了 SAS 商业智能和分析应用的优点并具有统计可视化软件的功能。

SYSTAT 是美国 Systat 公司于 20 世纪 70 年代推出的数据统计绘图软件,其统计方法比较齐全,也是比较流行的统计数据分析软件之一。该公司 1994 年被 SPSS 兼并,但 SYSTAT 仍然被继续发展。

作为通用的统计软件,一般都能够提供从基础的描述性统计到高端算法的各种统计功能。也都有基于菜单对话框方式的图形界面,也支持命令语言。其方法可以基于线性、广义线性以及混合线性模型进行单变量和多变量数据的全面分析,适合做传统的多重回归分析时,也可以进行多种稳健回归分析。还能帮助实验设计,进行功效分析,拟合数据。通常时间序列、空间统计、聚类分析、对应分析、联合分析、质性分析、路径分析都是常规的功能。

7.4　数据库

　　我们面临的是信息时代,产生于报纸、电视、杂志、广播、书籍以及网络中的各种信息令人目不暇接,其实一个极为实际的问题是:如果我们需要查询某件事,最好知道到哪儿去找。数据库也许就是这个问题的答案。

7.4.1　什么是数据库

　　从本质上讲,数据库(Database,DB)是用计算机存储数据记录。数据库本身可以看做是一个电子文件柜:存放计算机所收集的数据的容器。数据库用户可以对这些数据文件进行增加文件、插入数据、修改数据、查询数据、检索数据、删除数据以及删除数据库文件的操作。

　　那么这里的第一个问题就是:什么是数据库? 无论是专业人员或者对数据库所知甚少的非专业人员,对这个问题的回答可能都不是很正确。也许专业人员在谈到数据库时,多半会联想到目前三大数据库品牌:Oracle、Microsoft SQL Server 和 IBM 公司的 DB2。实际上它们都不是数据库,我们可以使用 Oracle、SQL Server 或 DB2 建立一个数据库,但它们本身不是数据库,它们是数据库管理系统(DB Manager System,DBMS),是一个为建立数据库而设计的商业化软件。

　　有关数据库的一个例子就是电话号码簿。这是一个城市或地区的所有电话用户的数据记录。但把这些电话号码和关联的信息(如用户名称、地址)组成电话号码簿(数据库)的,不是这些电话号码本身,而是一个机构负责的,如电信运营商(数据库管理者)。电信运营商编制这个电话号码簿并负责维护——定期更新,增加或改变用户。我们还知道一个明显的事实就是,电话号码簿具有容易检索的功能。

　　我们延伸这个例子,解释计算机数据库的基本概念。数据库是一个持久数据的结构化集合,是数据的组织和存储。数据库通常和它的管理软件连在一起,这个软件就是如前面说到的 Oracle、SQL Server 以及 DB2 等数据库管理系统。

7.4.2　为什么要使用数据库

　　从数据库发展来看,主要是为了使数据存储的整体化。早期的数据管理是通过文件管理进行的,从一定意义上,文件化的数据管理是"平面"的,而现代的数据库技术则是"立体"的,多维的。"为什么要使用数据库",下面所列的几点也许能够回答。

　　(1)传统的管理模式是数据分散的,数据库实现了数据的集中管理。对一个有多个部门的机构内,数据的管理或者说信息的交流障碍是难以克服的。如果每个部门都拥有自己的独立数据,这些数据即使主要是为部门服务的,对整体而言就无法进行全面的信息把握。对建立一个大型的公共数据集中管理,能够在保证部门数据的有效使用外,在数据运用方面的有效性是积极的,这也就是为什么数据库技术发展迅速而经久不衰的主要原因。

(2)使用数据库保持数据的独立性。数据的独立性表现在对数据的使用不会改变数据的物理表示。我们知道很少有单一数据,一般在不同的数据之间会存在依赖关系,例如一个职员的姓名数据和他的工资数据之间存在着关联,如果他的姓名数据的物理表示被改变,这个数据和他的工资数据之间的关联就会消失,这是谁都不愿发生的事情。因此,数据的独立性要求数据模型和它的实现分开。

(3)数据库是计算机信息系统和应用程序的核心技术和重要基础。现在几乎所有的信息系统都是建立在数据库系统上的。大家都意识到数据或者叫做信息的价值,如果数据被分散在不同的地方、被不同的人掌握,这些数据几乎就是无效数据。另外使用数据库还可以减少数据冗余,避免数据的不一致性。设想一下,如果一个单位或企业不同的部门所掌握的相同的数据采用了不同的格式,对数据的使用将是一个什么样的情形?

(4)数据库支持事务处理(Transact Processing),能够保证数据的完整性。如果执行一个事务(如在一个人事数据库中修改某一个人的数据),事务处理能够保证事务的完整性,也就是这个事务(修改过程)要么全做,要么什么都不做,不会发生只做一部分的情况。

(5)数据库可以存放大量的数据,并能够有效地进行数据的组织和管理。一般人很难想像数据量,当你桌面上的微机的硬盘已经存放不了你的数据时,给你带来的麻烦是不言而喻的。一个大型企业的数据库能够容纳数以万亿计的数据,传统的文件管理方法根本无法进行。

(6)数据库可以高速、高效检索数据。要在一个有数以万计的学生成绩纸质档案中找出某个人成绩单的工作量是可想而知的。但从数据库中查找可能只需要短短的几秒钟。

(7)数据库的信息可以重组。传统的纸质文件,计算机的文件管理,只能采用一种或者有限的几种方法进行信息的管理。例如图书馆使用数据库,可以随意按照不同的书目、不同的主题、不同的出版社、不同的作者、出版时间等进行分类,进行数据汇总。

(8)数据库可以进行各种数据处理。

还可以列出更多的优点来回答为什么要使用数据库。其实,一个最重要的原因就是由信息社会处理庞大、复杂数据的需求所决定的。技术往往产生于需求之中,数据库也是如此。

数据库很少被认为是一种管理学科。这不是本书讨论的范围,但我们应注意到,术语"学科"意味着需要进行规划并实施这个规划。当数据库管理能够被当作一种管理学科,在机构内对于数据处理的效率和安全就更有保障。

7.4.3　什么是数据库系统

为了回答什么是数据库,为什么要使用数据库,我们使用了许多新的术语。许多描述数据库的术语来自于传统的文件管理。我们如果把文字处理看做是打字过程,电子表格是办公室的账本,而数据库就是办公室的文件柜。

可以设想,当办公室充满各种文件柜,管理这些文件柜的工作就开始复杂起来了。同样数据库能够容纳各种数据,因此,建立这些"文件柜"并有效地管理它们,这就是数据库系统。

凡是能够被叫做"系统"的,一定是由多个部分组成在一起。构成数据库系统的有 4 个部分:数据库、数据库管理系统、数据库应用软件和数据库用户,它们的结构和关系如图 7.10 所示。

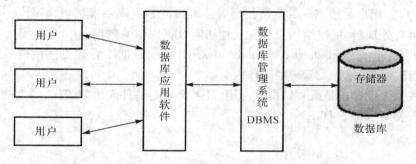

图 7.10   数据库系统

数据库系统按照层次结构把 4 个部分组成为一个整体。这种层次的结构不但对设计数据库系统有好处,也便于我们理解它的工作过程。应用层包括用户和应用程序。这个层次并不直接与数据库发生关系,用户通过使用应用程序对数据库进行操作,完成一定的任务。

1. 存储器

在数据库系统中,硬件部分最重要的就是存放数据库的存储器系统,大型数据库系统需要海量空间的存储器存放数据,还要有效地对这些存储器实施管理,保证数据快速、有效、安全地被使用。

2. 数据库管理系统

在数据库和应用程序之间的是数据库管理系统(软件)DBMS,所有对数据库进行的操作都是通过 DBMS 进行的。DBMS 提供的基本功能包括增加数据、修改或删除数据以及检索数据等。

使用 DBMS 结构最大的好处就是它为用户屏蔽了数据物理层的技术细节(就像操作系统为用户使用计算机提供了接口,用户不需要知道计算机的细节一样)。DBMS 还提供了包括实用程序、应用开发工具、设计辅助、报表制作以及事务管理器等程序。

3. 数据库应用软件

在数据库系统中,用户一般是通过专门编写的应用软件使用数据库。尽管 DBMS 也为使用数据库提供了许多功能,但大多数情况下是系统管理人员使用 DBMS 管理数据库。

用户程序能够为用户设定访问数据库的权限,指定访问有限的数据和进行数据的操作,确保数据库的安全可靠使用。

4. 数据库用户

数据库用户有多种类型,一般在 DBMS 中都规定了不同用户所具有的各种权限。但归纳起来数据库用户有 3 种主要的类型。

(1)应用程序设计员。应用程序设计员的任务是负责编写数据库应用程序,如使用某种程序设计语言编写访问数据的程序。这些程序是为第二类用户准备的。

(2)用户。用户是数据库的直接使用者。大多数数据库系统都包含至少一种应用程序如查询语言处理器,提供给用户交互式地访问数据库中的数据。

(3)数据库管理员(Database Administrator,DBA)。数据库管理员是负责对数据库进行规划、设计、协调、维护及管理的工作人员。

无论数据库设计还是编写数据库应用程序,都不是一件简单的工作,高性能的数据库应用系统需要高水平的 DBA。

7.5   数据库管理系统

数据库是一个抽象的概念,不管是 DBA 还是用户,几乎都不能直接与"数据库"打交道。建立、使用和管理数据库都是在数据库管理系统下进行的,与用户发生交互作用的是使用数据库的应用程序,而这个应用程序在数据库管理系统的支持下对数据库中的数据进行操作。

7.5.1   软件和数据的结合

在 7.4 节中,我们解释了数据库系统的几个组成部分。对复杂的数据管理需要强有力的支撑服务,使用户能够使用数据库中的数据。首要的是创建数据库。这项任务是由 DBMS 完成的。如果把数据库看做是结构化了的电子文件柜,而 DBMS 就是管理这些文件柜的"职员",它是软件与数据的结合。

DBMS 在数据库系统中处于核心位置,如图 7.10 所示。它一方面要完成对数据库物理设备(存储器)的操作,同时也要把数据按照用户能够理解的形式显示出来。如果不严格加以区分的话,可以说 DBMS 就是数据库。DBMS 由以下几部分构成。

1. 物理数据库

数据库的数据是存放在计算机的外存磁盘上的,数据库管理系统 DBMS 以文件或者其他形式实现数据库数据的存放。

2. 数据库引擎

DBMS 需要在用户和物理数据库之间提供交互,数据库引擎(DB Engine)是实现这一任务的软件,这才是真正的数据库核心部分。不同的 DBMS 使用不同的引擎,例如 Access 数据库系统采用的引擎叫做 Jet,SQL Server 使用 ADO(ActiveX Data Object)访问数据库,而 HSQL 则是开放源代码系统的数据库引擎。

3. 数据库模式

这是 DBMS 中数据的逻辑表达,它展示了数据库中各数据项之间的关系。从功能上讲,一个 DBMS 应支持下列功能:

(1)数据定义。在数据库中,数据的基本类型就是数值、文本、日期等。现在的大型数据库还支持多媒体数据。数据在数据库中最基本的结构就是以表的形式存放。

(2)数据操纵。一般是指用来查询、添加、修改和删除数据库中的数据。

(3)数据控制。设置或者更改数据库用户或角色权限。

(4)系统存储过程。它的目的在于能够方便地从系统表中查询信息,或完成与更新数据表相关的管理任务,包括系统管理任务。

DBMS 还需要实现对数据库的优化,保证数据的完整性和安全性,能够进行数据恢复和执行并发任务。

7.5.2 常见的数据库产品

简而言之,数据库产品就等同于数据库管理系统。目前使用的数据库管理软件很多,根据所能够容纳的数据容量可以分为大型或中小型数据库,也可分为支持网络的数据库系统和只支持单用户的系统。大型的数据库软件有 IBM 的 DB2、甲骨文公司的 Oracle、微软公司的 SQL Server,还有赛贝斯公司的 Sybase 等。中小型用户的数据库系统有微软的 FoxPro、Access 等。

1. Oracle 数据库

Oracle 公司于 1979 年开发出了第一个商用的数据库系统。Oracle 为目前世界第二大软件公司,多年来一直占据数据库市场的主流地位。

Oracle 系统是数据库市场占有量最高、性能最好、功能最强大的数据库产品。Oracle 有 4 种版本:企业版、标准版、个人版和移动版。其中企业版为高端应用提供高效、可靠及安全的数据管理能力,适合于大数据量的在线事务处理(OLTP)、查询密集型数据仓库以及要求苛刻的互联网应用,支持 TB 级的海量数据处理和成千上万个用户的并发操作;各种版本的数据库引擎结构相同,且互相兼容,但功能上企业版最好。

Oracle 公司还提供专用的数据库应用开发环境和工具,如 Oracle Developer 等。

2. DB2 数据库

DB2 是 IBM 公司数据库管理系统,也是最早的基于关系模型的数据库商业化产品(参见 7.6.3 节)。多年来,IBM 公司的数据库的研究和开发一直保持着技术上的全球领先地位。

迄今为止 IBM DB2 已形成了一个产品家族,可运行于从小到大的各种计算机平台上,可支持 AIX(Unix)、VMS、Windows、Linux 等多种操作系统,尤其在大、中型机的数据库应用中 DB2 占主流地位。

3. Sybase

Sybase 数据库管理系统是 Sybase(System 和 Database 缩写)公司的产品。Sybase 公司是一家世界级的数据库厂商,一直从事数据库技术的开发和应用,其产品在多线程服务、数据安全性、一致性和开发性以及并发数据处理等方面颇具特色,从而在相关行业得到了广泛的应用,占据不少的市场份额。

4. SQL Server

SQL Server 是微软公司的数据库产品,它最早是从 Sybase 公司购买的核心技术。

SQL Server 使用简单、可用性强,特别是管理和维护比较方便,有一整套可视化的管理和维护工具,如图 7.11 所示的就是 SQL Server 的界面,在这个窗口几乎可以完成包括创建、修改、查询数据库等全部操作。

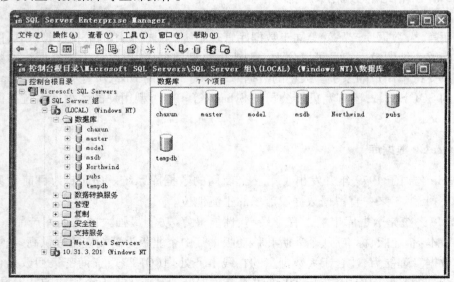

图 7.11　SQL Server 的界面

SQL Server 只能在 Windows 系列的操作系统上运行,不支持 Unix 和 Linux,其版本有企业级的,也有用于嵌入式系统如移动电话的 Mobile 版。

5. Access

这是微软的小型数据库管理系统,也是 MS Office 套件的组成部分。常被用于数据量不大、用户数较少的信息系统中。

6. Visual FoxPro

Visual FoxPro 是微软公司 Visual Studio 套件的组成部分。它既提供一个小型的数据库管理系统,又包含一个面向对象程序设计技术与传统的过程化程序设计模式相结合的数据库应用开发环境。这两者的结合为小型数据库应用系统的开发带来方便。

7.6 数据库体系结构和数据库模型

数据库体系结构是建立数据库的一个框架。这个框架用于解释数据库是如何实现的,也用于描述数据库的概念。而组织数据库中的数据,是数据库管理系统的核心,即 DBMS 所采用的数据库模型。为了理解数据库模型,我们先介绍数据库的体系结构。

*7.6.1 数据库的三级体系结构

根据美国标准化组织 ANSI 为数据库确定的体系结构,数据库具有 3 个层次:内层、概念层和外层(也被称之为三个模式),如图 7.12 所示。

(1)内层。内层决定数据在存储器中的实际位置。在这个层次需要考虑的是数据存取方法,例如如何在保存数据的外存空间中读取数据到内存中或者将内存的数据存储到磁盘上。这个层次与操作系统的存储器管理相关(见第 5 章存储器管理)。

(2)概念层。也叫公共层。在这个层次上定义数据的逻辑结构。在这个层次中,数据库模型被定义,DBMS 的主要功能都在这个层次上发生。DBMS 把数据库内部的数据以用户能够接受的形式提供给外层。概念层作为中间层次,在内层与用户之间关联。

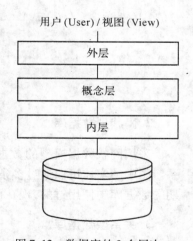

图 7.12 数据库的 3 个层次

(3)外层。也叫接口层,主要提供与应用程序或用户的连接。

这个体系结构,与我们在前面介绍的数据库系统组成结构基本上是一致的,不过这里的体系结构是为设计 DBMS 系统规定的。要解释它们需要用更多的专业术语,需要更多的专业知识,这已经不在本书的范围,后续课程数据库原理或者数据库技术中有更多的介绍。

7.6.2 数据库模型

数据库模型的方法实际是一种抽象化了的操作工具,换句话说,一般的程序设计是通过计算机语言来编写代码,如第6章介绍的那样,这些语言拥有算法进行描述和表达的能力,但缺乏对数据库的操作。如果使用这些编程语言,通过DBMS对所操作的数据库进行映射,使传统的程序设计语言扩展了对数据库操作的能力,这样,通用的编程语言就可以对数据库进行操作编程了,我们在进行数据库系统设计时基本上就是采用了这个途径,把这样的通用编程语言叫做宿主语言(Host Language),详见7.7节的介绍。

不同的数据模型有不同类型的数据管理系统,主要有以下4种。

1. 层次型数据库

采用层次数据模型,即使用树型结构来表示数据库中的记录及其联系。数据被组织成一棵倒置的树结构。每一个实体可以有一个或几个子节点,但只有一个父节点。层次的最顶端有一个实体为根(Root)。图7.13给出了层次模型的示意图。这个模型在早期的数据库中被使用,现在已经过时。

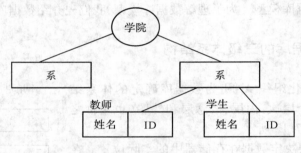

图7.13　层次模型

2. 网状型数据库

采用网状数据模型的数据库,它使用有向图(网络)来表示数据库中的记录及其联系。图中的实体可以通过多条路径实现访问,它们之间没有层次关系。这个模型也是早期的数据库中使用过的,现在已经很少见。

3. 关系型数据库

关系型数据库模型比较简单、易于理解且有完备的关系代数作为其理论基础,所以被广泛使用。我们接下来专门讨论它。

4. 面向对象型数据库

采用面向对象数据模型,是面向对象技术与数据库技术相结合的产物。它以及仍然在研究开发的并行数据库等,都是目前数据库最新发展中的技术,我们在后续章节给予介绍。

7.6.3 关系型数据库

数据库的关系模型首先是由 IBM San Jose Research Lab 的 E. F. Codd 于 1970 年提出的。关系型数据库模型由表(Table)的集合而成,简单地说"关系"就是表。我们知道,一个表有行和列,表的列表示相同数据,而在一行中可以由不同类型的列组成。在关系型数据库模型中,即由表的列来定义表之间的关系。

经常会被误解的是,关系型数据库模型不是来自于"Relationship"而是来自于"Relation",后者是集合论中的概念。基本定义就是,一个"关系"是一个没有重复值的集合。

1. 关系

从表面上看,关系就是一个二维的表格。在关系型数据库中,数据库的外部形态就是表。图 7.14 给出了一个关系数据库中的关系(或者叫表)的例子。

ID	CourseName	ClassRoom	Teacher
0001	计算机科学导论	203	汤晓丹
0002	计算机网络技术基础	301	李士明
0003	C 语言程序设计	106	王 维
0004	Visual Basic 程序设计	315	范中延

图 7.14 一个关系数据库的表 CourseTable1

• 关系名称。在关系数据库模型中,每个关系或者叫做表都有惟一的名称。例如我们可以给图 7.14 所示的表取名 CourseTable1。

• 属性。这个表中或者关系中,列叫做属性(Property),它表示在这个列的数据的属性,如在例子中的 CourseName 的列都是课程的名称,它是"字符型"数据。而 ID 为课程编号,被定义为具有"数值"属性。注意,在这个关系中,属性并没有被显式地表示,而是在设计这个关系时被定义的。

• 度。关系中所有的属性的总和叫做度。在这个例子中度为4。通俗地讲,度就是表格中列的数目。

• 记录。关系中的行叫做记录。记录包含了表中一行的所有列,也把行叫做"元组"。

• 基数。所有行的数目叫做基数。当表中的记录增加或被删除,基数就随之改变,这就实现了数据库的动态存储。

2. 关系的操作

在关系数据库中可以通过一系列被定义了的操作实现对数据库的管理和使用。主要有插入、删除、更新、选择、连接以及并和交等,这里不再赘述。

3. 关系型数据库管理系统

在目前应用的数据库系统中,关系型数据库管理系统占到了绝对统治地位。虽然许多数据库管理软件都声称是支持关系型数据库的,不过研究人员还是认为,真正的关系型数据库的商业软件并没有成熟。

关系型数据库模型所确定的目标有三点。第一是数据的独立性;第二是确保数据处理的完整性和完备性,在 Codd 的模型理论中,还提出了规范关系化的概念,即不含有重复元组的关系;第三是能够向面向网络的数据操作语言的方向发展。

由于现代计算机技术特别是人机交互方式以 GUI 为主,因此,一些非关系型数据库也以关系型的 GUI 出现,而在这个界面下的实际模型是什么就不得而知了。目前最新的研究也提出了关系数据库模型的扩展,如要求获取数据的更确切的含义,支持面向对象,支持数据整理等。

7.7　SQL 语言

SQL 最早也是 IBM San Jose Research Lab 为其关系数据库管理软件 System R 开发的一种查询语言。目前大多数关系数据库管理系统都支持 SQL。用户或者为用户编制的访问数据库的应用程序都使用 SQL 语言。

7.7.1　什么是 SQL 语言

SQL 语言的全称是结构化查询语言(Structured Query Language),它已经成为关系型数据库的标准语言。目前的版本 SQL 99,是 ISO 于 1999 年建立的,之前为 SQL 92。

SQL 本质上就是计算机编程语言,惟一的区别就是它专门针对关系型数据库。

SQL 语言是简单的,因为它只有有限几个语句,完成数据库查询、插入、删除等操作。

SQL 语言是复杂的,SQL 99 的标准文档超过千页。就它的一个查询语句 Select 而言,其可以使用的参数就有几十个。

除了 DB2、Oracle、Sybase、Informix、SQL Server 这些大型的数据库管理系统也都支持 SQL 语言作为查询语言。一般认为,SQL 语言是一个相对独立的系统,并不是 DBMS 的一部分,但实际上在所有的数据库系统中,都把 SQL 处理器设置为一个内核程序。SQL 包含以下 4 个部分。

①数据查询语言 DQL(Data Query Language)。主要语句为 Select。

②数据操纵语言 DML(Data Manipulation Language)。包括 Insert、Update、Delete 等语句。

③数据定义语言 DDL(Data Definition Language)。定义和管理数据库以及数据库中各种对象的 SQL 语句,这些语句包括 Create、Alter 和 Drop 等。

④数据控制语言 DCL(Data Control Language)。包括 Grant、Deny、Revoke 等语句。一般情况下只有被授权的用户或 DBA 才能够使用这些语句进行数据控制操作。

7.7.2　SQL 语言的特点

有意思的是,ISO 所定义的 SQL 标准与现在大多数教材及专著中使用的术语不完全一致。例如,对"关系"这个词,ISO 标准是表,ISO 使用"行"而不是使用"元组"。SQL 有以下特点。

1. 非过程化语言

我们知道,"过程化"就是要把解决问题的每一个步骤确定下来,并告诉计算机"如何做"。"非过程化"也就是不需要告诉计算机如何做,只需要告诉计算机"做什么"。我们在程序设计(第6.5.3 小节)里介绍计算 5! 时,是设计了程序的每一步的。但在 SQL 语言中,只要你告诉计算机在数据库的哪一个表中查什么样的数据就可以了,你不需要告诉计算机"如何查"。因此,非结构化语言 SQL 使用户只关心操作的结果,不必关注操作过程。

例如,SQL 语句"Select 'Computer' from course",其意思是从数据库的 course 表中查找含有"Computer"的记录。数据库系统执行这个语句的结果是,要么告诉你查到了几个"Computer"记录,并把这几个记录列出;要么告诉你没查到。至于它是如何查到,你不必知道,也无需知道。(想一下你是如何用 Google 或"百度"的?)

2. 统一的语言

SQL 可用于所有用户的 DB 活动,包括系统管理员、数据库管理员、应用程序员、决策支持系统人员及许多其他类型的终端用户。基本的 SQL 命令只需很少时间就能学会,最高级的命令在几天内便可掌握。如实现数据查询的语句为 Select,它可以按照查询条件实现对一个数据、一个记录或多个记录、多个表中相关记录进行查询的功能。SQL 为许多任务提供了命令,包括:

• 查询数据。数据查询是使用最多的操作,但 SQL 只有一条命令 Select,查询结果被形成一个临时的表格,也就是建立了一个新的关系展现给查询者。

形式化的 SQL 语句是基于关系集合这样的数学概念,因此重复的记录不会被查询,但是删除重复的记录是很烦琐和复杂的,所以 Select 语句也允许在其查询表达式中出现重复。

• 在表中插入、修改和删除记录。

• 建立、修改和删除数据对象。

• 控制数据和数据对象的存取。

• 保证数据库的一致性和完整性。

早先的数据库管理系统为上述各类活动提供单独的语言,而 SQL 将全部任务统一在其语言中了。

3. 所有关系数据库的公共语言

由于所有主要的关系数据库管理系统都支持 SQL 语言,用户可将使用 SQL 的技能从一个关系型 DBMS 转到另一个。所有用 SQL 编写的程序基本上都是可以移植的。

对 SQL 语言编写的程序理解比较容易,即使没有学过 SQL 语言,从字面来理解也差不多可以明白它将要做什么,它可以作为"脚本"(Script)运行,也可以被嵌入到宿主语言(例如 C)中对数据库进行操作。

7.8   数据库技术

关系型数据库是目前的主流,但数据库技术在发展之中,一些重大的进展体现在底层技术。面向对象的数据库和并行数据库被人们所期待,的确它们完全有被期待的理由。还有属于发展中的技术如数据挖掘、多媒体数据库、自然语言数据库等。限于本书的目的和篇幅,我们这里只简单介绍它们的基本概念。

7.8.1   面向对象的数据库

面向对象的程序设计语言是软件设计的大方向,因此作为软件系统中非常重要的数据库系统,期待能够将数据库技术纳入一个现成的、已经具有面向对象类型的程序设计语言系统中是一件很自然的事情。

面向记录的数据库(也就是关系数据库)的特点是结构统一、数据项小而且一行中的字段(列)都是无结构的。而在对象数据库中,定义对象类型的同时需要确定如何存取它们。例如一个机构的员工被定义为一个对象,其中的职工类可以有职工姓名、岗位等属性。对人事部门的对象可以定义它们对职工类数据进行操纵,还要定义其他部门的对象对职工类数据的关系。面向对象数据库的"对象"的概念与程序设计中的差不多,在建立面向对象的数据模型中包括了对象结构、对象类以及继承和标识、包含等。

要把面向对象的一个非常抽象的概念运用到数据库中,必须表达为设计语言,一种是持久性的程序设计语言,如近年来发展的基于 C++ 的面向对象数据库,是将这些面向对象的概念集合到一种来操纵数据库的语言中。

7.8.2   分布式数据库

基于网络应用的数据库技术已经从中心数据库服务器朝着分布式数据库发展,但分布式数据库并不是新的数据库模型,而是基于关系模型的。

在分布式数据库系统中,连接在网络上各个计算机拥有部分或全部数据库的数据,或者说,数据库数据是分别存储在网络的每台计算机上,或者为互相复制数据库。

　　在分布式数据库中,有两种基本类型。第一种类型为分割式。在分割式数据库中,本地使用的数据库全部在本地计算机上,如果本地数据库服务器上没有所需要的数据,它可以到其他地方去得到它的数据,因此这种设计基于大多数数据库访问是本地的,少数是全局的。

　　这在一个跨国公司的数据库系统中是经常被使用的数据库结构。另外一个例子可以是有许多分支机构的银行等金融机构的服务,它主要是面向本地客户的存取,也可以为来自外地的客户提供服务——需要从这个客户的"本地"得到这个客户的数据。

　　分布式数据库的第二种类型为复制式。在网络上的每个数据库服务器都有相同的数据。例如一个提供新闻服务的网站公司,如果面向全国或者全世界发布新闻,需要的网络带宽就很大,但如果在关键地区中心城市或者用户特别多的地方单独设置"复制式数据库",那么用户访问这些新闻就从本地服务器或最近的地方得到了,不需要全部到一个数据库中去访问。

7.8.3　决策支持和数据仓库、数据集市

　　决策支持(Decision Support)的目的是帮助管理者"发现问题、查明原因并进行智能化决策"。这种行为来源于业务研究、管理行为、管理科学以及统计处理和系统控制等。早期的计算机应用系统在这方面的应用叫做"管理决策系统",而现在发展为"管理信息系统"(MIS),MIS 的基础就是数据库。尽管 MIS 术语比较抽象,实际上建立这个系统的目的就是为了管理的需要。

　　目前的数据库应用大多数是基于查询、搜索以及形成报表一类的基本应用。这种应用在数据库管理系统中叫做"联机事务处理"(On-Line Transact Processing,OLTP)。

　　另一类数据库处理叫做联机分析处理(On-Line Analytical Processing,OLAP)。这个概念建立在"关于数据的创建、管理、分析和报表形成的交互处理"。这些 OLAP 数据好像存储在一个多维表中,然后按照多维表达方式进行处理。

　　数据仓库是一种特殊的数据库,这个术语来源于 20 世纪 80 年代,它被定义为:"面向主题的、集成的、稳定的、随时间变化的数据存储,用于决策支持。"数据仓库的出现源于决策支持中需要的数据源是单一的、一致的、干净的数据,其稳定的意义是数据插入后不再改变,但可以被删除。

　　从 20 世纪 90 年代后,数据仓库开始流行,但慢慢发现用户常常只在仓库中某个相对较小的主题下生成报表或者进行数据分析,而且往往在同一个数据子集上进行重复的操作。因此,根据用途来裁剪数据,建立一些专用的、有限数据的"仓库"是个好的选择,由此发展了"数据集市"的概念。

　　数据集市与数据仓库的区别在于它是特定的和可更新的,特定的意思是它只支持特定的应用数据分析,"可更新"的意思是指用户可以更新数据或者重新创建数据表。

7.8.4　数据挖掘

如果期望从现有的数据库中,发现更有价值的信息,它的目标是从数据库中找到感兴趣的"模式",因此数据挖掘可以被描述为"探测型的数据分析"。

数据挖掘建立在数据库已经保存有海量数据记录的基础上。大多数挖掘技术建立在统计分析的基础上,还有就是运用人工智能技术。例如,一个大型的销售数据库可以分析不同年龄层次和性别的客户的消费习惯,从而改变销售策略。

数据挖掘是一个很大的研究方向,涉及很多分析技术,如关联发现技术寻找某些数据,使用序列关联技术发现某种有顺序规律性的数据,使用时间关联技术发现与时间相关的某些数据,然后使用某种处理模型分析这些数据,找到感兴趣的结论。

7.8.5　自然语言数据库

计算机技术的发展使得计算机科学家相信,未来的数据库将完全摈弃现在的数据库技术,未来的数据库将采用智能化的技术,用户访问数据库可以使用自然语言。

现在的数据库中已经有一些这种技术的雏形,虽然与计算机科学家们描绘的前景还相差很远。如在数据库系统或者其他软件中,可以使用简单的句子(中文或者英文)进行查询。一个例子就是网络中的搜索引擎软件,如 Google 和 Baidu(百度)。

自然语言数据技术现在看来还远没有达到实用的程度,但如同 Intel 公司前任 CEO 所说的在计算机领域:"只要能够实现,就一定会实现。"

7.9　构建数据库系统

现代大型数据库系统都是基于网络的服务器结构。数据库管理系统的最终目的是支持开发和执行数据应用程序,因此从更高一层来看,数据库系统可以看做由两个简单的部分组成,一个是服务器(Server),也叫做后端;另一个是客户(Client),也叫做前端。这个结构被叫做 C/S 模式或 C/S 结构,如图 7.15 所示。

服务器本身就是 DBMS,或者说 DBMS 是安装在服务器上的,它具有前面介绍的数据定义、操作、控制以及存储等功能。在这个结构中,往往并不加区分地使用 DBMS 和服务器这两个词。当然我们也能够完全理解,服务器本身还需要其他的软件,如操作系统。如果有多个客户,还需要服务器支持网络访问控制等。

客户端是指在 DBMS 上运行的各种数据库应用程序。这个应用程序可以由客户自己编写,也可以委托第三方开发。

图 7.15 的结构还有不同的形式。如果客户端程序和服务器程序安装在同一台机器上,则这种结构叫做单用户结构。如果多个用户使用不同的客户端机器访问另外几台机

器上的数据库服务器,则这种结构就是分布式结构。

如果将访问数据库服务器的应用程序都集中在一台机器上,所有客户都通过这个应用程序服务器访问数据库服务器,在客户端只进行访问请求和接受访问后的数据结果,就形成了一个客户端—应用服务器—数据库服务器的多层结构。

随着网络技术的发展,直接使用网络软件如浏览器 IE 进行数据库的访问,用户不需要专门的数据库应用程序,这种结构叫做 B/S(Browse/Server)模式。

数据库技术是非常复杂的,有很多的内容我们这里没有涉及。我们希望能够通过以上介绍和讨论,给读者建立一个数据库的基本概念。从建立一个数据库的角度看,我们这里只是介绍了目前比较普遍使用的 C/S、B/S 结构,但并行数据库、分布式数据库都是基于网络的应用,而这些应用还在进一步发展之中。

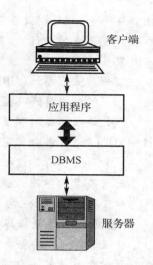

图 7.15 C/S 结构

就数据库本身而言,数据安全、数据备份等都是重要的研究内容。还有使用数据库建立空间和地理数据库,把传统的平面表示用数据库这个无限“维”的立体技术构造出物理环境的模拟,这也是数据库应用领域。

本章小结

应用软件是为解决应用问题而设计的。在软件系统中,数量最多的就是应用软件。

应用软件是用户的工具,应用软件有兼容性问题。

字处理软件为用户创建、修改、保存、输出文档提供服务。使用 Word 可以创建带有排版格式的文档。非格式化文档一般是指使用标准文本的文档,如使用 ASCII 代码的文本文件,中文系统中规定标准文本文件使用宋体 5 号字。

电子表格软件 Excel 由工作簿组成,一个工作簿中可以有多个工作表。它的基本操作包括工作表的建立、改名、复制、删除、移动等操作以及工作表的编辑与格式化、公式的引用、函数的应用及简单的数据处理。

文稿演示软件 PowerPoint 的基本使用包括演示文稿的建立,视图、配色方案的应用、放映的设置等。对其他一些应用软件也作了简单介绍。

多媒体软件有两大类,一类是多媒体创作工具,一类是开发多媒体应用软件的软件工具。

科学和工程计算是计算机的一个重要应用领域,计算机已经成为现代科学研究的重要方法和手段。

图形图像软件是指能够使用户进行设计图形和处理图像的软件。

数据库是用计算机存储数据记录,使用数据库能够有效、快速地使用数据。

数据库是许多应用软件的基础。数据库系统由数据库管理系统、数据库、应用程序和用户 4 个部分组成,数据库管理系统是整个数据库的核心,所有用户访问数据库都是通过数据库管理系统进行的,在数据库系统中,关系型数据库是目前的主流,面向对象的数据库是发展方向。

数据库管理系统(DBMS)由物理数据库、数据库引擎和数据库模式组成。

常见的数据库产品有 Oracle、DB2 以及 SQL Server 等,它们都是关系型数据库。

SQL 是数据库编程语言。SQL 由数据查询(DQL)语言、数据操纵(DML)语言、数据控制(DCL)语言和数据定义(DDL)组成。

SQL 语言具有非过程化的特点。

通过本章的学习,应该掌握和理解:

- 应用软件 Office 的基本功能及其使用。
- 理解什么是数据库,为什么要使用数据库以及什么是数据库系统。
- 理解数据库的重要作用,构成数据库系统的 4 个组成部分,以及作为数据库核心的数据库管理系统的主要功能。
- 了解常用的数据库产品。
- 理解数据库系统的 C/S 结构及其用户访问数据库的过程。
- 了解数据库查询语言 SQL 的基本特点和作用。

思考题和习题

一、选择题:

1. 在 Word 2000 中,由字体、字大小、粗体、斜体、下画线等按钮组成的是_____。
    A. 常用工具栏   B. 格式工具栏   C. 绘图工具栏   D. 菜单栏

2. 在 Word 编辑状态下,操作的对象经常是被选择的内容,若鼠标在某行行首的左边,下列哪一种操作可以仅选择光标所在的行?
    A. 单击鼠标左键   B. 将鼠标左键连击三下
    C. 双击鼠标左键   D. 单击鼠标右键

3. Excel 2000 文档是_____。
    A. 工作表   B. 工作簿   C. 数据清单   D. 数据图表

4. 下列可用鼠标"拖放"完成的工作表操作是_____。
    A. 插入工作表   B. 重命名工作表
    C. 删除工作表   D. 移动工作表

5. 当选定单元格后,按【Delete】键,可以清除该单元格_____。
    A. 内容   B. 格式   C. 批注   D. 全部

6. Excel 公式 =5 >6 的结果是_____。
    A. False   B. True   C. 5   D. 6

7. 用 PowerPoint 2000 创建的文档叫_____。
    A. 幻灯片   B. 演示文稿   C. 备注   D. 讲义

8. 在 PowerPoint 2000 中,要编辑或观察一张幻灯片的详细信息(如文本、图形、图片、背景、页脚等),应使用_____。

A. 幻灯片视图   B. 大纲视图

C. 幻灯片浏览视图   D. 备注页视图

9. 在 PowerPoint 2000 中,要浏览所有幻灯片的外貌、风格及演播顺序并能方便地删除、添加、移动幻灯片,应使用_____。

A. 幻灯片视图   B. 大纲视图

C. 幻灯片浏览视图   D. 备注页视图

二、操作题:

1. Word 中文本的复制和移动是如何进行的?

2. Word 中文本的查找和替换是如何进行的?

3. 在 Word 中如何设置文本的格式(字体、字号、各种效果等)?

4. Word 中的段落格式(如段落之间距离、缩进、行距等)是如何设置的?

5. Word 如何进行页面设置? 请上机试试。

6. Word 中插入图片有哪些方式?

7. Excel 中的单元格、工作表、工作簿的之间关系如何?

8. 工作表的数据是如何进行重复填充的? 序列填充如何进行?

9. 在工作表中输入一个班级的若干门课程的成绩,统计总分、平均分及排名次。

10. 试在 Access 中创建一个学生数据库,其中有学生情况表,建立此表并建立若干查询,从此表中得到相应的学生信息。

11. 利用 PowerPoint 制作一个介绍自己的演示文稿。此文稿至少包含 5 张幻灯片,幻灯片中有文字、图片、声音、超链接等。并设置相应的放映方式及幻灯片切换效果。

三、简单解释以下术语:

  应用软件包   软件的兼容性   字处理软件   电子表格   展示软件

  格式化文档   纯文本文件   所见即所得   视图   电子表格工作表

  工作簿   单元格   筛选   演示文稿   放映文件   多媒体软件

  多媒体创作工具   Matlab   图形图像软件   数据库   数据库系统

  数据库管理系统   数据的独立性   事务处理   DBMS   数据库用户

  DBA   物理数据库   数据库引擎   数据库模式   数据定义   数据操纵

  数据控制   存储过程   Oracle   DB2   Sybase   SQL Server   数据库模型

  数据库体系结构   关系型数据库   面向对象数据库   OLTP   OLAP

  数据仓库   数据集市   数据挖掘   自然语言数据库   分布式数据库   关系

  属性   度   记录   SQL 语言   DQL   DML   DDL   DCL   非过程化语言

  C/S 结构   客户端   B/S 模式

在线检索

我国金山公司的字处理软件 WPS 2000 的功能很强大,访问金山公司的网站 http://www. wps. com. cn,可以了解 WPS 2000 的相关情况。

本章所介绍的应用软件都是微软公司 Office 套件中的组件,可以访问该公司的相关网站了解更多的信息,网址是:http://office.microsoft.com。

还有一个非常著名的软件 Adobe Page,你可以访问该格式网站或阅读有关文献或从因特网上检索有关这方面的信息,归纳一下这个系统的特点。

有关数据库方面的知识,DBMS Magazine 杂志是专门为数据库管理系统出版的行业期刊,可以访问它们的 Web 主页,http://www.dbmsmag.com。也许你对专业文章并不感兴趣,而且阅读上也缺乏更多的知识背景,但你可以了解在为数据库工作的人面临的问题以及 DBMS 发展的一些情况。

在 http://www.databases.about.com/网站上有更多关于数据库方面的介绍。包括在各种环境下的数据库产品介绍。你可以浏览一下在 Linux 系统中被使用的数据库 MySQL,这是专门为 Linux 系统设计的自由软件。这个网站上还有关于数据库标准、数据库管理、数据库安全、数据库设计、数据挖掘、职业、培训以及认证方面的许多有意义的内容。

下面这些网址都是有关数据库的:

http://www.oracle.com/oramag/index.html

http://www.db2mag.com

http://www.dbta.com

http://www.dmreview.com

http://www.sqlmag.com

http://www.sybase.com/inc/sybmag

有关数据库的门户网站主要有:

Oracle:http://www.lazydba.com

IBM DB2:http://db2use.hypermart.net/eindex.htm

MS SQL :http://www.swynk.com/sql

第8章

连接:网络与通信

1844 年莫尔斯(Samuel Morse)发明了电报,人类首次具有了远程快速发送信息的能力。1876 年贝尔发明了电话,人类的通信能力扩展到了语音。今天,人类使用计算机可以快速地获取全世界的信息。技术的进步彻底改变了远程通信的定义,计算机通信和网络已经是信息时代最重要的标志。

今天我们已经被各种通信设施所包围,尽管有许多种通信方式,但现代通信是基于计算机的。计算机网络已经成为目前最强大的通信手段。计算机网络也成了一种基础设施。本章介绍网络的基本原理、构成以及网络通信所必需的协议和网络设备。

8.1 网络的起源

计算机处理数据十分迅速,可以说它在征服时间。计算机通过网络实现了连接,我们还可以说它征服了空间和地域,使人类的信息交流更加快捷而且简单方便。

计算机网络或者叫做网络(Network,Net)的历史有 40 多年,它最初是由 MIT 一帮热爱计算机的学生进行学习交流而设计的。十多年前,当微机系统和连接它的网络的价格开始能够被广大非专业计算机用户所接受的时候,以互联为特征的计算机网络开始从传统的大型机、巨型机为网络核心向微机网络转移。微机网络使一直被大型机用户所享有的电子邮件和文件共享服务带给了数以亿计的微机用户,它为人们更容易地进行协同工作、通信和相互交流提供了可能。

网络发展到今天,已经没有人关心网络在使用什么样的机器,也不关心网络用户是专业或非专业人员,它将社会的各行各业甚至家庭连接起来,以期望达到资源共享、相互通信的目的。计算机网络已深刻地影响着科研、教育、经济发展和社会生活的各个层面,成为未来社会中赖以生存、发展的重要保障。

从 20 世纪 60 年代到 80 年代,计算机网络的发展大致可分为 3 个阶段:面向终端的网络、计算机通信网以及计算机网络。

1. 面向终端的网络

早期的计算机系统规模庞大,价格昂贵,设置专用机房,利用通信设备及线路连接多个终端设备,这就是面向终端的网络,如图 8.1 所示。它是当时 IBM 公司力主的技术。它由主机和若干终端组成,较高地利用了主机资源。但其存在两个明显的不足:一是主机系统负荷过重;二是线路利用率低。严格意义上它还只是网络的雏形而已。

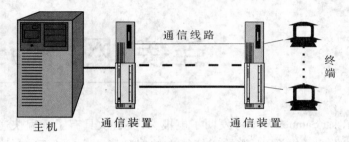

图 8.1   面向终端的网络

2. 计算机通信网

从 20 世纪 60 年代后期开始,出现了若干互联系统,也有了一些网络协议,实现了计算机与计算机之间的通信。这些计算机都有自主处理能力,它们之间不存在主从关系。

这个时期的通信网中虽然可实现"计算机之间"的通信,但缺乏对网上资源进行统一管理,所以它仍属于计算机网络的低级形式,被称为计算机网络发展的第二阶段。

3. 计算机网络

1970 年,以发明复印机而知名的施乐公司开始研究网络,并生产了世界上第一块网卡。大多数观点认为这个时期是计算机网络发展的真正起点。

国际标准化组织 ISO 于 1983 年颁布了"开放系统互联参考模型"(简称为 OSI 模型,参见 8.5.2 小节),这是新一代计算机网络的基础:一个开放式、标准化的计算机网络架构。如图 8.2 所示,互联设备连接相对独立的网络,每个网络中的计算机都具有自主处理能力,每两个网络又可以通过互联设备连接到其他网络,组成更大的网络,即构成互联网。

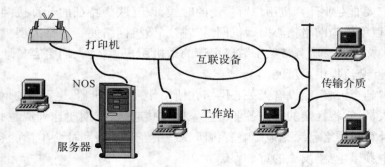

图 8.2   计算机网络

4. 计算机网络的发展

计算机网络的最大优势在于能够使人们共享计算机硬件、软件资源,更迅速地获取更多的信息,能够借助于网络进行协同工作。

20 世纪 90 年代以来,计算机网络的发展非常迅猛,特别是因特网(Internet)的迅速崛起,网络的快速发展令人炫目:多媒体信息在网络中传送,网络的传输速率由原来的几十 Kbps 提高到几百 Kbps 甚至几千 Mbps。在大多数人看来,因特网就是计算机网络的代名词。

8.2　通信信道和介质

简单地说,网络就是连接计算机的。要实现"连接",首先需要物理上的互联。如计算机使用网卡和网线与网络连接,远程通信则需要使用 Modem 或类似的设备通过公共电话网进入网络。网络是使用通信介质连接计算机并使用通信信道进行通信。

通信信道是指一个物理路径或者信号传输频率。如电话线就是提供语音通信的信道,而某个电视台使用的信道是某个无线频率范围。

通信介质是通信信道的载体。如有线电视(CATV)使用同轴电缆传输电视节目。常用的通信介质包括双绞线、同轴电缆、光纤和通过无线方式的空间传输。本节先简单解释有关通信的两个专业名词:传输速率和带宽。这也是网络中常用的术语。

8.2.1　传输速率和带宽

在通信系统和计算机网络中,数据传输速率和带宽经常用于表述通信能力。

1. 数据传输速率

计算机网络也叫数字网络,其通信也是以二进制进行的。数据传输速率是指单位时间内传输的二进制位数:bps(bit per second),称为比特率。

我们说某个通信设备比特率为 9600bps,则表示该设备每秒钟能传输 9600 个二进制位,即信息量是 1200B,相当于 1200 个字符。通常使用"K"、"M"、"G"作单位,其中 1K = 1000bit,1M = 1000K,1G = 1000M。注意这里的"K"和计算机存储容量中的"K"的区别,后者的 K 表示 1024。

传输速率的另一种表示方法称为波特率(Baud Rate),其定义为每秒钟传送的脉冲数。波特率一般指的是信号传输。我们能够理解的是,在"信号"中包含了"信息",因此通常认为波特率要大于比特率。

2. 带宽

带宽(Bandwidth)描述的是信道的传输能力,指一个信道单位时间传输的数据量。用带宽作为网络通信能力的指标更为直观。但带宽的分类是模糊的,主要是因为商业名词和专业术语之间被交叉使用。一般认为带宽有 3 种类型。

(1)语音带宽(Voice Band)。这是标准电话线路的带宽,典型的速率是 9600bps ~ 56Kbps。

(2)中等带宽(Medium Band)。一般是指租用线路的带宽,如中国电信为行业用户(金融、证券等)提供的 DDN(Digital Data Network)专线,其速率为 56Kbps ~ 264Mbps。这是一种商用化信道服务。

(3)宽带(Broadband)。宽带指的是微波、卫星、同轴电缆和光纤信道的带宽,其速率为 264Mbps ~ 30Gbps。

需要说明的是,这里的宽带和目前市场上的"宽带接入"是完全不同的概念。某种意义上,所谓"宽带"的接入是一种相对于传统的电话线路而言的商业术语。

还有一点需要说明的是,带宽意味着"能够达到的",但不一定需要和传输速率一致。带宽和传输速率的关系就像一条高速公路可以通过的流量为每天 10 万辆汽车,但实际情况并不一定要求必须有 10 万辆车在这条路上通过一样。

8.2.2 双绞线

双绞线(Twisted Pair,TP)是 PC 机联网最常用的传输介质。一对或多对双绞线放在绝缘套中便成了双绞线电缆,每对双绞线是把两根加绝缘外壳的铜导线按一定的密度互相绞在一起,很好地降低了信号干扰。常用的双绞线网络电缆,由 4 对双绞线组成。

双绞线又可分为屏蔽双绞线(Shielded Twisted Pair,STP)和无屏蔽双绞线(Unshielded Twisted Pair,UTP),有六类、超五类、五类双绞线。五类双绞线的传输速率为 100Mbps,传输距离小于 100m。双绞线两端安装 RJ-45 头,如图 8.3 所示,分别连接计算机的网卡和网络设备。

图 8.3 RJ-45 连接器、双绞线和网线(左到右)

双绞线传输数字信号,也能传输模拟信号,如用作电话线,安装方便,传输速率高。

8.2.3 同轴电缆

同轴电缆(Coaxial Cable)是由一根空心的外圆柱导体和一根位于中心轴线的内导线即芯线组成,内导线是传输线,外圆柱导体是屏蔽层,内导线和圆柱导体之间用绝缘材料隔开。线的两端与 BNC 接口连接器连接,以便与网卡对接,如图 8.4 所示。由于它的屏蔽性能好,抗干扰能力强,因此多用于基带传输。

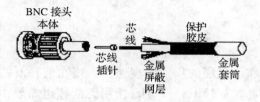

图 8.4 同轴电缆

同轴电缆又分粗缆和细缆两种。细缆功耗较大,每段干线长度最长不超过 200m,接入的用户不多于 30 个。粗缆的传输距离要远得多,可达 500m,但安装成本比较高。对于小型网络来说,使用细缆布线,安装容易,造价低。

同轴电缆构造的网络有一个缺点:当有一个节点发生故障时,会影响电缆上所有的节点,这对网络的维护是不利的。

8.2.4 光 纤

光导纤维(Optical Fiber,简称光纤,也叫做光缆)是一种传输光束的细微而柔韧的介质,如图 8.5 所示。利用光的全反射原理使光束能沿着光纤传输。

相对于其他传输介质,光纤的电磁绝缘性能好,信号衰变小,频带宽,传输速度快、距离长,抗干扰能力强及保密性能好,是传输图像、声音等多媒体信息的理想介质。目前,在高速网络中光纤的传输已达到 1Gbps 以上。

利用光纤传输信号需要光电信号转换设备,称为光纤接口,其价格比较贵,且抽头困难。长距离的光缆需要拼接。

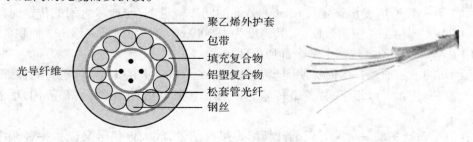

图 8.5 光纤(光缆)

光缆有多种型号和规格,以适应室内、室外和不同传输距离的需要。根据能够传输的距离,主要有单模光纤(Single Mode Fober,SMF,2~10km)和多模光纤(Multi Mode Fiber,

MMF,2km 以内)。电信服务商如我国的中国电信和有线电视公司,都将原来的数据传输主干线路升级为光缆。

8.2.5 无线传输

人们最基本的通信——面对面的谈话,就是利用了空气作为传播介质的。数据通信也可以通过无线方式。无线通信有 3 种:无线电波通信、红外线传输以及微波和卫星通信。

1. 无线电波通信

无线电波通信主要靠电离层的反射实现通信。现在最普及的无线通信是移动电话(Mobile)。无线电波的频率为 1MHz ~ 3GHz,使用无线频道需要由国家无线电管理委员会的审批。

2. 红外线传输

红外线传输使用可见光谱以下的频率范围进行数据通信。红外传输在发送和接收之间必须有一条无障碍的路径。红外设备已经是一种常见的设备,如家用电器的遥控器就是红外设备,它能在一定距离内控制电视、空调、音响等设备的操作。

3. 微波和卫星通信

微波是一种频率在 1GHz 以上的电磁波。微波信号由于频率高,传输受到距离的限制,一般在数公里之内就需要建中继站,地球的曲面也影响微波的传输。现代通信更多的是利用地面接收站与卫星实现通信。

1945 年,英国科幻作家阿瑟·克拉克(Arthur Clarke)预言在地球上空部署 3 颗同步卫星可以组成全球通信网,他精确指出 35860km 的高空是卫星和地球同步的高度。10 多年后,有了火箭。1964 年有了第一颗同步电视卫星,克拉克的预言成了现实。他被尊称为"卫星通信之父"。

卫星通信也是一种微波通信,只不过微波的中继站被高空的同步卫星所代替,如图 8.6 所示。第一代通信卫星被定位在 36000km 的同步轨道上,与地球之间的传输时间大约需要 0.24s。通信卫星覆盖范围广,其跨度为 18000km,大约为地球表面 1/3 面积,因此 3 个通信卫星就可以覆盖地球上的全部通信区域。

最近,新的卫星通信技术能够使同步卫星定位在 16000km 的太空,传送时间被缩短。通信卫星支持多个频段以实现多路传输,每一路卫星信道的容量约等于 10 万条话频线路。

远程卫星系统中的一种装置以某种频率为接收信号,放大该信号又以另一种频率发射出去,这个装置叫收发器,如图 8.6 所示。现代卫星通信中,转发器一般以几个频率中的一个进行发送,通常叫做"波段"。

计算机将数据发送到卫星收发器,再由收发器将信号传送到碟形天线上。碟形天线

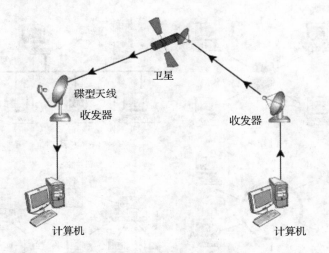

图8.6 计算机卫星数据通信

能够将数据传输到卫星或者从卫星接收数据。

8.3 网络的类型

计算机网络并没有统一的定义,在不同的时期,以不同的角度对于计算机网络都有着不同的理解和定义。随着网络技术和应用的发展,网络的概念也在不断变化。

在这里,我们给出目前对计算机网络的一种比较公认的定义:计算机网络是将地理位置不同的多个计算机系统,通过通信设备和线路连接起来,使用网络软件实现网络中资源共享的系统。

网络中的计算机是具有独立处理能力的系统,使用网络是借助于网络软件的,它的主要目的是实现"资源共享"。按照网络跨越的地理范围,可以把网络分为局域网、城域网和广域网。

8.3.1 局域网及其拓扑结构

局域网(Local Area Network,LAN)是连接较小地理范围内计算机组成的网络,例如在一个部门或单位内,或在一幢办公楼内,有时也可以延伸到近距离的楼群之间,一般在几公里内的区域。最早的网络雏形就是局域网:MIT 的几个学生通过电话线把校内几幢楼里的几台计算机连接起来,互相交流编程的心得。

管理和构成局域网的各种配置方式叫做拓扑(Topology)结构。局域网的拓扑结构主要有星型、总线型、环型和树型等,如图8.7 所示。

拓扑结构往往与传输介质和介质访问控制技术密切相关,它影响整个网络的设计、功能以及费用等方面。

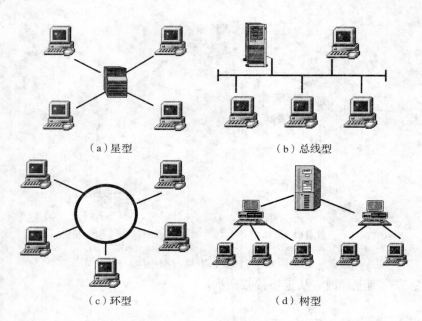

图 8.7　星型、总线型、环型、树型网拓扑结构

1. 星型拓扑结构

　　星型(Stars)拓扑结构以中央节点(如网络交换机)为中心,用单独的线路如双绞线与其他节点(节点又称为工作站)相连。相邻节点间的通信通过中心节点进行。现在大多数局域网都较多地采用这种结构。

　　星型网络的主要优点是结构简单、配置灵活、维护方便,当某个连接点出现故障时不会影响网络其他节点的工作;缺点是中心节点负担重,容易发生中心节点"瓶颈"导致整个网络性能下降。

2. 总线型拓扑结构

　　总线型(Bus)拓扑结构采用单根传输线(称为总线)作为传输介质,所有节点都通过 T 型的接口直接连接到总线上。任何一个节点的信息都可以沿着总线向两个方向传播,且能被其他节点所接收,这种方式称为广播通信方式。

　　总线型拓扑中的节点对信道故障敏感,任何节点发生故障都会导致整个网络的瘫痪。采用这种结构的局域网已经越来越少了。

3. 环型拓扑结构

　　在环型(Ring)网络中,所有节点连接成一个封闭的"环"。由于多个节点共享一个环路,为防止冲突,在环网上设置了一个令牌,只有获得令牌的节点才能发送信息,所以它也叫做令牌网,是由 IBM 公司开发的。

　　环型拓扑结构的优点是具有较高信息传输的确定性,早期用于光纤网,传输速率高。环型网络不会因为节点故障而引起全网故障,但扩充和关闭节点都比较复杂。

4. 树型拓扑结构

树型(Hierarchical)网络可以看成是由多个星型网络按层次方式排列构成的。在实际组建一个较大型网络时,往往采用多级星型网络。树型网扩大了网络的覆盖区域,具有组网灵活、成本低、扩充方便等优点,目前较大规模的局域网多采用这种拓扑结构。

8.3.2 城域网

城域网(Metropolitan Area Network,MAN)是网络发展产生的术语,最初是将局域网作用区域扩大,进而在一个较大的城市及周边地区建设数据通信设施,构建覆盖整个城市区域的网络(如图8.8所示),以满足城市建设和居民对信息服务的需求。

通常都是通过一组光缆的铺设作为城域网的主干,带宽非常高,使城市中不同的设施能够使用专用的光缆线路,以满足城市管理和服务的需要。例如在地铁隧道、城市交通主干道上建设的光缆网,能够使城市交通指挥系统实现智能化网络控制。在城市居住区建设的光缆网能够使市民接入因特网,蜂窝式无线电话系统(即移动电话网)允许 MAN 连接汽车电话和手机。我国的城市信息化建设在近年间发展迅速,大、中城市都建有城域网。

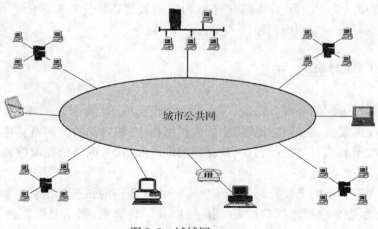

城市公共网

图8.8 城域网

8.3.3 广域网

从地域上看,广域网(Wide Area Network,WAN)的范围没有限制,如覆盖全球的因特网(Internet)就是最大的广域网。本书第9章专门介绍因特网。

理论上说,只要两个以上的局域网实现互联,所形成的网络就是广域网。从这个意义上,城域网也属于广域网的范畴。广域网实现在不同网络间的通信,如图8.9所示。

在网络之间的通信叫做网络互联。进入广域网的局域网中通常有一个特殊的节点,被叫做"网关"或者"路由"的连接设备(参见8.4节)负责处理网络间的通信。广域网一

图 8.9　广域网

一般使用公共网作为数据通信信道。

　　今天的广域网接入的概念随着因特网的发展在发生变化,不再是局限于网络之间的互联,一台计算机(如家庭)也能通过路由器连接到因特网上。

8.4　网络设备

　　网络需要通过网络设备进行连接,网络设备主要为集线器(或交换机)、中继器、网桥、路由器和网关等。除了我们在这里列出的设备,本书第 3 章所介绍的调制解调器(Modem)也是一种常用的网络接入设备。

8.4.1　网络接口卡

　　网络接口卡(Network Interface Card,NIC)简称网卡(如图 3.31 所示),是计算机与网络相连的硬件设备,它插在计算机主板的扩展槽中,通过网线与网络相连。其主要功能是实现并行数据与串行数据的转换、数据包的装配和拆装、网络的存取控制即网络信号的产生等。

　　我们在第 3 章中已经介绍过网卡。有一点是我们应该理解的:一台计算机要进入网络,机器必须配备必要的接口设备。接入 LAN 的计算机,网卡是必需的。如果通过拨号方式使用公共电话网进入计算机网络,则需要 Modem 或相关设备。

　　网卡有一个惟一的 48 位物理地址,通常称为 MAC(Medium Access Control,介质访问控制)地址,形如"00-00-E8-51-0E-7C",由一个国际组织进行分配,因此每张网卡都有一个固定的 MAC 地址,为一组 12 位的十六进制数,其中前 6 位代表生产厂商,后 6 位为该厂商自行分配给网卡的惟一号码。

　　在网络管理系统中,可通过每一台机器的 MAC 地址进行网络流量计量和故障定位。

8.4.2　集线器和交换机

　　网络集线器(简称为 Hub)和交换机(Switch)(如图 8.10 所示)是网络的关键设备,它在网络中的位置如图8.7(a)所示的星型网络结构的中心节点。它们的主要作用是实现信号的接收、再生和转发,保证网络的稳定性和可靠性,其中动态交换式集线器可减少网络资源争夺所造成的冲突,提高网络利用率。Hub 一般有多个连接端口(Port,RJ-45 或者同轴电缆端口),如8口、16口和24口等,其中一个端口作入口,其余端口作出口。

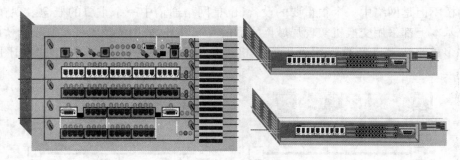

图 8.10   网络交换机(左)和集线器(右)

交换机即是交换式的集线器。交换机与集线器在网络内的用途大致相同,其中最大的差异在于交换机的每个端口都享有一个专属的带宽并具备数据交换能力,使网络传输性能更高,即在同一时间内所能传输的数据量较大;而集线器则是所有的端口共享一个带宽。交换机还有通信过滤以及网络管理的功能,因此规模较大的网络一般使用交换机作为网络核心设备。

8.4.3   中继器

中继器(Repeater)是局域网互联的最简单的连接设备,但它不是网络的节点。它主要是为解决同轴电缆信号传输距离的问题。信号在传输过程中的衰减使传输线无法超过额定的长度,比如细缆网中的同轴电缆最大长度为200m,超过这个长度信号质量就无法保证。

中继器可以产生一个信号,以维持通过局域网的信号电平,从而增加局域网连接范围。使用中继器的网络连接如图8.11 所示。

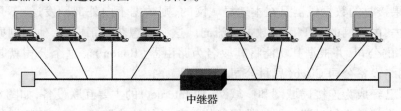

中继器

图 8.11   使用中继器连接网络

8.4.4   网桥

网桥(Bridge)是连接局域网的存储转发设备,简单地说,它是用于连接两个相同或相似体系结构的网络,组成一个扩展的局域网。网桥是施乐公司研究以太网所开发的技术。

网桥所连接的网络工作在不同的网段(地址分配不同),它能够对这些网段之间的通信是否需要转发以及如何转发进行智能的判断,通过过滤减少不必要的通信和减少通信冲突的可能性来提高网络通信的性能。

网桥不但是网络中一个很重要的设备,也是网络通信中一个重要的概念。现在的网络系统基本上都采用交换机实现局域网之间的互联,但所采用的技术就是基于网桥的,网桥的许多重要技术已经被应用到了交换机上。使用网桥连接网络的示意图如图 8.12 所示。

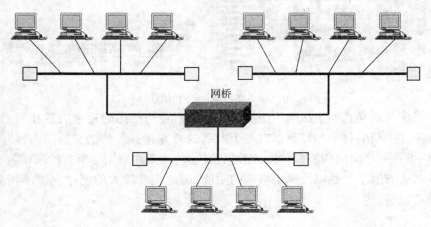

图 8.12　使用网桥的网络连接

8.4.5　路由器

20 世纪 80 年代初期,网络开始由起步进入发展阶段。当时网络数据传送的方式是由一台 IMP(互联协议处理)计算机把数据发到网上,然后在另外一个网的 IMP 上接收,即使是在同一个局域网内,也要按照这个过程处理,因此网成为数据传输最集中的区域。

当时斯坦福大学的两名研究生改进了这个传输方法:设计一个小的 IMP,存放本地网的地址,如果接收的数据机器是在本地局域网的,则数据不向外部网发送,不是本地地址的,则发出去,由外网的 IMP 确定数据的流向。这一设想获得了成功,他们创办了专门生产这种 IMP 的公司,并根据其功能将其取名为路由器(Router)。这个公司就是今天世界上最大的网络设备公司 Cisco(思科公司)。

路由器已经成为连接局域网和广域网(如 Internet)的主要互联设备,如图 8.13 所示。它的主要工作就是为经过路由器的数据寻找一条最佳传输路径,并将该数据传送到目的地。为此在路由器中保存着各种传输路径的相关数据——路径表(Routing Table),供路由时选择使用。路由表中含有所连接网络的信息,如网上路由器的个数、下一个路由器的名字等内容,一般由网络系统管理员设置,也可以由网络系统动态修正或由路由器自动调整。

网桥只能连接同类型网络,路由器可以连接不同类型的网络进入广域网。

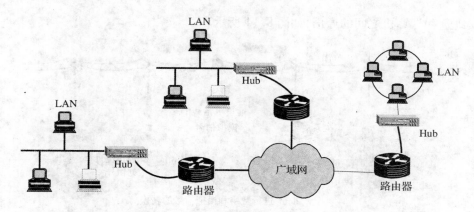

图 8.13   交互式网络中的路由器

在下一章中我们介绍的因特网的关键连接设备就是路由器,它把全世界的不同网络组成了惟一的一个全球交互的信息网。

8.4.6   网   关

传统上,网关(Gateway)是充当网络通信协议(详见下一节)转换器的连接设备,通常是安装了协议软件的计算机。

在早期的因特网中,网关即指路由器。随着时间的推移,路由器也变成了多功能的网络设备,它能互联局域网以及广域网而形成因特网,这样路由器就失去了原有的网关概念。然而网关这一术语仍然沿用了下来,目前主要有以下 3 类网关。

(1)协议网关。协议网关通常在使用不同协议的网络区域间作协议转换,使得使用不同协议的网络可以相连。一般所指的网关设备就是指协议网关。

(2)应用网关。应用网关是转换网络数据格式的系统。典型的应用网关接收一种格式的输入,将之翻译,然后以新的格式发送。一种网络服务可以有多种应用网关,如电子邮件有多种格式,提供 Email 的服务器可能需要与各种格式的邮件服务器交互,实现此功能的方法是通过应用网关。

(3)安全网关。安全网关是各种计算机和网络安全技术的融合,最典型的应用就是防火墙的网络安全保护(参见本书 11 章有关内容)。

8.4.7   调制解调器

在第 3 章我们介绍过 Modem。这里我们着重从使用的角度再对 Modem 作进一步的介绍。

大量因特网接入是通过电话线路进行的。公用电话网是现成的且廉价的通信线路,但它传递的是随时间变化的语音信号,数字信号是无法直接用它作为载体传播出去的。调制解调技术就是将计算机的数字信号"调制"为适合电话线上传播的"载波"模拟信号,通过电话线到达接收端后,再"解调"出数字信号,供接收端计算机处理。利用 Modem 可以实现远程计算机之间的通信,如图 8.14 所示。

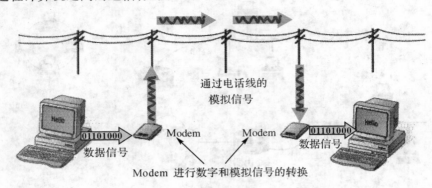

通过电话线的
模拟信号

图 8.14　使用 Modem 进行数据通信

Modem 通信协议即数据交互规则用 V. xx 来表示,如 V. 34 协议。它的主要内容是规定两台配置相似的 Modem 以相同的速率交换数据。如果它们的速率不同,建立连接时,自动协商以较低速的 Modem 的速率传输数据。Modem 是一种慢速网络连接设备,传输速率最高为 56Kbps。

今天的"宽带"技术所使用的接入设备也叫做 Modem,其原理虽与传统的 Modem 相同,但实现技术不同,如 ADSL 和 VDSL,它们在公共电话网络上实现了高速数据通信(参见 3.6.8)。

8.5　组建网络:网络协议和模型

我们在前面介绍的网络及其设备,大多数都是基于"协议"的,也就是说这些设备按照某个特定的协议进行工作。

协议是不同对象之间通信的规则。传统的通信方式如电话、电报、书信等,都需要协议。例如,邮寄一封信需要按照一定的格式书写信封,以指示信函分拣处理;电话是按拨号、连通、摘机后双方通话。

网络通信也需要一些协议来定义通信过程的细节,例如,如何发信息,如何传输和寻找信息的接收者,并在双方建立连接后检测通信错误等。

网络协议大多数最初由网络设备或网络软件公司定义开发。为了使各种不同的网络设备和软件能够交互,需要建立标准,而网络模型就是由国际标准化组织制订的用于网络设计的体系结构。

8.5.1　网络协议

一般来说,我们把通信双方必须共同遵守的规则及约定,如通信过程的同步方式、数据格式、编码等,称为计算机网络协议(Protocol)。如果在网络中的两台计算机要进行文件传输,就必须安装文件传输的协议;如果利用网络收发电子邮件,就需要安装电子邮件的协议。

随着网络的发展,早期的一些协议已经不再使用,目前使用较多的是局域网和因特网协议。所幸的是,这些协议都是要求网络设备生产商和软件设计者遵循的,大多数用户并不需要知道协议的具体内容。因此,我们只是从使用网络的角度简单介绍它们,以帮助我们进一步理解网络的原理。

目前大多数网络协议的功能被纳入到操作系统中,也就是说机器上已经安装了常用的数百种网络协议,完全能够满足用户的网络服务需求。

协议对网络十分重要,它是网络赖以工作的保证。有网络必有通信,有通信必有协议。如果通信双方无任何协议,则对所传输的信息就无法理解,更谈不上正确地处理和执行。网络中有各种类型的协议,针对不同的问题,可以制订出各种不同的协议。

我们在这里列举几个网络协议,大多使用于广域网或因特网,有关局域网协议在8.5.3 小节中介绍。

(1) DHCP 协议。动态主机配置协议(Dynamic Host Configuration Protocol)。进入因特网的机器需要一个地址,以便能够被标识和访问,动态地址就是给进入网络的机器分配地址的一个协议。如中国电信就使用了动态地址。

(2) DNS 协议。域名服务器 DNS(Domain Name Server)是因特网常用的协议,用于管理主机名。DNS 协议规定使用层次式的名字空间组织方案。

(3) Echo 协议。它主要用于通信调试和检测。这个协议的作用十分简单,把接收到的原样发回就是了。

(4) FTP 协议。在网络间进行文件传输的协议(File Transfer Protocol)。有关 FTP 我们将在下一章介绍。

(5) ICMP 协议。网间控制报文协议(Internet Control Messages Protocol),这是联网所需的基础协议,用于网络管理。

(6) TCP/IP 协议。因特网协议,由 TCP(Transfer Control Protocol,传输控制协议)和 IP(Internet Protocol)组成,这两个协议是因特网的基础(参见下一章)。

(7) IPv6 协议。新一代的因特网协议,但是它与原来的 IP 协议并不完全兼容。

(8) POP 协议。若要在网络上接收电子邮件,我们就要配置 POP(Point of Presence, also Post Office Protocol,邮局协议)。

(9) PPP 协议。使用电话拨号上网或者使用"宽带"上因特网的用户,就需要使用对等协议 PPP(Peer-Peer Protocol),也叫做点对点协议。

(10) SMTP 协议。发送电子邮件时必须遵守的协议,叫做简单邮件传输协议(Simple Message Transfer Protocol)。

(11) Telnet 协议。远程网络登录时遵守的协议标准。

(12) UDP 协议。用户数据报文协议(User Datagram Protocol),用来支持那些需要在计算机之间传输数据的网络应用。包括网络视频会议系统在内许多网络应用都需要使用这个协议。

还有一些非常重要的协议,如 HTTP、IPX/SPX、NetBEUI 等,我们将在后续章节中给予介绍。

8.5.2 OSI 网络模型

计算机网络要解决的问题太复杂了,因此采取了分层组件,就需要有一个模型来定义各个层次间的关系和功能,这样整个网络的体系结构可以分割,每一层都只负责所规定的任务。每个组件层都可以使用最适宜的技术来实现,不仅具有相当的灵活性,而且便于维护和检修。

目前网络体系结构主要是 OSI 模型(Open System Interconnect Reference Model,OSI/RM),是国际标准化组织(ISO)于 1983 年公布的开放系统互联参考模型,它定义了网络的 7 个层次。OSI 理论上允许两台不同的计算机实现互联,而不需要考虑它们的底层物理结构。

OSI 模型是一个框架(Framework),它定义了层(Layer)的概念,每个层之间既相对独立又互相联系。每层都被命名(如图 8.15 所示),各层的功能如下:

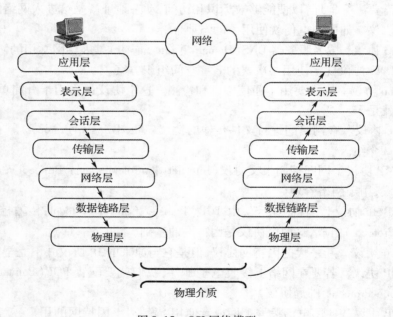

图 8.15 OSI 网络模型

(1) 物理层(Physical Layer)。定义物理传输介质提供的物理连接。

(2) 数据链路层(Data Link Layer)。使相邻节点间的数据可靠传送。

(3) 网络层(Network Layer)。为网络选择路径,负责建立、维护和终止连接。

(4) 传输层(Transport Layer)。为发、收双方提供传输。

(5) 会话层(Session Layer)。提供两个进程间建立、维护、结束会话等功能。

(6) 表示层(Presentation Layer)。处理两个通信系统中交换信息的表示方法。它包括数据格式变换、数据加密与解密、数据压缩与恢复等功能。

(7) 应用层(Application Layer)。网络系统和用户的接口,其任务是向用户提供各种直接的服务,如提供文件传送、共享打印、电子邮件及远程登录等。

OSI 参考模型是国际标准,但不是网络互联的实现,它还远远没有商品化。市场上流行的网络很少完全符合 OSI 各层协议。其实,OSI 只是给出了一个不会因以后技术的发展而必须修改的稳定模型,从而使有关网络标准和协议能在模型定义的框架内开发和相互配合。可以用日常生活中通过邮局发送信件的过程帮助我们理解 OSI 模型。如图 8.16 所示。

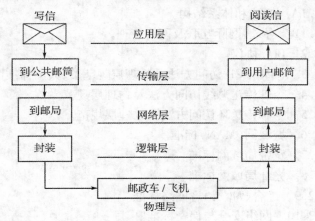

图 8.16 邮局收发信件的示例

(1)写信——应用层。可以把写信过程看做是应用层,你写信并不需要知道信是如何送到收信者手中,所关心的只是信的内容。

(2)到公共邮筒——传输层。按规定写信封并投入邮筒。

(3)到邮局——网络层。从邮筒到邮局的过程是由邮递员完成的。邮递员负责把信集中到邮局。

(4)邮件装入邮袋——逻辑层。邮局把信装入目的地邮袋,然后经过专门的交通工具发往目的地邮局,例如你的信是发给上海的朋友的,则被封装在发往上海邮局的邮袋里。这个过程就是相对于网络中建立了数据链路。负责邮件封装的并不需要知道通过什么途径发送邮件,也许是火车,也许是汽车或航班。

(5)邮政车/飞机——物理层。通过物理层的传送,信件到达目的地后按照刚才发的相反过程把你邮寄的信送到收信者手上。

我们注意到,在图 8.16 中,并没有像 OSI 模型那样细分为更多的层次。对每一个层次,只要完成自己的任务,不需要关心其他层次,这就是 OSI 模型的设计目的。对网络通信而言,图 8.16 邮局收发信件给出的层次是 OSI 的基本使用。

8.5.3 局域网:IEEE 802 协议

按照 IEEE 的定义,局域网是一个通信系统,它允许很多彼此独立的计算机在一个小的区域内、以适当的传输速率直接进行沟通的数据通信网。因此它的主要特点有:覆盖一个有限的地理区域,网络各节点间构成平等关系,它是一个广播式网络,顾名思义,局域网的站点对来自其他站点的信息是有选择地接收。

ISO 的 OSI/RM 模型规定了网络的层次,而 IEEE 802 协议则是制订了一系列的局域网标准和各种局域网协议。

IEEE 于 1980 年 2 月成立了局域网标准委员会,简称 IEEE 802 委员会,专门从事局域网的标准化工作,该委员会为局域网制订了一系列标准,统称为 IEEE 802 标准。IEEE 802 是一个标准系列,它根据技术发展不断增加新的标准,目前主要有:

(1) IEEE 802.1A。概述和体系结构。

(2) IEEE 802.1B。寻址、网际互联及网络管理。

(3) IEEE 802.2。LLC 协议。

(4) IEEE 802.3。CSMA/CD 访问方法及物理层规范,以太网标准协议。

(5) IEEE 802.4。令牌传送总线访问方法及物理层规范。

(6) IEEE 802.5。令牌传送环访问方法及物理层规范。

(7) IEEE 802.6。城域网(MAN)标准。

(8) IEEE 802.7。宽带局域网标准。

(9) IEEE 802.8。光纤局域网标准。

(10) IEEE 802.9。综合数据/语音网络标准。

(11) IEEE 802.10。网络安全与保密标准。

(12) IEEE 802.11。无线局域网标准。

(13) IEEE 802.12。100BASE-VG 标准。

(14) IEEE 802.14。有线电视网(CATV Broadband)标准。

(15) IEEE 802.15。无线个人网络(WPAN)标准。

(16) IEEE 802.16。无线宽带局域网(BBWA)标准。

我们可以从上面列出的这些标准看到,IEEE 802 就是各种局域网的协议集。目前 LAN 协议大部分由硬件即网卡完成。例如,我们在市场上购买用于无线网络的网卡上就有标注适用于 IEEE 802.11 协议的文字说明。

由于局域网相对比较简单,因此 LAN 的协议只定义了 OSI 模型中的最低两层即数据链路层和物理层,IEEE 802 的数据链路层又细分为逻辑链路控制(Logic Link Control,LLC)和 MAC 子层。

MAC(Media Access Control,介质访问控制)定义了网络的物理连接,用于控制对传输媒介的访问,使用不同通信介质(如同轴电缆、双绞线、光缆等)的网卡,并安装不同的协议,就可以直接支持对网络的访问。

LLC 子层与具体局域网使用的介质访问方式无关,主要为高层协议(如网络层)与局域网介质访问控制 MAC 子层之间提供统一的接口。

8.5.4 局域网组网技术

决定局域网的主要技术有:传输介质、拓扑结构和介质访问控制方法。一个局域网由网络硬件和软件两部分组成,不同的局域网类型使用不同的网卡和传输介质、不同的访问控制办法。

传输介质在上一章中有过较详细的讨论,如双绞线和光缆等。不同传输介质的特性将影响网络数据通信的质量,这些特性包括物理特性、传输特性、传输距离和抗干扰能力等。

拓扑结构是指网络的连接形式。如前述的总线型、星型、环型和树型 4 种。

介质访问控制是局域网中最重要、最基本的技术,它决定和影响局域网的体系结构、工作过程和网络性能。常用的局域网介质访问控制方法主要有 3 种:载波监听多路访问/冲突检测技术(Carrier Sense Multiple Access/Collision Detect,CSMA/CD),适用于总线型、星型网;令牌环技术(Token Ring),适用于环型拓扑结构。令牌总线技术(Token Bus),是一种综合上述两种技术基础而形成的一种介质访问控制技术,适用于总线型/树型拓扑结构。

根据数据传输方式,局域网主要有以太网、ARCNET 和 IBM 令牌网、ATM 网等。现在局域网组网中使用最多的就是以太网。

1. 以太网

1975 年,美国施乐(Xerox)公司和 Stanford 大学联合推出了以太网(Ethernet)。当时的传输速率达到 3Mbps。IEEE 802.3 是 1985 年公布的以太网技术规范,成为世界上第一个局域网的工业标准。

1995 年,IEEE 正式通过了 802.3u 快速以太网(10/100Mbps)标准。以太网技术实现了第一次飞跃,以太网得到了前所未有的规模应用,大部分新建和改造的网络都采用了这一技术,百兆以太网到桌面成为局域网的标准设计。1998 年,802.3z 千兆以太网标准正式发布。2002 年,IEEE 通过了 10Gbps 的 802.3ae 标准,即万兆以太网(10GE)。图 8.17所示的是万兆以太网的示意图,其中,标记为 R 的节点为路由器(Router),S 为网络交换机(Switch),网络之间使用单模光纤(SMF)连接,网络内部使用多模光纤(MMF)和双绞线。

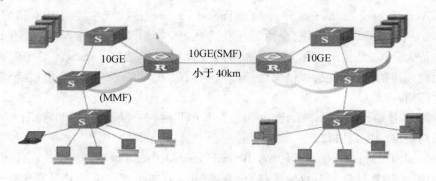

图 8.17　基于万兆以太网的应用

以太网组网主要采用的技术如下:

- 拓扑结构为总线型或星型,以星型为主。
- 传输介质为同轴电缆或双绞线,主要为双绞线。万兆以太网的介质为光缆。
- 传输速率有 10M、100M、1000M 和 10G,单位 bps。

- 媒体访问控制方法为 CSMA/CD。
- 采用分组交换技术,即把发送的数据封装为一个个数据包(Packet)进行传送。

一般 100M 或 10M 以太网还是属于传统的较小型的局域网主流,而千兆和万兆以太网则作为大型网络如校园网或者城域网的主干。

2. ARCNET 和 IBM 令牌网

ARCNET(Attached Resource Computer NET)是 Datapoint 公司于 1977 年开发成功的一种局域网,它使用 RG-62 同轴电缆,而这种电缆刚好与 IBM 3270 终端和 IBM 主机相连的电缆相同,所以它在 IBM 大型机的使用基地得到广泛应用。ARCNET 现在也可使用双绞线和光纤。

大多数使用环型拓扑结构的局域网,使用一种叫做令牌传送的存取机制,简称令牌环(Token Ring)。因为这个网络结构最早是 1984 年由 IBM 公司推出的,因此也叫 IBM 令牌网。因为令牌环运行在共享介质上,当一台计算机需要发送数据前必须等待。一旦它得到许可,发送计算机完全控制令牌环——不允许同时发生其他传输。当发送计算机传输数据时,发送计算机向下一个计算机发送,然后再向下一个计算机发送,直到发送整个环并传回发送计算机。

目前新建的局域网基本以以太网为主,虽然 ARCNET 和 IBM 令牌网还有一定的应用,但主要是传统的用户。

3. 局域网软件的协议

严格意义上说,8.4.3 小节介绍的局域网 IEEE 802 协议主要是一种标准,用于生产局域网设备和指导组建局域网。局域网在硬件上是基于网卡和交换机的,而使用网络还需要有网络软件。在软件方面国际流行的局域网协议有 IPX/SPX 和 NetBEUI 协议等。

(1) IPX/SPX 协议。它是 Novell 公司网络操作系统 NetWare 采用的协议。IPX/SPX(Internet Work Packet Exchange/Sequential Packet Exchange)协议主要由 IPX 和 SPX 两部分组成,其中 IPX 是网络层协议,全称为互联网报文交换协议,属于无连接通信协议,传输的基本单位为分组,负责工作站与文件服务器之间的互相通信。而 SPX 是 IPX 的扩展,是一个面向连接的通信协议,提供保证传输成功的服务。IPX/SPX 协议可以跨经路由器访问其他网络。

局域网使用 NetWare 操作系统,也称之为 Novell 网,在局域网初期非常流行。这个协议仍然是局域网的主要协议。

(2) NetBEUI 协议。NetBEUI(Net BIOS Extended User Interface)是微软公司开发的传输层协议,是微软网络的基本输入/输出系统(BIOS)的扩充。由于其具有比较小、易于实现、传输快的特点,成为目前 Windows NT(或 Windows 2000 Server)系统中首选的协议。在同一微软产品联网时,应使用 NetBEUI 协议。

8.5.5 构建广域网

在 8.3.3 中,我们介绍了广域网的基本概念就是网与网的互联。这里我们从构建广域网的角度再进一步解释广域网。

从构建网络角度看,广域网由节点交换机以及连接这些交换机的链路组成,如图 8.18 所示的中间部分。与图 8.9 相比,两者之间本质上是一致的,本图更侧重反映作为广域网的主干部分。

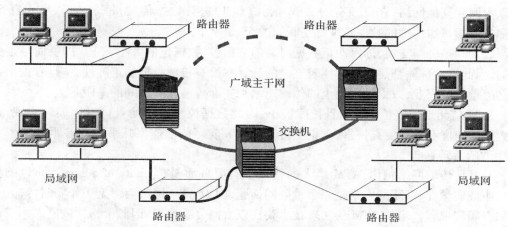

图 8.18　广域网连接示意图

节点交换机执行分组存储转发的功能。广域网与局域网的区别不仅在于距离长短,而且在技术上相差也很大。从层次上看,局域网使用的协议主要在数据链路层上,而广域网使用的协议主要是在网络层上,两者在适应的通信协议上也有很大差别。

从互联的角度看,广域网的构成与局域网是平等的,一个局域网内的计算机在广域网上进行通信时,只需要使用其局域网内的物理地址(主机地址,即 IP 地址,参见第 9 章有关介绍)即可。局域网通过广域网可以实现与另一个距离较远的局域网进行通信。

广域网提供的服务有无连接的数据服务和虚拟电路两种。

无连接的数据服务的特点是可以随意发送数据,每个分组(一个具有规定长度的信息单位)可独立地选择路由,到达目的站按分组顺序还原数据文件。

虚拟电路的特点是发送主机先发出一个呼叫,若接收的主机同意通信,就发回响应,然后双方建立一条"电路"传送数据,传送完毕后电路就被释放,因此这个电路是"虚拟"的。

构建广域网需要使用路由器。广域网中计算机间的通信是点到点式的通信。点到点式网络包含若干条电缆,每条都连接一对计算机或中间节点(路由器),信息要从一地发往目的地,不得不首先访问一个或多个中间节点,每个中间节点即路由器都将通过一定的路径算法和存储转发技术把信息送到目的地。

如我们前面介绍过的,使用调制解调器和拨号电话线连到广域网如因特网,也称为点到点通信,它是利用点对点协议 PPP(Peer-Peer Protocol)进行的。

ﾠﾠﾠﾠﾠﾠﾠﾠﾠﾠﾠ

ﾠﾠﾠﾠﾠﾠﾠﾠﾠﾠﾠﾠﾠﾠﾠﾠﾠﾠﾠﾠﾠﾠﾠﾠﾠ

*8.5.6　ATM

在高速、高效网络技术方面,尽管千兆、万兆以太网已经成为主流,但 ATM 仍然是一个选择。异步传输模式 ATM(Asynchronous Transfer Mode)与自动取款机的缩写相同,但意思却没有任何相同之处。为 ATM 提出标准的主要机构是 ANSI、CCITT(国际电信联盟)和由各大计算机及网络制造商组成的 ATM 论坛。

ATM 实现 OSI 物理层和数据链路层功能。ATM 使用的传输技术不同于前面所介绍的以太网和其他网络,它以独有的 ATM 信元(Cell)进行数据传输,每个 ATM 信元有 53 个字节。即每次传输的数据长度都是相同的 53 个字节。

以太网是分组交换,即每次把数据封装为数据包,数据包的大小在 KB 以上而且是变化的,因此每次传输都需要经过比较复杂的计算和检查传输数据的正确性,一旦数据出错就必须重发。因此,以太网理论上的传输速率和实际传输速率之间的差距很大。

ATM 信元是固定长度的而且长度很小,因此数据校验简单而且可以用硬件实现,比以太网的速度和效率要高许多,理论上传输速率和实际传输速率几乎没有差距,因此"实时性"好,无延迟。

与其他传输网络相比,ATM 最大的特点是有服务质量(Quality of Service,QoS)的保证。服务质量在 ATM 网络中是一个重要的话题,因为 ATM 网络大多是用作实时传输的,比如音频和视频。当然 ATM 的实现技术要比以太网复杂许多,因此价格比较高。

一般大型公共服务网络或者城域网都使用 ATM 作为网络交换核心,用以太网作为接入网,这样在核心交换上实现实时处理使交换高速率、高效率,能够支持大量的接入服务。

*8.5.7　VPN:虚拟专网

有不同的应用,就需要不同的技术和实现。网络中有太多的主题,我们不能一一涉及。但在构建网络方面,VPN(Virtual Private Network,虚拟专用网络)是需要特别加以介绍的。

当网络成为一个国家、城市和企业、机构所必需的基础设施后,如何构建网络就是需要特别关注了。简单地说,在这个信息时代,构建网络是必不可少的,但我们必须考虑网络的成本。

一个地域集中的机构如大的企业,构建网络也许只是内部的事情,成本可以得到有效的控制,可以按需建设,可以按照财力分步建设。但对一个跨地域的企业或者机构,这就是不可及的事情了:一个全国范围内的银行也没有这个财力独立建设一个自有的网络!即使它能够建,维护这个网络设施的成本也是一笔巨大的费用。

追求效益最大化,是进行任何项目的基础。因此借助于 ISP(网络服务提供商)庞大的广域网设施(如我国的电信、移动和有线电视等公司,都建有覆盖全国地域的网络线路和设备),租用线路是一个很好的选择。企业只需要实现与本地 ISP 机构的连接,由 ISP 开辟一个专线实现企业各下属单位的互联,就可以构成一个企业网。

这里需要解决的主要问题就是租用公共线路构建的企业内部网络,如何确保其不被非法进入。这就需要使用 VPN 技术。

VPN 是一个虚拟的网络,它并不是物理上的连接,而是借用了他人的物理线路。VPN 又是一个专用网络,它只为指定用户提供网络连接。为确保网络安全连接,它必须具备几个关键功能:认证、访问控制、加密和数据完整。

进一步讨论 VPN 超出了本书的范围,我们可以认为,VPN 从用户的角度看就是一个专用的网络,它通过广域网进行连接而起到局域网的作用。大型企业包括跨国公司都使用 VPN 构建自己的专用网络。

另一种意义上的 VPN 是在一个单位或者机构内部网中,指定不同位置的机器组成一个"逻辑"网,如一个大学中的某个学院有分属不同建筑物的实验室或者办公室,可以使用 VPN 组成一个逻辑意义上的学院局域网。之所以叫做"逻辑意义",是指实际物理分布并不在同一个区域,但"看上去"和"使用起来"与局域网并无差异。

8.6 网络服务器和软件

网络需要管理和开展服务,就需要网络上指定的主机承担这些任务。这些承担管理和服务的主机就叫做服务器(Server)。同样我们知道,网络需要通过软件来完成通信和信息的处理。

8.6.1 网络服务器

在基于服务器的网络中,服务器成为网络的主要设备,它是用来管理网络系统中所共享的资源,如大容量的磁盘、高速打印机和数据文件等。图 8.19 所示的是一种较大型的服务器。

物理上网络服务器可以位于网络的任何一个位置,特别是在以太网中,网络的各个节点都是平等的,因此网络中的任何一台机器都可以作为服务器使用。实际组建网络,往往都把服务器作为核心设备放在网络中心机房,由专业人员进行管理和维护。网络服务器类型有:文件服务器、打印服务器和应用服务器。

图 8.19 服务器

服务器可以使用各种类型的计算机。早期的网络中都使用大型机作为网络服务器(也叫网络主机)。今天的网络,一般在小型的局域网中使用 PC 服务器,或者使用多台 PC 服务器组成"服务器群"。网络服务器较少使用台式 PC 机,主要原因是网络服务器必须在性能上要考虑长时间运行而要求高可靠性。

1. 文件服务器

它是专门用来为网络工作站（又称为节点）提供程序和数据文件的。专用的文件服务器并不向工作站提供直接运行应用程序和处理数据的功能，而是把共享的应用程序及数据，从服务器上复制到工作站的内存，由工作站的处理器自己来运行处理。一台普通的 PC 机就可作为文件服务器，在因特网中，提供文件传输服务的服务器就是一种文件服务器。

2. 打印服务器

这种服务器是专门用于打印服务控制的。它管理网络中的打印请求，例如把接收到的打印文件存储到打印队列中，然后再把打印队列中的文件送到网络打印机上进行打印。对于打印工作频繁的网络来说，设置专用打印服务器可以提高网络的整体性能。

3. 应用服务器

应用服务器的任务是帮助工作站运行有关的程序，并将运行的结果送到相应的工作站上。在基于客户机/服务器（Client/Server，C/S）的网络中，工作站就好像是一台应用服务器的远程终端。因为是在服务器上运行程序，客户端的工作站（PC 机）只是发送请求，接收响应。

应用服务器可以有多种，如因特网使用的网络浏览、电子邮件、电子公告牌、即时通信等都是通过建立相应的应用服务器支持的。

8.6.2　网络操作系统

网络操作系统（NOS）是整个局域网中最重要的系统软件，因为网络的性能及其所提供的服务在很大程度上取决于所配置的网络操作系统。网络操作系统可以看做是实现网络通信的有关协议以及为网络中各类用户提供服务的软件的集合。网络操作系统除了有处理机管理、存储器管理、文件管理等基本操作系统功能外，还有处理网络协议、控制网上数据流、维护网络安全并为局域网用户提供服务等功能。

目前常见的操作系统如 Windows、Unix、Linux 等都有支持网络服务的功能。一般都在网络服务器上安装网络操作系统，一个网络如果使用多个服务器，就需要为每一个服务器都安装网络操作系统。

1. Novell Netware

当局域网使用 Novell Netware 作为网络操作系统时，即被称为 Novell 网，比较成熟的版本是 NetWare V3.11。在 20 世纪 90 年代初，Novell 网占领了局域网市场 60% 以上的份额，可见它曾经是一个十分不错的网络操作系统，它在文件传输、优化配置和管理硬盘资源内容、共享打印服务以及账户管理等方面都做得十分出色，特别是在文件与目录服务技术方面具有先进性。

2. Windows

Windows NT 是微软公司 1993 年 5 月推出的 32 位网络操作系统,它内含因特网信息服务器软件(Internet Information Server,IIS),使构建网络各种信息服务变得相当简单。

从 OSI 模型的观点来看,Windows 把网络层、传输层和会话层结合成一个"网络运输系统",缺省安装的是 NetBEUI 协议和 TCP/IP 协议。在应用层,Windows 提供各类 LAN 的实用程序、网络管理应用以及一批常规的网络应用层的用户应用,如文件传输、电子邮件、远程登录、传真等。

Windows NT 后的各个版本在网络功能上都得到了较大的提升,当然我们这里所说的 Windows 是指它的 Server 版,而一般的专业版或者个人版也具备一些常用的网络功能,但只包含 Server 版网络功能的一个子集。

3. Unix

严格地说,Unix 并不是设计专用于 LAN 的网络操作系统。但是由于历史原因,Unix 系统目前仍是运行 TCP/IP 协议(Internet 使用 TCP/IP 协议)的首选平台,因为 TCP/IP 最初就是在 Unix 上开发出来的。比如因特网中较大的服务器系统一般都选用 Unix。

Unix 系统具有良好的进程管理和作业管理,运行速度较快,对硬件的要求也不高,只需 Pentium 级 CPU,32MB 内存和 1GB 硬盘,就可以构架 Web 或 FTP 服务器。但由于 Unix 用户界面以命令方式驱动,软件安装、系统维护都比较困难,因此需要专业人员操作。

4. Linux

作为自由软件的 Linux 在网络服务上同样具有与 Windows、Unix 相提并论的功能和性能,因此在网络服务器市场上,它占据重要的分量。据最新统计,有超过 30% 的因特网服务器使用 Linux 系统。

8.6.3　网络应用程序

当我们使用网络设备和计算机,加上必要的布线,就可以构建一个网络。当然这只是教科书的说法。构建简单的网络也许是可以自己动手完成的,但一个较大的网络还是需要专业机构如网络集成公司去实施。我们知道,"集成"这个词的含义就是把不同的计算机硬件、设备和需要的系统软件组合成一个所期望的新的系统。集成一词也被用在软件系统中,它是指使得不同的软件能够协调起来完成一个任务。

建立网络的根本目的就是使用网络,那么一个自然而然的问题就是:使用网络需要应用程序吗?

本书所贯穿的一个思想就是,我们需要计算机,也需要通过软件使用计算机。因为这个概念,对以上问题的回答就是肯定的,那么,我们需要什么样的应用程序?

这就很难回答了。一般而言,不同的工作需要不同的软件。如果你需要从网络上的另一台机器上查看一个共享文件,那么你就需要网络共享服务的软件。如果你需要发送一封电子邮件,你就需要电子邮件程序。

实际上,大多数应用软件,即使不是为网络专门设计的,也包含了一些网络功能。例如,Microsoft Office 的字处理程序 Word、电子表格 Excel、展示程序 PowerPoint、数据库 Access等都有强大的网络功能。用户使用 Word 撰写的文档,可以直接作为电子邮件发送,它支持多人协同完成文档的制作,支持网络的链接,可以把文档上传到文件服务器或者直接嵌入网络上下载的文档。

另一类网络应用程序需要专门开发。一段时间以来,"网上办公"成为一个时髦的词汇,这是指一个政府机构或者企业内部,按照"工作流"在网络上形成一个过程或者叫做一系列步骤,如公务员起草文件,交处室领导审核,提交文字秘书,再提交给主管领导审批,审批后的文件再转回到文字秘书,进入文件编号、存档和打印等流程,这个流程在"办公自动化"软件的支持下进行。

同样流行的网上申请、网上审批等,也是在专用的程序支持下进行的。目前许多高校的网上注册、网上选课、网上成绩查询等,同样也需要专门的应用程序为这些网络服务提供支持。

因此,我们应该得出这样的结论:使用网络模型、网络协议、网络设备、通信介质和计算机组成的网络是一个基础设施,它提供了资源共享和各种网络服务的平台。而要在网络上进行各种服务,都需要有专门的应用程序加以支持。

本章小结

网络是神奇的,也是极为复杂的。本章我们从构建网络的视角,介绍了网络的基本原理,包括网络所使用的通信信道和介质,它们有光缆、双绞线以及使用无线通信方式。根据网络的地理覆盖范围,可以把网络分为局域网、城域网和广域网3种。而局域网是最基础的网络结构。

管理和构成局域网的各种配置方式叫做拓扑(Topology)结构。局域网的拓扑结构主要有星型、总线型、环型和树型。

构建网络需要使用相应的网络设备。常用的设备有网卡、路由器、交换机、集线器和网桥、网关等。调制解调器也是一种网络设备,它通常用在利用公共电话网作为通信信道的网络中转换和传送信号。

通信协议是指通信双方必须遵循的规则。有关于广域网的网络协议和局域网协议。不同的网络协议是为了适应不同的通信方式和通信要求。OSI 模型规定了构建网络所要遵循的体系结构。局域网主要使用的网络协议是 IEEE 802 标准。在局域网软件中,也有专门的协议。

目前的局域网主要采用的是以太网技术。目前有10/100M、千兆和万兆以太网,前者主要用于小型网,后者主要用于大型主干网。

通常在网络中,处于核心位置的是网络服务器,有文件服务器、打印服务器和应用服务器3种主要类型。网络需要有网络操作系统支持对网络资源的管理,网络操作系统除了有处理机管理、存储器管理、文件管理等基本操作系统功能外,还必须有处理协议、控制网上数据流、维护网络安全并为局域网用户提供服务等功能。

在网络上开展的各种网络服务都需要网络应用程序的支持。

通过本章的学习,要理解和掌握:

- 数据通信和计算机网络的基本概念。
- 按照覆盖范围,网络可以分为局域网、城域网和广域网。
- 局域网是网络的基础形式,局域网的拓扑结构有星型、总线型、环型和树型。
- 网络的互联需要网络设备。主要的网络设备有网卡、交换机、集线器、网桥、网关等,路由器是最重要的网络设备,它是构建广域网的主要设备。
- 数据通信必须遵循的规则为通信协议。按照协议的适用范围,主要有广域网协议和局域网协议,后者以 IEEE 802 标准为主。
- 目前的局域网主要是以太网。
- 网络服务器为网络提供各种服务,如文件服务、打印服务和应用服务。
- 网络操作系统除了具备一般操作系统的功能外,还需要处理网络协议、控制网上数据流、维护网络安全并为局域网用户提供服务等功能。
- Windows、Unix、Linux 等操作系统都支持网络管理和服务。
- 网络应用需要有网络应用程序支持。

思考题和习题

一、选择题:

1. 计算机处理数据十分迅速,因此我们说它征服了时间。通过连接,计算机还征服了_____。

    A. 人类   B. 数据   C. 商务活动   D. 空间

2. 计算机网络的目标是_____。

    A. 运算速度快   B. 提高计算机使用的可靠性

    C. 将多台计算机连接起来   D. 共享软、硬件和数据资源

3. 当网络中任何一个工作站发生故障时,都有可能导致整个网络停止工作,这种网络的拓扑结构为_____。

    A. 星型   B. 总线型   C. 环型   D. 树型

4. 计算机网络也叫数字网络,其通信是以二进制进行的。数据传输速率是指单位时间内传输的二进制位数,即_____,也称为比特率。

    A. BPS   B. Bps   C. bps   D. MIS

5. 使用双绞线作为网络线,在线的两段要安装_____,分别连接计算机网卡和网络设备。

    A. RJ-12   B. RJ-45   C. BNC   D. T 型头

6. 无线通信也是网络中常用的一种方式。常用的无线通信,除了通信卫星和微波之外,还有_____。

    A. 电视无线广播   B. 红外线

　　C. 紫外线　　　　　　　　　　　　D. 短波

7. 一个计算机网络被构建之后,实现网络上的资源共享,需要通过_____来实现。
　　A. 网络协议　　　B. OSI 模型　　　C. 网络软件　　　D. 网络服务

8. 管理和构成局域网的各种配置方式叫做网络的_____结构。
　　A. 星型　　　　　B. 拓扑　　　　　C. 分层　　　　　D. 以太网

9. 按照网络所覆盖的地域,可以将网络分为广域网、_____和局域网。
　　A. 公共电话网　　B. 以太网　　　　C. 令牌网　　　　D. 城域网

10. 一台计算机要进入网络,需要使用必要的接口设备。如果使用拨号方式通过公共
　　电话网进入计算机网络,则需要使用_____。
　　A. 网卡　　　　　B. 网桥　　　　　C. 网关　　　　　D. Modem

11. 网桥是连接两个_____体系结构的网络的存储转发设备,通过网桥可以组成一
　　个扩展的局域网。
　　A. 相同　　　　　B. 相似　　　　　C. 相同或相似　　D. 不同

12. 路由器是实现网络互联的设备。通过路由器可以连接_____的网络组成一个
　　扩展的局域网或者广域网。
　　A. 相同　　　　　B. 相似　　　　　C. 相同或相似　　D. 不同

13. 一般来说,我们把通信双方必须共同遵守的_____,如通信过程的同步方式、数
　　据格式、编码等,称为计算机网络协议(Protocol)。
　　A. 规则　　　　　B. 方法　　　　　C. 约定　　　　　D. A 和 C

14. 使用电话拨号上网或者使用"宽带"上因特网的用户,就需要使用 PPP(Peer-Peer
　　Protocol),也叫做_____协议。
　　A. 上网　　　　　B. 点对点　　　　C. 隧道　　　　　D. 广播

15. OSI 是 ISO 制订的网络体系结构模型。理论上 OSI 允许两台不同的计算机实现
　　互联,但不需要考虑它们的_____结构。
　　A. 软件　　　　　B. 底层　　　　　C. 网络　　　　　D. 网卡

16. 按照 IEEE 对局域网的定义,在局域网上的结点之间的关系是_____的。
　　A. 平等　　　　　B. 主从　　　　　C. 从属　　　　　D. 对等

17. 以太网是局域网的主要结构形式。它所采用的数据交换技术为_____。
　　A. 包交换　　　　B. 虚电路交换　　C. 文件交换　　　D. 无连接交换

18. 广域网内的局域网中的计算机与其他局域网内的机器通信,需要使用的是
　　_____地址。
　　A. 广域网分配给计算机的地址　　　B. 机器的 MAC 地址
　　C. 原来局域网内的机器地址　　　　D. 由局域网服务器分配地址

19. 网络中的服务器是用来管理网络中的资源,网络服务器主要有_____、打印服
　　务器和应用服务器。
　　A. 操作系统服务器　　　　　　　　B. 文件服务器
　　C. 工作流服务器　　　　　　　　　D. Web 服务器

20. 网络中有多台服务器,每台服务器都需要安装网络操作系统。网络操作系统除了

一般操作系统所具有的功能外,还必须支持处理_____、控制网上数据流和维护网络安全以及提供网络服务等功能。

A. 网络协议   B. 网络结构   C. 网络连接   D. 网络接口

21. 如果两台计算机需要连接,下面正确的表述是_____、_____。

A. 可以通过局域网连接   B. 只有通过电话交换线路才能连接

C. 两台计算机必须是有线连接   D. 可以通过广域网连接

E. 是否能连接取决于两台计算机距离的远近

22. 网络需要使用通信介质连接计算机和网络设备。网络中常用的通信介质有_____、_____、_____、_____等。

A. 光缆   B. 扁平电缆   C. 双绞线   D. 同轴电缆

E. 电力线   F. 通信卫星

23. 网络中节点表示是网络连接的一台计算机或者设备,以下所列可以作为节点的是_____、_____、_____。

A. 服务器   B. 网卡   C. 路由器   D. 交换机

E. 中继器   F. 调制解调器   G. 通信信道

二、是非题:

1. 网络传输速率使用比特率和波特率两个单位,它们是相同的。   (   )

2. 双绞线是最常用的传输介质,它的有效距离可以达到1000m。   (   )

3. 使用红外线进行数据传输,对连接的机器之间有无障碍物没有限制。   (   )

4. 卫星是一种无线传输方式,一般使用 3 颗同步通信卫星就可以覆盖整个地球表面。 (   )

5. 城域网是一种特殊结构形式的网络,它与局域网、广域网一样,有各自的通信协议和组网形式,有专用的网络设备。   (   )

6. 城域网是一种概念,它目前主要是指一个城市的数据通信网络设施。   (   )

7. 在局域网中,以星型结构的以太网最为常用。   (   )

8. 广域网是通过网桥连接相同的局域网而形成的覆盖地域更广的网络。   (   )

9. 因特网是一种网络结构,它与广域网不是一回事。   (   )

10. 集线器和交换机的作用都是在网络中进行信号的收发和确保网络的稳定可靠,它们的差别在于交换机的性能要优于集线器。   (   )

11. 网桥用于连接相同或者相似的局域网以过程规模更大的局域网。   (   )

12. 路由器连接各种类型的网络,它用于广域网也用于局域网。   (   )

13. 目前网关有协议网关、应用网关和安全网关 3 种类型。   (   )

14. 通过公共电话网接入计算机网络,需要使用调制解调器。   (   )

15. 只要接入网络的计算机,都需要安装网卡。   (   )

16. 网络协议是指通信双方都需要遵循的规则和约定。   (   )

17. OSI 模型定义了网络中的各个层及相互关系和功能,但不是所有的网络都必须遵循这个模型规定的所有层。   (   )

18. 局域网的通信协议主要是 IEEE 802 协议集。   (   )

19. 以太网是局域网中的一种形式,现在最常用的是令牌网。   （   ）
20. 以太网采用的数据交换是包交换。   （   ）
21. ATM 网的传输效率要高于以太网,但价格比较昂贵。   （   ）
22. 任何机器都可以在网络中起到服务器的作用。   （   ）
23. 网络中的服务器如果有多台,只要有一台安装网络操作系统就可以了。 （   ）
24. 在网络中开展的各种应用服务,都需要相应的网络应用程序支持。   （   ）

三、简单解释下列关键术语:

网络　通信信道　通信介质　数据传输速率　带宽　比特率　波特率
双绞线　同轴电缆　光缆　红外线传输　卫星通信　局域网　拓扑结构
星型网　总线型网　环型网　树型网　城域网　网络互联　广域网
Hub　交换机　中继器　网桥　网段　路由器　协议网关　应用网关
安全网关　网关　调制解调器　网络协议　DHCP　OSI　IEEE 802
LLC　MAC　以太网　令牌网　IPX/SPX　NetBEUI ATM　QoS
网络服务器　文件服务器　打印服务器　应用服务器　C/S　NOS
工作流　比特流

在线检索

1. 在中国协议分析网中,有许多对网络协议的详细介绍和分析,并有一个"协议大全"。它的因特网网址为 http://www.cnpaf.net。

2. Novell 曾是一个在网络技术发展方面有突出表现的公司,访问 http://www.novell.com/和 http://www.novell.com/home/index.jsp,以进一步了解其技术状况。

3. 思科公司(Cisco)是世界上目前最大的网络设备提供商。在思科的网站上,有为构建不同规模的网络所需要的交换机和路由器等。思科的网站为 www.cisco.com,它的中文网址为 http://www.cisco.com/cn/。

4. 我国网络设备生产公司较著名的是中兴通信,http://www.zte.com.cn/index.jsp,以及华为技术 http://www.huawei.com.cn/。访问它们的网站可得到有关网络设备更多的信息。

5. 在各大专业网站上都有专门为检索网络的链接,也可以通过 Google 或者百度等搜索引擎得到更多的有关网络结构、组成、设备、软件的信息。

第 9 章

网络的网络:因特网及其资源

Internet 也叫国际互联网,被形容为网络的网络,它的中文名为因特网。因特网是目前世界上最大的,也是惟一覆盖全球的一个广域网。对许多人来说,网络就意味着因特网,它的最大魅力除了连接有数以亿计的各种计算机、数以千亿计的网页包含的海量信息外,它还能使数以万计的人同时交谈! 在本章中我们将介绍有关因特网的知识和因特网的各种资源。

9.1 因特网的过去和现在

因特网是一个把世界各地成千上万个装载大量信息的各种网络互相连接而成的庞大的综合网,它的信息资源向全球开放,已成为世界范围内传播和交流科研、教育、商业和社会信息的最主要的渠道。

了解因特网的过去,如果我们借用因特网之父文特·瑟夫(Vinton Cerf)的话:"像登山一样,只有你停下来才知道走了有多远!"那么今天看因特网过去的发展,将不知道明天的因特网会是个什么样子。

9.1.1 因特网的历史

与计算机诞生的军用背景类似,因特网的背景也是 1969 年美国国防部的一项研究计划 ARPANET(Advanced Research Projects Agency Network,高等研究规划局网络),目的在于把多个军用研究项目的计算机互联起来。

ARPANET 基于两个重要的思想进行设计:第一,网络本身是不可靠的,因此它需要克服自身的不可靠。第二,网络中的计算机在通信功能上是等效的。因此 ARPANET 没有设置中枢机构,这也是为什么因特网没有控制反而更可靠的原因。

这个时期也是网络开始进入发展阶段的时期。很快就有数百家研究机构和大学的计算机进入了 ARPANET。到了后来,ARPANET 的协议和原理被许多新建的网络所采用,文特·瑟夫和鲍勃·卡恩(Bob. Kahn)共同完善了 ARPANET 的通信协议 TCP/IP (Transfer Control Protocol/Internet Protocol,传输控制协议/互联网协议),使之成为 Internet 的基础。

　　1985 年,美国国家科学基金会(National Science Foundation,NSF)接管 ARPANET,建立了 NSFNET,并斥巨资建造了全美五大超级计算中心,用高速通信线路把它们连接起来,这就构成了当时全美国的 NSFNET 骨干网。随着越来越多的计算机,其中包括德国、日本等外国的计算机接入 NSFNET,一个基于美国、连接世界各地网络的广域网逐步发展,最终形成了国际互联网。它连接着各种各样的计算机,大到巨型计算机,小到移动电话,这就是今天的 Internet。

　　今天的因特网,与其说它是一种技术,不如说它是一个工具、一种文化更为合适。因特网最初是科学家们建设的,是为研究服务的。而今天的因特网有各种类型的用户,不同的用户群赋予因特网不同的意义,因此人们把因特网看做是一个虚拟的世界,在这个世界里有许多新的词汇,形成了所谓的"网络语言"。这个"网络语言"与"网络编程"毫无关系,它是一种独特的交流方法。

9.1.2　因特网在中国

　　1986 年,北京计算机应用技术研究所与德国卡尔斯鲁厄大学(University of Karlsruhe)合作启动中国学术网(Chinese Academic Network,CANET),1987 年 9 月发出了中国的第一封电子邮件:"Across the Great Wall we can reach every corner in the world. ——越过长城,走向世界",揭开了中国人使用互联网的序幕。

　　1988 年,中科院高能物理所通过西欧 DECNET 连接到因特网。当年 11 月,国家启动教育与科研示范网络。1990 年 11 月,中国正式在 Stanford Research Institute's Network Information Center 注册了中国的顶级域名 CN。

　　1994 年 4 月,中国向美国 NSF 提出连入因特网的要求得到认可,同时 64K 国际专线开通,实现了与因特网的全功能连接。从此中国成为拥有全功能因特网的国家。

　　1994 年 5 月,中科院高能所设立了国内第一个 Web 服务器,推出中国第一组网页,有一个栏目叫"Tour in China",此后改名为"中国之窗"。

　　1994 年 9 月,国家邮电部与美国商务部签订了国际互联网的协议,中国公用计算机互联网(ChinaNet,电信网)开始建设。此时的 Internet 有多个中文名,如国际互联网、互联网、互连网等,后被统一到标准译名因特网。

　　除了电信和教科网,我国还有中国科技网、中国联通网、中国移动网(CMNET)和中国卫星集团网等,它们是我国主要的因特网服务提供商即 ISP(Internet Service Provider)。

　　1997 年,我国因特网事业步入高速发展阶段,同年 6 月,国家批准中科院组建中国互联网络信息 CNNIC。CNNIC 作为我国因特网的信息中心,每年发布两次中国互联网发展状况统计报告。

　　因特网在我国起步虽然比较晚,但发展极其迅速,目前因特网规模已是世界第一。至 2009 年上半年,我国网民(网络用户)已达 3.38 亿,网站总数超过 3 百万,国际出口带宽近 750Gbps,CN 域名注册量 1200 多万,这三项重要指标稳居世界首位。

改革开放中的中国,已经成为世界经济增长的引擎,中国需要了解世界,世界也需要了解中国,而因特网在我国经济迈入全球化发展的轨道中起到了不可替代的作用。

9.2　因特网的核心:TCP/IP 协议

ARPANET 的组织者泰勒可能没有想到他的一个试验网将成为覆盖全球的巨大网络。而文特・瑟夫和员鲍勃・卡恩可能也没有想到,他们在 Unix 中编写的一段程序代码将成为这个巨大网络的核心,这个程序就是因特网通信的核心协议——TCP/IP。

9.2.1　TCP/IP 协议

TCP/IP——传输控制协议/互联协议是因特网上使用的标准协议。由于因特网服务的复杂性,其通信协议多达 100 余种,如文件传输协议、邮件传输协议等。由于这些协议均依赖于 TCP/IP 协议,因此,整个因特网协议被称为 TCP/IP 协议栈或者协议集,简称为 TCP/IP 协议。

TCP/IP 协议采用了分组交换技术的通信方式,其基本单位是数据包,一个数据包就是一个分组。发送数据时,由 TCP 协议在发送端将数据分为若干个数据包,每个数据包在其包头中标有编号,以便在接收端将数据按原来格式组合,然后由 IP 协议为每个数据包加上接收主机的地址,这样,数据包就可以在线路中进行正常传输了。

从功能上说,TCP 在发送端分割数据包,在接收端组装还原数据。如果在传输中出现数据丢失、乱码和延时等,TCP 还要重传这些数据包;IP 负责数据包的传送格式,确定传输路径。IP 在网络中传输数据,TCP 保证传输质量,两者相辅相成,缺一不可。

因为 TCP/IP 在 OSI 制订之前就被开发出来了,因此它的层次结构与 OSI 模型中的层次不完全一致,如图 9.1 所示。

从 TCP/IP 协议的层次结构即因特网体系结构上看,TCP/IP 协议分 4 层:第一层为网络接口层,与 OSI 的物理层和数据链路层相对应;第二层是网络层,使用的是 IP 协议,与 OSI 的网络层对应;第三层是传输层,有 TCP、UDP(User Datagram Protocol, 用户数据报协议)、ICMP(Internet Control Messages Protocol, 互联网控制报文协议)等 3 个主要协议,与 OSI 的传输层对应;第四层是应用层,为应用层用户提供如远程登录、文件传输、电子邮件和信息查询等服务,与 OSI 的应用层、表示层和会话层对应。

4 层结构的 TCP/IP 体系,比 OSI 模型简单,它在计算机网络体系中占有非常重要的地位。由于因特网盛行,使得越来越多的网络产品生产商都必须考虑让自己的产品支持 TCP/IP 协议,否则就会失去市场,因此,TCP/IP 协议成为事实的网络工业标准。

支持因特网的操作系统需要使用 TCP/IP 协议,常用的操作系统如 Windows、Linux 和 Unix 都在系统内部嵌入了 TCP/IP 协议和附加的实用子程序,在安装网络时供用户选择。

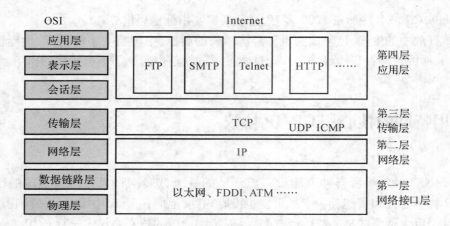

图 9.1　OSI 模型和 Internet 协议

9.2.2　内网和外网：Intranet

对普通用户而言,关心的是如何上网,使用什么网络软件,以及网络能够提供什么样的服务。对许多建有内部网的学校、公司、机构或组织而言,则有内网和外网之分。

一个内网的用户需要使用内网的资源,也需要走出内网,到外网上去获取更多的其他资源。一个显而易见的问题就是:用户不希望用两套系统来完成对内网和外网的使用。

网络管理和技术人员更关注网络的结构和网络所采用的协议与软件。我们已经理解,不管网络使用哪种拓扑结构,实现网络通信的关键就是网络使用的协议和软件。

因此,一个好的方案被普遍使用:内网即局域网(大型网络可以由多个局域网组成)也采用与因特网同样的技术,即以 TCP/IP 协议作为内网的核心,它被冠以一个新的名字"Intranet",它与 Internet 只有一个字母之差,含义却不同。

简单地说,Intranet 用因特网技术构建内部网,员工以使用因特网的相同的方法和软件使用内网的资源,如电子邮件,浏览内部新闻,阅读内部的通知、文件等,这些信息只在内部被使用,而不是对整个因特网。

如果内网需要对外服务,也只是指定有限的机器作为对外的信息服务器,限制外网的用户访问内网的其他资源。为了保护内网的资源,内网需要通过防火墙(参见第 11 章)以及网关等技术阻断可能来自于外网的非法访问。

有些内网需要提供给合作伙伴、所服务的客户访问,则可以通过安全确认的方式,比如使用 VPN(虚拟专网)技术。当然需要绝对安全的内网,则在物理上不能与外网连接。

一个最好的例子就是校园网:学生可以访问校内的资源,也可以访问因特网。在校外也可以通过因特网进入校网,不过他只能查看与他相关的一些有限的内网信息,如课程成绩和学校通知等,而且需要通过 VPN 的密码认证。

9.3 因特网的地址

在因特网中,连接着数以亿万计的计算机和设备,这些计算机在提供信息服务和进行数据通信时,需要有一个惟一确定该计算机的标识符,这就是因特网的 IP 地址和域名系统。

9.3.1 IP 地址

为使接入因特网的计算机在通信时能够互相识别,IP 协议规定每台入网的计算机都必须有一个惟一的网络地址,这个地址也叫因特网地址或者 IP 地址(IP Address)。

目前主要使用的是 IPV4,即由 IP 协议第四版所确定的 IP 地址。它由 32 位二进制数构成,即 4 个字节。为使 IP 地址看上去简洁明了,一般用十进制数段表示,每段对应一个字节,取值范围为 0 ~ 255。每段数字之间用小圆点隔开。如浙江大学网络 Web 服务器的 IP 地址是 210. 108. 29. 99,如图 9.2 所示。

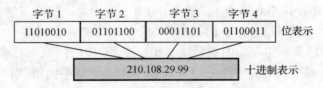

图 9.2 用十进制带点表示 IP 地址

在因特网中,拥有 IP 地址的计算机都叫"主机",通信时发送方主机将接收方主机的 IP 地址附加在发送的数据包中,由因特网路由器将数据传送到其指定的主机。

IP 地址分为 5 类:A、B、C、D 和 E。其中 A、B 和 C 类地址是基本的因特网地址,为主类地址。D 类地址为网络广播使用,E 类保留为实验使用。

一个 IP 地址是由类别、网络地址和主机地址(或叫做标识:ID,Identity)3 部分组成。表 9.1 描述了 A、B、C 这 3 类 IP 地址的网络地址和主机地址。

表 9.1 网络标识和主机标识部分

类 型	IP 地址	网络地址			主机地址		
A	4 个字节 B1 ~ B4	B1				B2	B3	B4
B		B1	B2				B3	B4
C		B1	B2	B3				B4

A、B、C 这 3 类地址的特点如下:

• A 类网络把第一个字节 B1 作为网络地址,后面的 3 个字节 B2 ~ B4 用作网络中主机的地址。A 类网络是可以容纳计算机数量很多(可达数十亿)的大型网络。

● B 类网络为中等规模,前两个字节 B1 和 B2 为网络地址,后两个字节为网络中计算机的地址,B 类网络的数目和网络中的主机数目相当。

● C 类为小型网络,它的特点是网络地址多,每个网络中的主机数量少。

这种分类方法可以用行政区域划分进行类比:如果把我国的村作为行政区域的最小单位(相当于网站中的计算机即主机),那么一个省(A 类网)下面可以有很多村,而一个地区(地级市,B 类网)下面有中等数量的村,而一个县(C 类网)下面只有数量有限的村。

与行政管理一样,网络也需要组织管理,而使用哪一类地址取决于网络规模。A 类和 B 类地址适用于较大型的机构和组织,而大多数局域网都是使用 C 类地址。

给定的一个 IP 地址,如何确定它的类别呢? 我们可以通过地址的范围来确定。表 9.2 给出了如何识别这 3 类地址,以及每类 IP 地址中最大的网络数目和主机数目。

表 9.2   各类 IP 地址的标识和网络、主机数目

类 型	第一个字节的 十进制范围	最大网络数	最大主机数
A	1 ~ 127	127	16777214
B	128 ~ 191	16256	65534
C	192 ~ 223	2064512	254

IP 地址规定,不使用全 0 和全 1 的地址(另有专门用途),因此从表 9.2 中可以看出,全世界只能有 A 类网络 127 个,每个网络可以包含 16777214 台机器。

B 类网络地址的第一个字节的编号从 128 开始,到 191 结束,第二个字节也是网络地址,因此因特网中可以有 $(191 - 128 + 1) \times 254 = 16256$ 个 B 类网络,而每个 B 类网络可拥有 65534 台主机。

C 类网络中每个网络最多只有 254 台机器,而网络数则有 $(223 - 192 + 1) \times 254 \times 254 = 2064512$ 个。

IP 地址方案中,为了内网 Intranet 的需要预留了 A 类地址的 10、B 类地址的 172.16 ~ 172.31 和 C 类地址的 192.168.0 ~ 192.168.255,它们叫做专用网络(Private Net)IP 地址,这部分地址常被用来作为内网的 IP 地址。

IP 地址是 Internet 的重要资源,有多少个 IP 地址,就意味着有多少台计算机能够接入 Internet。用户如何获得 IP 地址呢? 一般来说,因特网服务提供商 ISP 从 Internet 网络信息中心(NIC)成批申请 IP 地址后,再依次分配给自己的用户使用。IP 地址可分为固定和动态两种。如通过公共电话网拨号上网的计算机,采用的是动态 IP 地址服务模式。我国目前的 IPv4 地址数量达 2375 万个。

动态 IP 地址可以理解为临时地址,一旦用户建立与 Internet 的连接,就得到一个 IP 地址,当退出连接时,所分配的地址自动取消。再次连接,重新分配 IP 地址。

9.3.2   子网、代理服务器和 NAT

IP 地址是有限的资源,它需要对每一个进入 Internet 的网络和该网络内的所有主机

进行标识。事实上一个较大型的网络经常会遇到网络数目和 IP 地址不够分配的问题。解决这个问题的一个方案就是采用子网寻址、代理服务器和 NAT 技术等。

1. 子网和子网掩码

把一个较大的网络分成若干个较小的网络,并通过路由器连接起来,这些具有相同网络标识的小网络就称为子网(Subnet)。

划分子网的优点是,对不同的子网段可采用不同逻辑结构,优化网络组合。另外,通过重定向路由,可以减轻网络拥挤,提高访问速度。

划分子网后要告诉网络(一般是由网络操作系统或路由器负责,划分子网属于 TCP/IP 协议的内容)子网是如何划分的,这就是子网掩码(Subnet Mask)。如果你的机器是在局域网中,配置网络时就需要"子网掩码"。

子网寻址是将主机地址的一部分划分出来作为本网的各个子网,剩余的部分作为相应子网的主机地址。划分子网实际上是对 IP 地址的网络地址和主机地址进行调整平衡的一种技术,这样,原来 IP 地址的"网络—主机"结构就变成了"网络—子网—主机"结构。

子网掩码是以 IP 地址的形式表示。A 类 IP 地址的缺省子网掩码是 255.0.0.0 ,B 类地址的缺省子网掩码是 255.255.0.0 ,而 C 类地址的缺省子网掩码是 255.255.255.0。

子网掩码与 IP 地址进行逻辑"与"操作,以说明通信发生在局域网内还是在网外。如果与之通信主机的 IP 地址的网络部分相同,则是网内通信,否则转发到其他网络。

2. 代理服务器

代理服务器(Proxy Server)即 Proxy 服务器,是一个在因特网上完成"跑腿"的服务。例如当你在浏览器中设置了某个 Proxy 服务器之后,由你的浏览器所发出的任何要求,都会被送到 Proxy 服务器上去,由这台 Proxy 服务器代为处理。

简单地说,在网内的一台计算机上安装代理服务器程序,代理网内其他计算机与因特网之间的通信。

使用代理服务器的好处是,一个网络内只有代理服务器需要合法的 IP 地址,其他机器用内部 IP 地址就可以访问因特网。在一个大网络中,还可以设置多级、多种代理服务器,指定不同的访问权限和范围,如限定访问国内或国外因特网等,很好地解决了内网与外网的通信,节省了 IP 地址资源。

3. 网络地址翻译 NAT

网络地址翻译(Network Address Translation,NAT)是另一种解决 IP 地址资源紧缺的方法。一个网络内的计算机使用本地 IP 地址进行网内通信,如果需要访问外部因特网,由 NAT 服务器(或路由器)负责将内部地址转换为合法的外部因特网 IP 地址。

NAT 能够很好地解决多台机器共用有限的合法 IP 地址访问因特网的问题。NAT 的原理有点像一个单位的电话接线员的内外电话转接工作。

9.3.3 域 名

IP 地址是一串数字,显然人们记忆有意义的字符串比记忆数字更容易。为此因特网采用了域名系统(Domain Name System, DNS)。域名由 2～5 段字符串组成。网络中有负责解析域名的机器,叫做域名服务器,完成域名到 IP 地址的转换。域名组成为:

主机名. 子域名. 所属机构名. 顶级域名

例如浙江大学的域名为 www. zju. edu. cn,可知这台主机名是 www,它属于 zju(浙江大学);机构性质 edu,表示属于教育网;顶级域名 cn,表示其地理位置为中国。

域名组成中的"主机名"用来标识计算机,一个局域网中不能有 2 个同名的主机;"子域名"一般用来表示机构名称。"所属机构名"是一个通用域名,用 3 个字母表示机构或组织的属性;"顶级域名"用两个字母表示,代表了一个国家或地区。表 9.3 给出了常用的顶级域名和机构域名。因特网发源于美国,所以美国顶级域名可缺省。

表 9.3   常用的顶级域名、机构域名

顶级域名代码	国家或地区名称	机构代码	机构名称
. cn	中国	. com	商业机构
. jp	日本	. edu	教育机构
. hk	香港	. gov	政府机构
. uk	英国	. Int	国际机构
. ca	加拿大	. mil	军事机构
. de	德国	. net	网络服务机构

域名和 IP 地址是两种标识因特网中主机的方法,它们具有对应关系。IP 协议的惟一性要求因特网中的一台主机只能有一个 IP 地址,而一个 IP 地址可以对应有多个域名。这有点类似于人的身份证与姓名之间的关系:一个人只能拥有惟一的一个身份证号码(IP地址),而可以有多个名字(域名),如曾用名、笔名、昵称等。

据统计,截至 2009 年上半年,我国域名总数有 1626 万个,其中 CN 域名占 80%。

9.3.4   Ping 和 IPconfig 命令

TCP/IP 协议不但是网络的通信协议,它也包含了许多实用工具程序,用于因特网的检测、维护和查看有关网络信息。如 Netstat 命令可以检测本机各个网络端口(如接收端口、发送端口)的状态,ARP 命令可以确定对应 IP 地址的计算机网卡的 MAC 地址,Route命令进行有关路由操作等。使用较为频繁的、也是非常实用的两个命令是 Ping和IPconfig。

1. Ping 命令

Ping(不区分大小写)是一个使用频率极高的 IP 实用程序,用于确定本地主机是否能

与另一台主机交换(发送与接收)数据包。

Ping 是 Packet InterNet Groper 的缩写,这个名称来源于潜艇声呐发送回声的侦查的术语。由于 ping 是 IP 层的命令,因此即使被侦查的对方机器没有响应,它仍然可以给出相应的信息。

当你的机器安装了 TCP/IP 协议后,发现不能登录因特网,这时使用 Ping 命令可以知道究竟是机器的问题还是对方主机的问题。

Ping 是字符命令,在 Windows 窗口中,点击"开始"→"运行"打开的窗口中输入command命令进入 Windows 的命令行窗口,直接输入命令名 ping,系统提示该命令的使用方法。

在命令行中输入 Ping 命令加上要侦查的机器的 IP 地址或者域名。如图 9.3 所示就是连接 www.gov.cn 的示例。www.gov.cn 是我国国务院门户网站的域名。

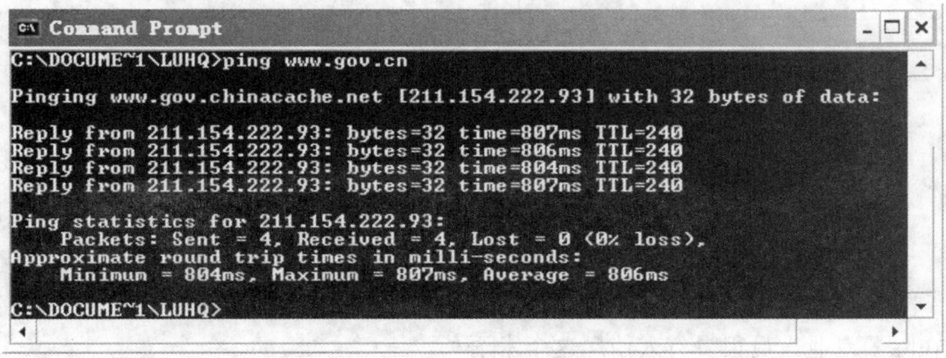

```
C\ Command Prompt                                          _ □ ✕

C:\DOCUME~1\LUHQ>ping www.gov.cn

Pinging www.gov.chinacache.net [211.154.222.93] with 32 bytes of data:

Reply from 211.154.222.93: bytes=32 time=807ms TTL=240
Reply from 211.154.222.93: bytes=32 time=806ms TTL=240
Reply from 211.154.222.93: bytes=32 time=804ms TTL=240
Reply from 211.154.222.93: bytes=32 time=807ms TTL=240

Ping statistics for 211.154.222.93:
    Packets: Sent = 4, Received = 4, Lost = 0 (0% loss),
Approximate round trip times in milli-seconds:
    Minimum = 804ms, Maximum = 807ms, Average = 806ms

C:\DOCUME~1\LUHQ>
```

图 9.3　执行 ping www.gov.cn 命令后返回的信息窗口

Ping 命令返回信息中包含了目标机器的 IP 地址、发送和接受的数据包(Packet)数目以及丢失包(Lost)、到达目标和返回的时间等。如果对本机自身发出的 Ping 命令而没有正确的响应,则表明本机的网络配置存在问题。

2. IPconfig

IPconfig 命令显示当前的 TCP/IP 配置参数,一般用来检验人工配置的 TCP/IP 设置是否正确。如果你的计算机使用了动态 IP 地址,这个程序所显示的信息也许更加实用。

这个命令的使用方法与 Ping 命令一样,使用命令行。

当使用 IPconfig 时不带任何参数,那么它显示 IP 地址、子网掩码和缺省网关值。图 9.4 就是在 Windows 命令行窗口执行 IPconfig 后显示的信息的一个例子。其中给出了网卡(Ethernet adapter)的基本信息和这个机器使用 PPP 登录因特网的信息。

使用命令 IPconfig /all,则显示包括 MAC 地址在内的更多信息。在 Linux 中,Ping 命令的格式相同,对应 IPconfig 的名字为 ifconfig。

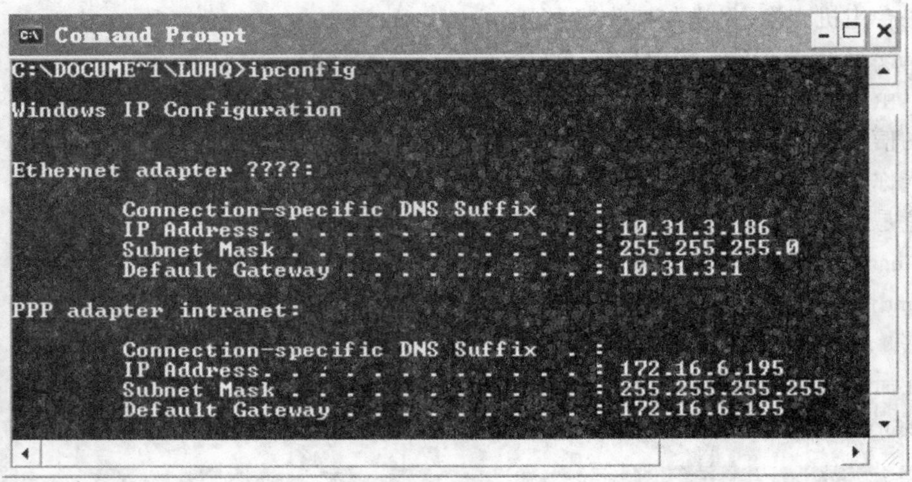

```
C:\ Command Prompt                                        _ □ ✕

C:\DOCUME~1\LUHQ>ipconfig

Windows IP Configuration

Ethernet adapter ????:

        Connection-specific DNS Suffix  . :
        IP Address. . . . . . . . . . . . : 10.31.3.186
        Subnet Mask . . . . . . . . . . . : 255.255.255.0
        Default Gateway . . . . . . . . . : 10.31.3.1

PPP adapter intranet:

        Connection-specific DNS Suffix  . :
        IP Address. . . . . . . . . . . . : 172.16.6.195
        Subnet Mask . . . . . . . . . . . : 255.255.255.255
        Default Gateway . . . . . . . . . : 172.16.6.195
```

图 9.4　使用 IPconfig 的显示信息

9.4　因特网的连接

"上网"这个词现在的意思就是指连接到因特网。最早是使用登录(Login)一词,大概现在除了专业人员很少有人使用这个术语了。

我们已经解释过,任何一台计算机只要安装有 TCP/IP 协议并有一个 IP 地址(无论是固定的还是动态分配的),都可以通过拨号、专线和使用宽带连接到因特网上,如图 9.5 所示。

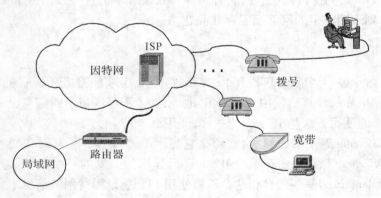

图 9.5　连接到因特网

9.4.1　拨号上网

利用电话拨号上网的方式曾经最为普遍。在 2006 年初,仍然有 46% 的用户使用这种方式,但到 2009 年上半年,国家互联网中心的报告中已不再提起这种上网方式了。

　　使用调制解调器和普通电话线路登录到因特网上,这种上网方式历史悠久,最初叫做"拨号终端仿真",拨号上网的机器没有 IP 地址。这种接入方式现已基本被淘汰。

9.4.2　局域网上网

　　以局域网的形式接入因特网十分普遍。局域网与因特网互联是指一个或多个局域网通过路由器与因特网连接。由于这种入网方式价格较贵,个人几乎很少使用。然而,学校、企业等单位一般都使用局域网和专线连接。

　　局域网接入设备包括网卡、网络线、路由器、DDN 专线(向电信部门租用)等,或使用专门的线路,如光缆连接。

　　专线上网的速度快,局域网内的用户基本上不受数量的限制。局域网专线上网一般需要专业管理人员。

9.4.3　宽带上网

　　由于 DSL、电缆和卫星上网的带宽要远远高于传统的低速拨号方式,所以把这些方式称为"宽带上网"。当然我们已经解释了这个"宽带上网"中的宽带与宽带通信信道的意义是有差别的。

　　宽带上网提供的传输速率能够与局域网相当,而且有个最大的优势是,利用 DSL 能实现持续的连接——"永远的连接",也不会影响语音通信。

1. DSL

　　DSL 即数字用户专线,它借助于电话线接入因特网。我们在第 3 章中介绍了 ADSL,它是数字用户专线中的一种。DSL 速度快,因此可以通过它实现包括高带宽的 VOD (Video-On-Demand,视频点播)在内的各种因特网服务。早先的 ISDN(Integrated Services Digital Network,综合服务数字网),可连接 8 台终端或电话,允许 2 台终端同时使用,但今天它已经被 DSL 所取代。

　　DSL 是利用分频技术划分电话线低频信号和高频信号,低频部分供电话使用,高频部分供上网使用,使用 DSL 调制解调器/路由器作为连接设备。

　　DSL 包括了多种类型,除了使用不同技术,其带宽、连接距离和费用差异也很大,例如有传输距离达 7km、带宽 2M 的 SDSL 和 HDSL,传输距离 4.8km、带宽 100M 的UDSL,上行下行带宽都为 10M 的 VDSL 等。目前使用较多的是 ADSL。

2. 专用电缆

　　因特网服务商和房产商在新建的办公楼或者居民住宅区内铺设了局域网,安装了为个人用户或小规模用户群提供上网的专线进入楼内的 Hub,接入到因特网。严格意义上说,它是城域网公共信息服务的一个部分。城域网的另一个应用是城市设施联网。

由于有线电视 CATV 是最早进入家庭的有线系统,因此由电视公司通过电视电缆的 Cable Modem(机顶盒)提供高速入网的服务。令人困惑的是,这个技术先进而且设施齐备的应用却未能够如愿得到用户的认可,市场发展并不好。

9.4.4　无线上网

无线上网的途径有多种,但原理都相同,主要是便携式计算机配备有一个无线上网的卡,这个卡是由 ISP 服务商提供或者销售的,然后通过 ISP 进入因特网。还有一种也叫做无线上网,就是在局域网中使用无线网卡和无线路由器,它仍然是属于局域网接入。

1. 基于公共电话网的无线上网

全世界的电信服务商都大力开发这项前景广阔的电信增值服务。他们利用电信设施覆盖的优势,在人群密集的公共场所如机场、车站、商场甚至城市的主干道上通过一个个辐射有限范围的无线基站,为移动人群中需要随时上网的人提供接入服务。

采用 Intel 迅驰技术处理器的计算机,内含支持无线上网的装置,不需要添加任何额外的附件就可以直接上网。这种上网的另外一个优势是用户不论在何地只需要一个账号就能上网。

2. 基于移动通信网络的无线上网

作为竞争,移动通信公司开展的因特网增值服务也是一个热点。

移动公司的数据服务是通过它覆盖面极广的蜂窝无线网,因此只要手机有信号的地方就能上网,这对用户很有吸引力。惟一不利的是,它的带宽仍然受限。3G(第三代移动通信网)使这个局面有所改观,目前我国有超过 1.5 亿人通过手机上网。

3. 基于卫星通信的无线上网

这是一种叫做 DirectPC 的服务,它通过类似于电视卫星服务的数字通信卫星的广播天线为用户提供网络连接,如第 8 章图 8.6 所示的那样。

对偏远地区,卫星通信可能是惟一的选择。影响用户选择卫星数字通信的还有一个因素是服务价格。

9.5　因特网的资源

在了解了因特网的结构、协议和它的接入方式,我们接着介绍它的应用。因特网的资源极为丰富,使用方法简单,这也是因特网发展迅速的重要原因。本节介绍的都是基本应用,它们采用了不同的应用协议。各种因特网应用协议是位于 TCP/IP 之上的,如图 9.1 所示。

9.5.1　Web：万维网和门户网站

WWW 常被人们称为全球信息网,简称 3W 或 Web,它的中文名是万维网或环球网。今天的万维网是成千上万的人建立的,它是因特网上最具魅力的应用,通过它,我们可以获取各类信息,如图书、新闻、教育、商务以及健康和生活等信息。

1990 年,欧洲粒子物理研究所 CERN 的技术员蒂姆·伯纳斯·李(Tim Berners-Lee),使用一种"标记格式"(就是后来制作 Web 的 HTML 语言)设计了一个程序,能将分隔在不同地域、不同计算机上的"页面"联系起来(现在叫链接,Link),访问者通过"链接"能立即访问千里之外网上另一台计算机的"页面"。

李的这个程序供 CERN 使用,有人问他这是什么,他戏称是"World Wide Web",万维网因此而得名,李也被冠以"万维网之父"的美称。因特网的第一个网页是 http://info. cern. ch。

访问 Web 是通过浏览器(Browser)软件进行的。1992 年,伊利诺斯大学超级计算中心(NCSA)的马克·安德里森(Mark Andreesen)参照李的方法设计了因特网的 Web 浏览器软件 Mosaic,这就是网景(Netscape)公司于 1994 年推出的商业软件网络浏览器 Navigator的前身。

Web 为用户访问因特网提供了简单的方法。它是基于超文本技术的分布式的、用于浏览和检索信息的系统,它有许多实现技术,也有为支持 Web 服务通信的协议,我们选择其中几个主要术语和概念给予简单介绍。

1. 超文本和网页

超文本(Hypertext)是指非线性的文本。与标准文本按顺序(线性)定位不同,Web 页面通过链接其他文本的方式突破了线性方式的局限性,因此叫做超文本。

Web 文档叫做页面,简称网页(Page or Web page)。也就是说它与书本里的页面一样,由文字和图像组成。超文本是超媒体的子集。简单地说,超媒体就是多媒体在网络浏览环境下的一种应用,也包括文本、图像、声音、视频、动画等媒体形式。今天的因特网浏览器支持超媒体访问。

通常所说的 Web 服务器,就是存放了一组关联的 Web 网页的一个网络文件服务器。通过浏览器进入 Web 服务器打开的第一个网页叫做主页(Web Home Page)。

2. 超文本标记语言

HTML(Hypertext Markup Language)是超文本标记语言,它编写的文档由 Web 浏览器解释执行(参见 9.7 节的介绍)。

3. HTTP 协议

我们知道访问 Web 服务器上的网页也需要通信过程。有通信过程就需要通信协议,而 HTTP(Hyper Text Transfer Protocol,超文本传输协议)就是 Web 访问所需要的通信协议。

HTTP 协议采用请求/响应模型。客户端通过浏览器软件向 Web 服务器发送一个访问请求,包含请求的方法、地址、协议版本、客户信息和内容等。服务器以一个状态行作为响应,返回包括消息协议版本、请求成功或错误编码等信息。

还有一种 SHTTP 协议(Secure Hypertext Transfer Protocol,安全超文本传输协议),它是由 Netscape 开发带有安全加密传输协议 SSL(Security Socket Layer)的 HTTP 协议。

4. 统一资源定位器 URL

URL(Uniform Resource Locator,统一资源定位器),它可以理解为 Web 页面在因特网上的"地址"。通过 URL 可以访问 Internet 上任何一台主机中可用的 Web 页面和数据。URL 就像一个全球定位系统,能在 Internet 上漫游而不会迷失方向。URL 的格式是:

协议://文件所在的服务器名/目录路径和文件名

例如,浙江大学因特网英文版主页的 URL 是:

http://www-2.zju.edu.cn/english/

其中,第一部分"http://"表示通信协议的类型是 http;第二部分"www-2.zju.edu.cn",表示资源所在位置服务器的域名,第三部分"/english/",表示目录路径和文件名。

URL 也不限于 HTTP 协议,还可以是 FTP、Telnet 等协议。

5. 客户机/服务器访问方式

这是访问因特网的基本方式。以 Web 为例,客户(用户)通过浏览器软件如 IE 向 Web 服务器发送请求,服务器响应请求并回送"服务"结果。

6. 牵引和推送技术

这是 Web 使用的两项具有特色的技术。在 C/S 模式下,客户端是把 Web 服务器上的信息"牵引"过来。牵引技术需要向服务器发送请求,这个过程是由浏览器软件完成的。

推送技术也叫网络广播方式。推送技术自动地把服务器的某些信息发送到客户端。如播放滚动新闻,在屏幕上开辟一个活动窗口,定时发送如天气预报之类的消息。

推送技术被许多软件公司用来为用户自动升级软件,一有新版本(遗憾的是,多半是抗病毒软件所用的病毒库代码,或者是为了纠正软件错误或安全漏洞的补丁程序)就会自动进行更新。

7. 浏览器

浏览器(Browser)是 Web 访问所用的软件,如 Netscape 的 Navigator 和微软的 IE(Internet Explorer)都是常用的浏览器软件。在用户的机器上运行浏览器软件,就可以访问因特网上的 Web 资源,搜索信息、下载文件、欣赏音乐、点播视频等。

微软的 IE 浏览器已成为 Windows 的一个核心组件。图 9.6 所示的是使用 IE 访问"中华网"的主界面。在"地址"(URL)栏中为中华网的域名 http://www.china.com/,输入域名或在已被列表的菜单中选择域名,单击"转到"或按回车键即可进入相应的 Web 主页。

图 9.6　Internet Explorer

　　门户网站是基于 Web 的一个综合信息服务系统。我们说 ISP 是提供网络连接服务,而因特网的另一类服务就是信息服务,因此就诞生了提供信息服务的机构或专业公司,都是以网站(Web Site)的形式提供用户访问,登录这类网站就像进入一个信息仓库的大门,能够为用户提供"一站式"的信息服务,门户网站之名由此而来。

　　门户网站最初是提供搜索和接入服务,现在门户网站多数是指专门提供因特网综合信息服务的公司和机构。在我国较为知名的有 Yahoo!、Sohu、Sina 以及 163 网等。图 9.6 所示的中华网也是一个知名门户网站,提供有新闻、体育、法律、健康、游戏、娱乐及论坛等几十个分类信息服务。用户进入门户网站,就可以在一个网站环境中得到所要的各种信息。

　　门户网站还指机构、企业、政府部门、学校等为因特网用户访问其信息所建网站。到 2009 年 6 月底,我国有各类网站 306 万个。

9.5.2　电子邮件:Email

　　Email 是 Electronic mail(电子邮件)的简称,现在已是一个新的词汇了。Email 是网络的第一个应用:MIT 的学生们通过网络给同学留言,告知自己的工作进展。

　　因特网可将电子邮件送达世界范围内的任何一个拥有 Email 地址的用户。Email 服务具有其他通信工具无法比拟的优越性,很多人用 Email 取代了书信。

　　Email 系统使用 SMTP(Simple Message Transfer Protocol, 简单邮件传输协议)发送邮件,使用 POP(Post Office Protocol,邮局协议)接收电子邮件。Email 收发时,不需要双方的计算机同时打开。用户可在任何接入 Internet 的计算机上随时浏览邮件;可对收到的邮件回复发件人;邮件可以是文本文件,也可以附加图形、图像等文件。使用 Email 必须拥有一个电子信箱(Email Box),其格式如下:

用户名@邮件服务器域名

电子信箱是由电子邮件服务的机构提供的,它给因特网用户分配一个专门存放数据的磁盘存储区域,由专门的电子邮件收发管理软件管理。提供电子信箱和邮件收发服务的计算机被称为邮件服务器。各个机构往往也建有自己的邮件服务器,如浙江大学的邮件服务器的域名为 zjuem. zju. edu. cn,其中主机名 zjuem 为"浙江大学电子邮件"的英文缩写。

电子邮件服务软件一般提供以下功能:传送信件、浏览信件、存储信件、转送信件、删除信件和恢复信件。常用的电子邮件服务软件有 Outlook Express、Foxmail、Netscape Messenger、Eudora 等。Outlook Express 启动后的窗口如图 9.7 所示。

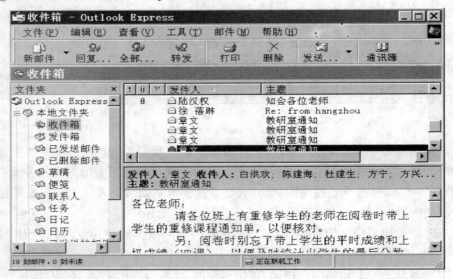

图 9.7　Outlook Express 收件箱界面

目前大多数邮件系统也都支持 Web 访问,而不必通过邮件软件。

9.5.3　文件传输:FTP

文件传输服务是以它所用文件传输协议 FTP(File Transfer Protocol)命名的。FTP 的主要作用是在因特网上把任意格式的文件(包括文本、二进制、图像、数据压缩文件等)从一台计算机传送到另一台计算机。这里所说的传送文件,包括文件上传和文件下载两种。

文件下载(Download)是从远程计算机将文件拷贝到用户自己的本地计算机上;文件上传(Upload)是指将文件从用户自己的本地计算机中拷贝到远程计算机上。

在使用 FTP 进行文件传送时,首先要求知道 FTP 服务器的域名地址,用户访问该服务器时还要有合法的用户名和口令。如果不是合法的用户,就不能登录到该主机上进行文件传送。为此,为了方便用户通过网络传送信息,许多信息服务机构都提供了一种称为匿名 FTP(Anonymous FTP)的服务。

如果用户需要得到 FTP 的匿名服务,就以 Anonymous 作为用户名登录,口令可以用自己的 Email 地址或不输口令。匿名用户一般只允许下载文件,而不能上传。

目前常用的 FTP 软件有 CuteFTP 和 LeapFTP 等。使用 Web 浏览器也可以进行 FTP 操作:在浏览器的 URL 中直接输入 ftp://ftpserver,其中 ftpserver 是要访问的 FTP 服务器的域名。

9.5.4　远程登录:Telnet 与 BBS

为了到因特网远程站点上查询或者检索信息,除了使用上面介绍的 FTP,还有一种方法是远程登录或远程访问。

支持远程登录的通信协议叫做 Telnet,最初是 Unix 系统中的一个命令,现在也是微机和网络工作站中执行远程访问程序的名字。准确地说,Telnet 是一种访问因特网的方法,而不是因特网的资源服务。早期 Telnet 登录是为了使用别人的机器处理自己机器不能执行的程序。今天的远程登录多为专业人员维护异地服务器或机器的方法。远程登录的命令格式为:

　　　　Telnet　远程主机名

用户也可以通过 Telnet 进入 BBS(Bulletin Board System,电子公告牌)系统。BBS 作为网上信息交流的工具,在大学校园里一度甚为流行。用户登录到 BBS 主机上,主机为每一个用户启动一个进程,供用户浏览公告信息、处理用户的输入和输出、互寄信息、在线交流等。图 9.8 为清华大学 BBS"水木清华"的界面,它的主机域名为 bbs.smth.org。

图 9.8　字符界面的远程登录

随着因特网上 Web 功能的不断增强,Telnet 已逐渐被 Web 服务所取代,Telnet 的应用已经越来越少。主要原因是 Telnet 是文本界面,不具有 Web 页面交互的优势。

现在大多数 BBS 都是基于 Web 的,并大多冠以"论坛"的命名。图 9.9 就是浙江大学的 CC98 论坛的窗口,它的网址为 http://www.cc98.org/,它是由一批爱好计算机的学生创建并维护的。

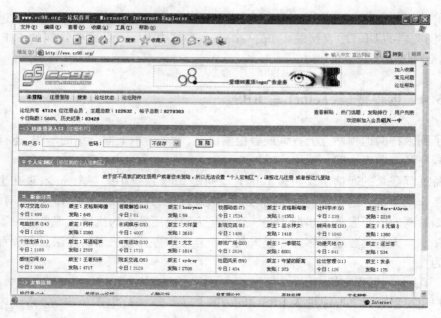

图 9.9   浙江大学 CC98 论坛主页

9.5.5   新闻组

新闻组(Usenet)是基于网络的计算机组合,以特定的主题、为特定的用户群服务,这些计算机被称为新闻服务器,它的字面意思是"用户之网"(User's Network)。它与 Web 信息服务中的新闻(News)不是一回事。

在因特网上,Usenet 应用很广,但国内的新闻服务器很少,用户大多为高校或专业人员。新闻组具有海量信息,据称最大的新闻服务器包含了 39000 多个新闻组,每个新闻组中又有数千个讨论主题,其信息量之大就连 Web 服务也难以相比,而且新闻组的访问速度比 Web 要快得多。

在新闻组上可自由发布消息,可以与成千上万的人进行讨论。这似乎与 BBS 差不多,但它与 BBS 相比,一是可带附件,二是可离线浏览,但它不提供 BBS 支持的即时聊天。

大多数新闻服务器都连在一起。在一个新闻组上发表的消息会被送到与其互联的其他服务器上,因此每篇文章都可能漫游世界各地。这是因特网其他服务项目所不具有的功能。新闻组在命名和分类上有其一定的规则,表 9.4 中所列是其中的主要几种。

表 9.4   新闻组命名和类别

命名	类别
.comp	有关计算机专业及业余爱好者的主题
.sci	关于科学研究、应用或相关的主题,一般情况下不包括计算机
.soc	关于社会科学的主题

续表

命名	类 别
. talk	一些辩论或人们长期争论的主题
. news	关于新闻组本身的主题,如新闻网络、新闻组维护等
. rec	关于休闲、娱乐的主题
. alt	比较杂乱、无规定的主题,任何言论在这里都可以发表
. biz	关于商业或与之相关的主题
. misc	其余的主题,在新闻组里,所有无法明确分类的东西都称之为 misc

新闻组服务器使用 NNTP(Network News Transfer Protocol,网络新闻组传输协议)。它按照树型目录结构分门别类地存放各类文件,阅读者从指定的目录读取信息。

访问新闻服务器可以使用邮件软件,以阅读邮件的方式浏览新闻组里的文档。如在 Microsoft Outlook 中,必须将"新闻"命令添加到"转到"菜单中。操作方法如下:

①在"工具"菜单下选择"自定义"菜单命令。

②在出现的"自定义"对话框中,选择"命令"选项卡。

③在"类别"列表中,单击"转到"列表项。

④在"命令"列表中,选择"新闻"列表项,将该项拖放到"转到"菜单上。当菜单显示命令列表时,指向希望该命令出现的位置,然后放开鼠标,或把"新闻"列表项直接拖放到工具栏上。

单击"转到"菜单,再单击"新闻"。按照提示输入你的邮件账号,输入新闻组服务器的域名地址,Outlook 连接新闻组服务器,显示出主题列表。你可以选择一个感兴趣的主题,单击"订阅"或者"转到"按钮就可以使用新闻组了。图 9.10 就是使用 news. newsfat. net 新闻组的示例窗口。

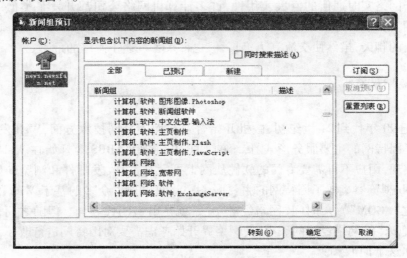

图 9.10 使用 Outlook 访问新闻组

9.5.6　实时通信

有形容说"时间是两点间最远的距离"。今天的因特网在空间上缩小了地域上的距离,它在缩小时间的距离上也开始发挥作用了。这就是因特网的实时通信或者叫做即时通信(Instant Message)。

因特网的邮件或者新闻组都是有一定的时间延迟,专业术语形容这是"异步传输",也就是收发不是同时进行的。

早期的因特网是以文本为主的通信,Telnet、BBS、Usenet 等都是基于文本的传输。现在的因特网技术允许用户同步地进行交流,可以使用文本,也可以通过语音、视频等信号形式进行交流。这是"同步传输",实际上它们是经过服务器转发的。

实时通信的一个应用是网络视频会议。通过因特网的连接,异地人员可以面对计算机屏幕,通过麦克风发言,机器前的视频头(一种低分辨率的摄像机)把图像传送到另一个地方,用户可以在屏幕上看到发言者。这种形式和在线聊天差不多。

另一个应用是网络电话,也叫做 IP 电话。它通过网络传输语音,与传统的固定电话相比,它的价格要低廉,而且严格意义上没有区域的限制:因特网就是"没有边界的虚拟世界"。

我们知道,只要是网络就可以进行通信,因此无论是局域网还是因特网,都是能够实现各种方式的通信,关键是需要支持通信方式的软件。

在国内,大概最为知名的实时通信就是 QQ 了。这是腾讯公司设计的软件和提供的服务。

最早的这种聊天式的网络实时通信是由以色列的一位计算机人员开发的 ICQ 软件,它的发音为"I seek you",叫做"网络寻呼":当你的朋友上网时会通知你,并和你即时交换信息。由于网络实时通信的巨大实用性,许多计算机网络公司都开发了类似的软件,如"Yahoo!通"和 MSN 等。

网络上的聊天,虽然使交流有了工具,但也带来了沉迷于网络的危害。

9.5.7　Web 2.0

20 世纪 90 年代到 21 世纪初,微机开始普及。而因特网技术方面,Web 发展极为迅速并成为了因特网的主要服务形式:传统的 FTP、电子邮件、BBS 等开始在 Web 技术的支撑下得到实现,用户不再需要专门的软件从网上下载文件、收发邮件和浏览新闻、游戏或者购物,Web 浏览器集成了因特网的主要服务。此间出现了众多的基于 Web 的"互联网公司"(称之".COM"),一时间"网络经济"几乎就是财富的代名词。但随之而来 2001 年的".COM 泡沫"的网络经济的破灭,使网络界开始考虑需要对因特网进行改革,随之出现了 Web 2.0 这个词汇。

因特网的核心技术从诞生以后直到今天都没有大的改变,因此 Web 2.0 所代表的不是技术层面的,而是其因特网服务模式的变化。传统的 Web 服务模式,是由技术人员建立网站和管理网络服务器，用户只能被动地从网络上接受服务，这就是所谓的 Web 1.0。

在 Web 2.0 中，上网的每一个人都可以成为网络内容的参与者，其 Web 服务更加多元化。例如博客(Blog)服务以"写日志"的方式，为用户提供了一个发表个人观点的场所；播客(Podcast)使用户不但从网上观看视频，也可以为用户提供上传自拍或编辑的视频；维基(Wikipedia，也称维基百科)是一个"网上百科全书"，被称为人人可编辑的自由百科全书，用户可以从中得到需要的知识，也可以自由编辑并上传。目前维基百科有包括中文、英文、法文等十多个语言的网站；因特网还为一些特定的用户建立"社区"，提供在线的文件分享服务、点对点(P2P)下载等。

简单地说，Web 2.O 的重要特征是，因特网的内容来源被扩展了，实现了多样化的同时也提供了个性化服务，只要是 Web 用户，都可以成为 Web 的内容提供者。在这个"Web 2.0 时代"，因特网不再是一个单纯的信息资源网络，而是被构建成为了一个"Web 平台"，在这个平台上任何一个上网的用户：他可以从这个平台得到信息服务，也可以向这个平台提供信息以服务于其他人。

9.6　搜索引擎：随处可得的信息

"重要的是得到信息，更重要的是知道如何获得、从何处获得信息"。因特网是一个信息的世界，所以我们面临的一个突出的问题是：如何在数以亿计的网站中快速、有效地查找到想要得到的信息？

搜索引擎(Search Engine)正是为了解决用户的查询问题而出现的。搜索引擎可以看做是因特网的导航台，通过它可以迅速定位所查找的信息网站地址，然后通过链接操作去获得信息。因此，搜索引擎被叫做"信息服务的服务"。

大多数搜索引擎通过软件代理(有时叫它为蜘蛛、软件机器人或者 bots)浏览 Web 或者遍历网络、检索信息并将其添加到 Web 数据库中。

搜索引擎的质量和有效性依赖于 Web 数据库中的信息，也依赖于搜索引擎的用户界面。根据独立机构的评价，Google 搜索引擎的访问界面是世界上最佳的页面，如图 9.11 所示。

搜索引擎种类很多，搜索的方法也很多，这里主要介绍"按内容分类查询"和"按关键字查询"两种搜索引擎。几乎门户网站都提供搜索服务，大多数是嵌入了专业搜索引擎软件或者是核心算法代码。

9.6.1　分类查询

搜索引擎是建立在根据内容分类的 Web 地址数据库上。分类查询是将数据库中存储的 Web 页面的内容分门别类编排成树状目录结构。在搜索时按主题类别进行浏览，类似于翻阅书的目录，先找到有关目录，再查找与目录有关的章节信息。

图 9.11　Google(中文版)搜索引擎

　　图 9.12 就是 Yahoo！中文版主页，它给出了娱乐、休闲与生活、商业与经济等网站分类目录。我们可以根据所需查询类别的分类点击进入，以找到所需要信息的网站。

图 9.12　Yahoo！主页

　　基于"概念"的搜索是搜索引擎的新技术，如果运行得好，可能会返回你要检索的信息。但这种技术还不完善，因为它是以极为复杂的语言理论为基础的，基本原理是"分类"。进一步的解释已经超出了本书的范围。

9.6.2 关键字查询

关键字查询就是在搜索引擎向用户提供的文本框中输入待查询的关键字、词组或句子,然后单击紧靠文本框的"搜索"按钮(如图 9.11、9.12 所示),搜索引擎便会查找相关的 Web 页,并把所查的结果反馈给用户。

关键字查询的好处是查询速度快,如果你查询的内容很明确就可按这种方法,但如果你对于自己所查询的内容只知道一个大概的范围,则可采用按内容分类查询的方法。在同时提供关键字查询和分类目录的搜索引擎上,用户也可以将两者结合,以加速查询进程。

关键字查询无论是使用英文单词还是中文词组,自然语言的二义性使检索结果与想像中的差距很大。搜索引擎中的"高级搜索"试图解决这个问题,但结果还是差强人意。因为在没有上下文联系的情况下,关键字的匹配度是有限的。

9.6.3 常用的搜索引擎

搜索引擎是使用因特网必不可少的工具,表9.5 列出几个常用的中英文搜索引擎地址。

表 9.5 常用的中英文搜索引擎网址

英文搜索引擎	中文搜索引擎
Yahoo!：http://www.yahoo.com	搜狐网搜狗：http://www.sogou.com/dir/
Altavisa：http://www.altavisa.com	新浪网爱问：http://iask.com
Excite：http://www.excite.com	Yahoo! 中文：http://cn.yahoo.com
HotBot：http://www.hotbot.com	百度：http://www.baidu.com
Infoseek：http://www.infoseek.com	网易搜索：http://so.163.com/
Lycos：http://www.lycos.com	Google：http://www.google.com

中文搜索引擎以 Baidu(百度)为最多的使用者,而 Google(谷歌)是目前世界范围内使用最广泛的搜索引擎之一,由两位斯坦福大学的博士生 Larry Page 和 Sergey Brin 在 1998 年创立的,获得过 30 多项专业大奖。Google 目前收录有 100 多亿个网页,每天提供几亿次查询服务。

Google 可搜索的信息类型可分为网页、图像、网上论坛或新闻组。在搜索功能方面,包括基本搜索、高级搜索、分类搜索以及特殊功能搜索。

Google 是以搜索引擎开始进入因特网市场的。目前它在开发因特网应用方面成为了先行者。Google 地图(Google Maps)、Google 计算(Google Compute)、Google 视频(Video)等都是 Google 实验室新开发的应用服务,而 Google 地球(http://earth.google.com/)则能够查看地球上任何位置的地理地貌甚至建筑物。

9.7　网页和 FrontPage

今天的因特网,Web 是一个主要的信息资源服务。在 Web 服务中,信息资源以绚丽多彩的网页形式提供,各网页之间又可通过超链接组织起来。网页是用超文本标记语言 HTML 写成的文档。本节介绍制作网页的有关知识。

9.7.1　HTML 语言

我们在 6.4.5 小节和 9.5.1 小节中,都介绍过 HTML 语言。Web 网页使用 HTML 语言编写。确切地说,它不是程序设计语言,而是一种标记格式。Web 浏览器访问网页的过程就是打开 HTML 文档并解释执行,其结果就是所显示的网页。由 HTML 编写的文档与操作系统平台(Unix、Windows 等)无关,它描述网页的格式设计以及 Web 上与其他网页的链接信息。

HTML 文档是一个放置了标签的文本文件,其扩展名为“.htm”或“.html”。

HTML 的主要语法类似于传统的文字排版系统,即在要修饰的文字前后注上文字格式标签,其一般的书写格式是:

    <标签名>相应内容</标签名>

标签的名字用尖括号括起来。HTML 标签一般是配对的,分为起始标签和结束标签两种,分别放在它所修饰的内容两边。起始标签和结束标签非常相似,只是结束标签在“<”符号后面多了一个斜杠“/”。表 9.6 给出了部分 HTML 标签。

表 9.6　HTML 语言部分标签

HTML 标签	标签作用
< html > ... </html >	定义本文档是 HTML 文档
< head > ... </ head >	定义 HTML 文档的页头,以描述文档的有关信息
< title > ... </ title >	定义整个窗口最上方标题栏的文字
< body > ... </ body >	定义 HTML 文档的正文
< h# > ... </h# >	定义中间的文本为标题,#为数字(1~6),表示标题文字的大小,以 1 为最大
……	……
< a href ="url 部分"> ... </a >	定义一个链接,url 部分指向链接的目标
< img src ="图像文件">	定义显示一个图像文件

9.7.2 编辑简单网页

现在就试着利用 HTML 语言制作我们的第一个主页。从 Windows 操作系统的附件中打开记事本,输入如下几行 HTML 语句:

```
<html>
<head>
<title>我的第一个主页</title>
</head>
<body>
<p><u>欢迎访问我的第一个主页! </u></p>
</body>
</html>
```

选择记事本"文件"菜单的"保存"菜单项,将文件以 mypage. htm 名称保存在磁盘上,这样 HTML 文档就编辑好了。然后打开资源管理器,找到并双击文件 mypage. htm 的图标,浏览器便将它打开,并解释执行该文档,在其窗口中显示文档的正文部分:"欢迎访问我的第一个主页!"。

这个主页显示的内容虽然平淡了一些,但它却包括了一个主页最基本的框架,如整个网页由 <html> 和 </html> 定义,具有网页最基本的两部分即"head"和"body"。假如我们再向这个文档中添加一些其他标签,增加一些内容,这个网页就会变得丰富起来,同样也可以拥有背景、动画和音乐等。

9.7.3 网页设计工具 FrontPage

我们已经看到,在文本编辑器中编写 HTML 文档犹如编写程序一样,以命令的形式书写,缺乏直观性。HTML 文件是一种格式化文档,那么有没有一种可视化界面,就像编辑 Word 文档一样编辑 HTML 文档呢?

Microsoft Office 的 FrontPage 就是一个所见即所得的网页设计工具。图 9.13 所示就是一个 FrontPage 2003 的编辑界面,它的界面与 Word 类似,也有设置字体、字号、对齐方式,还可以插入符号、图片和表格等,也是一个所见即所得的界面。在编辑环境中输入文字、图片或其他对象并将之格式化,保存文件后一个 Web 页面便生成了,而且实际外观、布局如同编辑窗口中显示的一样。

FrontPage 2003 的编辑界面左下角有 4 个按钮:设计、拆分、代码和预览。设计窗口是一个所见即所得的编辑窗口,设计产生相应的 HTML 代码可以选择"代码"按钮显示出来。预览按钮与工具条中的 Word 的预览功能类似,查看网页的显示效果。

网页设计工具除了 Microsoft FrontPage 之外,还有 Netscape Composer 以及 Macromedia 公司的 DreamWeaver。这两个软件都支持所见即所得的网页设计,其中 DreamWeaver 在动态网页制作方面比较完美。

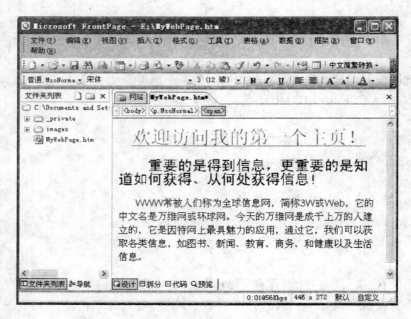

图 9.13 Microsoft Office 的 FrontPage 2003 界面

9.7.4 网页发布

网页设计完成后可在本地浏览。但是若想让它能在因特网上被别人访问,则需要将网页放置在因特网的 Web 服务器上并具有 URL。

1. 通过免费主页空间发布网页

有网络公司都提供这样的免费服务也有收费的服务。在它们的 Web 服务器上提供一定的硬盘空间,存放客户的网页,并分配 URL。

2. 使用 PWS 和 IIS

PWS(Personal Web Server)是 Windows 9X 的个人网站发布服务器,现在大多数机器已经升级到 Windows 2000 以上版本,应使用 IIS(Internet Information Service)。

IIS 是发布信息和将商用应用程序加载到网站上的 Windows 组件。Windows 不会默认安装 IIS,所以需要通过新增 Windows 组件方式安装 IIS。

另外,使用 IIS 也可以在你的机器上建立 FTP 服务器,其操作方法与 Web 发布基本相同,也是在 Windows 控制面板的"计算机管理"的"Internet 信息服务"下创建的。

9.8 发展中的因特网

有评论认为因特网是一个"混乱的世界",也许正是如此才有了层出不穷的因特网新花样。可能你不喜欢其中的一些东西,但你还得与它接触,因为它已经是现代社会的重要组成部分。的确,我们不能预测因特网的明天会是什么样,但它今后的发展所起的作用可能会比现在认为的还要大。本节所列的只是有关因特网发展的一些观点。

9.8.1 在线服务

在线服务(On-Line Service)一直是因特网最大的应用,在线服务大多数是依赖 Web 系统的。

对许多使用因特网的用户,Web 就是因特网。毕竟使用 Usenet、Telnet、FTP 以及 BBS 的用户需要更多的网络知识和操作技能。

因特网的特点是能够使在线服务成为社会中最重要的活动。人类的大多数现实活动都可以借助因特网部分或全部实现。假如有朝一日,我们的衣食住行都可以借助因特网,这个社会将会是什么样子呢? 这些取决于人类的想像力及其实现,因特网为人类的想像力的实现提供了一个平台。也许更强的在线服务技术将使因特网的各种服务更为迅速。

9.8.2 GPS 和智能手机

全球定位系统叫做 GPS(Global Positioning System),GPS 是 20 世纪 70 年代由美国研制的空间卫星导航定位系统,其主要目的是为陆、海、空三大领域提供实时、全天候和全球性的导航服务,并用于情报收集、核爆监测和通讯等军事目的。1994 年,全球覆盖率高达 98% 的 24 颗 GPS 卫星星座已布设完成。

全球定位系统现在也开始服务于民用,主要在航海、航空以及地面交通领域。在城市交通中引入 GPS 被认为可以缓解交通阻塞。GPS 所依赖的技术基础是计算机与通信。不妨设想一下:地面的所有网络实现了互联,再经过覆盖地球的 GPS 卫星系统和其他通信卫星系统,加上移动技术,那时的网络将是"天罗地网",不再会有网络阻塞,不再会有上网盲区……而且能够精确定位,网络服务将会更加有效。

微软公司创始人比尔·盖茨曾认为,微机即 PC 机将被具有处理器功能的手机所取代。今天所谓的"智能手机",就是在手机中使用了类似 CPU 的处理芯片。它几乎具备了一台 PC 机的全部功能,它的惟一差别在于系统的存储量和屏幕的大小。

9.8.3　电子货币和电子商务

电子货币和电子商务这两个词曾经是最被追捧的,随着第一次"网络经济"泡沫的破灭,它们一度被冷落了。实际情况是它们从来就没有被遗忘,而且发展势头稳定,只是没有最初的火爆,反而是更加实在了。

从20世纪70年代开始的EDI(Electronic Data Interchange,电子数据交换,也叫无纸贸易)以来的几十年间,电子商务或者叫做网络交易被企业所看重:因为它减少了交易成本,也提高了交易的效率。各国政府也逐步把基于数字化通信系统所建立的贸易形式纳入规范,到了20世纪80年代中期,联合国开始介入制定EDI的国际标准。

贸易的电子化伴随的是电子货币(Digital Currency,或E-Money)。有关电子货币没有准确的定义,一般认为电子货币是采用电子技术和通信手段在信用市场上流通的,以法定货币单位反映商品价值的信用货币。但大多数电子货币是以实际货币为基础的。最常见的电子货币是各种银行发行的储蓄卡和信用卡。

如果是通过网络进行商务活动就叫做电子商务。从表面上看,你可以不需要任何场地,不需要任何销售代表,只要在一台PC机上建个商品销售的网站,页面上只包含商品和电话号码,然后就可以开展业务了。当然一个完整的系统不但能够自动接受客户的订单,并且能够自动处理客户信用卡的支付。网站需要与信用卡公司或者银行建立确认信用卡号和账户,同时也需要物流系统:你需要把客户订购的商品送到客户手上。

电子商务将是因特网未来的一个大主题,网民(是对个人上网用户的称呼)的购物被叫做电子商务的B2C模式(Business To Customer),另一类是B2B,也就是企业对企业之间的商务活动。

9.8.4　进入家庭

比尔·盖茨曾经描述过未来的家庭网络:从窗帘到微波炉,从开门到闹钟,都在网络的控制之下。你可以通过手机进入因特网控制你房间的温度,而闹钟可以自动根据航班准时或者延误决定唤醒你的时间,你出门之前,网络将告诉你现在的城市交通情况,你可以在办公室通过电脑随时查看你家的安全设施是否正常工作,当你打开冰箱,但冰箱出现警示话语,提醒你已经超重;你正在家看电视,突然有电话打入,网络将主动把电视调成静音,接完电话后,声音又将自动调回……这些是因特网科学家们给出的未来的家,尽管我们并不知道这是不是我们所需要的,但比尔·盖茨已经进行了部分实践。

我们不去猜想今后的发展,但总的趋势是因特网深入家庭生活的程度将逐渐加大,特别是随着计算机和信息家电的不断发展。

9.8.5　Internet2 和 IPv6

现在的因特网由于网络带宽的受限,使得研究更新、更快的通信技术成为因特网发展的重要任务。1995 年,美国开始大规模的"信息高速公路"即建设覆盖全美的因特网工程后,建设新的因特网就被提了出来。

最早提出 Internet2(即第二代因特网)的是 1996 年时任美国总统的比尔·克林顿。2001 年,美国正式启动了第二代因特网的研究。第二代因特网的设计数据传输速率为9.6GB 以上(亦有文献说是 10～20GB),如果建成的话,它能够在 1 秒以内完成30 卷百科全书的传输,网络速度将比现在的因特网快 100～1000 倍。

尽管研究者表示第二代因特网是为研究和学术而设计的,但如同因特网一样,它将不可避免地被用于商业和娱乐活动。目前进入这个工程的大学和研究机构希望借助于第二代因特网建造虚拟实验室、数字图书馆、远程医学研究和医疗以及远程教学。

人类的想像力与创造力之间的矛盾在因特网的设计方面再次得到非常奇特的表现。最初设计者认为,因特网地址使用 4 个字节已经足够为整个世界所用。现实却并非如此,现在入网的机器数量与人类人口数相比,其比例还较小,但 IP 地址已经面临资源危机。

今天的因特网的协议为 IPv4(IP Version 4),即是 IP 协议的第四版。第二代因特网的IP 协议是第六版,因此叫做 IPv6。IPv6 的 IP 地址有 128 位,长度是 IPv4 的 4 倍。与 IPv4一样,IPv6 的一个字段由 16 位二进制数组成,因此 IPv6 有 8 个字段,字段与字段之间用冒号":"隔开,而不是 IPv4 的"。"。设计者认为 128 位所形成的地址空间,在可预见的时期内,它能够为所有可以想像出的网络设备提供一个全球惟一的地址,"甚至可以为每一粒沙子提供一个 IP 地址"。

到今天,IPv6 的技术设计已经完成,它的一个主要问题是如何解决与现有的网络资源特别是 IPv4 的包容和设备层次上的兼容,毕竟更换所有基于 IPv4 的网络设备不是一件轻而易举的事情。

我国在第二代因特网的开发和研究方面基本上与国际同步,从 1998 年以高校为主建立了一个试验网,到 2004 年试验网开通,同年 12 月正式开通并开始提供服务。

中国教科网专家如此形容第二代因特网:"在人类发展史上,火的使用是野人与文明人的分界线,下一代互联网对我们的意义与影响,就如火的使用。"

9.8.6　无限的网络空间

形容因特网,科学家的语言远不及作家和艺术家,特别是电影导演和科普作家。著名科幻作家儒勒·凡尔纳在他的小说中大胆幻想出来的许多神奇在其后的百年间都变成了现实。而现代通信中的通信卫星也是科幻作家阿瑟·克拉克最先预言的。因此,我们借用一位作家的评论来形容因特网:"网络空间,是全世界数以亿计的电脑使用者所体验的交感幻觉……无法想像的复杂性,就像人类的大脑这一非空间世界中充斥的思想和大量数据一样。"

好莱坞电影"黑客帝国"(它的英文名为 Matrix,即"矩阵")就是根据科幻小说而创作的。它把网络描绘为一个另类的世界。没有一位科学家会对此有丝毫的相信,但下面这些对网络未来的描述却是来自于科学家们不同的观点。

文特·瑟夫的想像力极为丰富,他目前的大部分精力用于研究把因特网延伸到空间和太阳系的其他行星上,他认为,"电子邮局"将在轨道上运行,并在空间探测器之间、人与机器人之间传送信息。

还有计算机科学家们认为,应该淡化 Web 和人与人之间通信的界限,当我们访问网络中有许多人浏览的 Web 站点时,我们感受到他们的存在,与他们接触,而不是仅仅使用聊天室。尽管我们还不知道如何实现在一个"充满信息的环境里进行感受、接触的交流模式",就像我们过去不知道会有因特网一样,也许新技术的出现将使我们知道这种模式是什么。

有计算机研究者认为,网络作为一个复杂系统,部分网络可能在没有人类工程师的干预下采取一些行动或者是进行一些计划。而网络包交换技术的发明者、发送世界上第一封电子邮件的 MIT 的伦纳德·克兰罗克(Leonard Kleinrock)认为:"人类不会走出这个过程,那些贡献想法的人正是这个复杂系统的一部分。"

现在有一种叫做软件机器人的"Bots",它是智能代理软件,能够代替进行网络搜索。受到电子宠物对某些物理行为如声音和感觉敏感的启示,有研究者期望能够生产"电子生物",期望它们能够"帮助人类而不是伤害人类"。持这种观点的人被叫做"圣达非学派"(源于圣达非研究所(Santa Fe Institute),这是个跨学科思想库,利用基于中介体模拟,来设计出规模更大的集体复杂行为模型),他们认为,如果这种事情发生,那时网络就具有了部分适应能力和生命体的自我防卫能力,当预知地球有危险,如强风暴、地震等,网络能够感知并提醒和帮助人类抗击灾难。

这个想法来自于网络将覆盖地球而成为地球的皮肤。今天的因特网是一个整体,而不仅仅是技术,因此当更多的计算机接入因特网,更多的网络设施,更多的网络线路,使得整个地球被网络密密麻麻覆盖,就像地球披上了一层皮肤。

网络作为地球的皮肤,是一个极好的想像。那么皮肤的感知能力是否会由此产生?如果网络上数以亿计的处理器和网络收发装置(包括地面、天空和宇宙空间),会不会出现一个复杂的网络中枢神经系统? 有科学家相信,一旦网络能够模仿人脑的复杂性,那么就会有一些自主意识。

对此持相反看法的科学家认为这只是"想法",缺少坚实的理论基础。

本章小结

Internet 在中国被叫做因特网。它是网络的网络,它连接了世界各地的各种计算机和各种网络,成为覆盖全球的最大的、惟一的广域网。因特网具有高度的可靠性。

因特网最初源于美国的 ARPANET。在我国有超过 3 亿以上的因特网用户,有超亿台各种计算机接入因特网。

因特网的基础协议是 TCP/IP,它是一个包含各种因特网应用通信协议的协议集。TCP/IP 也是分层结构,与 ISO 模型不同的是,它分为应用层、网络层、传输层和网络接口层。

使用 TCP/IP 协议构建的局域网叫做 Intranet,它的优点是用户使用和访问因特网相同的方法访问内网的资源。通过防火墙或者网关能够隔离内外网。

　　进入因特网的计算机必须有一个 IP 地址作为惟一标识。IP 地址可以使用域名表示,它们之间具有对应关系。为了解决 IP 地址资源紧张的问题,可以通过划分子网、使用代理服务器或者 NAT 等方法。

　　域名是使用符号表示 IP 地址的方法。域名系统采用 URL 定位网络资源。网络中有专门翻译域名到 IP 地址的域名解析服务器。使用域名访问因特网是最常用的方法。

　　进入因特网可以使用公共电话网、专线或者宽带以及无线方式。

　　因特网的资源非常丰富,常用的资源有 Web、FTP、Telnet 和 BBS,新闻组和实时通信,等等。其中以 Web 资源最为丰富。门户网站是基于 Web 的因特网综合信息服务系统,能够为用户提供"一站式"的信息服务。

　　因特网的搜索引擎称为信息服务的服务。它提供了查找因特网信息的手段和方法。实际上它是一个保存网络上网站或网页的数据库,数据库中记录了相关信息网站的链接信息。常用的信息搜索方法有按内容分类查询和按关键字查询。

　　Web 网站就是容纳一组相关网页的网络文件服务器。网页制作使用的是 HTML 语言。可以使用编程工具如 FrontPage 制作网页,通过 Windows 的 IIS 发布网页建立 Web 网站。

　　发展中的因特网还是一个颇受争议的话题。第二代因特网已经完成了试验阶段。未来因特网的在线服务将更加方便、快捷,而基于因特网的商业活动即电子商务将是因特网的一个重要应用领域。因特网将进入更多的家庭。未来的因特网将会是具有无限空间的网络世界。

思考题和习题

一、选择题:

1. Internet 是网络的网络。它连接世界上最多的计算机和网络。在我国,它的正式名称为_____。

　　A. 互联网　　　　　　B. 互连网　　　　　　C. 因特网　　　　　　D. 万维网

2. 因特网之所以具有极高的可靠性,是因为它的结构被设计成_____。

　　A. 枢纽控制　　　　　B. 中心控制　　　　　C. 分布式控制　　　　D. 没有控制

3. 因特网的基础是 TCP/IP 协议,它是一个_____。

　　A. 单一的协议　　　　B. 两个协议　　　　　C. 三个协议　　　　　D. 协议集

4. 在因特网的通信中,TCP 协议负责_____。

　　A. 数据传送到目的主机　　　　　　　　B. 寻找数据到达目的地的主机

　　C. 网络连接负责数据传输　　　　　　　D. 发送数据打包、接收解包,控制传输质量

5. 在因特网的通信中,IP 协议负责_____。

　　A. 数据传送到目的主机　　　　　　　　B. 寻找数据到达目的地的主机

　　C. 网络连接负责数据传输　　　　　　　D. 发送数据打包、接收解包,控制传输质量

6. 在因特网中,IP 协议负责网络的传输,对应于 ISO 网络模型中的_____。

　　A. 应用层　　　　　　B. 网络接口层　　　　C. 传输层　　　　　　D. 网络层

7. 使用因特网技术即根据因特网协议 TCP/IP 构建内网局域网叫做_____。

    A. Ethernet   B. RingNet   C. BusNet   D. Intranet

8. IP 地址标识进入因特网的计算机,任何一台入网的计算机都需要有_____个 IP 地址。

    A. 1   B. 2   C. 3   D. 4

9. 因特网的域名和 IP 地址具有对应关系,一个 IP 地址可以有_____个域名。

    A. 1   B. 2   C. 3   D. 多个

10. 因特网的域名和 IP 地址具有对应关系,一个域名可以有_____ IP 地址。

    A. 1 个   B. 2 个   C. 3 个   D. 多个

11. 进入因特网的计算机可以使用局域网、拨号、_____和无线方式。

    A. 卫星   B. 微波   C. 宽带

12. Web 是因特网中最为丰富的资源,它是一种_____。

    A. 信息查询方法   B. 搜索引擎

    C. 文本信息系统   D. 综合信息服务系统

13. Web 是一种基于超文本的、基于分布式的信息检索、浏览的系统,它支持_____。

    A. 文本   B. 超文本   C. 文本和图形   D. 超媒体

14. 根据 IP 协议对进入因特网的网络地址的划分,C 类地址最多能够有_____台主机。

    A. 253   B. 254   C. 255   D. 256

15. 如果划分子网,需要子网掩码。C 类子网的掩码的前 3 个字节都是_____。

    A. 253   B. 254   C. 255

16. 为了解决局域网内多台机器使用几个 IP 地址的矛盾,除了使用子网和代理服务的方法,还可以使用 NAT 技术,这是_____。

    A. 通过操作系统翻译内网与外网的地址

    B. 由 NAT 服务器负责将内部地址转换为合法的外部因特网 IP 地址

    C. 由或路由器负责将内部地址转换为合法的外部因特网 IP 地址

    D. NAT 服务器或路由器负责将内部地址转换为合法的外部因特网 IP 地址

17. 使用 IP 命令程序 Ping 可以侦查网络的通信状态,而使用_____命令可以查看机器的 TCP/IP 配置参数,包括机器网卡的 MAC 地址。

    A. Ping   B. IpConfig /all   C. IPconfig   D. Ping/all

18. 通过 FTP 进行上载文件到 FTP 服务器,需要使用_____。

    A. 用户名   B. 匿名   C. 密码   D. 用户名和密码

19. Telnet 是一种登录因特网服务器的方式,BBS 是在网络进行聊天、讨论的因特网服务。实际上它们是_____。

    A. 概念相同   B. 协议相同   C. 完全不同   D. 功能类似

20. 因特网新闻组不是指使用浏览新闻信息,而是通过_____方法进行交流。

    A. 浏览新闻   B. 邮件   C. 论坛   D. BBS

21.因特网服务实时通信也叫做即时通信,它是指可以在因特网上在线进行_____。

　　A.语音聊天　　　　B.视频对话　　　　C.文字交流　　　　D.以上都是

22.就使用的网络技术而言,网络社区、网络博客等都是_____的一种变化形式,它们并不是因特网的新技术或者新服务。

　　A.新闻组　　　　B.BBS　　　　C.Telnet　　　　D.Email

23.搜索引擎被称为因特网服务的服务,使用搜索引擎主要有分类查询和_____。

　　A.模糊查询　　　　B.指定查询　　　　C.关键字查询　　　　D.任意方法查询

24.搜索引擎使用的查询技术主要是基于_____。

　　A.数据库　　　　B.遍历整个网络　　C.程序分析　　　　D.以上都是

25.使用 HTML 编写的文档的后缀为.html 或者_____。

　　A..www　　　　B..web　　　　C..doc

26.编好 Web 网页后,Windows 2000 以上版本可以通过_____在本机上发布。

　　A.IIS　　　　B.Web　　　　C.DOS

二、是非题:

1.因特网上的计算机在通信功能上是平等的。　　　　　　　　　　　　(　　)

2.我国的第一个网页叫做"中国之窗"。　　　　　　　　　　　　　　(　　)

3.因特网的核心协议是 TCP/IP,它们是一个协议集。　　　　　　　　(　　)

4.支持因特网的操作系统都在内部嵌入了 TCP/IP 协议。　　　　　　(　　)

5.使用以太网技术构建的机构内网叫做 Intranet。　　　　　　　　　(　　)

6.IP 地址和主机域名存在一一对应的关系。　　　　　　　　　　　(　　)

7.子网掩码和代理服务器、NAT 都是解决局域网连接因特网所需要的 IP 地址不够而采取的技术方案。　　　　　　　　　　　　　　　　　　　　　　　　(　　)

8.Ping 命令可以检查本机器的网络配置值,也可以检查网络上其他主机的设置。

　　　　　　　　　　　　　　　　　　　　　　　　　　　　　　(　　)

9.一般情况下我们都使用拨号方式上网,如 DSL 就是拨号上网的一种方法。(　　)

10.万维网就是因特网,也叫做全球信息网。　　　　　　　　　　　(　　)

11.Web 只支持超文本,超媒体只能使用因特网的其他服务模式。　　(　　)

12.Web 通信需要使用 HTTP 协议,一般的浏览器软件只支持 HTTP 协议。(　　)

13.URL 是 Web 在因特网上的地址。　　　　　　　　　　　　　　(　　)

14.电子邮件只有在通信的双方都在线时才能收发电子邮件。　　　　(　　)

15.FTP 是文件传输协议,FTP 只能使用专门的软件,而且必须使用用户名和密码。

　　　　　　　　　　　　　　　　　　　　　　　　　　　　　　(　　)

16.远程登录 Telnet 和电子公告牌 BBS 系统是一种服务两种叫法。　(　　)

17.新闻组、网络新闻、网络社区以及博客等都是网络信息浏览的方式,它们都是采用 HTTP 协议传送的,都可以在 Web 模式下浏览和交流。　　　　　　(　　)

18.实时通信也叫做即时通信,支持视频和语音在线交流。使用文本聊天只能使用网络论坛。　　　　　　　　　　　　　　　　　　　　　　　　　　　(　　)

19. 搜索引擎就是采用关键字检索因特网上的信息,它是基于实时技术的一种信息交流服务。   （　　）

20. 网页发布可以在进入因特网上的任何一台机器上进行。   （　　）

21. GPS 已经成功地运用到因特网的连接。   （　　）

22. 电子货币是一种网络消费的支付,持有电子货币并不需要实际货币为基础。
                                                                     （　　）

23. 电子商务是指通过因特网进行的商业活动,在其他网络上进行的商业活动则不属于电子商务。   （　　）

三、简单解释下列术语:

　　Internet ARPANET TCP/IP FTP E-mail Telnet BBS IP Address DNS
　　URL SMTP POP HTML IIS EDI GPS Intranet DSL PPP CATV
　　BLOG bots Google Baidu Web WWW 3W MAC Proxy 服务器
　　超文本 超媒体 子网 子网掩码 代理服务器 门户网 远程登录 搜索引擎
　　网页 页面 Web 服务器 网站 域名 统一资源定位器 匿名登录 在线服务
　　电子货币 电子商务 IPv4 IPv6 Internet2 主页

四、思考题:

在本章介绍因特网的同时引出许多不能做结论的话题。我们列举一些在下面,供读者思考。

1. 因特网采用开放结构,表现在它的什么地方? 你认为这是它的优点还是缺点? 如果要提高它的安全性和可靠性,你该如何做?

2. 因特网协议的简约是它的特点,但也是不安全的因素。以 IP 为例,它在发送的数据包中加入收发双方的 IP 地址,这就给企图攻击网络上机器的人留下了余地。你认为如何才能避免被攻击的发生?

3. 子网、代理服务器和 NAT 这 3 种技术都是为了解决 IP 地址不足的问题。试比较 3 种方法,哪一种更好? 你能够设想有其他的更好方法吗? 你认为 Internet2 的方法是不是最佳的方法?

4. Web 的特点是能够把超媒体信息以浏览器浏览的方式进行使用。但是由于超媒体有大量的图片、图像,特别是商业门户网站使用的推送技术制作的广告令人不胜其烦。推送技术的另一个应用是电子邮件的群发,特别是垃圾邮件至今还没有任何有效的办法加以阻止。你认为应该如何处理?

5. 沉迷网络已经是危害学生学习的一个因素,这是一个世界性的难题。不妨就此探讨一下,究竟是什么原因导致"网络成瘾"?

6. 在本章9.8节中,提出了一些有关因特网发展的话题。你对其中哪些观点有不同的看法,如你认为电子商务怎样才能真正发挥作用? 你设想一下,电子货币该是怎样推进? 你还可以预测因特网进入家庭的发展将是一个什么样的前景?

7. 你认为智能手机将会取代目前的微机吗? 为什么?

8. 网络将是一个无限的空间,这没有人持疑义。问题是这个未来的空间究竟是否能具备人类大脑的某些行为或者作为地球的皮肤,它真的能够有感知吗? 不妨深入讨论一下。

在线检索

在本章中,大多数内容都可以在因特网上找到更多的信息。

1. 有关因特网的历史。Internet Society 是一专门研究 Internet 的组织,在它的网站上有关于 Internet 的历史、构造、标准和市场研究和统计,访问它可以获取更多有关因特网的知识。它的网址为 http://www.isoc.org/internet/history/。

2. 关于中国因特网的历史,权威的记载在 CNNIC 的网站上,www.cnnic.org.cn 是 CNNIC 的网址。CNNIC 网站上有一个链接是"中国互联网络发展状况统计",本书有关中国因特网的大多数数据都是来自它的报告。

3. 访问中国移动公司的网站,网址为 www.chinamobile.com,查看它的服务项目"随 e 行",看看它如何提供无线上网服务。

4. 如果你有 QQ 号或者 MSN,你或许对实时通信/即时通信会感到很熟悉。开展这项业务的公司在进一步提供有效连接和服务,访问腾讯公司和微软的 MSN 网站,可以获取更多有关这方面的信息。

5. 下面所列是国内几个新闻组的域名。其中"新凡"是中文新闻组,后 3 个是外文的新闻组。奔腾新闻组是国内最大的新闻组服务器,有 20000 多个讨论组,也是国内惟一一家可以和国外新闻组服务器转信的一个新闻组。微软新闻组只讨论计算机技术,网络前线与奔腾新闻组相通,在奔腾新闻组上发的文章,一会就可以在这里看到。使用9.5.5小节介绍的登录新闻组的方法,进入其中,看看新闻组究竟是怎么回事。

(1) 新凡: news://news.newsfan.net

(2) 奔腾新闻组 news://news.cn99.com/

(3) 微软: news://msnews.microsoft.com

(4) 网络前线:news://freenews.netfront.net

6. 在电子商务方面,中国的"阿里巴巴"网是一个 B2B 的。而中国石化网也被认为是一个很成功的 B2B 实践,在它的网站上开辟有供、需栏目。进入 http://www.cnpec.net/ 中国石化网可以了解一下有关电子商务网站的知识。

7. 在 9.6.3 小节中,有 Google 实验室的介绍。登录http://earth.google.com/,可以下载 Google 免费提供的"Google 地球"软件并使用这个软件。要注意安装这个软件对你的机器有较高的要求,它需要配备 3D 显示卡。

8. 进入中国教科网的 http://www.edu.cn/HomePage/cernet_fu_wu/index.shtml 了解我国第二代因特网的进展。

第10章

高级主题

这一章侧重于计算机的一些主题。这里所列的主题只是计算机科学和应用的一部分,我们不展开讨论。我们仅希望把有关计算机应用及其发展展现给读者,使读者能够进一步领略计算机科学和技术在各个学科、各个行业中所起的巨大作用。

10.1 高性能计算

高性能计算(High Performance Computing, HPC)一直就是计算机科学中最富有挑战意义的研究方向。高性能计算是计算机科学的一个分支,旨在研究复杂体系结构、算法和开发相关软件,致力于开发高性能计算机。本节简要介绍有关高性能计算。但应注意的是,这里几个主题之间的差异已经被含糊地交叉使用,也就是说并没有一个明显的界线给这些主题进行分类定义。

10.1.1 并行计算

大型计算需要计算能力特别强的计算机。如浙江大学之江校区的华大基因研发中心就使用了 IBM P690 大型主机、曙光 3000 超级计算机,数百位科学家使用它们进行人类基因组分析、蛋白质三维结构预测的测序等需要大量计算的研究工作。

并行计算(Parallel Computing)这个术语,传统意义上是指计算资源应包括一台配有多处理机(并行处理)的计算机,构成具有超级计算能力的计算机系统,这是获得高性能计算的重要手段。在过去很长一段时间内,并行计算几乎就是 HPC 的代名词。

以并行计算为技术核心的超级计算机的研究一直是计算机研究的高水平标志。RISC 技术后的处理器性能迅速提高,超级计算机开始使用通用处理器取代专用处理器。20 世纪 80 年代以来并行计算机系统(多处理器同时对一组数据进行同一个操作)达到了鼎盛时期。进入 20 世纪 90 年代,超大规模并行计算(Massively Parallel Processing, MPP)开始占主导地位,之后又出现了对称多处理器(Symmetric Multi-Processor, SMP)结构的并行系统。

1993 年成立的 Top 500 机构开始进行全球高性能计算机系统排名。根据 2009 年 6 月 Top 500 公布的数据,排名第一的 Roadrunner 系统(IBM 公司生产)处理速度达到 1105 TFlop/s(每秒万亿次浮点运算),系统有 129600 个处理器。

我国曙光公司生产的曙光 5000A 超级计算机,在 2009 年 Top 500 中排名 15,系统内核有 30720 个处理器,而我国联想公司的深腾超级计算机系统有 12216 个处理器,处理速度达到了 185 万亿次,在 Top 500 中排名第 31 位。

由于并行计算系统具有超级计算能力,它们被用于天文学、环境模拟、凝聚态物理、蛋白质折叠、量子色动力学、湍流研究等复杂领域。计算性能的提高为进行复杂的计算提供了可能,但并行计算的研究除了硬件系统,还需要研究软件和算法。有意思的是,世界上排名前 10 的超级计算机全部是 Linux 系统。

事实上,作为高性能计算中的一种体系结构,并行计算的很多相关技术如体系结构、分布存储、共享存储、编程模型等都是研究的重要方面。由于网络技术的发展,高性能计算开始从超级计算机转向分布式和网格等基于网络环境的网络计算。

10.1.2　集群计算

集群计算(Cluster Computing)也是基于并行系统和网络技术的。它作为并行计算和网络技术在高性能计算机体系结构中最为成功的集成和运用,是目前性价比最好的系统。在 2009 年 6 月的 Top 500 中,集群系统占到了 82%,2004 年同期该比例为 57.8%,而 10 年前这个比例只有 1.2%。

集群系统是以高速网络(如光缆局域网)连接起来的高性能工作站或微机组成。集群系统在运行中像一个统一的整合资源,所有节点使用单一的界面。本质上说,集群是一种并行或者分布式系统。

在第 1 章中我们介绍过工作站,不过随着处理器芯片的性能快速提高,微机的计算能力也日益增强。廉价的、通用的微机系统或者工作站,通过集群技术建立数据模型、执行并行应用程序,能够替代昂贵的并行计算机平台,这是一个现实的趋势。

集群的同义词是工作站网络(Network of Workstation, NOW)。集群成为最廉价的高性能计算机系统的主要原因如下。

(1)微机或工作站的性能越来越强。

(2)LAN 特别是高速光纤 LAN 的延迟越来越小,网络带宽增加。

(3)工作站网络易于集成,与现有的网络更容易整合。

(4)相比大型并行系统,微机或工作站的开发工具更成熟,而且更易于被大批专业人员掌握,而大型专用系统技术人员需要专门的训练。

(5)工作站和微机系统标准化程度高,而分布式系统缺乏标准化。

(6)集群系统采用的平台便宜而且易于获得,如 Unix、Linux 和 Windows Server 都可以作为集群系统的平台。

集群系统中的硬件除了构建一个网络的需要基本相同外,还需要一个"集群中间件"

如内存通道、分布式共享存储(DSM)、对称多处理器处理(SMP)等。集群的各节点像单独的一台计算机那样工作,集群中间件负责为集群中独立而互联的计算机对外提供统一的系统映像和系统的可用性。

从使用高速网络把数个微机、PC服务器和工作站组成集群,到使用广域网上的计算机组成集群,甚至可以把因特网看做是一个集群,这种巨大的伸缩性也是集群的优势。数个到百个节点的"组级"集群,常被构建于一组机架内成为一个计算机(中心)系统。一个机构或团体的集群可以用高速网络连接多个组级的集群。多个团体级的集群构成国家级的集群。

基于不同的应用目的,集群有高性能(HP)和高可用性(HA)之分。

10.1.3 网格计算

网格计算(Grid Computing)是20世纪90年代中期出现的,它最初被用来描述适用于科学和工程的分布式计算的基础设施。

因特网上有成千上万的各种计算机,把这些分散的机器组成一个"虚拟的超级计算机",其中每一台计算机就是一个"节点",而整个计算是由成千上万个"节点"组成的"一张网格",所以这种计算方式叫网格计算。Intel公司和SGI公司曾联合进行过一项网格计算的试验,因特网上的100万台计算机相连,其总处理能力大约比现有的最快的超级计算机还要快5倍,而这种处理能力用极小的代价就可以获得。1999年至今已有500多万台因特网个人计算机参与了美国行星学会寻找地球外文明的实验,将采集的外太空数据以"小片"形式,分发给参加计算的机器,利用闲置状态计算"数据小片",累计计算总量相当于20台价值千万美元的超级计算机昼夜不息工作所能达到的计算极限。

发展到今天,网格已经是一个庞大的概念,它涵盖未来网络所具有的所有资源,还包括各种各类仪器设备、传感器、大型数据库等实体以及这些实体运行时使用的软件和数据。

要准确地解释网格是比较困难的。十多年来,全世界都对网格计算产生了兴趣,有人把网格看做是未来的因特网,媒体介绍网格使用最多的是"下一代因特网"、"第二代因特网"、"下一代万维网"等名词。它也衍生出许多新名词,如数据网格、科学网格、访问网格、知识网格、集群网格、商品网格等。它们的共同点就是资源共享,当然它们都有自己的体系结构。如计算网格以提高计算能力为目的,上面提到的例子应属于这类网格;数据网格以提供分布式数据资源的共享为主要目的;知识网格以分布式知识共享和协同工作为主要目的。

一个可以类比的是网格给人们的资源服务,就像给居民提供电力服务的电力设施一样:只要打开电灯开关就可以获得照明所用的电能,只要给冰箱通电就可以制冷。电能是通过电网设施提供的,那么网格就是一个像电力设施一样的基础设置,我们在网格中获取资源就如同从电力公共设施中获取电能一样方便。这是一个令人神往的未来。

网格计算绘制了未来网络的美好蓝图。已有一些网格服务产品出现,如IBM的On Demand、HP公司的Utility Computing和Sun公司的NI等。时至今日,网格计算的大部分工作都集中在理论研究、标准级别和建立解决方案等方面。

网格计算与分布式系统不同的是,网格更加集中于资源共享、协作和高性能,它致力于解决多个个体或组之间的有关资源如何实现共享的问题。

网格计算中的资源包括计算能力、数据存储、硬件设备、按需软件和应用程序等,共享的问题包括资源发现、资源的表示、资源的相关性、身份认证、授权以及访问机制等。当网格计算成为工业应用,它的资源都成为共享时,这些问题会变得极其复杂。因为商业社会中"按需公用"(如电力、供水)这一概念被引用到网络中,本来就已经"混乱"的网络是否会更加混乱或者走向另一端,这是一个具有挑战性的问题,它包括服务级别的管理特征、复杂核算、效用度量以及定价、安全性和扩展性等问题。

网格发展的目标将是形成一个全世界最大的"计算机",是世界上所有人公用的一个"计算机",因此这个计算机不但具有无限的计算能力,也有无限需要解决的问题。这是一个理想,且是离现实还很远的理想。

10.2 计算机与科学研究

计算机与科学研究的结合是一件自然而然的事情。从探索太空奥秘的天文学到研究病毒的分子生物学,从构建新材料分子结构到研究大气环境变化,几乎所有的科学领域都使用计算机帮助开展研究工作,我们这里只是列举了几个主题给予简单的介绍。

10.2.1 电脑与人脑

设计出与人脑一样会学习、会思考的电脑(计算机),是科学家半个多世纪以来的梦想。图灵在 1950 年就预测电脑有一天会达到人脑的水平。最初的方法是每当发现人脑的一种功能,设计师就编出一套软件,让电脑实现同样的功能,这种设计方法叫做"从上至下"。人们认为,随着程序代码逐渐积累,终有一天,电脑能够实现人脑的所有功能。事实上,这种软件从来就没有成功过。

问题之一在于大脑被认为是能够进行神经元编程,在思想与感受器之间传递电流。虽然计算机的性能日新月异,但至今人类也没有揭开"意识之眼"的秘密,到今天还没能制造出一台能够与一名小学儿童能力相当的"电脑",计算机仍然不会思考。

按照集成电路发明人诺依斯在 1984 年提出的设想,改用"从下到上"的方式模仿人脑,也就是先绘出一份详细的大脑地图,把大脑内所有弯弯绕的细枝末节搞得清清楚楚,然后按照这份大脑地图,设计"电脑"。这样做出来的电脑,应该能与人脑具有一样的思维。

美国得克萨斯 A&M 大学脑网络实验室用"脑组织扫描仪"的新型显微像机,通过特制的刀把大脑切成微小的薄片,经激光扫描、由数码相机拍摄下纳米级的精细的脑组织细节(比大脑中的单个神经元还小)。实验室主任布鲁斯·麦克科米克和助手用了一个月时间拍摄完鼠脑的全部照片,获得几万 TB 的数据,用以构建高清晰度的三维鼠脑模型。布鲁斯自己估计需要 20 年绘成人类大脑"地图"。

美国加州理工学院使用磁共振成像技术等不产生破坏的办法观察活鼠、活鸟和活猴的大脑,希望利用这种方法能够绘出发展中的大脑解剖图和神经结构变化图。

与电脑不同的是,大脑能够经常改变神经元之间的连接,修正处理信息的方式。专家认为,本世纪人类将在脑科学和认知神经科学研究的几个重大问题上取得突破性进展,并可能为人的智力开发和电脑科学带来新的突破。有关这些和"黑客帝国"(The Matrix)里的超人并无相同之处,至少科学家到今天对电脑的能力认识还是基于以上介绍。

有关智能机器的主题,我们在本章的 10.4 节中将有更多的介绍。

10.2.2　生物信息学

生物和信息的结合,被叫做生物信息学,它起源于 20 世纪 80 年代末。这几年信息生物学的研究和发展极为迅速。2001 年 2 月 12 日,中国、美国、日本、德国、法国、英国等 6 国科学家和美国塞莱拉公司联合公布了人类基因组图谱及对它的初步分析结果,它是对人类基因组基本面貌的首次揭示,表明科学家们开始部分"读"出人类生命"天书"所蕴涵的内容。毫无疑义的是,没有计算机这个工具,实现这个目的几乎是不可能的。

寻找新的基因和发现单核苷酸多态性(SNP)是生物信息学的重要研究内容。不同人种的肤色不同,原因就在于他们的基因存在着差异。找出生命现象的最基本因子,无疑非常迫切。随着完整的基因组数据越来越多,人类可以利用这些信息,分析研究若干重大生物学问题,如生命的起源、生命的进化等。

生物技术离不开信息技术,其中具有两方面的意义。首先需要使用计算机技术实现生物信息"海量"数据的收集、整理与服务工作。其次是分析这些数据,从中发现新的规律。揭示它的内涵,破译遗传密码,用以生产新的药物或研究治病方法等。基因组像一本"天书",单人类基因组这本"天书"就由 32 亿个字符组成,相当于一部 350 卷的大百科全书!

利用生物的方法提升信息技术也是生物信息学的发展趋势。2002 年底以色列科学家宣布研制出一种由 DNA 分子和酶分子构成的微型"生物计算机",1 万亿个这样的计算机仅有一滴水那么大,而运算速度达到每秒 10 亿次,准确率为 99.8%。这只是一个可能的信号,还不足以表明真的实现了"生物计算"。因为生化反应本身存在一定的随机性,这种运算的结果可能不完全精确;而且,参与运算的 DNA 分子之间不能像传统计算机一样通信,不足以处理一些大型计算。

世界各国都视生物信息技术为未来的技术。欧美、日本都成立了生物信息数据中心。生物学和计算机学的融合变得越来越合乎逻辑,如 IBM、SUN、摩托罗拉等计算机技术公司已经开始涉及各种生物信息技术领域,包括基因芯片,用计算机模拟药效等。

10.2.3　跟踪复杂系统

可以利用计算机进行复杂系统的跟踪。在世界各地的物理学实验室,科学家们使用计算机研究物质特性的理论。他们已经可以分离夸克并解释了它作为原子微粒,他们还需要进一步分离最后一层夸克。因为夸克只有亚原子大小,物理学家是通过跟踪每秒数亿次的原子碰撞,并根据它们的反应结果反推夸克的行为来发现夸克。这种跟踪处理只有在计算机的帮助下才可以实现。

环境科学研究中跟踪的例子就更多了。如可以通过资源卫星对生物环境进行定位标记,然后对这个标记的环境进行定时扫描,将每次扫描的数据进行处理,可以研究环境的变化情况和变化规律。利用卫星和计算机技术进行跟踪是科学研究中的一个有意义的应用。

10.2.4　计算机模拟

科学研究中经常使用的工具就是模型和模拟,而使用计算机技术使模拟和模型的结果比以前更为精确和准确。计算机虽然还不能够在模型的正确性上有更多的作为,这仍然是科学家需要解决的任务,而计算机在模型和模拟的视野及清晰度方面发挥着有效的作用。

气象学就是根据地球大气模型进行预报的。现在计算机可以将过去的、现在的、人工收集的、仪器测量得到的数据建立数据库,而更多的、更详尽的数据来自气象卫星的云图数据。数据从卫星传送到气象中心,使用气象学家设计的模型在计算机中对这些数据进行处理,取得预报数据。由于数据来源多且数据量大,虽然模型并没有改变,但精确度提高了,而且科学家可以用存储在计算机里的数据来构建新的模型或者改进模型,更准确地模拟地球大气物理变化。

来自于太空探测卫星的图片、图像,包括地球、火星和木星,都是"模拟"的。由太空望远镜以二进制数据格式把捕捉的信息传回地球,计算机对这些数据进行解释并以图形的方式表示。如果原始数据的分辨率不够高,还可以利用计算机通过数学模型处理提高图片质量。

另一方面,"仿真"是指用模型(物理模型或数学模型)代替实际系统来进行实验和研究。习惯上将模拟与仿真连用,简称仿真。如设计一架飞机,为了研究其空气动力学性能,先制造一个缩小的飞机模型,放在与气流场相似的风洞中进行实验研究。这些仿真用的是几何相似的物理模型。

计算机仿真是将系统的数学模型在计算机上进行实践、分析和研究,它能够方便地为实际系统提供模型、进行各种实验,如分析研究系统本身的各种性能,为选择最佳参数而改变系统的参数值,为获得最佳设计对各种方案进行比较,对一些新建系统的理论假设进行验证,对操作人员进行训练等。

波音飞机进行"不上天的试飞(Testing without flying)",就是利用计算机完成了模拟试飞,取得了和实际上天试飞同样的效果。这可以作为计算机仿真技术发展水平的一个实例,同时也昭示了计算机仿真成为现代产品开发中的重要支撑技术。

10.3 计算机集成制造系统

传统的制造业和计算机的结合,不仅仅是一个生产过程的变化,重要的是生产和管理方式的变革。计算机集成制造系统(Computer-Integrated Manufacturing System,CIMS)是把计算机技术运用到经营决策、产品设计与制造、管理,并形成一个整体,以达到缩短产品开发制造周期、提高质量及生产率、获得最高经济效益的目的。图 10.1 显示了 CIMS 的概念划分。

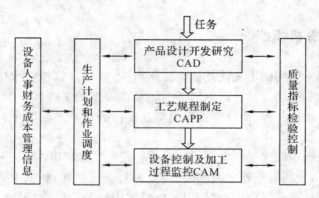

图 10.1 计算机集成制造系统

CIMS 由工程设计自动化、管理信息、制造自动化、质量保证 4 个子系统组成,计算机网络和数据库为 CIMS 的支撑。

管理信息包括预测、决策、计划、技术准备、销售、供应、财务、设备、人力资源的信息管理。工程设计与制造自动化子系统是指计算机辅助产品设计、制造以及产品测试,即CAD/CAPP/CAM 阶段。制造自动化是 CIMS 信息流和物料流的结合,由数控设备、加工中心、运输、仓库、控制计算机及相应的支持软件组成,根据产品工程技术信息、加工指令完成对零件毛坯的作业调度及制造。质量系统包括质量的决策、检测,产品数据的采集、质量评价,生产过程的质量控制与跟踪。

10.3.1 计算机辅助设计

工业生产的第一个环节是设计。图形是工程师、设计师和建筑师使用的"语言"。使用计算机之前,工业制图使用的是铅笔和尺在图纸上画图,现在,计算机是工业设计的主要工具,设计者在计算机上画图,使用计算机帮助完成设计工作。

计算机辅助设计(Computer Aided Design,CAD)作为一门学科始于 20 世纪 60 年代初。进入 20 世纪 80 年代,微机和工作站技术的发展和普及,以及功能强大的外围设备,如大型图形显示器、绘图仪、激光打印机的问世,极大地推动了 CAD 技术的发展,使 CAD 进入实用化阶段,广泛服务于机械、电子、建筑、纺织等行业产品的总体设计、造型设计、结构设计、工艺过程设计等环节。

CAD 包括设计与分析两个方面。设计主要是指构造对象的几何形状、选用材料,以及为了保证整个设计的统一性(如与制造、装配方面设计的一致性)而对设计对象提出的一些其他要求。

尽管计算机(硬件)及 CAD 系统(软件)的功能十分强大,但设计过程仍然离不开人的判断和决策,计算机不能代替人的主观能动性,它只能帮助人更好、更快地设计。

实际上发展到今天,CAD 的概念被延伸到许多传统的设计领域,本章的许多主题都是带有计算机"辅助"的性质。

通常 CAD 软件是基于图形的,广义上可以分为二维和三维 CAD 软件。二维(2D)的 CAD 系统大多数是电子制图,而三维(3D)的 CAD 系统是用于几何建模的。最简单的是用线条表示对象,提供有关边界、角落和曲面连续性的信息,这是"线框建模法"。使用"曲面建模法"可以精确地描述对象的外部结构。第三种方法是实体模型法,运用拓扑学定义对象的内部体积和质量。

AutoCAD 是典型的 CAD 软件,它已经有几十个版本,最新的是 AutoCAD 2010。它可以运用 AutoCAD 应用程序所包含的高质量图形制作图纸。许多人可以同时进行一个设计项目,包括承包商、分包商、业主和工程师等,而且每个人都有不同的视角,共享设计数据。

10.3.2 计算机辅助制造

在制造过程使用计算机,就是 CAM(Computer-Aided Manufacture),它是 CIMS 的核心之一。CAM 的主要任务是选择加工工具、生成加工路径、消除加工干涉、配置加工驱动、仿真加工过程等。CAM 中的核心技术是数控(Number Control, NC)技术,CAM 系统接收 CAD 及工艺系统提供信息和参数,自动生成 NC 加工代码,完成零件的加工,图 10.2 是 CAM 系统的功能模型。

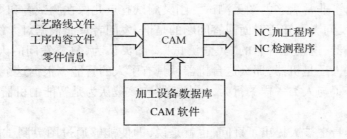

图 10.2 CAM 系统的功能模型

数控系统是机械加工设备的控制部分,它根据输入的零件图纸信息、工艺过程和工艺参数,按照人机交互的方式生成数控加工程序,经伺服驱动系统带动机床部件做相应的运动。先进的计算机数控(CNC)直接在计算机上编程,或者直接接收来自计算机辅助工艺的信息,实现自动编程,这种 CNC 机床是计算机集成制造系统的基础设备。

CAD/CAM 系统编程仍需要编程人员较多地干预才能生成数控源程序。

10.4   人工智能

人工智能(Artificial Intelligence,AI)也叫"智能计算"。如 10.2.1 所述,尽管计算机还不能具备人脑的思考能力,但模仿人的部分行为已经取得进展。人工智能已经被运用在机器人、识别语音、疾病诊断以及语言翻译等方面,机器人下棋的水平已经可以和世界冠军一比高下了。人工智能作为计算机研究的重要领域,已经成为计算机科学和技术发展的一个目标。除了计算机科学,人工智能还涉及信息论、控制论、自动化、仿生学、生物学、心理学、数理逻辑、语言学、医学和哲学等多门学科。

10.4.1   图灵测试

好莱坞电影把机器人当作主角,这已司空见惯了。但计算机科学家对智能机器未来的发展还无法制订时间表。人工智能研究经历了长达 50 多年的时间,但进展仍然缓慢,而且前景还不那么明朗。

人工智能最基本的问题就是"计算机能够像人一样思考吗?",图灵曾预言,"到本世纪末(指 20 世纪),某人说起机器会思考将不会有人反对"。实际情况是,时至今日智能机器还没有出现,而持反对态度的人从来就没有停止过质疑机器的思考能力。

具有思考能力被认为是人类和其他动物的主要差异,因为人类的思考产生了智能。我们知道人具有思考能力,但我们不能通过进入大脑的方法得到这个结论。相反的,我们判断思考能力是通过逻辑进行的。假如机器会思考,那么如何判断呢?这就是图灵测试回答的问题。

1950 年,图灵在他的论文 *Computing Machinery and Intelligence* 中提出的有关机器智能的观点并给出了非常著名的图灵测试。图灵测试有点儿像在测试者和被测试者之间用一块幕布隔开,发问者不知道对面回答问题的是谁,发问者只能根据对方的回答来确定回答者是人还是机器,这就是著名的"黑盒测试"。图灵认为,只要发问的人不能根据对方的回答分辨出是人还是机器,那么这台机器就具有了人的智能。根据这个测试的结果,如果一台机器具有了与人类一样的行为,这台机器应该被认为是智能的机器,并且具有思考的能力。

图灵测试本身也被人提出了疑问,也就是说,即使能够通过图灵测试的机器,还是有人认为它不是具有智能的机器。著名语言哲学家塞尔于 1980 年就提出了一个著名的例子来反驳图灵测试,这个例子叫中国屋思考试验(Chinese-Room Thought Experiment)。

按照塞尔的试验,假如你只会英语,但不会中文,你被锁在屋子里。门外的人给了你一批写有汉字的纸,然后给你一些用英文写的字的纸,上面有一些简单规则告诉你如何使用汉字。接下来给你一些也是用中文写的问题的纸。你借助于英文的规则,对这些问题进行回答。被回答的问题可能是正确的,但是你并不理解中文。因此塞尔认为,即使计算机通过了图灵测试,它仍然不理解与人类进行的交流,因为它们仅仅是处理符号,尽管看起来它们正确回答了问题。

塞尔认为机器不能思考,它只是一个工具,符号识别不能够满足语义,只有大脑引起思考。塞尔的试验引起的"中国屋争论"(Chinese-Room Argument)也一直就没有停止过。问题就在于塞尔的思考试验是否能够有效地反驳计算机能够思考的可能性:如果在屋子里的人只是按照规则来使用汉字,那么它就不是"思考",反之如果它是智能地使用符号,那么它就是"思考"。也许计算机需要智能才能够通过图灵测试。

现在还没有机器通过了图灵测试,关于机器思考的争论还在持续之中,但计算机科学家并没有停止或者放弃对 AI 的研究,相反这种争论促进了 AI 的研究进展。

人工智能领域里有许多分支。我们接着介绍其研究的难点和它们中一些分支的研究进展和应用。

10.4.2　推理:知识表达

图灵测试回答了什么是人工智能这个问题,也一直被认为是人工智能经典的定义。今天已经有人工智能研究人员试图用较为宽松的定义,例如"人工智能就是让计算机完成看似智能的事情",或者"人工智能是如何使计算机完成目前人类可以做得更好的事情"。从这些定义来看,人工智能定义本身就在不断地发展。目前比较权威的一个定义是:"人工智能就是对计算机科学的研究,它可以使计算机具有感知、推理和行为的能力。"我们注意到,新的定义与图灵的定义相比,避开了"思考"这个争论。

多年来,人工智能一直在研究计算机的推理能力。对于特定的问题,需要特定的信息才能通过推理得到正确的结论。早期的人工智能研究曾经试图编写模拟智能的程序,但是进展并不大。研究认为,人类的智能是基于行为的进化而不是复杂程序的执行,这能够解释为什么人思考问题的快速与简单,即使最复杂的计算机也不能与之比拟。因此,人们期望有一种复杂体系结构的计算机能解决这个问题。

解决问题需要有效信息,有效信息还需要有效表达。知识的表达有许多方法,例如人类交流使用的自然语言,而计算机使用符号语言。科学家们试图在人类的自然语言和机器的符号处理之间找到一种关系,使机器能够具有人类的推理能力。

语义网络是一种知识表达法。一个环境的状态可以使用状态图表示,状态之间存在某种关系,某个语言网络是为了表示特定对象与外部世界关系而定义的。语义网络中各种状态的变化,或者叫做规则和状态的移动是建立在各种关系之上的,从一个状态转移到另外一个状态是依据关系或者前提条件。例如描述学生的语义网络中有作为学生的各种状态和学校环境的状态,语义网络能够回答学生的姓名、宿舍以及他的学号等问题,但要回答有"多少人"这样的问题就比较困难了,因为这些并没有包含在所定义的语义网络中。

尽管语义网络非常有效,但定义它却非常困难,因为语义网络中的状态及其状态间的关系不但需要完整表达,而且还需要精确的数据表示它们。

搜索树是一种知识表达结构,如二叉树。在游戏或者博弈中,树结构用于表示各种可能的选择,树的节点可以看做是一个状态。无论是游戏或者象棋博弈,预先估计每一步可能的结果,就可以设计出对每一种可能采取的行动,而且就能够保证结果是可以预料的。

知识表达需要庞大的数据和计算能力,即便是国际象棋博弈这样的一个例子,需要机器的计算能力也是惊人的,这也回答了为什么到现在为止并没有一台计算机能够挑战中国围棋高手:围棋的知识表达结构树要比国际象棋复杂得多。因此,要表达一个人的全部推理能力,是目前计算机所不能达到的。

相比语义网络,搜索树易于实现。如在象棋对弈中,可能第一步就有几十种走法,那么树的根节点下的子节点就会有几十个,而对每一个子节点可能又有几十种走法,按照这种"广度优先"思路生成的搜索树就会变得庞大无比。另一种是"深度优先",对可能的博弈走法,仅在原来的选择行不通时再考虑其他选择,即搜索树是按照垂直路径而不是水平路径。

10.4.3 专家系统

"专家就是对越来越窄的领域懂得越来越多的人"。专家系统(Expert System)被叫做"人造专家",它不是一个通用问题的求解器或者决策者。专家系统是一种智能计算机软件系统,它能像某一领域专家那样向用户提供解决问题的方法。

专家系统有用编程语言创建的,更多的是用专家系统工具创建的。从处理问题的方法来看,传统的软件系统使用算法来解决问题,专家系统是靠知识和推理来解决问题。所以专家系统是基于知识的智能问题求解系统。

专家系统能有效地解决问题的主要原因在于它拥有知识,但专家系统拥有的知识主要是经验性知识。近年来,随着专家系统的出现和发展而发展起来的一种称为知识系统(Knowledge Based System)的智能系统,其中的知识已不仅仅局限于人类专家的经验知识,也可以是其领域知识或通过机器学习所获得的知识等。

从学科范畴讲,专家系统属于人工智能的一个分支,所以专家系统既是系统名称又是一个学科名称。

尽管以上所介绍的都是专家系统的好处,其实它的两面性导致了某种不信任因素的存在。姑且不论提供知识的专家是否担心人造系统会不会替代他,对复杂问题的推理过程,即使专家本人也未必清楚结论是如何产生的。

专家系统是一种计算机应用系统,由于应用领域和实际问题的多样性,专家系统的结构也有多样性。专家系统最基本的结构如图10.3所示。

知识库用于存储大量以产生规则形式表示的领域专家的经验和知识,知识库形成一个树形结构,其中的规则也可嵌套。动态存储器用于存放有关欲求解特定问题的已知事实、用户回答的事实、推理得到的中间结论等信息。

推理机制主要有两个任务,一是推理,二是控制搜索过程,即确定知识库中规则的扫

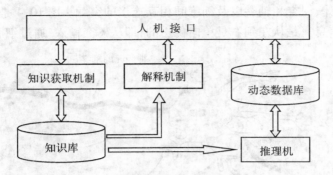

图 10.3 专家系统的基本结构

描顺序,决定在每个控制信息下要触发的规则,这又称为知识的选择。解释机制专门负责向用户解释专家系统的行为和结果。

知识库是专家系统的基础。由于专家系统是基于知识的系统,那么建造专家系统就涉及知识的获取、知识的表示、知识的组织与管理和知识的利用等一系列关于知识处理的技术和方法,特别是一般知识库系统的建立,更加促进了这些技术的发展。所以关于知识处理的技术和方法已形成一个称为"知识工程"(Knowledge Engineering)的学科领域。也就是说,专家系统促使知识工程的诞生和发展,知识工程又为专家系统服务。正是由于这两者的密切关系,现在专家系统与知识工程几乎成为同义语。

10.4.4 神经网络

计算机是采用电子元件的组合来完成人脑的某些记忆、计算和判断功能的物理系统。现代计算机中电子元件的计算速度为纳秒(ns)级,人脑中每个神经细胞的反应时间只有毫秒(ms)级,从这个角度讲,似乎计算机的运算能力应为人脑的百万倍,但迄今为止,计算机在解决信息初级加工(如视觉、听觉这类简单的感觉识别)时却还十分迟钝。人在识别文字、图像、声音等方面的能力大大超过计算机,原因何在呢?

计算机善于处理大量线性的、逻辑的过程,计算机被设计成按照顺序处理信息。人类的大脑包含了数以亿计的神经元,它们在一个庞大的、分布式的结构中与其他神经元发生联系,在大多数感性的、创造性的活动中,这种结构赋予人脑独一无二的优势,这就是人类的神经系统,这是计算机所不具备的能力。

随着对生物神经系统机理的深入研究,人工神经网络的研究开始兴起,产生了神经网络及神经工程学。它是在人们不断加深理解神经系统的基础上,对神经网络的原理、模型和应用进行研究的一门边缘学科。作为对人类智能研究的重要组成部分,它已成为神经科学、脑科学、心理学、认知科学、模式识别、自动控制、计算机科学、微电子学、非线性科学及数理科学等共同关心的"焦点"。

这门学科的目的在于将不同领域的科学家组织起来,共同探索一种利用学科的交叉优势来研究脑信息处理机理的新方法,开创一条研制新型计算机——神经网络计算机的新途径。

神经网络及神经工程学是建立在对生物神经网络研究成果的基础上的。神经元的主要部分包括细胞体、树突和轴突以及细胞间相互连接的突触。图 10.4 是一种典型的神经元结构原理图,信息流是从左到右是单向传送的,即从树突输入,通过细胞体到轴突输出。

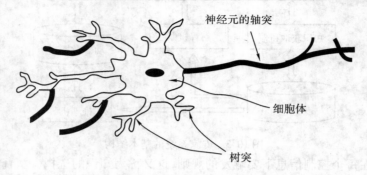

图 10.4 神经元的结构原理

根据生物控制论的观点,神经元作为控制和信息处理的基本单元,具有时空整合功能、兴奋与抑制状态、脉冲与电位转换、突触延时和不应期以及学习、遗忘和疲劳等特性。

人脑中大约有 100 亿个神经元,这些神经细胞被分成大约 1000 个主要模块,每个模块有上百个神经网络,而每个网络约有 10 万个神经细胞。信息的传递是从一个神经细胞传到另一个神经细胞,从一种类型的神经细胞传到另一种类型的神经细胞,从一个网络传到另一个网络,有时也从一个模块传到另一个模块。由如此巨量神经元组成的生物神经网络是一个极为庞大且复杂的系统,这也许是电脑在某些方面无法与人脑相比的原因。

人工神经网络是由大量处理单元(神经元、处理元件、电子元件、光电元件等)广泛互联的网络,是一个高度非线性的超大规模的连续时间动力系统,具有大规模并行分布处理及学习能力,同时又具有非线性动力系统的共性,即不可预测性、吸引性、耗散性、不可逆性、高维性、广泛连接性和自适应性等特点。

人工神经元是神经网络的基本处理单元,它一般是一个多输入/单输出的非线性器件,其结构模型如图 10.5 所示。

图中 u_i 表示神经元的内部状态,θ_i 为阈值,x_i 为输入信号,s_i 为外部输入信号,s_i 可对神经元 u_i 进行控制。

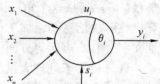

图 10.5 人工神经元模型

研究表明,神经网络不是依据规则回答或者处理问题,它像人脑一样通过试验和错误学习各种模型。当模型经常出现,神经网络就养成一种习惯。因为它不是基于规则的,所以当神经网络给出一个结论,你并不知道它回答的依据是什么。

10.4.5 机器人

几千年前人类就渴望制造一种像人一样的机器,以便将人类从繁重的劳动中解脱出来。早在两千年前就开始出现了自动木人和一些简单的机械偶人。到了近代,机器人(Robot)一词的出现和 20 世纪 50 年代,世界上第一台工业机器人在美国问世之后,不同功能的机器人也相继出现,从天上到地下,从工业拓展到农业,机器人的种类很多。

美国在机器人技术发展上一直处于领先地位,而日本则是机器人应用最多的国家。

近 30 多年来,我国已相继研制出示教再现型的搬运、点焊、弧焊、喷漆、装配等门类齐全的工业机器人及水下作业、军用和特种机器人。

机器人并不是在简单意义上代替人工的劳动,而是综合了人和机器特长的一种拟人化的电子机械装置,它既有人对环境状态的快速反应和分析判断能力,又有机器可长时间持续工作、精确度高、抗恶劣环境的能力,从某种意义上说机器人是机器进化过程的产物,是工业以及非产业界的重要生产和服务性设备,也是先进制造技术领域不可缺少的自动化设备。

工业机器人很少有与好莱坞电影里的机器人相同的外形,而是被设计成执行特殊任务所需要的形状。如机器人的手臂可以旋转 360 度,这是人的手臂不能做到的。尽管机器人看起来很奇特,但它与一个普通计算机所采用的技术类似,它以嵌入式处理器充当了"大脑"。

机器人装有所需要的传感器。机器人视觉传感器为机器人移动进行导航,提供机器人所在环境的外部信息,使机器人能安全到达目的地。当然机器人视觉系统还远不能与人的视觉系统相提并论。

还有就是接近觉系统,它是机器人用以探测自身与周围物体之间相对位置和距离的传感器。人是依靠自己各种感觉器官的综合感觉能力来感觉自己与周围物体之间的相对位置和距离的,因此目前还无法仿照人的功能来使机器人具有接近觉,而是利用光电、超声波和涡流等一些特定的物理现象研制专门的接近觉传感器。

机器人要通过"语言"实现与人的联系。计算机科学家设计了机器人语言,它包括语言本身、语言处理系统和环境模型 3 部分,实际上它是一个语言系统。

使用机器代替人进行某种特定的工作,是机器人应用研究的现状。"智能机器人"基本上还是停留在研究阶段。在人工智能没有取得进展之前,智能机器人还很难有所为。

10.4.6 自然语言处理

现在的人机交互以键盘、鼠标和显示器为主。使用自然语言和计算机对话是人工智能研究的一个分支。自然语言处理包括语音识别、自然语言理解和语音合成。语音识别和语音合成已经有很大的进展,如 IBM 的 Voice 系统。但只限于将语音输入转换为可以存储和显示的数据格式,以及将文字数据合成为音频输出。这很大程度上是依据规则进行处理的,严格意义上还不算是具有智能。最困难的是自然语言的理解。

通过训练语音系统识别特定人的声音,语言信号被录制为声波纹。训练者的语调和声波频率都是计算机可以记录和处理的,经过训练得到的数据作为识别的依据。

识别单词和理解单词是完全不同的。一个完整的自然语言处理需要建立在理解语义的基础上。自然语言特有的多义性使自然语言的计算机处理难度变得很大,也就是说,无论是英文还是中文,或其他语言,一个单词可能有多个意思,理解单词的意义需要根据上下文,也需要根据它所在语句中的位置。

理解自然语言,人类需要依赖他们所具有的知识和联想记忆力,不能根据语法分析或者独立地翻译每个词来识别。例如老师对学生说:"你知道现在几点了?"这可以被理解为老师想知道时间,也可以理解为责备学生迟到了,那么这就要看问话的环境了。

一般认为,自然语言理解需要进行语法分析、语义分析和上下文分析。它研究的是整个文件而不是一个句子。

很早就有人尝试机器翻译,如果能够成功的话将是一个伟大的进步:人类的交流就不再存在语言障碍了。"自动翻译"的原理就是一个分析程序辨别句子结构和句子中每个单词是主语还是谓语或者其他成分,然后用其他语言相近的词替代。一个典型的翻译系统正确翻译率只有 80%。尽管现在一些软件如 Google 检索中就有翻译,金山公司也有翻译软件,但实在不能作为有用的翻译软件使用。

虽然进行机器翻译,单纯依据语法语义不能解决正确识别问题,但至少给出一个重要的结果:处理自然语言需要建立在理解的基础上。现在研究者已经知道,如果没有一个建立在理解语义基础上的知识库,自然语言的处理将毫无意义。

10.4.7 有关人工智能的几个问题

人工智能的研究和发展,需要解决的有技术问题,也有非技术问题,如伦理问题。讨论这些超出了本书的范围。下面就阻碍人工智能发展的几个相关问题进行简单介绍。

1. 图灵机和现代计算机的启示

图灵机是按照一定算法实现符号处理的抽象自动机。现代计算机处理功能集中在 CPU,计算的信息在存储器,机器在一个时间片只进行一次计算,而每次只能访问存储器中一两个单元。也就是说,在给定的时间片内,机器仅能处理系统知识的极小部分。

智能活动需要许多知识片之间的相互作用和密切配合,对每一个存储单元,不仅应成为知识信息的存储场所,而且也是知识信息处理活动的场所。现代计算机无法满足上述要求,也就是说现代计算机的智能能力与人相差甚远。

2. 计算机博弈的困难

博弈是自然界的一种普遍现象,它表现在对自然界事物的对策或智力竞争上。博弈不仅存在于人们娱乐的下棋之中,而且存在于政治、经济、军事和生物的斗智和竞争之中。尽管国际象棋的计算机程序已经达到了相当高的水平,然而计算机博弈依然面临着巨大的困难,主要表现在以下两方面的问题。

(1)组合爆炸问题。用博弈树表示状态空间,其数目大得惊人,现有的计算机无法承受。

(2)博弈程序多是针对两人对弈,棋局公开,有确定规则进行设计。而对多人对弈、随机性的博弈这类问题,至少目前计算机还是难以模拟并实现。

3. 自动定理证明及其局限

自动定理证明的代表性工作是 1965 年由鲁宾逊提出的归纳原理。归纳原理虽然简单易行,但它所采用的方法是演绎,而这种形式上的演绎与人类自然演绎推理方法是截然不同的。基于归纳原理、演绎推理要求把逻辑公式转化为子句集合,从而丧失了其固有的逻辑蕴涵语义。

自动定理证明的研究企图实现一种不依赖于领域知识,求解人工智能问题的通用方法,想摆脱对问题内部表达形式的依赖,但是问题的内部表达形式的合理性是与领域知识密切相关的,这种局限性影响了其自身的应用范围。

4.模式识别的困惑

虽然使用计算机进行模式识别的研究与开发已取得了大量成果,且有的产品已投入实际应用,但是它的理论和方法与人的感官识别机制是全然不同的。例如,人可以认识多年未见面、面貌大变的老同学、老朋友,可以在十分复杂的环境下敏捷地对事物作出判断,用计算机做这些事情却是十分困难的。

5.自动程序设计的困难

自动程序设计从外部功能上模拟客观世界,其开发过程是从"做什么"到"如何做"。尽管这种程序设计方法并不是什么新的方法,但它使程序设计向自动化方向迈了一大步,使程序设计者从繁琐的代码编写中摆脱出来,使用比较自然的高级语言来完成思维活动。

随着软件工程的出现,程序设计成了一种有规律可循的活动。因此自动程序设计必须具备以下几个条件。

(1)充分理解用户的意图。事实上使计算机取代程序设计员是很困难的。因为人们说明意图的表达形式计算机很难理解,另一方面计算机容易理解的表达形式人类又不适应。

(2)有恰当的生成程序代码。程序设计知识是至关重要的,程序设计既涉及选择控制结构,又涉及选择数据结构,这使程序作出有效的选择变得十分困难。

(3)有一个程序设计的具体标准。程序设计的过程是在理解的前提下,以知识为基础的思维活动。尽管问题分解、逐步求解已被人们广泛使用,然而在实际中却没有一个具体使用标准。同一个人在不同时间设计的同一个程序,其代码也不尽相同,这种现象是不足为奇的,因为人本身有许多潜在因素在起作用,而绝不是简单映射和变换的关系。

10.5　虚拟现实

虚拟现实(Virtual Reality,VR)或称虚拟环境(Virtual Environment,VE)是指由计算机生成的、使人具有身临其境感觉的计算机模拟环境,它是一种全新的人机交互系统。虚拟环境能对介入者——人产生各种感官刺激,如视觉、听觉、触觉、嗅觉等,同时人能以自然方式与虚拟环境进行交互操作。VR强调作为介入者——人的亲身体验,要求虚拟环境是可信的,即虚拟环境与人对其理解相一致。

虚拟现实强调的人与虚拟环境之间的交互操作,或两者之间的相互作用,反映在虚拟环境提供的各种感官刺激信号以及人对虚拟环境作出的各种反应动作。虚拟环境提供的各种感官刺激信号就是人的感知系统感知的各种信息,人对虚拟环境作出的各种反应动作将被虚拟环境检测到。从虚拟环境对人的作用来看,虚拟现实的概念模型可以看做"显示/检测"模型。显示是指虚拟环境系统向用户提供各种感官刺激信号,包括光、声、力、嗅、味等各种刺激信号,见表10.1。检测是指虚拟环境系统监视用户的各种动作,检测并辨识用户的视点变化,头、手、肢体和身躯的动作,见表10.2。若从人对虚拟环境的作用来看,也就是从用户角度来看,上述概念模型可以看做"输入/输出"模型。输入是指用户感知系统接收虚拟环境提供的各种感官刺激信号,输出是指用户对虚拟环境系统作出的反应动作。

表 10.1　虚拟环境系统提供的各种感官刺激

感官刺激		说　　明	显示装置
视　觉		感知可见光	图像生成系统,显示屏
听　觉		感知声波	声音合成器,耳机或喇叭
嗅　觉		感知空气中化学成分	气味传递装置
味　觉		感知液体中化学成分	尚未实现
触觉	触觉	皮肤感知的触摸、温度、压力、纹理等	触觉传感器(弱力或温度变化)
	力觉	肌肉、关节、腱感知的力	中或强力反馈装置
身体感觉		感知肢体或身躯的位置和角度变化	数据衣服
前庭感觉		平衡感知,由内耳感知头部的线性加速度和角加速度	动平台

虚拟现实技术是20世纪科学技术进步的结晶,虚拟现实系统集中体现了计算机软硬件技术、传感技术、人机交互感和理论等领域的最新成就,它本质上是一种高度逼真地模拟人在现实生活中视觉、听觉、动作等行为的交互技术。它用计算机和先进的外围设备,模拟生活中的一切,模拟过去发生的事件或可能将要发生的事件,以利于人们的决策、了解或进行其他工作。利用先进的信息采集技术及迅速的传媒介质,把异地的每一个微小变化传至它处,再利用模拟环境技术,把它再生出来,使人们即使置身异处,也能够很好地了解控制它。

表 10.2　虚拟环境系统检测用户的各种动作与检测装置

用户反应动作	检测装置
头部运动	头部跟踪装置
肢体或躯体运动	跟踪器,力反馈装置,空间球
手指动作	数据手套,按钮装置,操纵杆,键盘
眼球运动	眼球跟踪器
语　言	语音识别装置
使　力	带力传感器的力反馈装置

虚拟环境的概念最早源于 1965 年 Sutherland 发表的一篇论文 "The Ultimate Display"，由于软硬件技术水平的限制，长期没有产生实用化的系统。1968 年，Sutherland 研制出头盔式显示器（HMD）、头部及手跟踪器，它们是虚拟环境技术的最早产品。飞行模拟器是 VE 技术的先驱者，鉴于 VE 在军事和航天等方面有着重大的应用价值，美国一些公司和国家高技术部门从 20 世纪 50 年代末就对 VE 开始研究，NASA 在 20 世纪 80 年代中期研制成功第一套基于 HMD 及数据手套的 VR 系统，并应用于空间技术、科学数据可视化和远程操作等领域。

VE 必须满足很多相互矛盾的要求，如高质量的图形绘制与实时刷新的矛盾，计算速度与计算精度的矛盾，大容量数据存储与高速数据存取的矛盾，全彩色和高分辨率显示与绘制速度的矛盾等。另外，还必须将 VE 各个部件集成起来以便能协调工作。

虚拟环境技术结合了人工智能、多媒体、计算机动画等多种技术，它的应用领域包括模拟训练、军事演习、航天仿真、娱乐、设计与规划、教育与培训、商业等。

虚拟环境技术包括软件和硬件两部分的支持，从软件方面来讲，应该具备：

（1）复杂的逻辑控制的实现。

（2）模拟实时的相互作用。

（3）模拟人脑所有的智能行为。

（4）模拟复杂的时空关系，涉及时间与空间的同步等问题。

（5）感觉的表达。包括人的听觉、视觉、触觉、味觉和嗅觉的计算机表达。

（6）实时的数据采集、压缩、分析、解压缩。

（7）支持与虚拟环境交互的定位、操纵、导航等工具。

从硬件支持的角度来看，需解决的主要问题是计算机与它周边设备的组合关系，表现在：

（1）数据存储设备。动画图像存储需要更大存储容量的设备。

（2）图像显示设备。这种显示设备尚处于开发阶段，大体可分为平面的与立体的两大类，因为平面的显示设备不能很好地模拟现实环境，所以主要是针对立体显示设备而展开，包括双筒全方位监视器、工作室和头盔显示器。

（3）数据采集与处理系统。

（4）虚拟环境技术的操作设备。

虚拟环境技术要得以实现，目前还存在着一些重大的障碍。从硬件上讲，数据存储设备的速度、容量还十分不足，显示设备的昂贵造价和显示的清晰度等问题也没能很好地解决。从软件上讲，由于硬件的诸多局限性，使得软件开发费用十分惊人，而且软件所能实现的效果受计算机时间和空间的影响很大。另外对人类大脑和人类行为的认识还需进一步提高。

10.6　电子服务

随着计算机越来越多地用于社会的各个活动,"社会化计算"一词开始出现,这不是一个学术词汇,而是指许多社会活动和行为因为计算机的应用而发生改变,如电子货币、电子数据交换等。商业和金融业使用计算机就是社会化计算即电子服务的典型例子。前面几节介绍了计算机未来的技术。这里以两个例子说明计算机作为一个不可或缺的部分,在人类生活和社会活动中起到巨大作用。

10.6.1　商业应用

今天的商业,难以想像如果没有计算机的情况下将如何运行。著名的沃尔玛零售集团公司,运用卫星通信和计算机网络,实现全球连锁的物流管理。不管位于世界任何地方的沃尔玛的哪一个零售点,沃尔玛总部的计算机可以通过卫星和网络立即了解各地的销售情况。在超级市场和大型商店,传统的收银方式已经被"POS"终端所取代,收银员通过条码阅读器直接从商品的条码上读取商品的信息,你可以想像一下,如果没有这个"POS",营业员要记住成千上万种商品的价格是一件不可能的事情。

POS 是电子收款机系统(Point of Sells)。它与商店里的中央数据库主机直接连接。商品信息被存放在中央数据库,条码阅读器把条码转换为一组惟一的商品标识(ID),然后根据这个 ID 从数据库中找到想要的对应商品的数据。收取的款项数据也立即被存放进数据库。

使用计算机信息管理在商业企业中的另外一个非常重要的作用是销售情况汇总分析。因为是网络处理,货物库存情况能够全面地被迅速掌握,能够及时根据销售趋势进行货物补充。

今天的社会生活和计算机的关系越来越密切,以至于实现了所谓的"社会化计算",那么现在的许多社会行为都会发生更多的改变。在发达国家和地区电子购物是一件非常普通的事情,也正是由于发达的零售业在计算机系统的支撑下,才能够实现物流的合理调配,使销售过程在虚拟的环境下进行。如你在网上订购商品,可能这个订购服务是在千里之外的北京,但北京的服务商可以运用他的物流网络,以最近的距离传送物品到你指定的地点。在销售成本以及争取扩大服务范围以获得最大利润为宗旨的商业活动,必然会朝网络销售这个方向发展,对此没人会对此有什么疑问。

10.6.2　金融业

非金融系统的人员,难以想像在银行计算机上每天以看不见的数据形式流动的资金有多么庞大,这是惊人的数字。据估计,世界上通过电子汇兑进行的资金流动,每天有数以十万亿美元之巨。

　　无论是国内的商业银行还是跨国的金融机构,使用计算机处理他们的业务是一个必然的也是自然的选择。大型银行都有自己庞大的网络和服务器主机,在主机上保存所有客户数据,包括资金数据。可以想像这个数据库是如何庞大,处理的要求是必须准确和精确,还要迅速。这里还不是一个单纯的存款和支付的问题,更重要的是不同的业务、不同的结算方式以及结算过程的处理。

　　银行业是计算机数据处理使用最早也是最普及的一个行业。电子转账系统和自动柜员机(Automatic Teller Machine,ATM)在银行业务中的比例在提高。例如由银行代为支付工资、代扣各种费用,像电话费、水费、煤气费,这些传统的由各个行业自行处理的业务全部在银行的计算机网络系统下处理完成,所处理的结果最后以电子方式自动在业务双方之间进行支付和收取。整个支付过程只是计算机中的有关数据发生变化,并没有现金资金流动,因此把这个过程叫做“无现金交易”。

　　在证券行业,每天的成交额都是以千万亿元计,如果是现金交易,这难以想像。也正是由于有了计算机和网络,使得交易能够覆盖更多的人群和地域。

　　有关社会化计算可以列举的例子很多,如我们国家实现的第二代身份证使用了带存储功能的芯片,能够很方便地被计算机处理。有些城市使用的公交卡、市民卡、市民信箱、就医使用的磁卡和 IC 卡,学生上学的电子注册,政府部门的网上办事系统,网络订票,等等,不胜枚举。我们身边越来越多的电子服务不但改变了社会活动的模式,也改变了社会。

10.7　医学信息学

　　早在 20 世纪 50 年代,医学就开始使用计算机。1952 年,首次利用计算机从脑电背景中提取了诱发反应。20 世纪 60 年代,带有固定处理程序的医学数据处理的计算机开始发展起来,医学和计算机的集合,形成了一门新的边缘学科——医学信息学。在今天,医院使用计算机已经是一件普遍的事情,这里有两个不同的应用领域,临床和管理。

　　基于计算机图像处理、数据分析的设备在医院临床使用是早已被医护人员和大众所接受了的。几乎所有的医疗设备,都把计算机的芯片嵌入其中作为控制和处理的核心。从大型成像设备到监护系统,从心电图机到复杂的自动化生化检验设备,种类之多,几乎覆盖了所有的医疗科室。传统的 X 线设备被装备了计算机后,数字成像代替了胶片。计算机断层扫描设备(Computed Tomography,CT)就是利用 X 线对人体进行断层扫描后,经电子计算机重建图像,而能显示出人体各部位的层次结构。

　　CT 不是计算机在医学应用的开始,而是一个成功的标志。1967 年,英国 EMI 公司的工程师豪斯菲尔德(Godfred Newbold Hounsfield)利用图形重建的数学理论和计算机技术,以放射性同位素作为放射源,在一台车床上,完成了断层图像建立过程中的一系列实验。1971 年 9 月,第一台头颅 X 线 CT 扫描机在英国问世,豪斯菲尔德与另一位 CT 算法的发明者、美国的物理学家柯尔马克(Cormack)分别获得了 1979 年诺贝尔医学和生理学奖。今天的 CT 已经有包括 X 线在内的多种类型,诸如单光子 CT(简称 ECT)、正电子 CT(简称 PCT)、超声 CT(简称 UCT)和微波 CT 等,广泛用于临床诊断。

另一个大型医学成像设备是磁共振成像(Magnetic Resonance Angiography,MRA),它是利用收集磁共振现象所产生的信号而重建图像的成像技术。MRI 可以使 CT 显示不出来的病变显影,它于 20 世纪 80 年代初用于临床的影像诊断新技术。

不管使用哪种先进技术"重建"的图像都需要专家解读。专家必须了解这种技术成像的意义并对人体组织的解释具有精确性。

对医学学习而言,计算机的作用就大多了。美国科罗拉多大学建立了一个男女解剖数据库。一个对整个人体进行计算机化的栩栩如生的解剖图已经能够在医学教学中出现。也有大学和医院建立了用于讨论疑难病症的网络。

计算机是医学研究中最常用的工具之一。有意思的是,人类医学的进步都是与医学以外的科学相关的,例如最早建立细菌理论而开辟医学应用的是法国微生物学家、化学家巴斯德(Louis Pasteur),而发明 CT 的是一位工程师。计算机科学很大程度上使今天的医学能够如此发达。不但医生需要带有计算机的设备和器械,科研人员使用计算机设计和控制实验、记录和分析数据、跟踪病人回访、与医生和其他科研人员通信,制造分子生物模型、模拟临床实验等。如科学家和医生开始对心电信号进行新的分析,对仪器输出的微小的心电信号的变化进行跟踪研究,发现了预示未来心血管疾病的可能。

计算机可以进行数据分析和解释以建立分子模型,特别是蛋白质一类复杂的分子,科学家希望能够根据这些研究设计出一些附着在蛋白质上的药物作为抗病毒的治疗。几乎这类药物都是从计算机上开始并最终在计算机上完成。

计算机还可以从大量的临床病例中寻找有效治疗方案的数据,能够在不同表征的同种疾病之间建立关联。大概在医学科研方面最大的数据库就是美国国家图书馆的Medline,这个数据库有包括全世界 3500 多种医学杂志的数以千万计的论文,它在帮助医生和医学研究者查询治疗方案、药物使用和最新的科研进展。

在医院里,计算机的另一个主要的应用是管理。尽管人们开始是期望医院的网络在病人数据上能有更大的作用,使医疗过程产生的数据为后来的医疗服务,大概这还需要一个过程。在医院里,围绕管理形成的网络规模随着应用的开展开始变得庞大,围绕所产生的数据标准一直在争论之中,尽管有许多国际标准就是为计算机应用而设计的,如疾病代码等,但作为应用的标准在没有明确应用需求之前,其作用是有限的。

在运动医学中,计算机一直被用于指导运动员进行科学训练、设计运动器材。计算机对所记录的运动员动作进行分析,指出哪些动作是不理想需要改进的,以提高运动员的成绩。计算机帮助设计比赛用的赛艇,帮助设计游泳运动员的运动衣,帮助设计撑杆跳高运动员的撑杆等。一位计算机技术人员利用他的计算机技术和人工智能的方法开发了一个程序,分析对手并提出采取措施赢得比赛,结果他的程序使球队保持了高达 80% 的胜率。

10.8　计算机与教育

计算机技术在教育的环境下被迅速普及，世界上有数以亿计的人使用计算机，极大多数是通过教育环节掌握了计算机的使用。在许多新的职业中，计算机技能是一个基本的技能要求。

计算机对教育的影响是巨大的，它的影响不在于各级学校的课程中开设计算机课程或者叫"信息基础"，而在于对学习途径、学习方法、学习习惯甚至是思维模式的影响都是巨大的。在我国，传统的语言文字在学生中就受到了前所未有的冲击，计算机文字处理带来的优点使传统的笔书写被弱化，以致有人惊呼危机的到来。但这个现实已经被人们慢慢接受并理解，汉字的美术功能不会因为计算机而受到任何影响，相反的是，一个被计算机处理过的更规范的文字在人的交流中会更加有效。

再一个就是思维模式的变化。无论是哪门自然科学，都有自己的一套体现和分析问题、解决问题的途径和方法，这是在科学发展过程中形成的。学习科学也就是学习方法，某种意义上，方法比知识本身更重要，因为知识的获取是通过一定方法的。计算机改变了传统的知识获取途径，它帮助学生在一个更大的范围内去寻找自己所需要的知识，这个范围可以是全世界，而不限于过去传统的课堂和图书馆以及教师。而教师也需要通过计算机和网络更新自己的知识。基于网络的教育模式已经被教育学家们研究，进而提出交互式的学习模式，这对中国的教学环境的变化尤其大。

直接的一个变化是教室。当教室里配有计算机和多媒体投影设备，而黑板被投影屏幕所代替，也就意味着教师和学生都在借助于计算机进行教学过程了，即计算机辅助教学（Computer-Aided Instruction，CAI）。教育研究表明，讲学方式并不是传授知识的最好途径。过去为了吸引学生的注意，强调教师的肢体语言，但大多数教师并没有受过表演训练。计算机在视觉刺激和主动参与学习方面的优势是明显的，因此计算机受到学生的欢迎就毫无疑问了。

另一个变化就是远程学习。远程教学被叫做"开放大学"，最早是在 20 世纪 70 年代从英国开始发展的。学生的"课堂"已经延伸到网络上。电视曾经是远程教学的主流，但目前网络化的远程教学已经取代了电视课堂。远程教学曾经面临的问题是教学时间的选择和学生与教师之间的交流，显然，今天的网络技术程度已经使这些问题不再困扰远程教育了。远程教育的发展趋势是大学联盟，这种开放式教育被世界各地大学所接受，那么"虚拟大学"也许就成为了现实。

计算机辅助教学的一个优势是可以将抽象表现为具体。使用计算机教学可以把学习和展示以及娱乐结合起来。对低年级的儿童，计算机丰富多彩的展示比教师再优美的语言和再漂亮的板书都有吸引力。研究也表明，激发学生的学习兴趣，他们就会变被动接受知识为主动学习知识，从而实现超越。人类通过各种途径获取知识，大概通过阅读能够被记忆的是 10%，通过听能被记忆达到 20%，而同时看到和听到的知识的则有 30% 能够被记忆,如果亲历并模拟则能够达到90%的记忆(来自于著名的计算机杂志 *PC World* 的报告)。因此,让计算机对知识进行模拟并让学生亲历,是最好的学习途径。

10.9　计算机与交通

在飞机上安装具有计算机控制的自动导航系统,飞机正常飞行途中飞机驾驶员使用这种自动飞行系统,是很自然的事情。在空中使用自动导航的原因是空中的障碍物很少,但在地面交通上,除了轨道交通外,公路交通的管理以及对汽车的自动驾驶仍然是一个引人兴趣的、正在研究和发展之中的课题。

有关智能汽车的研究一直在进行,虽然距离完全的商品化还有一定的距离,但这种带有计算机处理芯片进行驾驶控制的汽车,已经被运用而且扩大它的功能是被人们密切关注的。汽车的发展要考虑的就是安全、可靠和低成本。而汽车研究除了汽车本身的动力系统外就是汽车的"智能"、导航和道路有效管理。

已经被普遍用在汽车上的防抱死(Anti-skid Brake System,ABS)系统就是使用计算机控制刹车,防止轮胎在急刹车时死锁,实现驾驶安全。ABS 的下一个进展是汽车稳定性管理系统(Automatic Stability Management System,ASMS),ASMS 用传感器检测和计算机控制侧动量、方向盘位置、车轮的旋转以及汽车的拐弯率等参数,使汽车即使行驶在冰雪路面上也不会打滑。

进一步被研究的是全面使用微机对汽车进行控制,使用一个总线将遍及汽车各个部分的传感器连接到处理器,处理器将汽车当作一个整体进行处理和控制。在汽车各个部分的传感器,从发动机的磨损到轮胎气压甚至门窗的密封程度和车内空气质量的各个指标可以检测驾驶状态、汽车车况。这种全部控制系统能够实现全面的自动化,如驾驶人员发动汽车就可以自动调节座椅、后视镜以及车内温度,这种设计已经被应用在高档的汽车上。

智能交通是计算机在交通管理上的一个重要应用,它被各国政府所重视。街道上装有检测交通状况的传感器,有的是属于现场检测,有的是直接铺设在道路上,汽车通过该道路时产生感应,使被连接在传感器另一端的计算机记录下来。计算机可以将这些数据进行汇总,并通过 GPS 发送到汽车上,导航系统可以根据道路状况为驾驶人员设定最佳的通行线路。

传统的订票系统是为旅行者预订航班、汽车以及火车等交通工具服务的,但真正被有效使用的还是在航空系统。现在的票务系统已经从为旅客提供航班服务到整个航行过程的管理,如系统安排供应,从机器的燃料到食品以及工作人员到航行计划。在飞机场,计算机用于机场管理的许多方面,从行李处理到机场飞行安排以及人员管理都通过计算机进行。对机场后勤服务而言,由计算机设计航空快递线路安排,就是其中之一。在机场以及许多主要的交通枢纽,使用多媒体触摸屏的咨询服务已经非常常见。

10.10　计算机与艺术和娱乐

各种艺术是人类表达情感和引起别人情感反映的手段之一。我们知道计算机本身还没有情感(也许以后的计算机会有),所以现在它还不会创造艺术和娱乐,但在人们创造艺术和娱乐的过程中它能够发挥作用。

关于计算机游戏的争论就一直没有停过。过去否定的声音高过肯定的,但今天似乎情况在改变。游戏程序设计课程已经进入大学课堂,如浙江大学 2003 年开设了游戏程序设计课,不过就程序设计而言,游戏程序设计的难度相当高。

不可否认,人们对游戏的喜爱与年龄没有多大关系,孩子有孩子的游戏,而成人有成人的游戏。当网络游戏成为网络服务的一个亮点的时候,人们才回过头来正视它存在的必然性。而据调查,有 70% 的因特网用户,游戏是上网的目的之一。

我们知道而且也是这样做的:鼓励孩子进行游戏,培养他们在成长过程中的协调能力,甚至是分析能力,如一个拼图游戏的重复过程会培养孩子的认知。在计算机上玩游戏,这本来不会引起争论,但"迷上"游戏以后,问题就会产生了。因此问题并不在游戏本身。

在艺术领域,电影是得益于计算机最多的了。美国好莱坞大片 *Titanic* 为了制作逼真的沉船效果,动用了数百台高性能图形处理计算机设计效果。直接使用计算机制作的动画片越来越受到孩子包括成人的欢迎,在电影市场受到电视巨大冲击后,无疑使用计算机制作宏大场面,是电影再次受到人们瞩目的原因之一。实际上,好莱坞在制作电影的同时,也在开发与电影有关的游戏。如科幻片《黑客帝国》公演后不久,与它同名的游戏就发行了。据研究,好莱坞游戏娱乐收入和电影的票房收入平分秋色。

今天的计算机能够播放音乐是一件再普通不过的事情。只要你安装了扬声器或者使用耳机,就可以从网上下载音乐或者直接在 CD-ROM 中播放你喜欢的音乐和歌曲。但这些都是归功于电子合成器以及计算机的音频系统。合成器实际上是一台声音的频率合成仪,可以制作各种声音,改变各种音色。合成器还可以当作电子音乐的音源,也可以作键盘输入用,还可以通过计算机的 MIDI(Musical Instrument Digital Interface,乐器数字接口)系统接入计算机。

当音乐家创作音乐,在电子合成器上弹奏的每一个音符被 MIDI 输入到计算机,并以数字形式存放,这其中的优点之一是可以回放以便作曲者修改。现在音乐家使用 MIDI 制作电影电视音乐,或者给视频和计算机游戏制作背景音乐。

除了音乐创作,舞蹈家用计算机设计舞蹈动作。传统的舞蹈是师授的,而今天可以借助于计算机进行处理。传统的视频技术虽然也可以记录舞蹈并作为培训新学员用,但它在视觉和空间上的效果不如使用计算机处理的效果。现在已经有专门制作舞蹈的软件,利用它辅助舞蹈指导完成舞蹈设计的三个阶段:产生动作序列、与其他舞蹈者的配合以及时间调整。

没有人指望计算机可以设计出流传百年的不朽之作,在美术创作上,极大多数是受过美术训练的人,用计算机进行设计如广告、招贴画以及其他需要美术设计的应用。在美术学校,电脑设计是必修课程。平面设计软件普及使用,在一般美术创作上不但周期短,而且效率高——可以在原有创作的基础上进行重新布局和着色。Photoshop 就是平面制作最为著名的软件。

除了创作美术作品,希望计算机的分析、分类和模拟能力能够使用在艺术品保护方面,这个想法开始被认为是异想天开。但在对西斯汀教堂米开朗基罗的壁画进行了成功的修复,充分证明了计算机的价值。修复尘封的艺术品运用了计算机图像增强处理技术,而最初这个技术是运用在对卫星图像进行分析和处理方面。

传统的摄影一直就是艺术的一个重要领域,另一方面,照片的意义还在于它的不可更改。如今的摄影已经被运用数字技术的数码摄影和计算机处理技术给颠覆了。一直是摄影胶片的主要供应商的柯达公司 2003 年宣布不在欧美市场销售传统的光学相机,也就是在这一年,数码相机的销售刚刚超过传统的光学相机。300 万～500 万像素的数码相机,所拍摄的照片质量比传统的光学 400 号胶卷的都要好,而且数码照片可以被保存、传输和处理,这些都是胶片照片所没有的功能。

在个人摄影方面是如此,在电影摄影、运动摄影、电视摄影等领域,数码技术大大取代了传统光学摄影。数码摄影的核心技术就是计算机的图形图像处理技术和存储器技术的结合。由于是数字化,所以计算机能够将数码摄影的场景进行分离和合并,如在电影《阿甘正传》中,主人公能够和历史上的人物——已故的美国总统肯尼迪在一起。在电影创作中使用计算机进行数字化创作叫做变形,这是计算机动画技术的一部分,目前在计算机上运行的许多动画制作软件如 Flash 就是一种变形程序。

本章小结

本章介绍了几个计算机应用主题,以给读者展示计算机应用的广泛性。

高性能计算是研究计算机的体系结构、算法和相关软件,以获得高性能计算机。传统意义上的高性能计算机是指多处理器系统,今天的高性能计算系统基本上都是建立在网络技术上的,如并行计算、集群系统和网格计算。

计算机与科学研究密不可分。设计出和人脑一样会学习、会思考的电脑,是科学家的梦想。把计算机用于生物学,生物和信息的结合如基因芯片,用计算机模拟药效等都是属于生物信息学。

运用计算机能够跟踪复杂系统。使用计算机技术使这些模拟和仿真等科学工具被进一步推进,模拟和模型的结果比以前更为精确和准确。

计算机集成制造系统 CIMS 和现代先进制造技术,是现代工业的重要标志。

计算机辅助设计(CAD)的概念已经被延伸到许多传统的设计领域。CAD 软件是基于图形的。在生产制造过程中使用计算机,就是 CAM,它是 CIMS 的核心之一。

人工智能是指计算机具有人类的思维和行为。这是计算机研究的目标。尽管人工智能的前景非常诱人,但要走的路还很长。有关人工智能有许多分支,如知识表达、专家系统、神经网络、自然语言处理等都是人工智能研究的范围。

社会化计算是指许多社会活动和行为因为计算机的应用而发生改变,如电子货币、电子数据交换等。商业活动中使用计算机处理销售、物流以及库存,银行使用计算机处理各种业务,如电子汇兑。

医学与计算机的结合产生的医学信息学,有两个主要的应用领域:临床和医院管理。

计算机对教育的影响不但是教学形式的改变,更重要的是学习方法和知识获取过程的改变。计算机教学的一个优势是可以将抽象表现为具体。

使用计算机进行交通管理和改善交通工具的性能,使交通工具更加安全、可靠。

计算机不能创作,但在人们创作艺术和娱乐的过程中发挥了很大的作用。更多的艺术家使用计算机帮助他们进行创作。

通过本章的学习,应该能够进一步理解:

- 高性能计算机的作用、意义,以及网络技术对高性能计算的巨大影响。其中集群系统就是运用网络技术构建的高性能计算机系统。
- 计算机作为一个非常重要的工具,在科学研究中发挥了巨大的作用。
- 计算机对社会活动的影响是全方位的,它已经深入到社会活动的各个方面。
- 计算机在商业和金融活动中的作用。
- 计算机在工业生产和设计领域中的发展和作用。
- 计算机在教育中的作用和影响,特别是对学习方法和学习途径的影响。
- 计算机在艺术和娱乐中的作用。
- 计算机和医学的结合推进了医学的发展和进步。

思考题和习题

一、选择题:

1. 所谓的高性能计算机是指计算机的_____。

    A. 体积   B. 规模   C. 运算速度   D. 价格

2. 衡量高性能计算机的主要指标是 TFlop/s,它是指_____。

    A. 每秒千万次浮点运算   B. 每秒千万次指令

    C. 每秒万亿次加法运算   D. 每秒百万次指令

3. 集群计算机是运用_____将一组高性能工作站或 PC 机连接起来的大型计算机系统。

    A. 高速通道   B. 宽带以太网   C. 光缆局域网   D. 高速电缆

4. 网格是因特网的新一代技术,它的核心是_____。

    A. 高速   B. 宽带   C. 资源共享   D. 网络互联

5. 生物信息学是信息和生物学的结合。使用计算机处理生物信息的海量数据,还需要使用计算机对这些数据进行_____。

    A. 存储   B. 通信   C. 分析   D. 交换

6. 计算机集成制造系统包括两个主要的计算机运用,一是计算机辅助设计,即 CAD,

另一个是计算机辅助制造,即_____。

    A. CAI   B. CAM   C. CAT   D. CAE

7. CAD 软件是基于图形的。通常 3D CAD 系统是用于_____。

    A. 图形制作   B. 计算机芯片   C. 几何建模   D. 替代图版

8. 专家系统是人工智能研究领域里的一个重要分支,它是一种智能计算机_____。

    A. 软件   B. 硬件   C. 系统   D. 网络

9. 神经网络研究的目的是研制能够像人类大脑那样工作的_____。

    A. 软件   B. 硬件   C. 系统   D. 网络

10. 自然语言处理包括语言识别、语音合成和_____。

    A. 语言翻译   B. 语言理解   C. 语言交流   D. 语言训练

11. 社会化计算是一个广义的概念,这个术语的含义是_____。

    A. 使用计算机的人越来越多

    B. 许多社会活动有计算机的介入

    C. 计算机在社会活动中的作用越来越大

    D. 以上都是

12. 医学信息学是计算机用于医学,主要包括临床医学和医院_____。

    A. 诊断   B. 治疗   C. 网络   D. 管理

13. CAI 是指计算机辅助_____。

    A. 教学   B. 设计   C. 学习   D. 测试

二、主题报告:

1. 本章中所介绍的主题,有一些可能是你感兴趣的,或者当中并没有你特别关注的。你可以通过网络获取更多的应用主题,并参照本章的一些介绍方式,写出你所感兴趣的计算机主题。包括本章所列出的主题,以你感兴趣的主题给出一个报告(Report),文字在 3000 字以内。

三、简单解释下列术语:

    高性能计算机 并行计算 分布式计算 集群计算 网格计算 TPLOP/S
    MMPSMP Top 500 图灵测试 生物信息学 医学信息学 计算机模拟
    计算机仿真 CIMS CAD CAM CAI 人工智能 塞尔测试 专家系统
    知识表达 语义网络 搜索树 知识库 神经网络 机器人 视觉传感器
    接近觉传感器 自然语言理解 上下文 虚拟现实 CT MRA 远程教育

在线检索

本章涉及了许多主题,每一个主题都可以在网络上获取极其丰富的信息。这里我们简单介绍其中几个主题的网站,更多的有关你感兴趣的主题可以使用搜索引擎获得。

1. 我国著名高性能计算机研制单位曙光集团的网站,访问该网站可以获取有关高性能计算机系统更多的知识,也能够了解我国高性能计算机系统研究的最新进展。网址为http://www.dawning.com.cn。

2. Top500 是一个评价全世界高性能计算机 500 强的专业机构,在它的网站上可以获取最新的有关世界 500 强高性能计算机的信息,网址是 http://www.top500.org/。

3. MIT 人工智能实验室的网站,访问该网站可以获取有关人工智能方面的最新知识。http://www.csail.mit.edu/research/activities/activities.html。

4. 访问人工智能杂志的网站 http://www.jair.org/,获取有关人工智能最新的研究进展。

5. 斯坦福研究所(Stanford Research Institute)的人工智能研究中心始建于 1966 年,访问该中心网站,可以了解他们的研究,其网址是 http://www.ai.sri.com/about/。

6. 中国机器人网站 www.robotschina.com/,了解我国机器人研究的进展。

7. 使用 Google 搜索引擎,通过关键字 Virtual Reality 检索,检索出约有 99100000 项符合 Virtual Reality 的查询结果。如果使用 Virtual Reality Research 检索,则有 59200000 项符合 Virtual Reality Research 的查询结果。通过搜索引擎寻找你感兴趣的信息。

第11章

信息时代及其面临的问题

计算机的广泛使用不仅给社会带来了巨大的经济效益,同时也对人类社会生活的诸多方面产生了深远的影响,它把社会及其成员带入了一个全新的生存和发展的技术与人文环境中。在本章中我们介绍计算机时代所特有的社会问题,如计算机犯罪与相关法律,计算机对生活环境的影响,计算机安全问题以及相关专业人员的职业道德,等等,这些社会现象已经开始影响和改变今天的社会。

11.1 信息时代到来了吗

人类社会的发展经历了农业经济、工业经济,今天是信息经济。人类社会变革源于技术,工业社会是运用机器,而信息时代依靠的是计算机。

社会学家对信息时代的描述,大多数给出的是光明灿烂的前景:人类将摆脱繁重的劳动,人类的交流将更加方便,社会发展将更加文明,社会经济更加发达,生活质量将得到更大的提升,等等。

事实上也是如此,至少在发达国家是如此:从事办公室工作的人数(被称为"白领")远远超过产业工人和农民,越来越多的人依靠文字、数字谋生或者叫做发展,甚至"创意"也成为一种职业,这一切都是因为计算机和网络。

创办一个网站就可以卖东西,软件是一个没有物质形态的商品。不但如此,新的语言被创造出来,这就是"网络俚语",在一些被叫做"网民"的群体中,使用的网络俚语是大多数人所不理解的,而这个群体正以惊人的速度在扩张。一些个人的肆意行为通过网络以光速在传播,其影响力之大是任何传统媒体不能比拟的。

不仅如此,标志现代化程度的是网络设施,办公室的桌面上摆放着计算机的显示器,人们不再使用笔、纸等传统书写工具进行交流,而是面对荧光屏与不知在何处的另一个人进行通信交流。学生需要通过网络提交电子版的作业,职员通过电子邮件向上级汇报,公司通过网络召开会议,可以在计算机上玩游戏,可以在网络上"炒股票",可以在网上汇兑,可以在网上购物并支付,等等。一切传统的社会活动,正在被计算机所颠覆。

　　这是否就意味着信息时代的到来呢?

　　上面列举的是一些社会行为,只要看看社会生活的各个方面,就会发现计算机已经无处不在了。列举使用计算机的例子,相比列举没有使用计算机的例子要容易得多。

　　有人为这种社会进步感到鼓舞,有人则感到忧心。从另一个角度看,这些担忧是有深刻的社会背景的:联想到世界上还有 2/5 的人还在为生存而挣扎,这种社会差异带来的感受是应该被理解的。

　　"信息时代创造了奇迹,现在的问题是,你需要创造什么样的奇迹?"技术评论家和社会学家对这些变化的评价分成了两个阵营。"一个电子信息时代能够给社会创造便利,但是以牺牲我们的自由为代价",相反的观点则认为信息时代给人类以更多的自由。

　　诸多的观点在于人类还没有从飞速发展的计算机技术带来的影响中回过神来,还不知道怎样面对新的社会发展带来的变革,也不知道如何处理变革中的问题,其中一个原因是,我们不知道还会有什么样的问题出现。

　　这就是今天的"信息时代"。

11.2　信息时代的社会问题

　　计算机和网络正在迅速地、不可逆转地改变着世界。计算机技术对社会的影响是其他任何技术所不及的。据统计,欧美国家高度化的计算机应用提高了数以几十、几百倍的生产效率。同样,高度信息化社会带来的现实和潜在的问题也是我们面临和将要面临的。

　　这里我们列举几个例子。

1. 对个人隐私的威胁

　　即使在我国,对个人隐私的关注潜在威胁已经靠近我们。这里所说的个人隐私不是指个人的生活,而是指个人信息被滥用或者盗用带来的后果。设想一下盗用身份证办理驾驶证发生交通事故以后的后果,这种个人隐私的威胁就不言而喻了。

　　现在银行开账户、购买飞机票、办理包裹邮寄、就医以及多种场合需要个人身份证,网上注册需要个人信息,随着计算机和网络的发展,信息交流加快了,那么个人信息被别人分享的情况将会增加,随之而来的有关责任影响就会成为一个社会问题。

　　"9·11"事件以后,美国政府授权使用技术手段防止恐怖活动,导致政府监控范围被不适当地扩大,更加加深了人们对信息社会侵犯个人隐私的担忧。

2. 计算机安全与计算机犯罪

　　使用计算机进行非法活动,这是信息时代必须面临的一个问题,而且将会是一个大的问题。计算机犯罪的含义还不仅仅是盗用别人的上网账户,还包括破坏他人的计算机系统和网络,盗窃他人的信息,包括存放在计算机和网络上的商业信息。

3. 知识产权保护

知识作为产权是信息时代的一个重要内容,软件和数据被看做是财产,这是新的概念,需要新的法律和执行法律的手段。软件的可复制性使得知识产权的保护显得更加困难,传统的音像制品、书籍和文献被转化为计算机及网络的数据后,更容易被盗用,而且二次创作的侵权定义变得难以界定。

4. 自动化威胁传统的就业

在发达国家,这个问题显得尤为突出。大量的计算机辅助制造系统进入传统的生产过程,势必有大量的产业工人将失去他们的工作,新的就业所需要的技能也是这些产业工人所不具备的。对我国的城市化进程而言,即使问题没有如此严重,但传统产业伴随着信息化的发展也将会产生目前发达国家的就业需求问题。

5. 信息时代的贫富差距

如果说信息时代克服了人类社会活动的空间障碍和时间限制,使得社会财富迅速增加。那么今天的问题是,由于信息社会带来的财富增长都集中到发达国家和新的富豪手中。这不但没有减少社会贫富差距,反而加大了国家间、人群间的财富差距。

6. 依赖复杂技术带来的社会不安全因素

这听起来有点不可思议,但因为计算机中一个时间数据位数的缺少导致“千年虫”事件,给社会带来的巨大影响,至今还是依赖高技术带来不安全因素的典型事件。

类似于上网成瘾、沉迷计算机游戏、网络上不健康的信息、虚假网络信息等一些社会问题也都是信息社会发展过程中所产生的。

11.3　计算机犯罪与法律

利用新技术从事犯罪活动不是计算机所特有的,不过利用计算机进行犯罪活动所产生的危害却是比较独特的:计算机犯罪更容易,而且所造成的损失也更严重。

计算机盗窃是计算机犯罪中最容易被认定的。盗窃计算机设备最普遍的就是盗窃移动计算机或者盗窃部件,如硬盘、内存等。往往盗窃计算机中使用的硬盘,信息丢失造成的损失比硬盘本身的价值要大得多。而计算机盗窃更多的是指使用计算机技术盗窃钱财、信息和计算机资源。

通过计算机和网络骗取财物、伪造信用卡或者账户、非法转移他人的资金、发布虚假信息牟利等都被纳入计算机犯罪范围。在网络上泄漏他人的隐私或者恶毒攻击、诽谤他人,或使用黑客攻击、胁迫他人支付钱财也是一种新的犯罪类型。最新的计算机恶行包括盗窃网络上的虚拟财产,如网络游戏的积分或者通信密码、账号。但在司法实践中,并没有把这些新的非法行为列入计算机犯罪。

计算机和网络在发展过程中势必会有新的副作用产生,法律所固有的滞后效应往往会出现一些法律真空地带。但一般认为计算机犯罪是使用计算机知识或技术实施的犯罪行为。我国《刑法》认定的几类计算机犯罪包括以下几种。

(1)违反国家规定,侵入国家事务、国防建设、尖端科学技术领域的计算机信息行为。

(2)违反国家规定,对计算机信息系统功能进行删除、修改、增加、干扰,造成计算机信息系统不能正常运行。

(3)违反国家规定,对计算机信息系统中存储处理或者传输的数据和应用程序进行删除、修改、增加操作。

(4)故意制作和传播计算机病毒等破坏性程序,影响计算机系统正常运行。

美国是计算机和因特网的发源地,也是计算机和网络普及率最高的国家,其相关法律会对整个世界产生很大影响。美国1984年制定了惩治计算机犯罪的专门法律《伪造连接装置及计算机欺诈与滥用法》,其后数次修订最后形成《计算机滥用修正案》,其中将计算机犯罪归纳为以下几个方面:

(1)计算机侵入或未经授权的进入。

(2)篡改或变更计算机数据。

(3)盗用计算机服务。

(4)计算机诈骗。

(5)非法拥有计算机信息。

此外,除了专门的计算机犯罪立法,美国还有相关的其他法律可以用来指控某些与计算机有关的犯罪。这些法律包括版权法、国家被盗财产法、邮件与电报诈欺法、电信隐私法、儿童色情预防法等。

11.4　软件版权和自由软件

知识产权(Intellectual Property)是指由个人或组织创造的无形资产,与有形资产一样,它也应该享有专有权利。一般意义上的知识产权包括:关于文学艺术和科学作品的权利、表演艺术家的演出录音和广播的权利、发明发现的权利、工业品式样的权利、商标权利以及在工业、科学、文学或艺术领域里一切其他来自知识活动的权利。

在计算机界,知识产权除了设计上的专利外主要就是软件的版权问题,而与之对应的是自由软件运动。

11.4.1　软件版权及其保护

我们知道软件具有可复制的特性,因此容易被拷贝使用。拷贝一个软件的过程很简单,所有操作系统和各种各样工具软件能够将软件精确地复制,即使使用了一些软件加密技术,也不能防止未经授权就复制使用的情况出现。

在许多国家,软件的非法复制被叫做"盗版",软件的盗版是要受到法律诉讼的。在全世界估计因盗版所得的收入达到数千亿美元之巨。这几年来,这种诉讼在我国已经有多个案例,一些软件公司开始通过诉讼保护自己软件的版权。

与软件版权有关的还有一些其他的概念。首先是享有版权的软件,极大多数是被法定部门授予软件的著作权的。计算机软件版权和其他出版物一样享受保护。"软件版权"是授予一个程序的作者惟一享有复制、发布、出售、更改软件等诸多权利。购买版权或者获得授权(License)并不是成为软件的版权所有者,而仅仅是得到了使用这个软件的权利。如果你将购买的软件拷贝到你的机器或者备份到软盘或其他存储介质上,这是合法的。但如果把你购买的软件让他人拷贝就不是合法的了,除非得到版权所有人的许可。

商业软件一般除了版权保护外,同样享受"许可证(License)保护"。软件许可证是一种具有法律效力的"合同",在安装软件时经常会要求你认可使用许可——"同意"它的条款则继续安装,"不同意"则退出安装,这就是"要么接受,要么放弃"的办法。这个由版权所有者拟定的单方面的文件开始于美国,并在1997年被法律支持其有效性。它是计算机软件提供合法保护的常见方法之一。License界定了版权法对软件使用的限制,一个最明显的差异就是允许你购买一套软件安装在办公室、家里或者移动计算机上,而这些机器都必须是你所使用的。

对网络软件还有多用户许可问题。在一个单位或者机构的网络里使用的软件,一般不需要为网络的每一个用户支付许可费用。多用户许可允许多人使用同一个软件,如电子邮件软件就可以通过多用户许可证解决使用问题。多用户许可证运行同时使用一定数量拷贝的用户。

由于计算机信息可以在网络上轻易地复制和传播,因此加强知识财产的保护显得尤为重要。按照不同的保护方式,知识财产可分为商业机密、版权和专利。世界各国大多有自己的知识产权保护法律体系,在美国相关的知识产权法律主要有4部:《版权法》、《专利法》、《商标法》和《商业秘密法版权》(我国称为著作权)。

我国的计算机产业自改革开放以来取得了飞速的发展,同时经过20多年的发展现在已经形成了比较完善的知识产权保护法律体系,有包括著作权法等十多部法律和规章。

我国是世界知识产权组织成员国,1984年就加入了保护工业产权巴黎公约,成为《关于集成电路知识产权保护条约》的签字国、商标国际注册的马德里协定成员国、保护文学和艺术作品伯尔尼公约成员国等。

11.4.2 自由软件

有一个问题一直处在争论之中:软件的版权合理吗?

最早开始的软件是随机销售的,因此也不存在版权问题。版权问题可以追溯到从美国电报电话公司(AT&T)的Unix系统的版权开始。Unix是AT&T公司和加州大学伯克利分校合作开发的,20世纪80年代双方为对源代码权利的争论走上诉讼之路,长达数十年之久,最终Unix被判定为AT&T所有。但伯克利的研究者坚持认为,软件应该免费分发。

　　在与 AT&T 发生争执期间,FreeBSD(Berkley Software Distribution,伯克利发行的软件)开始被研究并被发布,也就是 Unix 的免费版本,其核心是基于 TCP/IP 的网络操作系统,这是最早的自由软件。

　　针对计算机公司的经营将软件当作商品,一批大学研究者组成了一个松散的联盟开始自主开发"免费软件"(Free Software)。也许在过去的那些年代,自由软件并没有对商业软件产生过实质性的威胁。在今天,软件业开始感受到了自由软件的压力,特别是 IBM 公司开始支持自由软件,包括在它的机器上安装 Linux 系统。尽管 IBM 也许是为了自己重新回归领导者的目的。

　　最著名的自由软件要数 Linux 了,FreeBSD 可以说是 Linux 的前身,尽管 Linux 的始作者开始并不知道还有一个不需要付费的操作系统软件 FreeBSD。Linux 和 BSD 有许多相同的源代码,之所以 Linux 后来居上,原因之一是当时 BSD 在 Unix 处于诉讼之中而延缓了它的进展。就系统而言,BSD 被认为是世界上最好的操作系统,现在还是这个评价。

　　有许多自由软件,如 Matlab 是著名的科学和工程计算商业软件,但 Scilab 与 Matlab 一样,只不过它是自由软件。Microsoft Word 大概是今天用得最多的字处理软件,但需要为之付费而且价格不菲,而最好的字处理软件叫做 GNU Emacs,是 MIT 计算机实验室的斯托尔曼(Richard Stallman)设计的。GNU 一词来自于"Gun is Not Unix"递归的首字母缩写,它原来的本意是要开发一套完整的操作系统能够完成 Unix 的全部工作。

　　斯托尔曼是自由软件最坚定的支持者,也是美国自由软件基金会的主席。斯托尔曼在倡导自由软件联盟 GNU 计划时,针对商业软件的"一般商业许可"(General Business License,GBL)创设了"通用公共许可协议"(General Public License,GPL),凡加入 GNU 的软件著作人都要接受这份许可协议,其宗旨就是保证用户有无限复制和修改的权利。更有趣的是,相对于"著作权"(Copyright)这一名词,斯托尔曼新造了"Copyleft"这个新词,叫做版权共享。

　　时至今日,自由软件的发展获得了巨大的成功,在许多国家得到认可和发展。仅美国自由软件联盟 GNU 中的自由软件种类已达几千种,较为突出的代表有操作系统 GNU Linux,语言系统 GNU C++,数据库管理系统 Ingress、MySQL 等。以 Linux 来说,有资料显示,虽然它 1990 年才在芬兰诞生,而到了 1998 年它的增长率高达212%,目前在全球因特网服务器领域它已占有 30% 以上的市场份额。

　　自由软件也叫做源代码开放软件。一个程序能被称为自由软件,被许可人还可以自由分发副本,而不管这个副本是经过更改或未更改过的,可以免费或收取发行费的方式给予任何其他人。能自由地做这些事意味着被许可人不用为能否使用该软件而申请或付费。被许可人也应该有权修改及使用。如果被许可人公告了,被许可人也不用告诉任何人。

　　经过多年的发展,"开放源代码"取得了很大的成功,像自由软件联盟 GNU、IBM、Nokia、Netscape 等的开放源代码软件许可证都先后得到了 OSIA(Open Source Initiative Association,OSIA,一个非盈利的组织)的认证。迄今为止,经 OSIA 认证的开放源代码软件的软件许可证包括 The GNU General Public License (GPL)、The BSD License、The MIT License、The IBM Public License、The Nokia Open Source License 等数百种。

不管 GNU 发展如何,带给我们的将是进步。

11.4.3　共享软件

与软件版权有关的另一个概念是"共享软件"(Shareware),也叫做试用软件。共享软件这个概念是美国微软公司的 R. Wallace 在 20 世纪 80 年代提出来的。严格意义上它是介于商业软件与自由软件之间的一种形式。

在发行方式上,共享软件的复制品也可以通过网络在线服务、BBS 或者从一个用户传给另一个用户等途径自由地传播。这种软件的使用说明通常也以文本文件的形式与程序一起提供。

这种试用性质的软件通常附有一个用户注意事项,其内容是说明权利人保留对该软件的权利,因此试用软件受著作权保护。

"本软件属于试用软件,用户通过一个阶段试用之后,如果希望继续使用,就应该向供应者办理使用注册手续"。在这个用户注意事项中通常还包含一份注册表格,说明如何办理以及向何处办理注册手续,在办理注册手续时可能会要求用户交纳一定费用,实际上就是使用许可费,需要交付的使用许可费的款额通常是很低的。有些还可能规定一个明确的试用期限。只要用户按照规定办理使用注册手续就可以在计算机上使用该软件。

软件产业界采用"试用"这种发行方式的目的在于通过允许潜在用户复制一项软件以鼓励其试用,从而帮助用户决定是否购买该软件的使用许可。用户通过试用对该软件有了一定了解,如果希望以后继续使用该软件,就必须通知该软件的开发者并按规定付款。试用软件实质上属于商业软件,通常不提供源代码。

软件产业界采用这种传播方式主要作为一种销售手段,可以节省广告宣传费用,但并没有改变这种软件的著作权性质。不少试用软件在根据用户使用意见经多次改进后,新的版本成了商业软件。在 Windows 系统上有试用软件,如通信软件 ProComm、文本压缩软件 PKZip、抗病毒软件 VirusScan 等。同时也出现了一些推广试用软件的组织。

11.5　隐私保护

隐私权是指公民享有的个人生活不被干扰的权利和个人资料的支配控制权。随着计算机网络技术的发展,近年来,不少国家和地区已经将个人数据明确为隐私权的对象,可分为隐私不被窥视的权利、不被侵入的权利、不被干扰的权利和不被非法收集利用的权利。

计算机的出现,特别是网络技术的出现,为信息的收集、传播和管理等提供了得天独厚的条件。但是在享受它给人类带来众多便利的同时,计算机系统也随时都可以将人们的一举一动记录、收集、整理成一个个人资料库,使我们仿佛置身于一个透明的空间而毫无隐私可言,使我们感受到了它对个人隐私权产生的前所未有的威胁。SUN 公司的斯科特·麦克尼利(S. McNealy)曾断言:"必须承认这一事实:私生活已不复存在。"

在信息网络时代,个人隐私权侵犯具体可分为以下 6 种情形:

(1)侵害个人通信内容。在网络通信过程中,个人通信极有可能被雇主、ISP 黑客截获,以致造成个人隐私被侵害。

(2)收集他人私人资料赚钱。未经他人同意,收集和使用他人电子邮件,甚至将收集到的电子邮件转卖给他人,构成了对他人隐私权的侵害。

(3)散播侵害隐私权的软件。

(4)侵入他人系统以获取资料。在网站未能建立有效安全措施的情况下,网络黑客很容易侵入他人计算机,破坏和窃取他人的个人资料,侵害他人隐私权。一位名叫 Raphael Gray 的 18 岁青年黑客曾经侵入美国、加拿大、泰国、日本、英国等国家的 9 个电子商务站点,窃取了超过 26000 个信用卡账户的信息,其中包括比尔·盖茨的信用卡号。

(5)不当泄露他人资料。许多用户不知道什么是隐私,如何保护自己的隐私,尊重他人的隐私。

(6)网上有害信息。网上色情、淫秽信息和其他不利于人的精神健康的信息,会给网络用户的家庭成员,尤其是未成年人带来负面影响,同时也构成对家庭安宁生活的破坏。

保护隐私权除了网络用户应该提高自己的隐私权保护意识外,更重要的是,政府应制定相应的法律制度来监督网站采取合法的隐私保护措施。

我国目前虽然还没有专门针对个人隐私保护的法律,但在已有的法律法规中也涉及隐私保护的有关规定。如《中华人民共和国宪法》第四十条规定:"中华人民共和国公民的通信自由和通信秘密受法律的保护。"《中华人民共和国计算机信息网络国际互联网管理暂行规定实施办法》第十八条规定:"用户应当服从接入单位的管理,遵守用户守则;不得擅自进入未经许可的计算机系统,篡改他人信息;不得在网络上散发恶意信息,冒用他人名义发出信息,侵犯他人隐私。"

11.6　计算机与环境

计算机与环境保护都是当今热门话题,看起来两者并没有多大的联系,事实上越来越多的人意识到了计算机与环境保护之间的密切关系。计算机给人类带来了巨大效益和便利,但同时对环境、对人类自身健康也造成了一定的危害,如何使人们在享受计算机文明的同时,尽可能少地付出环境污染的代价呢? 因而如何创造一个真正的绿色计算机世界就成为了人们追求的目标。

在科技发展史上,人类文明的每一次进步对于环境保护而言都是利弊同在的,计算机的发展也不例外。

计算机对环境最大的负面影响首先在于其高物耗。制造一台计算机需要 700 多种原材料和化学物质,制造一块芯片有 400 道工序,需用 284 克液态化合物。据估算,制造一台微机需耗水约 3.3 万升、耗电 2313 瓦。更为严重的是在生产芯片的过程中含有一些有毒物质,其中极大多数是有机溶液以及难以处理与安全清除的气体,有报道称美国半导体工业中心的硅谷自 1981 年以来,100 多种有毒化学物质已经泄露在硅谷内外。

其次,高能耗也是计算机对环境的一大负面影响,一般微机耗电量均在 100 瓦以上。若长时间不使用或使用者忘记关机,其耗电量与使用时是相同的。美国微电子和计算机协会的研究报告曾指出,计算机的高物耗、高能耗及其对环境的影响是当今所有制造业中最大的。

再者,废弃的计算机本身以及辅助产品如软盘等都会对环境造成影响,虽然某些部分可被循环利用,最终消失在垃圾埋放地,如金属过几十年被氧化了,玻璃几个世纪后会碎成沙子,但是塑料部分将会几千年保持不变。另外还有些组成部分,如电池和监视器,则含有可溶进沙子的有毒物质。

最后,其对环境的间接破坏作用也不可忽视,如打印机需要用到纸张、色带和其他物质,纸张作为计算机的主要"消费品",消耗了大量的树木,而造纸行业又是最具污染的工业之一。

20 世纪 90 年代初美国推出"能源之星"计算机,这种计算机在待机状态时耗电量低于 60 瓦,其中主机和监视器各低于 30 瓦。为了进一步降低计算机使用能耗,制造商们在新的计算机中还采用了节电装置,如果计算机在一段时间内机器没有任何操作的情况下自动进入节电方式,其功耗大约为 30 瓦。当更长的时间内机器仍无操作,主机会自动降低工作频率。若持续下去,则进入最低频率工作即休眠状态,此时其耗电量仅是计算机工作时的 1/4。这种电源管理技术使得每台计算机一年节约几百元的电费。

绿色计算机当然不局限于省电这一项功能,还在于其生产方式的改变,如传统的电子清洗液和众所周知的氟利昂一样是一种会消耗臭氧层的物质,目前采用的新溶剂,其清洗线路板效果比传统液体更出色,同时更为环保。

11.7 计算机与人类健康

计算机的发展给人类的工作、学习、生活提供了大量的便利,也包括促进了医学的进步。然而随着计算机的快速普及,"计算机病"也开始发生并引起了人们的关注。与计算机有关的健康问题主要有以下几种。

(1)如今最主要的计算机职业病是肢体重复性劳损(Repetitive Stress Injury,RSI)。RSI 是指当肌体组织受到高强度重复动作或者 10 万次以上低强度重复(如键盘操作)所造成的肌体组织劳损。

(2)计算机视觉综合征(Computer Visual Syndrome,CVS)。这是由于长时间在强光亮的显示器前工作所导致眼睛的损伤。

(3)最新的与计算机有关的病症是技术压力(Techno-stress)。当然它主要由使用计算机引发的,其症状包括易怒、对人敌视、缺乏耐心和易疲劳等。

(4)计算机荧屏辐射作用虽还未得到论证,但计算机显示器辐射电离子和低频磁场,其射线进入人体后可能造成影响,但至今未能给出更多的证据表明这种作用的危害程度。不管结论如何,20 世纪 80 年代以来,所有厂商已尽力减少屏幕辐射,而且低辐射的 LCD 显示屏也成为显示器的主流。

并没有什么有效的方法可以克服上面这几个问题。在计算机的结构设计上能够适当缓解这些问题的发生或者减轻其程度,如上一节提到的绿色计算机在整机结构设计上也更符合人体工程学原理,计算机外型日趋美化且舒适、合理、实用,使操作者在使用时不易引起严重的手、眼、脑的疲劳。

11.8 计算机与安全

当社会对计算机形成"依赖"的时候,计算机的安全就开始被人们所重视。威胁计算机安全的因素主要有自然灾难、系统缺陷、病毒、黑客攻击等。计算机安全的研究成为一门计算机科学的重要分支——计算机安全工程。

11.8.1 计算机安全工程

人类一直使用锁、围墙、篱笆、签名、印章以及计量器具来定义或者保护自己的财产和资源。今天的信息时代,当人类的许多资源电子化、社会活动和交易过程的网络化,传统的保护方法已经失去了它的作用。人们开始使用信用卡进行支付,使用门卡开门,使用 IC 卡乘坐公交车,单位也将工资直接从银行打入卡中,等等。也许这些"电子卡"的优点是不会出现假币,不必携带大量的现金,这种"安全"究竟有多少好处? 也许诚实的回答是"不像宣传的那样好"。

我们在 5.5.4 中提出过一个问题就是"文件系统安全吗?",而答案是否定的。今天的媒体上经常报道有关计算机操作系统漏洞、网络被攻击和计算机病毒的消息,甚至还有控制儿童进入营业性网吧等报道和讨论。这些问题越来越多,似乎我们总是在发现问题之后才知道这些问题原来就存在。这时,对每个人都意味着必须面对网络和计算机安全。安全工程就是从这些新应用的混乱中发展起来的。计算机和网络安全所依赖的技术基础主要是密码学、可靠性技术、安全印刷和认证、审计等,这些都是人们所熟悉的技术,问题是缺乏运用这些技术到计算机安全方面的知识和经验。安全工程的本质在于了解系统的潜在威胁,然后选择适当的措施(包括技术和组织)来控制这些威胁因素。

安全工程的核心是安全协议的研究。安全系统通常包括许多对象,有人、单位、计算机、网络以及其他联机的设备,它们通过各种不同的通信方式进行通信,包括电话、专线、无线电、红外线以及各种读卡设备和可携带电子数据的物理装置。如果需要防御所有可能的攻击,一是代价太大,二是实现上存在难度,最后会导致防止攻击的设备要超过被保护的对象。没有人愿意花 1 万元购买安全设备去保护只有 5000 元的资产。

安全协议可以是复杂的也可以简单的,简单的协议可以只判断"Yes or No",复杂一些的要进行几次判断,这取决于系统的需要。对一个电子邮件信箱的访问控制,也许只要简单的判断就可以,而对一个重要数据库的访问往往需要的安全控制就复杂多了。还有网上支付就需要更加严格复杂的认证和授权。

一般认为,在计算机系统中,软件工程需要"确保某些事情一定要发生",而安全工程则要"确保某些事情一定不能发生"。因此安全协议主要是在这些方面进行工作。

口令(Password)是计算机安全工程中的重要基础,是计算机验证用户身份的主要机制。口令可以以 PIN(Personal Identification Number,个人标识码)的形式被嵌入在许多系统中,例如自动取款机 ATM、移动电话等。基于口令的安全协议是"质询/响应"协议,当口令被输入,系统可以经过一定的算法得到响应,基于密钥加密是常见的方法。但就现在知道的,加密并不能完全防止受到攻击,尤其是当这种攻击是特意所为的,这些例子是不胜枚举。

有关安全工程有许多需要讨论的问题,如数据安全一般采用数据备份技术。对重要的网络数据还要通过异地备份确保数据不会受到自然灾害或其他不可抗力的破坏。再如为了防止非法入侵,在计算机和网络系统中建立访问控制,建立分级安全机制,使用专门的识别技术,如指纹、声音、手写签名、面部识别,甚至耳纹、视网膜检验等。

安全工程的另一个方面是建立有效的组织机制。一个健全的安全防范组织机制有时比安全协议本身来得更重要。因为影响安全的还有操作问题、电源安全、自然灾害以及系统硬件等安全问题。针对不同的安全因素需要采取不同的安装策略。

11.8.2 系统风险

计算机系统由硬件和软件两者构成,两者的可靠性则构成了整个系统的可靠性。相应地,系统的风险也就由硬件风险和软件风险构成。

计算机硬件、程序、数据文件和其他设备能够被火灾、电力故障或其他灾难破坏,要重建其中被破坏的数据文件和计算机程序可能需要消耗大量的资金和时间,而且有一些东西也许是无法恢复的,这必定会带来不可估量的损失,为了解决这类问题,许多公司、机构会采用备份、容错的计算机系统等方式。

容错的计算机系统(Fault-tolerant Computer System)采用特别的硬件、软件和电源部件,能够支持系统的备份和避免系统故障以维持系统的运行。系统装有特殊的存储芯片、处理器和磁盘存储设备,利用诸如扩充的程序流监控机制等特殊的软件程序或自我检查逻辑来检测故障以及自动转换到备份设备上继续工作。该机制使计算机既能容忍故意逻辑故障又能容忍随机物理故障。这些计算机系统上的零部件可以移动和修理而不破坏计算机系统。

软件风险是计算机系统安全的另一个威胁,软件的质量体现在软件的正确性、可靠性和安全性。根据 McCall 等人提出的软件质量度量模型,正确性是指程序满足其规格说明和完成用户任务目标的程度,可靠性是指程序在要求的精度下能够完成其规定功能的期望程度,安全性则是对软件的完备性的评价。软件测试(Software Testing)就是发现软件缺陷,它是保证软件质量的主要手段。但软件测试仍存在一定的局限性,戴克斯特拉的名言"测试只能够证明软件是有错的,但不能证明软件是没有错误的"就充分说明了这一点,但不进行细致的软件测试就将系统投入使用则是极其危险的。历史上的 Therac – 25 事件就是一个软件风险的经典案例。

Therac – 25 是加拿大原子能公司 1982 年开发的一种医疗设备。它通过计算机控制产生高能 X 光或电子流杀死人体毒瘤而不会伤害毒瘤附近的人体组织。在 1985 年到 1987 年间,该设备发生了 6 起电子流或 X 光束的过量使用的医疗事故,导致 4 人死亡、2 人重伤。

事后的调查发现整个软件系统并没有经过充分的测试,而最初所做的 Therac – 25 安全分析报告中有关系统安全分析只考虑了系统硬件,没有把计算机故障(包括软件)所造成的安全隐患考虑在内。

11.9　计算机病毒

计算机安全影响最大的大概就是计算机病毒(Computer Virus)了,也许是因为它的破坏力所波及的范围往往是世界范围的缘故。在我国的《计算机信息系统安全保护条例》中,病毒被明确定义为:"编制或者在计算机程序中插入的破坏计算机功能或者破坏数据,影响计算机使用并且能够自我复制的一组计算机指令或者程序代码。"

病毒是一种计算机程序,这种程序能够破坏机器数据,具有传染性、潜伏性以及自我复制能力,之所以叫做"病毒"是因为它与医学中的病毒的定义类似。

11.9.1　计算机病毒的由来

早在 20 世纪 60 年代初在美国贝尔电话实验室里,有几个程序员编写了一个名为"磁心大战"的游戏,游戏中通过复制自身来摆脱对方的控制,这也许就是计算机病毒的第一个雏形。到了 20 世纪 70 年代,美国作家雷恩在其出版的《PI 的青春》一书中构思了一种能够自我复制的计算机程序,并第一次称之为"计算机病毒"。1983 年计算机专家将病毒程序在计算机上进行了实验,第一个计算机病毒就这样诞生在实验室中。

20 世纪 80 年代后期,巴基斯坦的两个编软件的兄弟为了打击盗版软件的使用者,设计了一个名为"巴基斯坦智囊"的病毒程序,传染软盘引导区,破坏软件的使用,这就是最早在世界上流行的一个真正的病毒。

1988—1989 年,我国也相继出现了能感染硬盘和软盘引导区的 Stone(石头)病毒,该病毒体代码中有明显的标志"Your PC new Stoned !","Legalise Marijuana",也称为"大麻"病毒等。该病毒不隐藏也不加密自身代码,所以很容易被查出和解除。类似这种特性的还有小球、Azusa/hong – kong/2708、Michaelangelo,这些都是从国外感染进来的。而国内的 Blody、Torch、Disk Killer 等病毒,实际上大多数是 Stone 病毒的翻版。

从 20 世纪 90 年代以后,计算机病毒就开始泛滥起来,各种类型的、具有很强攻击破坏力的病毒通过文件的复制和网络的数据交换开始流行。有如 Jerusalem(黑色 13 号星期五)等定期发作的具有潜伏性的病毒出现,具有自身复制能力的病毒也开始出现。

20 世纪 90 年代中期前,大多数病毒是基于 DOS 系统的,后期开始在 Windows 中传染。因特网的广泛应用,Java 恶意代码病毒出现了。

脚本病毒"Happy Time(快乐时光)"就是一种传染力很强的病毒。该病毒利用体内 VBScript 代码在本地的可执行性,对当前计算机进行感染和破坏。

另一种有达万种之多的 Word 宏(Macro)病毒,已形成了病毒的另一大派系。由于宏病毒编写容易,不分操作系统,再加上因特网上用 Word 文档进行大量的交流,宏病毒会潜伏在这些 Word 文件里,在因特网上传来传去。

早在 1995 年就出现了一个更危险的信号,众多的病毒其"遗传基因"相同,简单地说,是"同族"病毒,这是使用"病毒生产机"自动生产出大量的"同族"新病毒。国内发现的、或有部分变形能力的病毒生产机有"G2"、"IVP"、"VCL"等十几种。网络蠕虫病毒 I-WORM. Anna Kourmikova 就是一种 VBS/I-WORM 病毒生产机生产的,它一出来,短时间内就传遍了全世界。这种病毒生产机也传到了我国。

1998 年 2 月,我国台湾地区的陈盈豪,编写了破坏性极大的恶性病毒 CIH-1.2 版,定于每年 4 月 26 日发作。1999 年 4 月 26 日是一个令计算机业难以忘记的日子,也就是 CIH-1.2 病毒第二个发作日——计算机史上病毒造成了一次浩劫。CIH 病毒是第一个直接攻击、破坏硬件的计算机病毒,是迄今为止对机器本身破坏最为严重的病毒。它采用反复操作一个特定的器件达到破坏计算机 BIOS 芯片,导致主板损坏,或病毒发作时,硬盘驱动器不停旋转,硬盘上所有数据(包括分区表)都会被破坏。

1999 年,因特网传播的病毒开始出现。同年 2 月,Melissa(美丽杀)病毒席卷欧美大陆,这是当时世界上最大的一次病毒浩劫,也是一次网络蠕虫大泛滥。

2000 年,在欧美爆发了 I-WORM/Love Letter(爱虫)网络蠕虫病毒,使欧美许多大型网站和企业及政府的服务器频频遭受堵塞和破坏。2001 年后病毒就开始体现出与以往病毒截然不同的特征和发展方向,它们无一例外地与网络结合,并都同时具有多种攻击手段。尤其是 SirCam 之后的病毒,往往同时具有两个以上的传播方法和攻击手段,一经爆发即在网络上快速传播,如红色代码Ⅱ、尼姆达等都与黑客技术相结合,从而能远程调用计算机上的数据,使病毒的危害剧增。

11.9.2　计算机病毒的种类

常见的计算机病毒主要有:宏病毒、寄生型病毒、蠕虫病毒、黑客病毒。

宏病毒是一种寄生在 Word 文档或模板的宏中的计算机病毒。它是针对微软公司的字处理软件 Word 编写的一种病毒。一旦打开带有宏病毒的文档,宏病毒就会被激活,转移并驻留在 Normal 模板上。此后所有自动保存的文档都会"感染"上这种宏病毒,文档的交换使宏病毒又会转移到其他计算机上。

寄生型病毒是一种感染可执行文件的程序,感染后的文件以不同于原先的方式运行,从而造成不可预料的后果,如删除硬盘文件或破坏用户数据等。它具有"寄生"于可执行文件进行传播的能力且只有在感染了的可执行文件执行之后,病毒才会"发作"。1987 年 10 月,在美国发现了世界上第一例计算机病毒"Brian",这是一种系统引导型病毒。此后各式病毒以强劲的势头蔓延开来,如"大麻"、"IBM 圣诞树"、"黑色星期五"等。还有一种也是寄生型的时间炸弹和逻辑炸弹,机器虽然感染了病毒,但当时并不发作。时间炸弹是病毒被一个特定的时间所引发。前面介绍的 CIH 病毒就是一种时间炸弹,还有比较有名的以米开朗基罗(Michelangelo)生日 3 月 1 日引发的时间炸弹。

蠕虫病毒是指能够自我复制的计算机病毒程序,虽然它并不感染其他文件,但通过分布式网络来扩散传播特定的信息或错误,使网络流量大大增加进而造成网络服务遭到拒绝并发生死锁,其传染途径是通过网络和电子邮件。《华盛顿邮报》在报道因特网蠕虫病毒时使用的是:"被围困的伯克利科学家——像一个被敌人围困的战士——向全国发布了一条消息:我们正在受到攻击……从此一个令人苦恼的计算机时代已经到来。"

2001 年 9 月,名为"尼姆达"的蠕虫利用了Windows的漏洞,使计算机不断自动拨号上网,并利用文件中的地址信息或者网络共享进行传播,破坏用户的数据。有统计表明,"尼姆达"病毒在全球各地侵袭了 830 万台计算机,总共造成约 5.9 亿美元的损失。2003 年 1 月 25 日,"SQL 杀手"蠕虫病毒再次袭击了因特网,它对网络上的 SQL 数据库进行攻击,连接在网络上的被攻击的系统如同癌细胞那样不断蜕变,生成新的攻击不断向网络释放、扩散,从而逐步消耗网络资源,导致网络访问速度下降,甚至瘫痪。

特洛伊木马是黑客病毒中最有名的,也是一种病毒的类型。也许你已经了解了有关特洛伊木马的传说,而现在所说的特洛伊木马是一种计算机程序,特洛伊木马本身不是病毒,但它携带病毒,能够散布蠕虫病毒或其他恶意程序的计算机程序。特洛伊木马可能会破坏机器的数据,也可能窃取口令。一般特洛伊木马被某个怀有特定目的的人(叫做黑客)所使用,它通过制作"Free Ware"的形式在网上发布带有特洛伊木马程序的软件,当有人下载这个软件并运行时(这个软件也许就是一个小游戏或者时刻表之类的),他就会发现硬盘上的数据被删除了。另一种特洛伊木马看上去像 Web 页面,如果用户访问了这个网页,潜伏着的特洛伊木马就会开始收集用户 ID 和口令并通过邮件发送给黑客。特洛伊木马和其他病毒不同,它本身不复制而专门实施对网络安全的攻击。

11.9.3 反病毒软件的机制

这与矛和盾一样,有病毒软件就有反病毒软件。专门开发反病毒软件的公司有许多,如著名的赛门铁克(Symantec)公司的 Norton Antivirus 和 McAfee 公司的 McAfee Antivirus 防病毒软件就经常被 PC 机用户使用来预防机器被病毒的入侵。国内著名的反病毒软件公司有江民公司、瑞星公司以及金山公司等。

实际上我们都知道采取预防避免机器或者软件被病毒感染,效果往往不是那么理想。有时病毒总会通过某种方式进入你的机器而你对它却一无所知。大多数病毒在发作之前会潜伏一段时间,因此即使是最好的反病毒软件也都会建议用户采用定期扫描机器的方法来检测潜伏着的病毒。反病毒软件基本上是建立在对已知病毒的捕获和消除上,它能够检测机器上的软件是否被已知病毒感染。

反病毒软件,也称为"防病毒"软件,其作用是使用各种技术来检测软件是否被感染了病毒。我们这里介绍主要的 3 种技术。

1.检测文件长度

如果一个文件被感染了病毒,它往往会改变原文件的长度。反病毒程序通过检查文件长度的变化来检测是否被感染了病毒。在安装反病毒软件时,反病毒软件会记录那些可能会被感染的文件类型的文件长度,定期检查它们的长度变化。这里你能明白:如果已经被感染了病毒之后安装使用反病毒软件,反病毒软件有时并不会发现这些病毒。

2.使用校验技术

如果病毒并不改变文件的长度,长度检测的反病毒软件就识别不了它们。我们知道当文件被存储在磁盘上的时候,都是以一个固定的磁盘扇区长度作为记录单位的,通常系统分配给一个文件的存储空间要大于文件实际长度,因此文件存储就存在了空白区。比如你创建了一个 Word 空白文档,保存该文档后就会发现文档存储空间并不是 0 字节。因此病毒软件会利用文件中的空白区存放病毒代码。对此,反病毒软件设计者就通过计算文件二进制代码和的方法,每次程序运行后重新校验计算并与原校验值进行比较:如果校验值变了,就说明已经被病毒感染了。

3.识别病毒特征码

反病毒软件的另外一个主要技术是识别病毒特征码,也就是记录已知病毒的特征代码,然后和机器中的软件代码序列进行比较鉴别。

大多数反病毒软件都对病毒的特征代码进行识别,由于这些病毒的类型众多,而且每天都有新的类型产生,因此反病毒软件公司会定期发布这些病毒的特征码,用户需要更新数据以便在所使用的反病毒软件中加上新的病毒的特征码。所有病毒特征码被组成一个数据库的形式,所以也把这些病毒特征码的数据库叫做病毒库。当反病毒软件运行时需要把这些特征库中的数据和机器中哪些可能被感染的文件中的代码进行比较,这个过程叫做"病毒扫描"。

由于病毒特意避开检测技术,所以反病毒软件需要综合各种技术进行复杂的设计,且要针对新的病毒特点进行防范技术的设计。

11.10　黑　客

黑客(Hacker)源于英文的译音,其原意是用来形容独立思考,奉公守法的计算机迷以及热衷于设计和编制计算机程序的程序设计者和编程人员。然而,随着社会发展和技术的进步,Hacker 的定义有了新的演绎,现常指专门利用计算机犯罪的人,即凭借其掌握的计算机技术,专门破坏计算机系统和网络系统,窃取政治、军事、商业秘密,或转移资金账户,窃取金钱,或不露声色地捉弄他人,或进行计算机犯罪的人。由于计算机黑客是利用系统中的安全漏洞非法进入他人计算机系统,因此普遍认为黑客的存在是计算机安全的一大隐患。

黑客有多种类型,有的是属于破坏性的,有的是属于"网络小偷",有的则是恶作剧。伴随着计算机和网络的发展,黑客各种活动范围也随之增大,世界上黑客事件大概就没有停止过,区别就在于程度和破坏性不同。在某种意义上,黑客对信息安全的危害甚至比一般的计算机病毒更为严重。形势的日益严峻使反病毒行业防毒、防黑客产品的研究和开发已成为一种趋势。

黑客一般使用黑客程序,这是一种专门用于进行黑客攻击的应用程序,它们有的比较简单,有的功能较强。利用黑客程序进行黑客攻击,由于整个攻击过程已经程序化了,不需要高超的操作技巧和高深的专业计算机软件知识,只需要一些最基本的计算机知识便可实施,因此,其危害性非常大。较有名的黑客程序有 BO、YAI 以及"拒绝服务"攻击工具等,而这些工具的获得只需要从网络上下载就行了。

黑客往往会通过攻击那些知名的网络以获得"出名",大学、政府机构、大公司都是它们的目标。1998 年 2 月,MIT 原子能实验室被黑客侵入,几天后,美国国防部也被黑客"光顾",4 个海军系统和 7 个空军系统的计算机网页遭侵入。黑客有恃无恐在侵入美国国防部已被发现的情况下,还连续进行了整整一周的"骚扰"活动。一般黑客手法狡猾,在网络系统内安置了一个"暗门"或者是窃取密码,意味着他们随时可以在此进出。对入侵五角大楼网络的调查费时一个多月,案犯竟然是两名 15 岁的小黑客以及他们在国外的"导师"——一位 18 岁的以色列少年:他们只是出于好奇的探索和冲动。

为了防御黑客入侵,需要对实体安全进行防范,包括机房、网络服务器、线路和主机等的安全检查和监护,对系统进行全天候的动态监控;再就是加强一些基础安全防范,主要包括授权认证、数据加密和信息传输加密,防火墙设置等。

实际上,对黑客的这些防范措施并不能有效地阻止网络被攻击。但出于防比不防要好的想法,一些看来还是有效的措施至少能够使黑客的攻击被延缓或者能够有时间发现被攻击。网络和计算机安全工程不完全是为了防范黑客,还有其他许多原因如 11.8 节所述,需要我们建立防范体系。总之,为了各种原因综合起来的一个安全体系对计算机信息安全的作用是必需的。建立防火墙、设置隔离、设置访问控制、建立防病毒机制以及建立信息安全的管理机制都是安全工程的内容。

11.11　防火墙

计算机和网络安全的最好方法就是限制它们之间的物理接触。这大概只是在特殊的应用场合才可以采取的极端安全措施。毕竟建立网络和使用计算机的主要目的就是能够快速地从整个因特网或者内部网络上获取信息。在必须连接网络的应用环境,采用的一个主要方法就是"防火墙"。

"防火墙"(Firewall)这个名称来源于建筑行业,现在被借用在计算机和网络系统上,是指为了防止被非法访问设置的"屏障"。防火墙可以通过硬件实现,也可以通过软件实现,前者对数据访问的速度影响要小些,但因为配置的是专门设备(也需要软件),代价比使用一个防火墙软件安装在一台普通的 PC 机或者直接安装在服务器上的代价要高些,效果也要好些。防火墙在网络系统中的位置如图 11.1 所示。

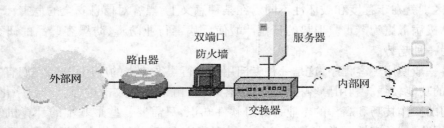

图 11.1 防火墙

图 11.1 所示的防火墙是双端口的,即有输入输出口。也有单端口的防火墙,使用单端口的防火墙需要和交换机的一个端口共同组成。防火墙可以是对网络的也可以是对单机的,可以防止病毒的感染也能够防止非法入侵。

防火墙是具有较高的抗攻击能力,设置于系统和网络协议的底层,在访问与被访问的端口设置严格访问规则,以切断一切规则以外的网络连接的软件和硬件的组合。除了对网络进行管理,设定访问与被访问规则,切断被禁止的访问以外,防火墙还需要分析过滤进出的数据包,监测并记录通过防火墙的信息内容和活动,并且对来自网络的攻击行为进行检测和报警。这些都是防火墙的基本功能,不论是防火墙硬件还是防火墙软件,都需要具备这五项基本功能。当前流行的防火墙技术主要有 3 种。

11.11.1 过滤型防火墙

过滤型防火墙技术是使用一种较简单而有效的安全控制技术。在网络通信中,数据交换是以包(Packet)的形式进行的,它对所有进出计算机或网络系统的数据包进行检查,获得数据包头的内容,了解数据包的发送地址、目标地址、使用协议、TCP 或者 UDP 的端口等信息,将检查内容与设置的规则相比较,根据规则的匹配结果决定是否允许数据包的进出。

过滤型防火墙的优势是速度,由于只是检查数据包的结构,对数据包所携带的内容并不实施任何形式的检查,因此速度快。再一个比较明显的好处是,对用户而言,这种包过滤防火墙是透明的,无需用户端进行配置。

但过滤型防火墙的弱点也是显而易见的:没有足够的记录与报警机制,无法对连接进行全面控制,对"拒绝服务"攻击、缓冲区溢出攻击等高层次的攻击手段无能为力。

11.11.2 检测型防火墙

检测型防火墙又称为动态过滤型技术。该技术在传统的过滤防火墙的基础上增加了对 OSI 第四层即传输层上的支持。防火墙在自身 Cache 或内存中维护着一个动态的状态表,当有新建的连接时,会要求与预先设置的规则相匹配,如果满足要求,就允许连接,并在内存中记录下该连接的信息,生成状态表。对该连接的后续数据包,只要符合状态表,就可以通过。

这种技术的性能和安全性都比较高,如果结合用户认证方式,它能够提供应用级的安全认证手段,安全控制力度更为细致,而且,由于对于已经建立连接的数据包常常不再进行访问控制的内容检查,速度也得到提高。

但是由于检测型的防火墙本质上还是包过滤防火墙,无法深入到 OSI 协议的上层,因此传统包过滤防火墙的一些弱点依然存在。

11.11.3 代理型防火墙

代理型防火墙技术将 OSI 的第 7 层应用层也包含进来,这个层次的防火墙的实现主要是基于软件的。在某种意义上,可以把代理型防火墙看做一个翻译器,由它负责外部网络与内部网络之间的通信,当防火墙两端的用户打算进行网络通信时,两端的通信终端不会直接联系,而是由应用层的代理来负责转发。

代理服务位于内部网络的用户与因特网之间,由它来处理两端间的连线方式,将用户对互联网络的服务请求,依据已制定的安全规则向外提交。而且,对于用户的网络服务请求,代理服务器并非全部提交给互联网上真正的服务器。因为服务器能依据安全规则和用户的请求,判断是否代理执行该请求,所以有些请求可能会被否决。这种控制机制可以有效地控制整个连线的动作,不会被客户或服务器端欺骗,在管理上也不会像过滤型防火墙技术那么复杂。

由于代理服务器完全阻断了内部网络与外部网络的直接联系,所以代理型防火墙技术相对比较安全。但因为所有的连接请求在代理网关上都要经过软件的接受、分析、转换、转发等工作,数据包的所有内容也都要被审查,因此处理效率低,无法直接支持新的应用,新的网络协议和网络应用都需要一套新的应用代理。

11.11.4 个人防火墙

今天,网络已经成为大部分公司的日常业务载体。如果网络安全情况还不能够得到改善,则因遭受攻击而引起损失的情况将会无法杜绝。对个人用户来说,网络安全同样重要。

PC 机上安装的防火墙都是软件产品形式,如瑞星、金山等国内知名的软件公司都有防火墙软件。现在流行的个人防火墙软件大约有几十种,功能各异,使用的安全防护手段有所不同,但主要功能基本上还是围绕防止病毒和非法入侵。

个人防火墙软件所涉及的主要协议有:ICMP、TCP/IP、UDP、NETBUEI 以及 IPX/SPX 等(参见 9.2 节网络协议),主要能够适应个人用户安全访问因特网的需要。如"360 安全卫士"就是目前应用较多的防火墙免费软件。

11.12 职业道德

与其他专业人员一样,计算机技术人员也都每天面对道德问题,尽管在大多数人的脑海里有时并没有严格界定道德与法律之间的关系,特别是在计算机这个领域,新的问题会随着新的技术在发展。因此,计算机专业人员往往对其行动的目的性不是很清楚,或者目的性是清楚的但实际的后果是难以预料的。

其中一个基本问题就是我们前面讨论过的版权问题。如果你受聘于一个专业公司从事计算机维护工作,或者在一个 IT 企业进行程序设计,一个基本的问题是你使用的软件是合法途径得到的吗?也许许多人没有想过这个问题,但在计算机业界,一个比较得到认同的规则就是如果不是出于商业目的而使用别人的软件,一般不会受到限制,但问题是"商业目的"的理解往往会偏离我们一般的思维方式。

对学校,如果是用于教育使用软件,软件版权者往往乐意授权或以象征性的极少费用就可以获取软件并得到继续的升级、支持服务。因为教育过程不是商业性的。但一个公司使用了一个统计软件计算公司的销售情况,尽管公司销售的产品与这个统计软件之间没有什么关系,但使用这个软件是有商业目的的,如果没有得到合法的授权,这就有了问题,严重的甚至是法律问题。进一步说,如果公司曾经得到合法授权使用(如购买)原版软件,但没有购买这个软件的升级或者支持服务而升级使用这个软件的新版本,也被认为是侵权的。对法人来说是侵权者,但计算机专业人员的道德规则在这里就受到了挑战。

还有一些问题计算机专业人员面对时会出现难堪的局面。如果你的上级要求你设计一个程序,监视在网络上工作的所有人员的工作情况(这是可以做到的),或者跟踪你的同事在工作时间访问外网的情况,而你的同事没有意识到他们被监视着。问题是你是不是准备做这事?这个回答我们不做猜测,但我们知道这至少是"不道德"的。

如果你是单位的数据库管理员,只有你能够直接访问数据库并可以修改数据而不被发现。假如数据仅仅是上班、迟到、早退,你的朋友求你帮他修改他的记录,你会怎样做?有一点我们知道,未经授权修改数据,如果涉及的是财物,那么就不是道德问题了。

如果你从事的是计算机软件设计,你公司的竞争对手出高价聘用你,并要求你从事同样产品的开发。事实上你原来的公司对此毫无办法(软件代码侵权的确认是非常困难的,即使是对知识产权保护有很严格法律的美国,对这一类诉讼也是很难的,有时需要数年的时间),那么你自己如何面对这个诱惑呢?

当然如果超过了一般道德约束的范畴,就需要通过法律解决问题。计算机技术和信息技术的发展改变了人们的生活方式,给社会带来了重大的变革,对现有的金钱、权力、义务等的分配方式产生了威胁,因此对个人和社会提出了新的伦理道德问题。

计算机专业人员包括软件开发、网络工程技术人员、计算机应用技术人员、硬件开发、系统分析员,他们具有专业知识,有更多机会接触到计算机系统核心问题,他们有着极大的机会既可善举也可恶行,因此对确保计算机系统安全尤为重要,这在很大程度上取决于这类人员的道德素质,所以计算机专业人员除应遵守基本的职业道德外还应遵守行业的道德规范。

我们不在这里进一步讨论有关计算机道德和法律问题,就像法律总是"事后"行为一样,道德规范的约束是在行为之前的。因此,有关这些问题的讨论和争论将继续伴随着计算机科学和技术的发展。一般情况下计算机专业人员会这样认为:"这是社会学的问题",但实际情况并不都是和他们认为的一样。

本章小结

计算机对社会的影响是全方位的,本章对计算机和社会问题进行了讨论,简单介绍了与计算机技术相关的法律问题,以及计算机犯罪、知识产权、隐私保护等。

计算机知识产权包括软硬件设计上的专利,其主要就是软件的版权问题。软件具有可复制性,未经授权就复制使用的情况就是盗版。

自由软件是一种无需付费就可以获取的软件,一旦获取了自由软件,就享有了对这个软件代码进行处置的全部权利。而共享软件则是只需要支出较少费用就可以被授权使用的,共享软件的使用者并不具有软件的版权。

本章还讨论了计算机对环境保护的促进作用,以及对环境的负面影响。计算机对人类自身健康的影响也是一个极为现实的问题。

计算机安全工程是作为计算机科学的一个主要分支,而计算机和网络的安全问题也是我们不可忽视的重要方面。

计算机安全有硬件方面的,也有软件方面的,有必要的防护措施,也包括非法访问在内的计算机病毒、黑客等危害计算机的安全问题。

黑客是未经许可访问他人计算机并进行破坏或窃取数据的人员。

计算机病毒是一种计算机程序,它破坏计算机的数据,具有潜伏性和传染性,它对计算机数据安全的影响是非常重大的。现在对计算机安全影响最大的是通过网络传播的各种病毒。本章还讨论了病毒特性以及预防病毒、使用反病毒软件方面的知识。

防火墙是计算机安全中的一个主要技术,一般用于网络中防止非法入侵,它是基于网络协议的规则控制。在个人计算机中安装的防火墙都是软件防火墙。

在本章的最后讨论了有关计算机职业道德问题,并介绍了计算机专业人员应遵守的基本道德准则。

通过本章学习,应能够:

- 了解信息时代的基本特点和相关的社会问题。
- 了解计算机相关法律知识。
- 了解计算机软件的版权知识,了解自由软件和共享软件。

- 了解计算机与环境的关系。
- 熟悉有关计算机安全知识,包括有关病毒、黑客及其防止计算机收到感染和攻击的方法。
- 了解计算机专业人员的道德标准。

思考题和习题

一、思考题:

1.什么是黑客? 如何防止计算机被非法入侵? 请试着在网络上查找有关黑客方面的更多的信息,了解黑客对计算机进行非法入侵的情况。如可以在 www.baidu.com 搜索引擎中使用“黑客”关键字,看看有哪些信息是你感兴趣的。其中的一个关于“红客”的网站和“红客”的故事,你认为红客的行为与黑客之间有什么差别或者你是否认同他们的做法?

2.有关计算机病毒的定义是多种的,一般共同的看法是它们具有破坏性、潜伏性和传染性。但的确有些“病毒”并不具有传染性,也有一些“病毒”连破坏性都没有。那么这些不符合以上定义的“病毒”,你认为它们是病毒吗? 你可以上网查看有关病毒的情况,并了解 2008 年和 2009 年最新病毒的情况。

3.防止病毒只是一种不得不为之的措施,你认为反病毒软件的作用有多大? 反病毒技术往往滞后于病毒的发展,不过你还是可以归纳一下目前的病毒发展情况和进一步了解目前反病毒的技术发展。了解以上进展的主要途径是什么?

4.我们介绍的防火墙主要有 3 种类型。目前大多数个人机器上都安装有反病毒和控制非法访问的个人防火墙。我们也介绍了有关防火墙的技术情况。请直接访问我们在本章介绍过的网站,了解防火墙技术的发展和应用情况。

5.有关计算机犯罪的案例已经比较多了,你可以通过因特网了解有关最新案例或者看看经典案例。并提出你对计算机犯罪的看法,包括如何防止这些犯罪的发生。也许你会从这些案例中得到一个观点,就是预防的作用在于制度的建设,也许你还有其他不同的看法。

6.大概 AT&T 与伯克利之间有关版权的诉讼是计算机软件版权史上最经典的案例。微软公司每年都有数十到数百起有关版权的诉讼或者是受到垄断的指控。你可以进一步了解这方面的情况。我们身边也经常发生这些问题,只是没引起更多的关注而已。可以设想这些问题的存在必然会导致人们对软件知识产权的认识。这种认识的差异是巨大的,如果你是计算机软件设计人员,你赞成还是不赞成 GNU?

7.计算机数据安全问题大概影响最大的就是所谓的“千年虫(Y2K Bug)”问题。它是在计算机中使用年份数据所出现的问题。早期的软件都使用两位数字标识年份,如 99-12-01 标识 1999 年 12 月 1 日。这个问题曾经在 2000 年到来之前被全球的计算机科学家、政治家所关注,也投入了大量的人力、财力、物力解决这些问题。实际上千年虫并没有带来多大的实际危害,你可以收集有关这方面的资料,研究其原因:究竟是问题的严重性被高估了还是问题得到了很好的解决。你是否知道现在的机器中的软件是否还有这些类似的日期问题呢？

8.数据备份是数据安全的一个重要方法。那么进行数据备份需要特殊的工具软件吗？如果需要有多少可供选择的工具软件呢？还有一个问题就是数据备份的类型,你可以进一步了解以下几个概念：完全备份、差别备份和增量备份。最后你还可以进一步了解备份的过程和计划。

二、选择题：

1.计算机安全工程的核心是防止计算机_____。
   A.受到病毒感染的技术研究　　　B.被黑客攻击的技术研究
   C.软件被非法拷贝的技术研究　　D.被非法访问和破坏的安全协议研究

2.绿色计算机是一个专用名词,主要的意思是指_____。
   A.使用绿色保护视力　　　　　　B.使用绿色外壳的计算机
   C.具有环境保护功能的计算机　　D.省电的计算机

3.计算机病毒是一种_____。
   A.类似于微生物的能够在计算机内生存的数据
   B.在计算机中的属于医学中的病毒
   C.具有破坏性、潜伏性、传染性的计算机程序,因类似于医学中的病毒而得名
   D.计算机中的文件类型,但具有破坏性、潜伏性和传染性

4.计算机职业道德是指_____的行为准则规范。
   A.计算机用户　　　　　　　　　B.计算机专业人员
   C.计算机编程人员　　　　　　　D.计算机管理人员

5.共享软件是_____。
   A.不需要付费的自由软件
   B.需要大量的购买费用,不过在购买之前可以先试用
   C.先使用,如果需要得到授权,只需要支付少量的费用
   D.软件销售的一种商业模式

6.如果用户获得了自由软件,那么用户就具有以下权利:_____。
   A.可以修改这个软件　　　　　　B.可以使用这个软件
   C.可以销售这个软件　　　　　　D.以上都是

7.商业软件是市场销售的软件产品。商业软件一般除了版权保护外,_____。
   A.不再有其他形式的保护　　　　B.还享受许可证(License)保护
   C.不享有许可证保护　　　　　　D.还享受产品价格保护

8.根据我国有关法律的规定,篡改或者变更计算机数据的行为,_____。
   A.属于计算机违法行为　　　　　B.不属于计算机犯罪行为
   C.后果严重的,是计算机犯罪行为　D.无论有无后果,都是计算机犯罪行为

三、多选题：

1.计算机病毒具有_____、_____、_____。
   A.传染性　　　B.破坏性　　　C.潜伏性　　　D.依赖性

2.绿色计算机具有的优点是_____、_____。

A. 省电　　　　　B. 节能　　　　　C. 具有绿色的外壳

D. 无污染　　　　E. 符合人体工程学原理

3. 计算机病毒主要有以下几种类型_____、_____、_____、_____。

A. 宏病毒　　　　　B. Worm. Sasser　　　C. CIH 病毒

D. Windows 病毒　　　　　　　　　　E. 寄生性病毒

F. 红色代码Ⅱ、尼姆达等网络病毒　　H. I-WORM/Love Letter(爱虫)网络病毒

I. 蠕虫病毒　　　　　　　　　　　　J. 黑客

4. 计算机系统主要由硬件和软件组成,因此计算机风险主要有_____、_____。

A. 黑客攻击的风险　　　　　　B. 计算机硬件的风险

C. 计算机受病毒感染的风险　　D. 计算机软件的风险

E. 计算机用户使用不当造成的风险　F. 网络连接引起的风险

四、是非题:

1. 寄生型病毒是一种感染可执行文件的程序,它"寄生"于可执行文件并具有传播的能力,且只有在感染了的可执行文件执行之后才会"发作"。　　　　　　　　(　　)

2. 宏病毒主要感染文档文件和电子表格文件。　　　　　　　　　　　(　　)

3. 蠕虫病毒不但感染可执行文件,也感染电子文档文件,不过它们对网络的影响比较小。　　　　　　　　　　　　　　　　　　　　　　　　　　　　(　　)

4. "黑客"对计算机的攻击全部是具有数据破坏性质的。　　　　　　　(　　)

5. 自由软件就是可以自由获得,只需要花费很少的注册费用。　　　　(　　)

6. 一旦能够得到共享软件的授权,用户就具有对这个软件的所有处置权。(　　)

7. 计算机对环境的影响主要是其废弃物的污染。　　　　　　　　　　(　　)

8. 计算机犯罪是指使用计算机从事非法的活动。　　　　　　　　　　(　　)

9. 制作并传播病毒软件是一种不道德的行为,目前还没有相应的法律能够对病毒的制作和传播予以处罚。　　　　　　　　　　　　　　　　　　　　(　　)

10. 知识产权主要是针对文字作品、艺术设计以及商标和工业设计等专利。由于软件本身就具有可复制特性,因此不需要对软件进行知识产权的保护。　　　(　　)

11. 构成计算机风险的主要是系统硬件的故障。　　　　　　　　　　(　　)

12. 网络安全是网络系统中的一部分,为了防止对网络的非法访问,一般可以安装防火墙。防火墙可以是硬件也可以是软件。　　　　　　　　　　　　(　　)

13. 反病毒软件也叫抗病毒软件。只要安装了反病毒软件就可以有效地阻止病毒对计算机文件、数据的感染和破坏。　　　　　　　　　　　　　　　　(　　)

14. 如果是上级指令的行为则不受计算机职业道德规范的约束。　　　(　　)

五、阅读以下关于计算机安全的内容,并在空白处填空:

操作错误和设备失效是计算机数据丢失或者被破坏的主要原因。设备失效有时是因为提供给计算机的电源的_____和较长时间的电源浪涌(电压突然短时间升高或电流短时间突然增大)造成的。不间断电源 UPS(Uninterruptible Power Supply)和电源保护器都可以保护计算机设备免受电源的影响。突然断电会导致计算机中的_____丢失,而_____ 可以通过后备电池提供一定的时间使用户能够保存数据或者维持一段时间的

工作,等待电源的恢复。为计算机设备投保也许可以减少设备损失,但计算机数据的最保险的方法是_____。

计算机数据安全的另一个因素是_____。它是一种计算机程序,可以依附在计算机文件中,这些文件主要是计算机的_____文件,并在被激活后自我复制到其他文件上。它们或者通过计算机网络传播,网络传播主要的途径是_____和_____。它们在网络上的传播速度很快,除了破坏网络用户机器上的数据,更多的是破坏存放大量数据的网络_____上的数据,或者通过发送无效数据_____网络通信。

在线检索

在本章中涉及的有关主题,可以通过搜索引擎访问相应的网站。

附录 A　ASCII 字符集

ASCII 码由三部分组成。

第一部分为 0 到 31。一般作通信或控制用。有些字符可显示，但有些只能看到或使用其效果（如 ASCII 码 8、9、10 和 13 分别为退格、制表、换行和回车符，它们将对文本显示产生影响）。

第二部分为 32 到 127。其中前 95 个字符表示空格、数字、英文字母大小写和底线、括号等符号，都可以显示在屏幕上。ASCII 码 127 拥有代码 DEL，在 MS-DOS 下，与 ASCII 码 8 有相同的效果，它可由 Ctrl + BackSpace 生成。

第三部分为 128 到 255。一般称为"扩充字符"，这 128 个扩充字符由 IBM 制定，并非标准的 ASCII 码。这些字符表示框线、音标和其他欧洲非英语系的字母，其值由与操作系统有关的代码页决定。

0	NUL	32	Space	64	@	96	`	128	□	160	á	192	└	224	à
1	SOH	33	!	65	A	97	a	129	ü	161	í	193	┴	225	ß
2	STX	34	"	66	B	98	b	130	é	162	ó	194	┬	226	Γ
3	ETX	35	#	67	C	99	c	131	â	163	ú	195	├	227	π
4	EOT	36	$	68	D	100	d	132	ä	164	ñ	196	─	228	Σ
5	ENQ	37	%	69	E	101	e	133	à	165	Ñ	197	┼	229	σ
6	ACK	38	&	70	F	102	f	134	å	166	ª	198	╞	230	μ
7	BEL	39	'	71	G	103	g	135	ç	167	º	199	╟	231	τ
8	BS	40	(	72	H	104	h	136	ê	168	¿	200	╚	232	Φ
9	HT	41	)	73	I	105	i	137	ë	169	⌐	201	╔	233	θ
10	LF	42	*	74	J	106	j	138	è	170	¬	202	╩	234	Ω
11	VT	43	+	75	K	107	k	139	ï	171	½	203	╦	235	δ
12	FF	44	,	76	L	108	l	140	î	172	¼	204	╠	236	∞
13	CR	45	-	77	M	109	m	141	ì	173	¡	205	═	237	ø
14	SO	46	.	78	N	110	n	142	Ä	174	«	206	╬	238	∩
15	SI	47	/	79	O	111	o	143	Å	175	»	207	±	239	∩
16	DLE	48	0	80	P	112	p	144	É	176	▒	208	╤	240	≡
17	DC1	49	1	81	Q	113	q	145	æ	177	▓	209	╥	241	±
18	DC2	50	2	82	R	114	r	146	Æ	178	█	210	π	242	≥
19	DC3	51	3	83	S	115	s	147	ô	179	│	211	╙	243	≤
20	DC4	52	4	84	T	116	t	148	ö	180	┤	212	┞	244	⌠
21	NAK	53	5	85	U	117	u	149	ò	181	╡	213	╒	245	⌡
22	SYN	54	6	86	V	118	v	150	û	182	╢	214	π	246	÷
23	ETB	55	7	87	W	119	w	151	ù	183	╖	215	╫	247	≈
24	CAN	56	8	88	X	120	x	152	ÿ	184	╕	216	╪	248	°
25	EM	57	9	89	Y	121	y	153	ö	185	╣	217	┘	249	·
26	SUB	58	:	90	Z	122	z	154	Ü	186	║	218	┌	250	·
27	ESC	59	;	91	[	123	{	155	¢	187	╗	219	█	251	√
28	FS	60	<	92	\	124	|	156	£	188	╝	220	▄	252	ⁿ
29	GS	61	=	93	]	125	}	157	¥	189	╜	221	▌	253	²
30	RS	62	>	94	^	126	~	158	₧	190	╛	222	▐	254	■
31	US	63	?	95	_	127	□	159	ƒ	191	┐	223	▀	255	□

附录 B 常用术语英汉对照表

A

Access　存取

Access Time　存取时间

ACK　确认符(通信)

Ada　一种计算机程序设计语言

Adapter Card　适配卡

Address　地址

Address Bus　地址总线

ADSL（Asymmetric Digital Subscriber Line）　异步数字用户线路

ADT（Abstract Data Type）　抽象数据类型

AGP（Accelerated Graphics Port）　加速图形(端)接口

AI（Artificial Intelligence）　人工智能

Algorithm　算法

Alphabet　字母表

ALU（Arithmetic Logical Unit）　算术逻辑部件

Analog Signals　模拟信号

And　逻辑运算与

And Gate　与门

ANSI（American National Standards Institute）　美国国家标准协会

Antivirus　反病毒

AOL（American On Line）　美国在线(公司)

API（Application Program Interface）　应用程序接口

APL　一种计算机编程语言

AMP（Advanced Power Management）　高级电源管理(用于微机电源设置)

Apple Computer, Inc　苹果计算机公司

Application　应用,应用程序

Application Layer　应用层

Application Software　应用软件

Array　数组

ASCII（American Standard Code For Information Interchange）　美国信息互换标准代码

Assembler　汇编程序

Assembly Language　汇编语言

Attribute　属性

AT（Advanced Technology）　先进技术,曾被 IBM 用作微机型号 AT PC

ATA（AT Attachment interface）　ATA 嵌入式接口(微机的硬盘接口标准)

ATM（Asynchronous Transfer Mode） 异步传输模式

AT & T 美国电报电话公司

Audio 音频

AVI（Audio Video Interleave） 音频视频交替格式

B

Backbone 广域网中的一种高速链路

Backup 备份

Base Two 二进制，Binary 的同义词

Bandwidth 带宽

Bar-Code Reader 条形码阅读器

Basic（Beginner's All-purpose Symbolic Instruction Code） 初学者通用指令代码（一种编程语言）

Batch File 批处理文件

Baud Rate 波特率

BBS（Bulletin Board System） 电子公告板

BCD（Binary Coded Decimal） 二进制编码的十进制

Bell Laboratories 贝尔实验室

Beta Testing β 测试

Beta Version β 版（软件的试用版）

Binary 二进制

Binary File 二进制文件

Binary Notation 二进制编码

Binary Tree 二叉树

BIOS（Basic Input and Output System） 基本输入输出系统

bit 位

Bitmap/Bit Map 位图

Block Diagram （程序流程图中的）框图

BNC（Bayonet-Nut-Coupler） 同轴电缆连接器（没有确切的英文全名）

Black-box Testing 黑盒测试

Boolean Operation 布尔运算（同逻辑运算）

Boot 引导（启动计算机）

Boot Record 引导记录（磁盘中提供给 BIOS 或操作系统的第一个引导记录数据）

Boot Sector （磁盘的）引导扇区

Bootstrap 自举（计算机上电启动）

bps（bit per second） 每秒位（b/s）

Bridge 网桥

Broadband 宽带

Broadcasting Network 广播式网络

Browser 浏览器

Buffer 缓冲存储器，缓存

Bug 程序中的错误或者缺陷

Burn-in 烧（刻）录（通常指刻录 CD-R）

Bus 总线

Business To Business（B2B） 企业与企业间的电子商务

Business To Customer（B2C） 企业与消费者间的电子商务

Business To Government（B2G） 企业与政府间的电子商务

Byte 字节

C

C/C++ Program Language C/C++编程语言

Cable Modem 电缆调制解调器

Cache 高速缓存

CAD（Computer Aided Design） 计算机辅助设计

CAI（Computer Aided Instruction） 计算机辅助教学

CAM（Computer Aided Manufacturing） 计算机辅助制造

Carpal Tunnel Syndrome 腕管综合征

Card 卡（亦指微机中的插件结构的电路板，如网卡、声卡）

Carrier 载波

CASE 计算机辅助软件工程

CAT（Computer Aided Testing） 计算机辅助测试

CD（Compact Disk(Disc)） 光盘

CD-R or CD-W（CD Recordable or CD-Writable） 可刻录（写）光盘

CD-ROM（CD Read Only Memory） 只读光盘

CD-RW（CD Re Writable） 可重写光盘

CD-WO（CD Write Once） 一次性写入光盘

CD-WORM 同 CD-WO

Celeron Pentium Intel 生产的赛扬处理器

CERN（Conseil Européen pour la Recherche Nucléaire） 欧洲原子核研究所

Channel 信道/频道

Chip 芯片

CISC（Complex Instruction Set Computer） 复杂指令集计算机

Client 客户端

Client/Server 客户/服务器

Clock Speed 时钟速度

Clone 克隆

Cluster 簇（磁盘上的一组扇区）,集群

Cluster Computing 集群计算

CMOS（Complementary Metal-Oxide-Semiconductor Transistor） 互补型金属氧化物半导体 CNNIC 中国互联网信息中心

Coaxial Cable 同轴电缆

COBOL（Common Business Oriented Language） （面向商业的）语言

COM（Component Object Model） 组件对象模型

COM Port Communication Port 串行通信端口

Compatible 兼容

Compiler　高级语言程序编译器

Computer Integrated Manufacturing System(CIMS)　计算机集成制造系统

Computer Virus　计算机病毒

Configurations File　(计算机的)配置文件

Control Bus　控制总线

Controller　控制器

Cookie　浏览器的一个保存功能(访问网站后在本地机器中保留一小段信息)

Copy　拷贝(复制)

CPU(Center Processing Unit)　中央处理器

CRT(Cathode Ray Tube)　阴极射线管(显像管)

Cursor　鼠标器的光标

Cylinder　柱面,(多个)磁盘上磁道的集合

CVS　计算机视觉综合征

D

DAT (Digital Audio Tape)　数码音频磁带

Data Structure　数据结构

Data Warehouse　数据仓库

DB (Data Base)　数据库

DBA (Data Base Administrator)　数据库管理员

DBMS (Data Base Management System)　数据库管理系统

DCL　数据库控制语言

DDL　数据定义语言

DDN　数字数据网

Decimal　十进制

Default　默认,缺省

Demo　示例

Demodulator　解调

Desktop　桌面系统(通常指台式机)

Device Manager　(操作系统中的)设备管理器

DHCP (Dynamic Host Configuration Protocol)　动态主机配置协议

Digital Camera　数码相机

Digital Signals　数字信号

Digital Signature　数字签名

DIMM (Dual Inline Memory Module)　双列直插内存(条)模块

Directory　目录(计算机文件结构,与文件夹同义)

Disk　磁盘

Disk Partition　磁盘分区

Display Adapter/Card　显示适配器/卡

Distributed Computing　分布式计算

Distributed Database　分布式数据库

Distributed Processing　分布式处理

DLC（Data Link Control）（网络中的）数据链路控制

DLL（Dynamic Link Library）动态链接库

DM（Data Mining）数据挖掘

DMA（Direct Memory Access）直接存储器存取方式

DML 数据操纵语言

DNS 域名服务器

DOS（Disk Operating System）磁盘操作系统

Dot 点（打印或显示的最小单位）

DPI（Dots Per Inch）点每英寸

DRAM（Dynamic Random Access Memory）动态随机存取存储器

Drive （磁盘，光盘等）驱动器

Driver 驱动程序

DSL（Digital Subscriber Line）数字用户线

DSP（Digital Signal Processor）数字信号处理器

DSS（Decision Support System）决策支持系统

DVD（Digital Versatile Disc/Digital Video Disc）数字多功能光盘/数字视盘

DVI（Digital Video Interactive）交互式数字视频

E

E^2PROM（Electrically Erasable Programmable Read-Only Memory）电可擦除编程存储器

EDI（Electronic Data Interchange）电子数据交换，无纸贸易

EC（Electronic Commerce）电子商务

Email（Electronic mail）电子邮件

EMM（Expanded Memory Manager）扩展内存管理（程序）

EMS（Expanded Memory Specification）扩展内存规范

EoF（End of File）文件结束（符）

End User 最终用户

EPROM（Erasable Programmable Read-Only Memory）可擦除只读存储器

Ethernet 以太网

Euclid 欧几里得

Exclusive OR 异或逻辑

Expert System 专家系统

Expansion Card 扩展卡

Expansion Slot （主板上的）扩展槽

Extended Markup Language 可扩展标记语言 XML

F

Factorial 阶乘

FAT（FAT16，FAT32）（File Allocation Table）文件分配表（16位，32位）

FDDI（Fiber Distributed-Data Interface）光纤分布式数据接口（网）

FIFO（First-In First-Out）先入先出

Fiber 光纤，光缆

File Compression/Decompression   文件压缩/解压缩
File Manager   文件管理器
Firewall   防火墙
Fixed Disk   硬盘
Flag   标志位
Flatbed Scanner   平台式扫描仪
Flat-Panel Monitor   平面显示器
Float   浮点数
Floppy Disk   软磁盘,软盘
Flowchart   流程图
Folder   文件夹
Fortran（Format Translàtor）   （公式翻译）程序设计语言
Fraction   小数
Fram   帧(通信中的数据单元)
Freeware   免费软件,自由软件
FTP（File Transfer Protocol）   文件传输协议
Function   函数
Function Keys   功能键(键盘上的【F1】~【F12】键)
Functional Language   函数型语言

G

Gas-Plasma Display   等离子显示器
Gate   门(电路)
Gateway   网关
Genetic Algorithms   (Ga)遗传算法
Giga,Gigabyte   G(千兆)字节
Gibi   G(千兆)位
GIF,gif（Graphics Interchange Format）   可交换图形格式
GIS（Geographical Information System）   地理信息系统
Glass-box Testing   白盒测试
GPS（Global Positioning System）   全球卫星定位系统
Graph Theory   图形学
Graphics Adapter   图形适配器(显示卡的另一种名称)
Grid Computing   网格计算
GUI（Graphics User Interface）   图形用户接口

H

Hacker   黑客
Hard Copy   硬拷贝
Hard-Disk   硬盘
Hardware   硬件
Hash Function   哈希函数

HD（High Density）　高密度

HDLC（High-level Data Link Control）　高级链路控制

HDTV（High-Definition Television）　高清晰度电视

Hertz(Hz)　赫兹

Hexadecimal　十六进制

Hidden File　隐藏文件

High Level Language　高级语言

Homepage，Home page　主页

Host　主机

HTML（Hypertext Markup Language）　超文本标记语言

HTTP（Hypertext Transfer Protocol）　Web 系统所使用的超文本传输协议

Hub　集线器

Hyperlinks　超链接

Hypermedia　超媒体

Hypertext　超文本

I

IA（Information Appliances）　信息家电

IBM（International Business Machines Corporation）　美国国际商用机器公司

ICP（Internet Content Provider）　因特网内容提供商

ID（Identification，Identity）　标识，标识符

IEEE（Institute for Electrical and Electronic Engineers）　美国电气和电子工程师学会

IEEE Computer Society　IEEE 计算机协会

Image Analysis　图像分析

Image Scanner　图像扫描仪

Index　索引

INF File　用于 Windows 系统的设备信息文件

Inheritance　继承

Initialize　初始化

Ink-Jet Plotter　喷墨绘图仪

Ink-Jet Printer　喷墨打印机

Input　输入

ISA（Industry Standard Architecture）　工业标准体系

Instance　实例

Instruction　指令

Instruction Set　指令集

Integer Data Type　整型数据类型

Integrated Circuit　集成电路

Integrity　完整性

Intel　美国英特尔公司

Intellectual Property　知识产权

Interaction　交互

Interface Card　接口卡

Internet　因特网(国际互联网,互连网)

Interpreter　(高级语言的)解释程序

Interrupt　中断

IP (Internet Protocol)　因特网协议

IP Address　IP 地址

IPX/SPX　互联网分组交换协议/顺序分组交换协议

IR (Instruction Register)　指令寄存器

ISDN (Integrated Services Digital Network)　综合业务数字网

ISO (International Organization for Standardization)　国际标准化组织

ISP (Internet Service Provider)　因特网服务提供商

IT (Information Technology)　信息技术

Itanium　安腾处理器,Intel 的第八代 CPU 芯片

Iterative Structure　迭代结构

ITU (International Telecommunications Union)　国际电信同盟

I/O (Input and Output)　输入/输出

J

Java　程序设计语言,多用于因特网程序设计

Job Scheduler　作业调度器

JPEG (Joint Photographic Experts Group)　图像压缩的一个标准(联合图像专家组)

Joystick　游戏杆

Jupper　跳线器

K

Kb　千位

KB (Kilobyte)　千字节

KDD (Knowledge Discovery In Database)　知识发现

Kernel　操作系统的核心程序

Keyboard　键盘

Keywords　关键字

L

L1 Cache (Level One Cache)　一级缓存(CPU 内部的高速缓存)

L2 Cache (Level Two Cache)　二级缓存(CPU 外存和内存之间的缓存)

LAN (Local Area Network)　局域网

Laser Printer　激光打印机

LBA (Logical Block Addressing)　逻辑块寻址,大容量硬盘的使用方法

LCD (Liquid Crystal Display)　液晶显示屏

LED (Light-Emitting Diode)　发光二极管

LIFO (Last-In First-Out)　后进先出

Light Pen　光笔

Link 链接

Linux 一种操作系统的名称

LISP（List Processing） 列表处理解释编程语言

Local Bus 局部总线

Local/Remote Login 本地/远程登录

Logical Drive 逻辑驱动器

Logical Operation 逻辑运算

Login 登录

Loop 循环(回路)

LPT（Line Print Terminal） 计算机后面的并行端口,也叫做并行打印端口

LSI（Large Scale Integration） 大规模集成电路

M

Machine Language 机器语言

Macro 宏(用户自定义可多次执行的操作命令组)

Mainframe 主机,一般指大型机

Main Memory 主存

MAN（Metropolitan Area Network） 城域网

Master Disk 主磁盘,也叫 Primary Disk

Mb（Mebi） M(兆)位

MB（Megabyte） M(兆)字节

MCI（Media Control Interface） 媒体控制接口

MDB（Multimedia Database） 多媒体数据库

Medium 介质

Medium Band 中等带宽

Memory Manager 存储管理器

Metric 度量

Microcomputer 微机

Microprocessor 微处理器,同 CPU

Microsoft Corporation 微软公司

MIDI（Musical Instrument Digital Interface） 乐器设备数字接口

MIMD（Multiple Instruction Multiple Data） 多指令多数据流

MIME（Multipurpose Internet Mail Extensions） 多用途因特网扩展邮件协议

Minicomputer 小型机

MIPS（Million Instructions Per Second） 每秒百万条指令

MIS（Management Information System） 管理信息系统

MISD（Multiple Instruction Single Data） 多指令单数据流

MMX（Multi-Media Extension） 多媒体扩展(指令集)

MO（Magent-Optical） 磁光盘

Model 模型

Modem 调制解调器

Modulater 调制

Monitor   监视器,显示器

Monoprogramming   单道程序

Motherland   母板,主板

Mouse   鼠标,鼠标器

MP3   基于 MPEG1 算法的音频压缩技术,播放压缩音频

MP4   基于 MPEG4 标准的图像压缩技术,可播放压缩视频

MPEG（Motion Picture Experts Group）   一种活动图像压缩标准（运动图像专家组）

MPU（Micro Process Unit）   微处理器（同 CPU）

Multiprogramming   多道程序

Multimedia   多媒体

Multitask   多任务

N

Nano   十亿分之一,纳(n)

Natural Language Processing   自然语言处理

NetBEUI（NetBios Extended User Interface）   Windows 中的对等网协议

NetBIOS（Net Basic Input and Output System）   网络中的基本输入输出系统

Network Adapter   网络适配器,即网卡

Network Interface Card   网卡

Network Layer   网络层

Neuron   神经元

NNTP（Network News Transfer Protocol）   网络新闻传输协议

North Bridge   主板上的北桥芯片,连接主板高速部件

Notebook Computer   笔记本计算机

NOS（Network Operating System）   网络操作系统

Network Terminal   网络终端

Node   节点

Nonvolatile Storage   非丢失存储器

Not   逻辑非

NULL   空

O

Object Module   目标模块

OCR（Optical Character Reader）   发光字母读出器

OCR（Optical Character Recognition）   光学字符识别

Octal   八进制

Odd parity   奇校验

Off-Line   脱机,离线

OEM（Original Equipment Manufacturer）   原始设备制造厂商

OLE（Object Linking and Embedding）   对象链接与嵌入

On-Line   在线,联机

One's Complement   二进制的反码

OOD（Object-Oriented Design） 面向对象设计

OOM（Object-Oriented Method） 面向对象方法

OOP（Object-Oriented Programming） 面向对象的程序设计

Online Service Providers 在线服务提供商

Open Architecture 开放体系结构

ODA（Open Document Architecture） 开放文档体系

Optical Disk 光盘

Options 选项

OR 逻辑或

OS（Operating System） 操作系统

OS/2 IBM 公司的一种操作系统

OSI/RM（Open Systems Interconnection/ Referrence Model） 开放系统互联参考模型

Output Device 输出设备

Over clocking 超频

Overflow 溢出

P

Packet 包、分组

Page 页, 页面, 网页

Palmtop Computer 掌上(电脑)计算机

Parallel Computing 并行计算

Parallel Database 并行数据库

Parallel Port 并行口

Parallel System 并行系统

Partition 分区(磁盘)

Pattern Recognition 模式识别

PASCAL 一种程序设计语言

Password 口令, 密码

Patent Law 专利法

PC（Program Counter） 程序计数器, 指示程序执行的内存地址

PCI（Peripheral Component Interconnect） 外围部件互联标准

PCMCIA 用于笔记本计算机上的插卡

PDA（Personal Digital Assistant） 个人数字助理

Pen Plotter 笔式绘图仪

Pentium/Ⅱ/Ⅲ/Ⅳ 奔腾(二代、三代、四代)CPU 芯片

Perception 感知

Permanent Key 永久性密钥

PVC（Permanent Virtual Circuit） 永久虚电路

Pipe 管道

Pixel 像素

PL 程序设计语言

Plug and Play 即插即用

PPP（Peer-to-Peer Protocol）　对等网络协议

PPP（Point-to-Point Protocol）　点对点网络协议

Pointer　指针,指示器

Pointing Device　点击设备

Point-Point Network　点对点网络

Pool　池

POP3（Post Office Protocol 3）　第三代邮局协议

Portable Scanner　手持式扫描仪

POS（Point of Sells）　电子收款机系统,售货点终端

Postfix　后缀

Postscript　一种图形功能很强的程序设计语言

Predicate　谓词

Prefix　前缀

Primitive　原语

Primary Memory　主存储器

Procedure　过程

Process　进程

Process State　进程状态

Programming Language　程序设计语言

Programming Paradigms　程序设计范式

Prolog　一种程序设计语言

PROM（Programmable Read-Only Memory）　可编程只读存储器

Proprietary　专利

Prototype　原型

Proxy Server　代理服务器

PS/2　鼠标器接口(圆形,6 个引脚)

Pseudo code　伪代码

Public-Key Encryption　公钥加密

Q

Quality Cycle　质量周期

Qwerty Keyboard　标准打字键盘(QWERTY 字母在第一排)

Queue　队列

R

RAID（Redundant Arrays Of Inexpensive Disks）　冗余阵列

RAM（Random Access Memory）　随机存取存储器

RDBMS（Relational DBMS）　关系型数据库管理系统

Recursion　递归

Register　寄存器

Repeater　中继器

Resource Subnet　资源网

Retrieval　检索

Ring Network　环网

RISC（Reduced Instruction Set Computer）　精简指令集计算机

RJ-45　双绞线电缆网络使用的标准连接器类型

Robot　机器人

Robotics　机器人学,机器人技术

ROM,Read Only Memory　只读存储器

Root　根

Root Directory　磁盘上的根目录

Router　路由器

RS-232　串行口使用的通信标准

RSI（Repetitive Stress Injury）　肢体重复性劳损

S

Scheduling　调度

Search　搜索

Search Engine　搜索引擎

Secrecy　保密性

Session Layer　（网络的）会话层

SSL（Secure Socket Layer）　安全套接字层

Serial Port　串行口

Server　服务器

Session Key　会话密钥

Set Theory　集合论

Shareware　共享软件

Shell　（操作系统的）命令解释器

SHTTP　安全(加密的)超文本传输协议

SMTP（Simple Message Transfer Protocol）　简单邮件传输协议

SCSI（Small Computer System Interface）　小型计算机接口系统

Simulation　模拟

Smart Cards　智能卡

Socket　插槽

Software Engineering　软件工程

Software Life Cycle　软件生命周期

Software System　软件系统

Software Testing　软件测试

Sort　排序

Spooling　假脱机

SQL（Structured Query Language）　结构化查询语言

Stack　堆栈

Star Network　星型网络

State Diagram　状态图

Statement　语句

Storage　存储

State of Turing Machine　图灵机状态

Storage of Program Concept　程序存储(概念)

Stream　流

Structure　结构

Subprogram　子程序

Subroutine　子例程,子程序

Subnet　通信子网

Sub tree　子树

Sun Microsystems　Sun 公司

Super Computer　巨型计算机,超级计算机

SVGA (Super Video Graphics Array)　超级视频图形阵列

Switch　交换机

Symbol Table　符号表

Synchronization　同步

Syntax　语法

System Documentation　系统文档

System Requirement　系统需求

System Software　系统软件

T

TCP/IP (Transfer Control Protocol/Internet Protocol)　传输控制协议/网际互联协议

Telnet　远程登录协议

TB(Terabyte)　万亿字节

Tera　太拉,万亿

Text File　文本文件

TFT (Thin Film Transistor)　薄膜晶体管

Theory of Computation　计算理论

TIFF (Tagged Image File Format)　标签图像文件格式

Thread　线程

Time Sharing System　分时系统

Token　令牌

Topology　拓扑结构

Touch Screen　触摸屏

TP (Twisted Pair)　双绞线

Transaction　事务

Transfer Rate　传输率

Translator　解释器

Transport　Layer　传输层

Transportable Computer　便携式计算机

Tree　树

True Color Image　真彩图像
True Type　一种矢量字体
Tuple　（关系中的）元组
Turing Test　图灵测试
Two's Complement　二进制补码

U

UDP（User Datagram Protocol）　用户数据报文协议
UML（Unified Modeling Language）　统一建模语言
Unicode　国际统一字符编码标准
Unix　一种操作系统
URL（Uniform Resource Locators）　统一资源定位器
Update　（数据，软件）更新
Upload　上载
UPS（Uninterrupted Power Supply）　不间断电源
User Documents　用户文档
User Interface　用户界面
USB（Universal Serial Bus）　通用串行总线

V

Variable　变量
VLSI（Very Large Scale Integration）　超大规模集成电路
Video Conferencing System　视频会议系统
VE（Virtual Environment）　虚拟环境
Vector　矢量,向量
VGA（Video Graphics Array）　视频图形阵列（一种显示模式）
Virus　病毒
VM（Virtual Memory）　虚拟存储器
VMM（Virtual Memory Manager）　虚拟存储器管理器
VPN（Virtual Private Network）　专用虚拟网
VR（Virtual Reality）　虚拟现实
Virtual Disk　虚盘
Vision System　视觉系统
Voice Pattern　语音模式
Voice-Input Device　语音输入设备
VxD（Virtual Device Driver）　Windows 的虚拟设备驱动程序

W

Wand Reader　手持式条形码阅读器
WAN（Wide Area Network）　广域网
Waterfall Model　瀑布模型
Web　万维网

参 考 文 献

1. ［美］Glenn J Brookshear. Computer Science an Overview, Sixth Edition. 北京：人民邮电出版社, 2002

2. ［美］Parson Oja. Computer Concepts. 4th Edition. 北京：机械电子工业出版社, 2002

3. ［美］Sarah E Hutchinson, Stacey C Sawyer. Computers, Communications, and Information. 6th Edition. 北京：高等教育出版社, 2001

4. ［美］Roberta Baber, Marilyn Meyer. 计算机导论. 汪嘉窠译. 北京：清华大学出版社, 2000

5. ［美］Abraham Silberschatz, Henry F Korth, Sudarshan S. Database System Concepts. 6th Edition. 杨冬清, 唐世谓等译. 北京：机械工业出版社, 1999

6. ［美］Date C J. An Introduction to Database System, 7th Edition. 孟晓峰, 王珊等译. 北京：机械工业出版社, 2001

7. ［美］Douglas E Comer. The Internet Book. Third Edition. 北京：机械工业出版社, 2002

8. ［美］Groover M P, Zimmers E W, Jr. 计算机辅助设计与制造. 翁世修, 王鹭等译. 北京：科学出版社, 1991

9. 张尧学, 史美林编著. 计算机操作系统教程. 北京：清华大学出版社, 1998

10. 马时来编著. 计算机网络实用技术教程. 北京：清华大学出版社, 2002

11. 孙学军, 王秉钧. 通信原理. 北京：电子工业出版社, 2001

12. 隋红建主编. 计算机导论(修订版). 北京：北京大学出版社, 2002

13. 王源主编. 计算机实用技术基础. 北京：清华大学出版社, 2000

14. 杨克昌, 王岳斌主编. 计算机导论. 北京：中国水电水利出版社, 2002

15. 徐建挺主编. 计算机网络实用技术教程. 北京：电子工业出版社, 2001

16. 杨启帆, 颜辉主编. 计算机基础教程. 杭州：浙江大学出版社, 2001

17. 唐伟奇, 邓顺川. 计算机文化基础教程. 北京：中国水电水利出版社, 2004

18. 钱学森等著. 论系统工程. 长沙：湖南科学技术出版社, 1982

19. 中国大百科全书·自动控制与系统工程. 北京：中国大百科全书出版社, 1991

20. 罗晓沛等编著. 系统分析员教程. 北京：清华大学出版社, 1992

21. 马自卫等编著. 计算机仿真技术. 北京：人民邮电出版社, 1988

22. ［日］人见胜人主编. 计算机辅助设计、生产、管理. 肖承忠等译. 北京：机械工业出版社, 1988

23. 郭启全编著. CAD/CAM 基础教程. 北京：电子工业出版社, 1997

24. 廉师友编著. 人工智能技术导论. 西安：西安电子科技大学出版社, 2000

25. 吴健康等编. 计算机视觉基本理论和方法. 合肥：中国科学技术大学出版社, 1993

26. 王汝笠等著. 第六代计算机——人工神经网络计算机. 北京：科学技术文献出版社, 1992

27. 万劲波著. 以信息化和生态化促进可持续发展. 中国环境管理,2002(6)

28. 曹亦萍等著. 计算机与环境保护. 中国政法大学计算机教研室

29. 不列颠百科全书(第13卷). 北京:中国大百科全书出版社,1999

30. 王正平等. 计算机伦理:信息与网络时代的基本道德. 道德与文明,2001(1)

31. 宣战"网络隐私". 新闻晨报,2001年3月2日星期五第4版

32. [英]尼尔·巴雷特著. 数字化犯罪. 郝海洋译. 沈阳:辽宁教育出版社,1998

33. [美]尼葛洛庞帝著. 数字化生存. 海口:海南出版社,1996

34. 严耕,陆俊,孙伟平等著. 网络伦理. 北京:北京出版社,1998

35. 孙涌等著. 现代软件工程. 北京:北京希望电子出版社,2002

36. [美]Anany Levtin. Introduction The Design and Analysis of Algorithms. 北京:清华大学出版社,2004

37. [美]Mark Allen Weiss. Data Structure and Algorithm Analysis. 冯舜玺译. 北京:机械工业出版社,2004

38. [美]Jennifer Preece,Yvonne Rogers,Helen Sharp. Interaction Design Beyond Human-Computer Interaction. 刘晓晖,张景译. 北京:电子工业出版社,2003

39. [美]Date C J. An Introduction to Database System. 孟小峰,王珊译. 北京:机械工业出版社,2000

40. [美]Donald Heern,Pauline M Baker. Computer Graphics. 蔡士杰,吴春镕,孙正兵等译. 北京:电子工业出版社,2002

41. [美]Tom M Mitchell. Machine Learning. 曾华军,张银奎等译. 北京:机械工业出版社,2003

42. 刘惟一,田雯编著. 数据模型. 北京:科学出版社,2001

43. [美]Behrouz A Forouzan. Foundations of Computer Science. 刘艺,段立,钟维亚等译. 北京:机械工业出版社,2004

44. [英]Ross J Anderson. Security Engineering. 蒋佳,刘新喜等译. 北京:机械工业出版社,2003

45. [美]Andrew S Tanenbaum. Modern Operating System. 陈向群译. 北京:机械工业出版社,1999

46. [美]Trevor Hastie,Robert Tibshirani,Jerome Friedman. The Elements of Statistical Learning. 范明,柴玉梅等译. 北京:电子工业出版社,2004

47. [美]Harold Abelson,Ferald Sussman,Julie Sussman. Structure and Interpretation of Computer Programs. 裘宗燕译. 北京:机械工业出版社,中信出版社,2004

48. [美]Jean Walrand,Pravin Varaiya. High-Performance Communication Network,Second Edition. 北京:机械工业出版社,2000

49. [美]Matthias Felleisen,Robert Bruce Findler,Matthias Flatt,Shriram Krishnamurthi. How to Design Programs. 黄林鹏,朱崇恺译. 北京:人民邮电出版社,2003

50. [美]Craig S Mullins. Database Administration. 李天柱,任建利,肖艳芹等译. 北京:电子工业出版社,2003

51. ［美］Abraham Silberschat，Heney E Korth，Sudarsham S. Database System Concepts. 杨东青，唐世谓等译. 北京：机械工业出版社，2002

52. ［美］Scoichiro Nakamura. Numerical Analysis and Graphic Visualization with MATLAB，Second Edition. 梁恒，刘晓艳等译. 北京：电子工业出版社，2002

53. ［美］Dabra Cameron. Bill Rosenblatt & Eric Raymond. Learning GNU Emacs. 杨涛，杨晓云，王建桥等译. 北京：机械工业出版社，2003

54. ［美］Peter Wayner. Free For All：How Linux and the Free Software Movement Undercut the High-Tech Titans. 王克迪，黄斌译. 上海：上海科技教育出版社，2002

55. ［美］George Beekman. Computer Confluence：Exploring Tomorrow's Technology. 杨小平，张莉等译. 北京：机械工业出版社，2004

56. ［英］George Coulouris，Jean Dollimore，Tim Kingdberg. Distributed System Concepts and Design. 金蓓弘等译. 北京：机械工业出版社，中信出版社，2004

57. ［美］Raikumar Buyya. High Performance Cluster Computing：Architecture and System，Volume1. 郑纬民，石威，汪东升等译. 北京：电子工业出版社，2001

58. ［美］Joshy Joseph，Craig Fellenstein. Grid Computing. 战晓苏，张少华译. 北京：清华大学出版社，2005

59. ［美］Jack Dongrra，Ian Foster，Geoffrey Fox，William Gropp，Ken Kennedy，Linda Torczon，Andy White. Sourcebook of Parallel Computing. 莫则尧，陈军等译. 北京：电子工业出版社，2005

60. 中国互联网络信息中心，CNNIC 第 24 次互联网统计报告，CNNIC，2007-07-16

61. http://www. top500. org. 世界超级计算机 500 强网站